JUST{PUB

构建之法

现代软件工程

第三版

Build To Win

Effective Software Engineering

邹 欣 著

人民邮电出版社
北京

推荐序

我和邹欣大约是在 2009 年认识的。当时北航软件开发环境国家重点实验室的同学要学习各种软件开发环境，我们就通过微软亚洲研究院的高校关系部经理马歆找到邹欣，请他给我们介绍微软软件项目管理环境 Team Foundation Server，并给我们的学生讲一讲《现代软件工程》这门课。

2009 年秋季学期，邹欣如约在北航开讲《现代软件工程》，我们从北航计算机学院大三的学生中抽出一部分学生上这门课，其他学生继续上常规的《软件工程》课。为了更好地测评授课效果，我们还在两个班级收集了数据，对比同学们的学习时间、代码量，以及在专业技能、职业技能方面的收获。2012 年，在北航计算机学院高小鹏老师的支持下，邹欣老师和罗杰老师合作，再次讲授该课程。两个学期的数据表明，《现代软件工程》采用的"做中学"的教学方法和面向实战、超大量的项目实践给学生带来了明显的帮助，不但让基础好能力强的学生如虎添翼，基础一般的学生更是从中获益，能力得到了显著的提升。2013 年秋季学期，罗杰老师正式开始独立讲授这门课，继续北航的软件工程教学改革。邹欣老师则带着对软件工程教学极大的热情，针对教学体系中的薄弱环节，又开设了《现代程序设计》选修课，继续他对软件教育的探索。

最近十多年来，软件产业和互联网产业的迅猛发展，给众多计算机和软件专业的学生们提供了用武之地，同时也对大学软件工程的教育提出了很大的挑战。经典的软件工程理论和模式虽然仍有其价值，但是国外的教师和业界人士一直在探索新的理论和最佳实践。我们中国大陆的教育工作者要更接近实际，从工业界中汲取生动活泼、行之有效的工程技术和方法论；在教育方式上要多向实践、实训靠拢，探索 MOOC、翻转课堂等新形式。改变通常会令人不悦，很多老师希望用非常"稳定"的教案教学，很多学生希望课程"好通过"。我也听说在上

《现代软件工程》这门课的时候，很多学生抱怨作业比别的课程多，还要写博客……然而，他们中的很多人在课程结束后，却给了这门课很高的评价。看来，在评估教学效果时，我们应该"风物长宜放眼量"，看看学生在课程结束之后，特别是走上工作岗位后，是否从课程中获益。

我很高兴看到这本书的出版，希望这本生动活泼的教材能引起大家对高校软件工程教育的讨论和改进，希望更多的新方法、新思路能出现在计算机教学的讲台上。

2014 年 8 月于北京

读者反馈

人们常常用"内功"来形容扎实的基础，认为学好了内功以后学什么都快。没错，好的"内功"书不仅讲清楚深刻的原理，而且指明技术的本质，刻画领域的地图。好的书抓住不变量，让人能够触类旁通。读烂书浪费时间，读好书却节省时间。

—— 刘未鹏／微软工程师，《暗时间》作者

惊艳！打开《构建之法——现代软件工程》，就停不下来，作者把软件开发方法讲得清晰有趣实用，程序员应该人手一册！

—— 蒋涛／CSDN&《程序员》创始人，极客帮创投合伙人

搞软件的应该人手一册，就像每个兵家必备一本《孙子兵法》一样。

—— 冷镜／豆瓣读者

此书的厉害之处是其强大的实用性和超级趣味性，从未见过把软件工程能写得这么有意思的。很快就读了小几十页，虽然有些地方需要时间理解，但是这种通畅的酸爽真是舒服，赞一个吧！

—— 千佳／亚马逊读者

与绝大部分介绍软件工程或者项目管理的书籍非常不同的一点，是作者在书中非常强调"人"在软件开发中起到的作用。其他许多同类书籍，往往把重点完全放在各种开发模型、国际标准、项目流程上，却把如何处理开发过程中人与人之间的问题一笔带过。

—— 刘慰／宁波大学科学技术学院软件工程系

传统的软件工程课只写需求文档，不做实践项目，不做产品运营和推广。但是，一个项目连用户都没有，又何来用户需求之说？而《构建之法》所提倡的实践软件工程的模式，文档是实实在在地发挥了作用。以前做过的课程设计大作业，都是先写代码，再写文档，居然是实验指导文档（笑）。而在《构建之法》中，第一次体会到团队项目中设计与架构的重要性——文档就是设计的蓝图啊！

—— 刘乾／北航＆微软亚洲研究院联合培养博士

和曾经微软的一名开发同事现小米公司的核心员工聊天，问他，你在微软和小米都做了开发，两者的区别是什么？回答：把微软方法的速度提高一百倍就是小米的方法。学徒在实战之前，先认真学习拆解动作，免得实战时基础不行速度上不去被淘汰，或速度上去了基础不扎实打成王八拳误伤了自己。

—— 潘农菲／乐心医疗高级副总裁

先定一个小目标，设置一个里程碑，然后持续迭代，在里程碑结束后进入下一个里程碑。《构建之法》展现了这一重要的过程，特别是"敏捷流程"的内涵。越是大的目标，越容易做不到；越是长的周期，越容易延期和失控。是所谓保持敏捷，预期和适应变化。通过设置可操作性强的小目标，通过设置短周期的里程碑，我们可以立刻上手做，短平快的要么成功要么失败。成功我们就有更多的信心增量改进，失败则给出必要的改进反馈。

—— 范飞龙／深圳巴克云，工程师

更多书评

第三版前言

大约一年多以前，微软公司雷德蒙园区的餐厅前出现了一个"免费书箱"，路人都可以从里面拿书，没有任何其他手续。我有时去吃午饭就顺手拿一本书，看几个星期，再还回去，觉得好的，自己再去买电子版。

免费书箱

这些书籍和它们带来的扩展阅读，让我对软件工程和很多相关领域又有了更多的认识，这些"知识点"经过加工，以各种方式添加进了第三版的各个章节中。其中我还发现了"黄金点游戏"的真正起源（见第 16 章），解决了我心头的一个疑问。

书看多了，我发现自己会处于下面几种状态之一：

   a）每个字都看得懂，但就是不知道整段话是啥意思。

   b）一目十行，懂个大概（读自己刚写过的文字，往往会这样）。

   c）发现字句之间好多毛病（读自己很久以前写的文字，就会这样）。

   d）越读越有味道，心领神会。

我在想，我的书，在读者眼中是哪一类呢？我强迫自己用陌生人的眼光来慢慢读《构建之法》，结果发现自己陷入了状态 c），于是我在书上标注了很多修改，删掉了很多啰嗦的行文。

除了增加若干知识点，删掉不少累赘之外，这一版的重点是增加了很多实战的内容，如下表所示：

- 第 2 章：敏捷软件开发的原则在实践中和教学中的运用
- 第 3 章：软件工程师的思维误区和职业发展的故事
- 第 7 章：软件工程在微软公司的实战中
- 第 8 章：用 Kano 图分析三种不同的功能投资和回报
- 第 9 章：高效的团队讨论
- 第 11 章：实战中的源代码管理
- 第 12 章：贯穿多种设备的用户体验
- 第 17 章：基于能力和动力模型的领导力

《构建之法》已经在至少 25 所学校作为软件工程课的教材，一些相关的编程语言课也采用了"做中学"的方式进行教学。网上的教学平台（http://edu.cnblogs.com）已经有超过两万四千篇的学生作业，和超过两万六千条评论。我在此要感谢参与这种教学的老师、助教、学生和热心的围观群众，他们在博客和微信群上分享的心得和意见是我持续改进的最大动力。感谢人民邮电出版社的陈冀康编辑和刘涛老师对这本书的长期支持；再次感谢设计师胡文佳为这本书不厌其烦地进行文字修订和设计改进；感谢本书的策划编辑周筠老师在书里书外全方位的指点和帮助 —— 我们已经合作了十二年，希望这第三版是一个全方位的成功。

邹欣

2017 年 5 月于西雅图

第二版前言

本书第一版自从 2014 年 9 月上市以来，已经印刷了三次，每一次重印都做了一些文字的修正和少量内容的添加。针对第二版，我对不少章节都做了修改，具体的重点是：

- 第 1 章，进一步阐述了计算机科学和软件工程的关系
- 第 5 章，MVP 和 MBP
- 第 8 章，需求分析
- 第 9 章，项目中的风险管理
- 第 10 章，用例（Use Case）
- 第 11 章，各种设计建模工具
- 第 12 章，设计的层次，步骤和目标
- 第 13 章，软件测试的设计方法
- 第 15 章，不同频率和不同覆盖范围的渐进发布
- 第 16 章，产品的价值因素，创新的招数
- 第 17 章，团队的效能曲线和假团队

再次感谢 JUSTPUB 团队的周筠、审稿编辑李琳骁和设计师胡文佳全面而细致的编辑和审校，感谢设计师高霖设计了第二版的封面，感谢胡文佳设计了第二版的版式。"在产品交到用户的手中后，学习才刚刚开始"。自从这本书出版以来，我收到了不少来自高校老师、同学和业界专家的反馈，这对我的确是一个难得的学习过程。希望第二版以及同步推出的多看版电子书的出版能吸引更猛烈的反馈。

邹欣

2015 年 5 月于北京 & 西雅图

第一版前言

我在高中一年级的时候（1984 年）接触到计算机语言和计算机，后来在大学本科和硕士期间读的也是软件专业。在二十多年的职业软件开发过程中，我参与和领导过很多项目，有些是几个星期开发出来的内部演示项目，有些是大公司内部的专用工具，有些是长期的、面向全球用户的产品。从产品平台上看，我做过 Unix/PC/Web/Mobile 等类型的项目；从团队类型来看，我经历过国内大学的校办软件团队、国内创业团队、跨国公司企业内部工具开发团队、商用软件团队、研究机构技术转化和创新团队以及互联网产品团队。不同项目的挑战各不相同，结果也不尽如人意，但是我一直觉得软件工程是挺有意思的事情。我从 2003 年加入 TFS[1] 项目之后，就萌发了向开发者社区介绍现代软件工程思想和实践的想法。2005 年回到微软亚洲研究院之后，我参与了对实习生的培训和对外的教学合作，在这些实践的基础上，我在 2007 年出版了《移山之道 —— VSTS 软件开发指南》，它是国内第一本介绍微软开发工具和理论的原创图书。该书出版后，我征求了一些高校老师的看法，他们觉得这本书很独特，很活泼，但是"不好教"。

软件工程牵涉的范围很广，对于即将投身 IT 业的学生而言，软件工程的内容又非常重要。但是，大学生们普遍反映软件工程课比较空洞、乏味[2]。造成这种结果的原因有不少，如教材过时且偏重理论、老师缺乏实际项目经验、教学方法陈旧等。经过 2007 年以来的探索，我总结了在 16 周内让同学们通过"做中学（Learning by Doing）[3]"掌握实用的软件工程技术的教学计划。这本书就是这几年探索的汇报，也算是对上面"不好教"的一个回答。

本书的内容在下面的学校正式课程中完整地运用过：

2007—2010　清华大学理论计算机科学研究中心，主要是大四上学期（学生 20—30 人）

2009，2012　北京航空航天大学计算机系，大三上学期（学生 60 人）

2010—2012　微软亚洲研究院创新人才班，大四上学期（学生 20—30 人）

本书内容有以下特点。

- 理论和实践相结合。讲现代理论，同时讲体现理论的工具。
- 结构紧凑。个人项目 / 结对项目 / 团队项目紧密配合，能在 16 周内讲完。
- 面向实战，强调做中学（Learning by Doing）。学生项目都通过团队博客实时公布项目进展；工程项目都公开发布；用户数量和反馈是项目重要的评价标准。
- 讲述人在软件工程中的不同角色和作用（团队的角色，不同角色的技术能力和职业能力）。
- 有丰富的材料给教师和助教使用 [4]。
- 练习量大，学生工作量和国际一流大学相仿。补充内容多：参考教材（3 本），参考书（20 本）。

尽管本书介绍了不少业界正在使用的理论和技术，不过，本书的目标并不是介绍所有的新思想和新技术。20 世纪末，有人问软件工程专家戴维·帕纳斯（David Parnas）：将来会有什么令人兴奋的软件工程技术出现？他回答：

　　最有用的技术不在将来，而是已经出现好些年了，只不过我们没好好用。

本书的目的并不是要推销现在最时髦的方法论和工具，而是想让学生在一个学期内切实实践一些软件工程的方法论和工具，并且具体了解它们的优缺点。

书中人物介绍

软件开发是一件很愉快、很有意思的工作，为什么许多同学觉得软件工程特别乏味呢？一个很重要的原因是教材只是干巴巴地讲述理论和原则，脱离了"人"这个重要因素，因此的确很乏味。我在《移山之道》这本书中，创造了一个虚拟 的环境：王屋村软件学院、移山公司和一些人物（阿超、果冻、小飞、小李等），希望通过人物的对话和活动，把软件工程的丰富内容生动地展现出来。这本书也沿用了《移山之道》中的一些人物，并且扩展了他们的故事。下面是人物介绍，他们都是大学生、研究生或者刚工作几年的技术人员，读者可以从他们身上看到自己生活中熟悉的形象。

阿超：有几年实战经验的项目带
头人

国栋：外号叫"果冻"，喜欢引经据
典，对知识有些消化不良

小飞：两年编程经验，对任何事都
有自己的看法，爱唱歌，喜
欢足球和军事

小李：有几年项目管理经验的产品
经理

致谢

在教学、构思和写作的过程中，我得到了很多老师，同行和各方面专家的鼓励和帮助。我在写
第一本书《移山之道》的时候，我跟当时的领导沈向洋博士说我以后计划写《编程之美》，还
可能写写软件开发，估计叫《构建之型》……我自己都觉得想法很缥缈，他倒是表示不妨一试，
让我有更多信心。清华大学的姚期智老师在我没有任何大学教学经验的时候就支持我去教软
件工程课。北航的李未老师也很信任我，鼓励我去北航实践我的教学方法。清华大学软件学院
的刘强老师、北京大学的张铭老师和北京理工大学的金旭亮老师还请我去和他们的学生交流经
验。在本书审读过程中，北航的吕云翔老师和罗杰老师、天津大学软件学院的王赞老师、浙江

大学计算机学院的陈越老师、复旦大学软件学院的黄萱菁老师、南通大学软件学院的鞠小林老师、中国科技大学软件学院的孟宁老师、哈尔滨工业大学计算机科学与技术学院的王忠杰老师等都提出了很好的反馈意见。在两次北航讲课的基础上，北航计算机学院的高小鹏老师和罗杰老师正基于本书的内容继续推动软件工程的教学改进，他们是真正身体力行的改革者。微软亚洲研究院高校关系部的经理马歆、吴国斌在过去的几年中一直大力支持我在实习生和学校中开展软件工程教学探索，在这里一并致谢。

在这本书中，有些实战故事和经验来自我在微软的团队，有些案例经过了一些改编。任何团队都会有这样那样的问题，正视这些问题，不断改进，正是一个优秀团队应该做的。特别要指出的是，必应团队的用户体验设计师高霖和项目经理徐萌对本书的需求分析、交互设计和 PM 等内容提出了专业的意见。

这是我和本书的出版人、来自独立出版团队 JUSTPUB 的周筠老师合作的第三本书，她是我唯一的出版人，同时也是最好的一个。JUSTPUB 的特约审稿编辑李琳骁和设计师胡文佳为提高本书的质量和阅读体验做了很多工作，人民邮电出版社的陈冀康、刘涛、蔡思雨等多位编辑为本书的如期出版做了积极的协调配合。没有他们的努力，这一本书还是几十篇风格散乱的博客文章。胡文佳还为本书设计了封面和整体装帧风格。封面的素材（鲁班锁）和书名题字都来自设计师高霖的艺术之家。

最后，要感谢我的家人，他们容忍我一个人在厨房里对着电脑长时间发呆，有时还给我煮绿豆汤喝！

对我来说，这几年教书的过程也是一个学习的过程。同学们给了我很多反馈，我还学习了不少好老师的建议[5]，还有些教课的心得[6]，也对中国大学的 IT 教育有些反馈[7]。近两年高等教育有不少创新的尝试[8]，我希望这本书也能在 IT 教育改革中发挥一些作用。

邹欣

2014 年 8 月于北京

（请在网页看链接：http://cnblogs.com/xinz/p/4470424.html）

1　TFS：Team Foundation Server，微软公司出品的项目管理软件。2006 年正式发布第一版，是微软 Visual Studio 产品的一部分。

2　请看大学生们在微博上对软件工程课程的意见：
http://www.cnblogs.com/xinz/archive/2013/02/06/2908169.html

3　所谓"做中学"的办法也不是包治百病的，这篇博客剖析了各种误区：http://www.douban.com/note/344117673/

4　参见：http://www.cnblogs.com/xinz/archive/2011/11/27/2265425.html

5　参见：http://www.cnblogs.com/xinz/archive/2011/12/29/2306652.html

6　参见：http://www.cnblogs.com/xinz/archive/2012/01/15/2322913.html

7　参见：http://www.cnblogs.com/xinz/archive/2011/12/03/2274445.html

8　参见：http://www.cnblogs.com/xinz/archive/2012/08/25/2656822.html

目 录

封面及版式设计说明

一、软件

本书使用 Office Word 2013 书写并完成编辑修订工作。

二、字体

全书中文字体使用方正系列字体：

标题为**方正粗宋**和方正小标宋；

正文为方正书宋；

图片文字和尾注等辅助说明为方正兰亭细黑和方正兰亭纤黑；

书中英文字体使用 Warnock Pro 系列；

书中代码使用 Menlo 字体进行排版。

三、本书封面说明

封面图案为鲁班锁。

它是中国古代传统的土木建筑固定结合器，民间还有"憋闷棍"、"六子联方"、"难人木"等叫法。它起源于古代汉族建筑中首创的榫卯结构，通体不用钉子、绳子，完全靠自身结构的连接支撑。鲁班锁从外部看，是严丝合缝的十字立方体，但各个部件在内部凹凸部分互相啮合，也是一种有意思的"构建之法"。

四、本书所有链接汇总

第 1 章　概　论

- 理论和知识点

  计算机科学的领域，软件工程与计算机科学的关系，软件的特性，软件工程的定义与
  组成部分

1.1　软件 = 程序 + 软件工程

几乎所有的程序员都知道**"程序 = 数据结构 + 算法"**[1]这句名言，但是在实际的学习和工作中，
也有不少人产生了疑问。例如：

1. 我用 C 语言实现了二叉树的遍历算法。在这里，二叉树是数据结构，遍历的实现细节
   是算法，C 程序就是结果。但是这个程序有什么实际用处呢？在 Java 和其他一些语言
   中，似乎没有指针，那我可以不必了解二叉树么？

2. 我成了一名职业程序员，但是我发现所有的算法别人都已经实现了，我只要调用就可
   以。似乎我们公司的软件与数据结构、算法的关系都不大。那我当初辛辛苦苦学习的
   数据结构和算法有用么？如何区分一个好的程序员和不好的程序员呢？

3. 我上班后，发现以前同事写的程序真是垃圾，根本看不懂，无法维护。我要推翻重
   写！后来一个老员工笑嘻嘻地告诉我，我们现在看到的程序，就是去年的新员工愤怒
   地推翻重写之后的结果，大家反映还没有以前的版本好用呢。

那么软件行业赖以生存的**"软件"**，程序员用来安身立命的**"程序"**是什么？

移山公司程序员阿超的宝贝儿子上了小学二年级，老师让家长每天出 30 道加减法题目给孩子
做。阿超想写一个小程序来做这件事，具体实现可以采用很多语言或工具：

Excel、C/C++、C#、VB、Unix Shell、Emacs、Powershell/VBScript、JavaScript、Perl、Python……

请大家估计写好这个**程序**需要的时间。

阿超一下打印出好多份不同的题目，让孩子做了。老师看了作业之后，对阿超赞许有加。别的老师闻讯也想要类似的程序，让二年级到四年级都能用，并附带提出一些小小的要求，例如：

- 题目避免重复
- 可定制数量和打印方式
- 可以控制下列参数

    是否有乘除法 | 是否有括号 | 数值范围 | 加减有无负数 | 除法有无余数 | 是否支持分数（真分数、假分数……） | 是否支持小数（精确到多少位） | 打印中每行的间隔

阿超的儿子兴高采烈地回家来给老爸汇报，并说"老师明天就想要！"阿超有些挠头，原来就是随手写了个**程序**，现在怎么来了一些**用户**，还带来了不少**需求**？现在大家估计做好这个**软件**需要多长时间。

阿超熬夜做出了这个软件的一个初始版本，交给了老师。过了几天老师说，教导主任看了很满意，提议把这个程序放到学校的网站上，再多**一点点要求**，支持二元一次方程，能开根号，还可以生成期中、期末考试的试卷。当然，希望网站永远是可以用的，至少早上五点到晚上十二点要能访问。

阿超叹了一口气 —— 这是多复杂的一个**工程**啊，如果有一天晚上网站打不开了，我是不是还要负责修理服务器？电话突然响了，是教导主任打来的，他说，英国的学校知道了这个好东西，也要用！不过没关系的，只要保证网站二十四小时能用，并且界面是英文就行了。明天能上线么？

这里我们看到客户们对阿超的需求从一个简单的**程序**，扩展到一个满足各种功能的**应用软件**，再扩展到一个能保证服务质量的**软件服务**！现在请大家估计做好这个**软件服务**需要多长时间。

上面的例子展现了软件工程的一些概念。程序，在这里指的是**源程序**，就是一行行的代码。它们是建立在数据结构上的一些算法。程序还要对**数据**进行操作，这些数据有些是静态的（例如软件的图标、提示信息），有些是动态的（例如程序生成的随机数字、程序通过网络下载的数据、用户的文字或语音输入等）。但是光有代码和静态数据还是不行，工程师要把它们构建为机器能懂的可执行代码。构建不仅仅是 cc 和 link 命令，一个复杂的软件不但要有合理的**软**

件架构（Software Architecture）、**软件设计与实现**（Software Design, Implementation and Debug），还要有各种文件和数据来描述各个程序文件之间的依赖关系、编译参数、链接参数，等等。这些都是软件**构建**的过程。

软件团队的成员每天都在修改各种源代码，怎么保证软件在修改过程中质量不断提高，至少要维持以前的质量？有些时候，我们要为某个需求写一些特殊功能，不久后又要把这些功能再合并回主要版本。有些程序要配置不同的界面，运行在中文、英文或其他语言的操作系统上；有些程序还有 32 位版本、64 位版本等。这是**源代码管理**（Source Code Control）的问题 —— 也叫**配置管理**（Software Configuration Management）。我们还有一系列的工具、流程和文档来保证程序的正确性，这些工具（也是软件）、流程应该达到很高的质量，才能保证开发出来的软件的质量。这就是**质量保障**（Quality Assurance），具体的验证过程叫做**软件测试**（Test）。

一个软件或者服务要有人买，就得找到顾客。顾客有各种需求，有些靠谱，有些不靠谱；有些容易做到，有些难以做到。软件团队要从**需求分析**（Requirement Analysis）开始，把合适的需求梳理出来，然后逐步展开后续工作，如设计（软件架构）、实现（写数据结构和算法）、测试，到最后发布软件。

软件团队的人员也会流动，新的成员要尽快读懂已有的程序，了解程序的设计，这叫**程序理解**（Program Comprehension）。软件在运行过程中还会出这样那样的问题，也许我们要时不时给软件打一个补丁，或者维护众多的服务，团队的新老成员要一起修复各种各样的问题，这叫**软件维护**（Software Maintenance），或者**服务运营**（Service Operation）。这一系列过程就是**软件的生命周期**（Software Life Cycle，SLC），在这一周期中，有人得负责**软件项目的管理**（Project Management）。

一个好的软件，即使功能和同类软件区别不大，但却会让人感觉到非常好用。这就是软件的**用户体验**（User Experience）。用户体验和数据结构、算法没有直接的关系，但是很多非常成功的软件就赢在这个方面。软件还要处理不同语言、不同地区的用户对界面和功能的不同需求，这叫做软件的**国际化和本地化**（Globalization & Localization）。

一个软件团队或企业总要养活自己，市面上有很多种赚钱的方式：

- 有的交钱买断
- 有的"先试用再交钱"，有些软件也提供试用版、免费版和正式版，还有的类似期刊订阅，每年交钱（参见 Freemium 的商业模式）
- 有的不但免费，连源代码也一并奉送，但是要求获得源代码的开发人员遵守某种协定

- 有的送硬件，但是软件要收钱

- 有的送软件，但是硬件要收钱

- 也有的是"免费用，但是要看我提供的广告"

- 还有的是"免费用，程序也不是我写的，如果有问题，给我钱，我就来提供咨询……"

当然还有在用户不知道的情况下就安装了软件，然后用户怎么也摆脱不掉。2010 年，中国还出了一桩怪事：A 公司要挟用户必须卸载 B 公司的软件，然后 A 公司的软件才能运行……这些软件企业的**商业模式**有些是合情合理也合法；有些看似合情合理，但是不怎么合法；有些做法不合理，但是还没有出台相关法律。在相关法律完善之前，软件行业还有一个行规，即应该有**职业道德规范**来约束 IT 人的行为。

软件企业的商业模式也会影响软件的需求，如果有人要开发社交网络软件，同时提供丰富的 API 让别人能二次开发，那么，对 API 的支持会成为这个软件一个重要的需求。

上面这些和软件开发活动（构建管理、源代码管理、软件设计、软件测试、项目管理）相关的内容，是软件工程的核心部分。广义上的软件工程也包括用户体验、用户界面设计（User Interface Design）等。所以，一个推论是：

软件 = 程序 + 软件工程

一个扩展的推论是：

软件企业 = 软件 + 商业模式

当然，软件企业还需要各方面的支持工作，例如人员的招聘、绩效评估、升迁、淘汰等人力资源方面的工作。弄清楚这些概念，是进行所有与程序、软件、企业等相关的讨论的基础。

现在回头看本节开头的疑惑，答案就很清楚了，程序（算法、数据结构）是基本功，但是在算法和数据结构之上，软件工程决定了软件的质量；商业模式影响了一个软件企业的成败。软件从业人员和软件企业的道德操守会极大地影响软件用户的利益。

软件开发的不同阶段

"软件工程"的概念是 1968 年第一次提出来的 [2]。和其他行业相比，软件产业还是一个年轻的产业，它在发展过程中经历了不同的阶段。现在，所有号称自己"写程序"的人当然是在构建软件，有什么不同的阶段么？我们用历史更长的航空产业做一个比较。

1. 玩具阶段

100 个小孩里有 99 个叠过纸飞机，像图 1-1 中所示。

"设计 / 制造纸飞机"的过程，看起来技术含量不高，但是也有很多窍门。有些小孩在放飞前，会用嘴对着纸飞机哈一口气，这里面也许有深奥的道理，也许只是迷信。在跟着这些飞机奔跑、欢呼的时候，这些小孩心里一定有"我长大了，要开飞机在天上飞"的想法。纸飞机、航模飞机和真飞机一样，都体现了某些基本的理论。

2. 业余爱好阶段

多年以后，很多人还有"在天上飞"的想法。有人居然就实现了[3]：

肯特·柯西（Kent Couch），一位美国俄勒冈州的居民，在 2007 年用一百多个氢气球和一把椅子飞上了天。他说，"当你夏天躺在草地上的时候，看到白云飘过，你有没有幻想能跳到云朵上面？"所以他有一天忍不住就要实现他的梦想[4]。

3. 探索阶段

和上面提到的偶尔"疯狂"的行为比起来，另外一些人能持续疯狂好几年。1903 年冬天，经过几年的努力，美国人莱特兄弟在寒风凛冽的北卡罗来纳州海滩上试飞了他们的飞机。它飞了 36.5 米，历时 12 秒。几次试飞之后，大家还来不及在飞机面前合影留念，一阵狂风吹来，把飞机吹了几个跟头，大部分重要部件都毁坏了[5]。

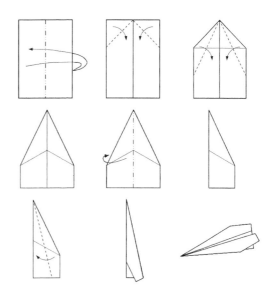

图 1-1　纸飞机 —— 玩具阶段

图 1-2　"飞屋" —— 业余爱好阶段

图 1-3　莱特兄弟的飞机 —— 探索阶段

4. 成熟的产业阶段

图1-4 商用飞机 —— 产业阶段

现在，航空业已经成为一个巨大的产业，每天有上百万人在这个行业工作（飞机设计、制造、销售，辅助设备的设计、制造、销售，民用航空的服务、安全、地勤，飞机场的设计、建设、维护），更多的人每天都享受到它带来的便利，当然还有种种苦恼。

我们从纸飞机谈到了大飞机、航空业，这跟程序、软件、软件工程、软件产业有什么关系呢？我们可以做一个类比，见表1-1。

表1-1 航空业和软件业的类比

航空	软件	影响（如果成功/失败会如何）
玩具、基本知识：纸飞机/航模	写程序练习数据结构/算法，用新的语言尝试一下"Hello World"	影响只限于自己，如果尝试失败，人们的兴趣会减弱。这类知识也有比赛，如航模比赛、程序算法比赛，但是比赛之后，这些算法高手写的程序的可维护性怎样？有人会拿着程序去发布成为商业软件么
爱好者的尝试：气球+沙滩椅升空	用 JavaScript、ASP.NET、Ruby 写写网站	气球升空成功，当地晚报会报道。程序能跑起来，自己的博客也会吸引一些读者 失败之后呢？没关系，爱好者很快会捡起新的爱好
先行者的探索：莱特兄弟飞行	钻研新技术，应用新技术在软件行业创新	虽然第一版的飞机只飞了36米，但是明白人还是看到了划时代的意义。在探索的过程中，莱特兄弟设计了风洞等先进的工具、改进了航空领域的方法论。很多软件的原型虽然失败了，但是它们给后续的创新奠定了基础
成熟的工业：飞机制造业民航	银行软件系统，互联网搜索行业，电子商务系统、Windows 操作系统	软件的发布会影响一个公司、一个行业，波及到相关的行业和人员。很多人进入成熟的航空公司或软件公司就是为了获得一份稳定的工作。一个重要软件的失败会导致一个公司的挫折或失败，会让很多人失去工作

在成熟的航空工业中，一个飞机发动机从构思到最后运行，不知道要经历过多少人、多少工序、多少流程、多少相关知识的验证。我们无法想象，某个商用型号的发动机在飞行时发现问题，最初的设计师会自己爬到引擎中敲敲打打，然后钻出来说："继续飞吧，我搞定了。"然而，在软件行业中，很多软件工程师往往以这样的行为而自豪。

说到商用软件和爱好者写的程序的区别，我们还可以看看这个例子：

如果一架民用飞机上有需求，用户使用它的概率是百万分之一，你还要做这个功能么？你会选择：

1. 根本不考虑
2. 如果没时间实现这个功能，就算了
3. 做了，但是不用告诉用户
4. 做了，而且不厌其烦地告诉用户如何使用

你会如何选择呢？

谜底是：

飞机的安全功能

乘坐飞机时，你会看到乘务人员不厌其烦地给你介绍飞机有几个出口，如果氧气罩自动掉下来，应该怎么做。你身下的坐垫是可以漂浮的，飞机还可以在水面上降落，逃离飞机的时候应该怎么跳到气垫上……但是，有多少人使用过这些"功能"？如果你买了一张特便宜的机票，登机时，乘务员说：

"为了节约成本，本次航班没有那些安全设备，没关系的，反正大家也不会用到……"

你还敢坐么？

还有两个案例：

2008 年 7 月 24 日，澳洲航空公司（Qantas）的 30 号航班在一万米高空飞行，突然，飞机货舱区域的一个氧气瓶发生爆炸，飞机外壁被炸开一个洞。机组人员采取了一系列紧急措施，将飞机安全降落在附近的机场，机上所有乘客安全离开[6]。

2009 年 1 月 15 日，全美航空的 1549 号航班在起飞后碰上飞鸟，引擎出现故障，在三分钟内，机长把飞机降落在哈德森河面上，所有乘客安全撤离，无人伤亡[7]。

试想这样的事发生在我们的程序中，程序正在高速运行，突然发生了一个异常，我们的程序能否正常工作，安然退出，并保证用户的数据不被破坏？

我们平时讨论程序的种种问题，究竟是在表 1-1 中的哪一个层次上谈论"程序"呢？我们写的程序有没有考虑到类似于这两起飞行事故级别的问题呢？IT 专业的大学毕业生找工作时声称：我精通 Java，会用 C++ 写"Hello World"程序，我懂软件工程，我画了很多图，写了很多文档，

最后得了很高的分数……这些同学是真的懂软件工程，是一个合格的软件工程师么？

1.2 软件工程是什么

软件工程是把系统的、有序的、可量化的方法应用到软件的开发、运营和维护上的过程。

软件工程包括下列领域：软件需求分析、软件设计、软件构建、软件测试和软件维护。

软件工程和下列的学科相关：计算机科学、计算机工程、管理学、数学、项目管理学、质量管理、软件人体学、系统工程、工业设计和用户体验设计。

人们在开发、运营、维护软件的过程中有很多技术、做法、习惯和思想体系。软件工程把这些相关的技术和过程统一到一个体系中，叫"软件开发流程"。软件开发流程的目的是为了提高软件开发、运营、维护的效率，并提高软件的质量、用户满意度、可靠性和软件的可维护性。那么，软件开发流程有哪些呢？请看本书第 5 章"团队和流程"中的详细介绍。

光有各种流程的思想是不够的，我们还要有一系列的工具来保证这些思想能够在实践中有效率地运作。软件工具有很多：有工程师自行开发的工具，有软件团队独有的工具，也有许多公开的软件工具，例如编译工具、源代码管理工具、源代码编辑工具；也有一些软件工具系统，例如 Microsoft Visual Studio、GitHub、Eclipse、ClearCase 和 ClearQuest，等等。

1.2.1 软件的特殊性

在谈软件工程之前，不妨先来看看软件。软件是可以运行在计算机及电子设备中的指令和数据的有序集合。软件有各种分类方法，下面是其中的一种：

- 系统软件：操作系统、设备驱动程序、工具软件等
- 应用软件：用户使用它们来完成工作，从管理核电厂到写文章，或者是通信、游戏、浏览网页、播放视频等
- 恶意软件：软件病毒等

软件和人类制造出来的其他产品相比，有许多共性，也有一些特殊性。它们都是解决某种需求。随着人类社会的发展，技术的进步，很多需求变得越来越容易满足，例如，现在人们旅行的方便程度和速度是几百年前所不可想象的。另一些事情，像怀孕生小孩，几千年来的确变得比较容易了，但还是需要大约九个月的时间，生小孩的"成本"也许更大了。我们知道许多计算机

硬件的能力大致以每两年提高一倍的速度发展[8]，而软件开发的流程却没有这样的提速过程，开发成本也没有下降，为什么？软件开发过程有什么特别的难题？学者们总结了下面五点：

1. **复杂性（Complexity）**

   软件可以说是人类创造的最复杂的系统类型。大型软件（操作系统、办公软件、搜索引擎）有超过百万行的源代码，上万个不同的文件。而软件工程师的肉眼通常一次只能看到 30—80 行源代码（相当于显示器的一屏），他们的智力、记忆力和常人差不多，在过去的几十年中并没有大的提高。软件的各个模块之间有各种显性或隐性的依赖关系，随着系统的成长和模块的增多，这些关系的数量往往以几何级数的速度增长。而理解运用这些复杂性的人并没有太大的变化。

2. **不可见性（Invisibility）**

   软件工程师能直接看见源代码，但是源代码不是软件本身。软件以机器码的形式高速运行，还可能在几个 CPU 核上同时运行，工程师是"看"不到自己的源代码如何具体地在用户的机器上被执行的。商用软件出现了错误，工程师可以看到程序在出错的一瞬间留下的一些痕迹（错误代号、大致的目标代码位置、错误信息），但是几乎无法完整重现到底程序出现了什么问题。当工程师回过头来看源代码时，它们还是安静地排列在屏幕上。

3. **易变性（Changeability）**

   软件看上去很容易修改，修改软件比修改硬件容易多了。人们自然地期待软件能在下面两种情况下"改变"：a) 让软件做新的事情；b) 让软件适应新的硬件。但是与此同时，正确地修改软件是一件很困难的事情[9]。

4. **服从性（Conformity）**

   软件不能独立存在，它总是要运行在硬件上面，它要服从系统中其他组成部分的要求，它还要服从用户的要求、行业系统的要求（例如银行利率的变化）。

5. **非连续性（Discontinuity）**

   人们比较容易理解连续的系统：增加输入，就能看到相应输出的增加。但是许多软件系统却没有这样的特性，有时输入上很小的变化，会引起输出上极大的变化。

这些特性的前四个是佛瑞德·布鲁克斯（Fred Brooks Jr.）在 *No Silver Bullet* 一文中提到的[10]，第五个特性是瓦茨拉夫·拉里奇（Vaclav Rajlich）提到的[11]。

这些特性是由软件的本质所决定的，软件还有其他特性：

- 有许多不同的程序设计语言、软件工具和软件开发平台
- 存在许多不同的软件开发流程
- 软件团队中存在许多不同的角色
- 软件既可以存储在磁带上，也可以存储在 CD/DVD 上

但是这些非本质、临时的特性并不能决定软件工程的本质问题。例如，有人发明了一种新的程序设计语言，或者又出现了一个新的软件开发流程，或者网上出现了又一个程序员技术社区……这些事并不能改变软件工程的根本难度，这也是著名的"没有银弹（No Silver Bullet）"论断所阐述的道理。软件的这些本质特性让"做一个好软件"变得很难，同时也让软件工程有它独特的挑战和魅力。

1.2.2　软件工程与计算机科学的关系

软件工程中的"工程"二字也大有来历，人们把下面的活动称之为工程：

> 创造性地运用科学原理，设计和实现建筑、机器、装置或生产过程；或者是在实践中使用一个或多个上述实体；或者是实现这些实体的过程 [12]。

远古时期，人们互相协作建成了不少工程奇迹，其中有些现在还能看到（例如希腊雅典的帕特农神庙、古罗马帝国的罗马水道、中国的长城等），我们想象这些工程在设计和建造的过程中一定牵涉到了大量的计划、计算、各类角色的协作，以及成百上千的人、动物、机械经年累月的劳作。这些因素在后来出现的各种"工程"（如化学工程、土木工程）中依然存在。

中国大陆的高校中大致有下面三种讲计算机软件的机构：

- 计算机科学与技术系或学院
- 软件学院
- 软件工程系、软件工程学院

很多同学在报名时不知道它们的区别，进去之后发现除了收费高低不同，学的科目差不多，毕业后大部分同学都是写程序，似乎差别不大 [13]？其实，它们的区别还是挺大的。和数理化相比，计算机科学是一门相当年轻的学科，虽然我们可以追溯到巴贝奇（Charles Babbage，1791—1871）、埃达（Ada Lovelace，1815—1852）、图灵（Alan Turing，1912—1954）等计算机科学的

先驱，但是"Computer Science"这个学科的名字是 1959 年才正式提出，综合维基百科中"计算机科学"的词条和微软学术搜索（Microsoft Academic Search）[14] 对于计算机科学子领域的划分，计算机科学（Computer Science）这一学术领域可以分为下面这些偏理论的领域：

- 计算理论（Theoretical Computing）
- 信息和编码理论（Information and Coding Theory）
- 算法和数据结构（Algorithm and Data Structure）
- 形式化方法（Formal Methods）
- 程序设计语言（Programming Language）

以及下面这些偏实践的领域：

- 计算机体系结构（Computer Architecture）
- 并行计算和分布式系统（Concurrent, Parallel and Distributed System）
- 实时系统和嵌入式系统（Real Time and Embedded System）
- 操作系统（Operating System）
- 计算机网络（Networking）
- 科学计算（Scientific Computing）
- 安全和密码学（Security and Cryptography）
- 人工智能（Artificial Intelligence）
  这个领域涵盖了许多相关的领域，如模式识别（Pattern Recognition）、机器学习（Machine Learning）、数据挖掘（Data Mining）、信息提取（Information Retrieval）等
- 计算机图形学（Computer Graphics）、计算机视觉（Computer Vision）、多媒体（Multimedia）
- 数据库和大规模数据处理（Database and Large Scale Data Processing）
- 万维网（World Wide Web）
- 自然语言处理和语音（Natural Language Processing and Speech）
- 人机交互（Human Computer Interaction）
- 软件工程（Software Engineering）

根据我们对软件特性及工程这一概念的了解，可以看到，计算机科学中的理论研究部分，大多可以从形式上证明，与数学、离散数学、数理逻辑密切相关；计算机科学中与实践相关的部

分，都和数据以及其他学科发生关系；软件工程则和人的行为、现实社会的需求息息相关。软件工程的研究目标（软件的开发、运营和维护）中都有"人"出现，这些"人"可以是项目需求的提供者，可以是软件的开发人员，还可以是软件的用户。这一特征与其他计算机科学的子领域明显不同。其实，在任何科学领域中，都有偏理论的子领域和偏应用的子领域（例如数学与应用数学），当偏应用的领域得到长足发展之后，就会更多地被大家所熟知，甚至成为一门独立的学科，这并不说明相对应的两方面有高低或优劣之分。

托尼·霍尔（Tony Hoare）比较过计算机科学和软件工程的不同侧重点 [15]。

表 1-2 计算机科学和软件工程的不同侧重点

计算机科学	软件工程
发现和研究长期的、客观的真理	短期的实际结果（具体的软件会过时）
理想化的	对各种因素的折衷
确定性，完美，通用性	对不确定性和风险的管理，足够好，具体的应用
各个学科独立深入研究，做出成果	关注和应用各个相关学科的知识，解决问题
理论的统一	百花齐放的实践方法
强调原创性	最好的、成熟的实践方法
形式化，追求简明的公式	在实践中建立起来的灵感和直觉
正确性	可靠性

计算机理论的进展会帮助软件工程（例如对程序正确性的分析）；软件工程的进展（更好的工具，更多的应用领域）会帮助计算机科学家更有效地进行实验和探索。理论方面的不足或错误，也会对实践造成深远的影响。托尼本人反省，他在 20 世纪 60 年代设计 Algol W 语言的时候引入了 Null Reference，对后来的编程语言影响很大，他自己估计给工业界造成的损失应该在 10 亿美元以上 [16]。

计算机人工智能研究的一个重大挑战，就是计算机程序能否在国际象棋这个游戏中打败人类。从 20 世纪 60 年代开始，就有很多研究人员从理论和"智能"的角度去着手，取得了一定进展，但是离最终胜利还是遥遥无期。1985 年，还是一个研究生的许峰雄这样想：

> "我们从一个不同的方向去逼近这个问题。我们，至少是我自己，把这个问题看成是一个纯粹的工程问题。" [17]

历史证明，这个从工程的角度出发，用"蛮力"提高计算速度的工程方法远远甩开了同时代的各种"智能"方案。1997 年，许峰雄带队设计的"深蓝"战胜了国际象棋大师加里·卡斯帕洛夫。

中国大陆高校大多设有与"计算机科学"相关的院系。除了学术水平名列前茅的学校，其他学校的这些院系大部分老师做的都是偏工程方面的研究（所谓"横向项目"），大部分学生毕业后也投身于解决具体的工程问题，这跟软件学院、软件工程系（院）的研究和培养方向非常雷同。这是目前中国 IT 产业发展的现状，但并不是说世界上没有人研究计算机科学的各个领域，或者说计算机科学就等同于软件工程。

软件工程和计算机科学的其他领域也有很多交汇。软件和软件工程的早期开拓者有不少是从事硬件设计、计算机工程这些领域的工作，他们带来了相应领域的不少思想和术语。例如，冒烟测试（Smoke Test）就是从电路设计和测试行业借用过来的。软件工程的"工程"二字意味着它和许多工程领域的学科，以及管理学科有很大的关系。软件工程和机械工程、航空工程等工程学科一样，其中也有工程理论、质量控制论的原理。软件团队开发和维护软件的行动，就和质量控制理论中的 PDCA（Plan-Do-Check-Act）模型有很深的联系。所有这些和"工程"相关的学科都有共性，它们和各种"科学"的学科还是有区别的。正如专家所归纳的 [18]：

> 哲学家的宗旨是：我思，故我在
>
> 科学家的宗旨是：我发现，故我在
>
> 工程师的宗旨是：我构建，故我在

人类要生存，人类文明要向前发展，离不开思考、发现、构建。作者曾经在微软公司和其他公司的研究部门和产品部门工作过近二十年，参与过很多项目，这些项目各有特点：

- Build To Learn：开发软件，构建系统的目的是做进一步的试验，试图发现客观规律或探求某方法的优劣。这些项目经常是科研论文的基础工作。
- Build To Show：为了突出地展现某个技术的作用，开发一些以演示为目的的软件，这些项目很吸引眼球，经常获得新闻报道，但是功能未必全面或实用。
- Build To Serve：为了服务一定范围的目标用户而构建的工具等，有时以公开 SDK 的形式发布，让别的研发人员使用。
- Build To Win：以在市场上赢得用户为目标而构建的软件。这也是种种科学发现、技术突破最好的试金石。这是我做得最多的项目类型，也是这本书的英文名字。

希望读者看了这一节之后，不再纠结"科学"和"工程"的问题，而是在不同的学习与工作阶段，投入到最适合的项目类型中去。

1.2.3 软件工程的知识领域

软件工程这个学科到底包含了什么样的知识，这些知识又是在什么基础上建立的呢？ 2014 年，IEEE 发布了 SWEBOK V3.0（Software Engineering Body of Knowledge），完整地回答了这一问题，下面是其中提到的 15 个知识领域（Knowledge Area，KA）[19]。在 15 个 KA 中，有三个是软件工程的三大类基础知识领域：计算基础、数学基础和工程基础。在本书后面的章节中，我们会列出每个章节具体涉及的知识领域和知识点。

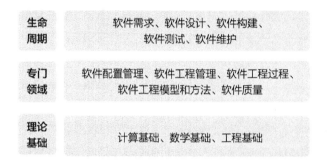

图 1-5　软件工程的知识领域和理论基础

软件工程这门学科有这么多领域，这些领域中有很多概念、名词和定义。精确地了解这些定义，就是进一步讨论和研究的基础，但是名词并不是软件工程的规律本身。 物理学家费曼谈论学习方法的时候说过：

> 你可以知道一种鸟的名字在全世界各种语言中怎么说，但是说完之后，你还是不了解这个鸟。
>
> 所以我们要观察这个鸟的行动 —— 这才是最重要的。[20]

我们还要在实践中学习。在软件工程发展的短短几十年中，人们整理了许多原则和规律，有些是比喻，例如"大教堂和集市"[21]，描述了两种大规模团队构建产品的方法，这种比喻让读者有各种领悟，但未必是大家的领悟都是一样，而且在现实开发中，很多团队在不同阶段，以不同程度柔和了不同的方法。

有些规律是定性的，例如："没有银弹"的断言，指的是，"不会有任何单一软件工程上的突破，能够让程序开发的生产力得到一个数量级（10 倍）的提升。"[22] 那人们会问，如果多种软件工程上的突破结合起来，能否让软件开发的效率得到 10 倍的提高呢？ 有些规律带有递归的味道：

> 霍夫斯塔特定律：实际时间总是比预期要长，即便你考虑到了霍夫斯塔特定律。[23]

这个规律如何应用到实际中呢？

有些规律是指明了变化的趋势，例如：

> 向进度落后的项目中增加人员，会让项目更加落后。[24]

这个规律并没有说明定量的关系，"人员"拥有什么样的素质？增加人员的数量和延迟的天数具体是什么数学关系？如果这些人员像中国一些互联网企业搞 996 工作制[25]，会挽救延迟的项目么？

另一个原则倒是非常精确，发展于 1980 年代的 Cocomo 模型[26]，认为某种项目的时间花费（人月）遵守这样的公式[27]：

Person*Month = 2.4 * KLoC $^{1.05}$

其中，KLoC 表示一千行代码，例如，如果估计的代码量是 10 万行（KLoC =100），那么时间花费就是 $2.4*100^{1.05}$ = 302 人月，如果你的团队有 15 人，那就要花 20 个月的时间。在 2017 年的实际项目中，项目经理真的会用 2.4 和 1.05 来进行计算么？这些原则中哪些元素会随着时间的变化而变化，甚至失效，哪些是不变的呢？[28]

在中国的软件行业，还有公司在软件上线，迁移机房的时候请宗教界人士来做某些仪式，来保证质量。这个"秘诀"属于软件工程的哪个知识领域呢？

软件工程在各个领域内还有很多工具，这些工具会被"人工智能"取代么？以后"人工智能"会自己写程序么？软件工程在各个领域的规律还会继续有效么，还会有什么新的规律出现？

这些也是软件工程要研究的内容。

1.2.4　软件工程的目标 —— 创造"足够好"的软件

什么是好的软件？一些同学认为，所谓好软件，就是软件没有缺陷（Bug），所谓软件工程，就是把软件中的 Bug 都消灭掉的过程。这的确是抓住了软件工程的一个要素。和软件打交道的专业人士都知道软件有"Bug"，软件团队的很多人都整天和 Bug 打交道，Bug 的多少可以直接衡量一个软件的开发效率、用户满意度、可靠性和可维护性。例如：

用户满意度：用户在使用时发现了软件的很多问题，影响了用户使用软件的效率。

可靠性：某个软件经常会崩溃，某个操作系统会时不时死机，某个网站往往在最需要的时候登不上去。

软件流程的质量： 软件团队和开发流程的问题太多，导致团队成员无法互相协作，按时交付软件。这也可以说是软件团队的 Bug。

可维护性： 某个软件太难维护了，按下葫芦起了瓢，修复了一个问题，另一个问题又出来了。也没有足够的文档，维护人员表示需要更多的资金和时间来维护这个软件，甚至建议推倒重写。

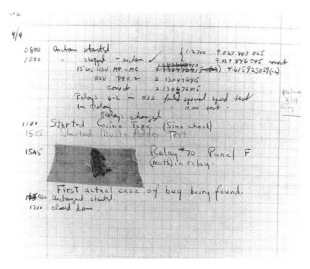

图1-6　Bug 的来历（蛾子下方的文字是：First actual case of bug being found [30]）

历史学家们说计算机系统的第一个 Bug 是一个蛾子（如图 1-6 所示），因此大家把软件的缺陷叫做 Bug。其实不少工程师在那之前都用 "Bug" 来统称系统中的问题 [29]。

什么是 Bug 呢？简单地说，软件的行为和用户的期望值不一样，就叫 Bug。是否是 Bug，取决于用户、开发者的不同角度。

例如，某聊天软件不支持视频聊天，用户期望这个聊天软件支持视频聊天。但是该软件的开发人员说，这个软件根本没打算支持视频聊天。

这还是一个 Bug 么？用户下载了一个公司的软件，结果第二天发现电脑上突然多了好几个新软件，但用户从来也没有同意安装。这是 Bug，还是用户应该感激的福利？

我们看一个经典小说中的例子 [31]：

……

伙计取下壁上挂的一块乌黑油腻的东西，请他们赏鉴，嘴里连说："好味道！"引得自己口水要流，生怕经这几位客人的馋眼睛一看，肥肉会减瘦了。肉上一条蛆虫从腻睡里惊醒，……

伙计忙伸指头按着这嫩肥软白的东西，轻轻一捺，在肉面的尘垢上划了一条乌光油润的痕迹，像新浇的柏油路，一边说："没有什么呀！"顾尔谦冒火，连声质问他："难道我们眼睛是瞎的？"大家也说："岂有此理！"……

肉里另有两条蛆也闻声探头出现。伙计再没法毁尸灭迹，只反复说："你们不吃，有人要吃——我吃给你们看——"店主拔出嘴里的旱烟筒，劝告道:"**这不是虫呀，没有关系的，这叫'肉芽'**——'肉'——'芽'。"方鸿渐引申说:"你们这店里吃的东西都会发芽，不但是肉。"

是虫子（Bug），还是肉芽? 不同的人有不同的答案。软件行业也有一句著名的笑话:这不是缺陷，这是一个功能（It's not a bug, it's a feature）! 很多人认为有 Bug 就是质量不合格，没有 Bug 就是质量完美，其实这也未必。移山软件学院的小芳同学穿了一条新的牛仔裤，她的同学果冻看到后就善意地上前提醒:裤腿上有两个洞，赶紧去退货! 这是 bug，还是 feature? 我们在大街上看到很多不同品牌的汽车，这些汽车出厂时都通过了行业的质量标准。但是你问路人哪些车的"质量好"，很多人会告诉你有些车的质量大大好于另外一些车，那为什么还有人买那些质量"不够好"的汽车呢? 对于某些顾客来说，某一类的汽车满足了他们的需求，他们就会买。如果销售人员向不合适的目标用户推销自己公司的汽车，最后销量未必理想。

市面上有这么多不完美的产品，软件团队为什么还要把这些不完美的软件发布出来呢? 为什么不能等到它们完美之后再发布? 软件工程的一个重要任务，就是要在时间、成本等多种约束条件下决定一个软件在什么时候能"足够好"，可以发布。

作为教材，本书所倡导的教学和培训目标是，让读者通过理论学习和具体项目的练习，做到下面三点:

1. **研发出符合用户需求的软件**

   通过实际的工作收集、推导、提炼需求，并在软件发布后通过实际数据验证需求的确被满足了。需求来自于实际，而不是自己想象出来的"需求"或者人云亦云的需求（例如:虚拟的、没人用的、也没有数据的"图书馆管理系统"）。

2. **通过一定的软件流程，在预计的时间内发布"足够好"的软件**

   这个软件不是期末前两天由两三个同学熬通宵赶出来的急就章，而是经历了一定的软件流程，通过全体团队成员的努力，在一个长期阶段（一个学期）内逐步完成的。对于现实生活中的软件团队来说，好产品不是某个英雄长期加班突击出来的。

3. **能证明所开发的软件是可以维护和继续发展的**

   例如，对用户需求的分析有详细的文档说明，包括对将来发展的分析和计划。主要功能的设计文档说明和软件的实际行为一致。源代码完整并能构建出符合质量要求的版本。能用软件管理软件看到源代码的每次修改记录，Bug 的修改过程。关键模块有可以正常执行的单元测试、压力测试脚本，等等。

能做到这三点，就是初步学会了软件工程。已经工作了的软件工程师们，也可以用这标准审查自己参与的软件项目。

1.3　练习与讨论

更多内容与讨论请参见：http://www.cnblogs.com/xinz/p/3803035.html

1.　像阿超那样，花 20 分钟写一个能自动生成小学四则运算题目的程序。然后在此基础上扩展：

　　1）除了整数以外，还要支持真分数的四则运算。

　　2）程序支持判断对错，累计分数，倒计时。

　　3）支持多个运算符。

　　4）支持括号。

　　5）用户界面可以由用户选择用中文、英文或日文。

　　6）把上面的功能都移植到一个网页程序上。和同学们比较一下各自程序的功能、实现方法的异同，等等。

2.　在一周之内，快速看完整部教材，列出你不懂的 5–10 个问题，发布在你的个人博客上。

　　1）在每个问题后面，请说明哪一章节的什么内容引起了你的提问，提供一些上下文。

　　2）列出一些事例或资料，支持你的提问 。

　　3）说说你提问题的原因，你是因为自己的假设和书中的不同而提问，还是不懂书中的术语，还是对推理过程有疑问，还是书中的描述和你的经验（直接或间接经验）相矛盾？

　　一个模板可以是这样：

　　　　我看了这一段文字（引用文字），有这个问题（提出问题）。我查了资料，有这些说法（引用说法），根据我的实践，我得到这些经验（描述自己的经验）。但是我还是不太懂，我的困惑是（说明困惑）。

　　　　【或者】我反对作者的观点（指出作者的观点，提出自己的观点，以及理由）。

3.　软件有很多种分类方法，下面是另一种：

ShrinkWrap（在包装盒子里面的软件）、Web APP（基于网页的软件）、Internal Software（企业或学校或某组织内部的软件）、Games（游戏）、Mobile Apps（手机应用）、Operating Systems（操作系统）、Tools（工具软件），选取三种软件，请分析它们各自的特点。

　　1）这些软件的开发者是怎么说服你（陌生人）成为他们的用户的？他们的目标都是盈利么？他们的目标是赚取用户的现金？还是别的？

　　2）这些软件是如何到你手里的（邮购，下载，互相拷贝……）？你当时上几年级？你对这个软件的感觉如何？

3） 这些软件是如何处理 Bug 的？又是如何更新版本的？

4） 同一类型的软件之间是如何竞争的？

列举你在使用上述软件时观察到的"特殊"现象，它们和硬件有什么不同？这些能说明软件的某些本质特性么？

（请在网页看链接：http://cnblogs.com/xinz/p/4470424.html）

1　参见：Niklaus Wirth. *Algorithms + Data Structures = Programs*（ISBN 978-0-13-022418-7）. Prentice-Hall，1976.

2　参见：Peter, Naur; Brian Randell (7 - 11 October 1968). "Software Engineering: Report of a conference sponsored by the NATO Science Committee"（PDF）. Garmisch, Germany: Scientific Affairs Division, NATO.
　　文档下载：http://homepages.cs.ncl.ac.uk/brian.randell/NATO/nato1968.PDF 这篇报告是 1969 年发表的，因此有些对同一文章的引用标注为 1969 年。

3　参见：http://en.wikipedia.org/wiki/Kent_Couch

4　肯特·柯西不是第一个，也不是最后一个做类似冒险的人，参看：http://en.wikipedia.org/wiki/Larry_Walters

5　参见：http://en.wikipedia.org/wiki/Wright_Flyer 在试飞之后的百年纪念日，现代人复制了这架飞机，想重复这一壮举，结果却失败了。

6　参见：http://en.wikipedia.org/wiki/Qantas_Flight_30

7　参见：http://en.wikipedia.org/wiki/US_Airways_Flight_1549

8　参见：http://en.wikipedia.org/wiki/Moores_law 又称摩尔定律。

9　说到这里，我要提一下 Windows XP 和 Internet Explorer 6 这两个软件。它们都是 2001 年发布的，在过去的十多年中，通过不断地打补丁（Service Pack），还在数以亿计的硬件上工作。它们也许有各种缺陷，但是这么多年来，它们能支持这么多设备、网站和各种用户的需求，的确是软件工程的奇迹。

10　参见：Fred P. Brooks，UMLChina 翻译组，汪颖译 .《人月神话》（*The Mythical Man-Month*. ISBN 0-201-00650-2）. 清华大学出版社，2002.

11　参见：Vaclav Rajlich. *Software Engineering: The Current Practice*（ISBN: 1439841225）. Chapman and Hall/CRC，2011.

12　参见：http://en.wikipedia.org/wiki/Engineering 翻译时略有删减。

13　作者在参加 2006 年全国软件学院评审的时候就听到老师评论，某某学校的软件学院和计算机学院是一套老师，两块牌子，收费不同，徒生烦恼，不如合并算了！

14　Microsoft Academic Search 项目地址：http://academic.research.microsoft.com

15　参见：http://www.infoq.com/presentations/tony-hoare-computing-engineering

16　参见：https://www.infoq.com/presentations/Null-References-The-Billion-Dollar-Mistake-Tony-Hoare

17　参见：许峰雄著 .《"深蓝"揭秘：追寻人工智能圣杯之旅》（ISBN 7-5428-3977-2）. 黄军英等译 . 上海：上海科技教育出版，2005.

18　下面的总结来源于李啸虎为《工程学 —— 无尽的前沿》一书所写的译者序。ISBN 978-7-5428-4624-2

19 这一文档可以从 www.swebok.org 下载。

20 来自 1973 年 NOVA 电视科普系列节目对费曼的采访。

21 参见:《大教堂与集市》原著:Eric S Raymond 翻译:卫剑钒 ISBN 9787111452478

22 这一条参考重用本章第 10 条尾注。Fred P. Brooks 的著作。

23 这个规律来自于 Douglas Hofstadter 的著作 Gödel, Escher, Bach: An Eternal Golden Braid.

24 参见:Fred P. Brooks,UMLChina 翻译组,汪颖译 .《人月神话》(*The Mythical Man-Month.* ISBN 0-201-00650-2). 清华大学出版社,2002.

25 指的是从早 9 点到晚 9 点上班,每周工作 6 天的制度。在 2010-2017 年间中国的一些互联网企业实施并宣传过。

26 参见:Boehm, Barry (1981). *Software Engineering Economics.* Prentice-Hall. ISBN 0-13-822122-7.

27 参见:http://www.cs.unc.edu/~stotts/145/cocomo4.gif

28 参见:http://shape-of-code.coding-guidelines.com/2016/05/19/cocomo-how-not-to-fit-a-model-to-data/ 文章认为,Cocomo 数学模型的价值和指导意义非常有限。

29 参见:http://en.wikipedia.org/wiki/Software_bug#Etymology

30 图片来源:http://en.wikipedia.org/wiki/File:H96566k.jpg

31 参见:钱钟书 .《围城》(ISBN: 9787020024759). 北京:人民文学出版社 . 1991.

第2章 个人技术和流程

- 理论和知识点

  单元测试，回归测试，效能分析，个人软件开发流程（PSP）

第1章讲了软件工程的概论，相信不少学生都摩拳擦掌，希望马上组成一个团队，开始轰轰烈烈的软件开发。但是且慢！我们首先得确保团队成员是合格的软件工程师。为此，我们得先普及一些基本概念和技术，即单元测试、回归测试和效能分析工具。一个团队需要一定的流程来管理开发活动，每个工程师在软件生命周期所做的工作也应该有一个流程，这一章会介绍 PSP（Personal Software Process，个人软件开发流程）。

2.1 单元测试

绝大部分软件都是由多人合作完成的，大家的工作相互有依赖关系。最典型的例子就是，某人负责的模块的功能被其他人调用。软件的很多错误都来源于程序员对模块功能的误解、疏忽或不了解模块的变化。如何能让自己负责的模块功能定义尽量明确，模块内部的改变不会影响其他模块，而且模块的质量能得到稳定的、量化的保证？单元测试就是一个很有效的解决方案。

2.1.1 用 VSTS 写单元测试 [1]

许多应用程序中都会用到"用户"这一类型，用户的标识通常是一个邮件地址。对应的单元测试该怎么写？我们让程序员小飞来练习一下。

首先小飞创建了一个 C# 的类库（Class Library），并写了如代码清单 2-1 所示的代码：

代码清单 2-1

```
namespace DemoUser
{
    public class User
    {
        public User(string userEmail)
        {
            m_email = userEmail;
        }
        private string m_email; //user email as user id
    }
}
```

好，图 2-1 中，底部窗口标题为 Create Unit Tests，右键选中 User，出现 "New Test Project" 弹窗，这样就可以创建新的单元测试。

创建好单元测试后，注意到在 Solution Explorer 中出现了三个新的文件（如图 2-2 所示）。

Class1Test.cs：Class1.cs 对应的单元测试文件。

DemoUser.vsmdi：测试管理文件。

Localtestrun.testrunconfig：本地测试运行设置文件。

如何管理设置文件呢？右键再选属性（Property）并不对，必须双击设置文件才能进入管理及设置界面。进入设置界面后，可以让单元测试产生 "demouser.dll" 的代码覆盖报告。

注意在单元测试中，VSTS 自动为你生成了测试的骨架，但是你还是要自己做不少事情，最起码要把那些标注为 //TODO 的事情给做了（如代码清单 2-2 所示）。此时，单元测试还在使用 Assert.Inconclusive，表明这是一个未经验证的（Inconclusive）单元测试。

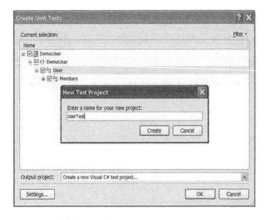

图 2-1　创建单元测试项目

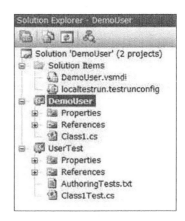

图 2-2　新的单元测试文件

代码清单 2-2

```
/// <summary>
///A test for User (string)
///</summary>
[TestMethod()]
public void ConstructorTest()
{
    string userEmail = null; // TODO: Initialize to an appropriate
                             // value

    User target = new User(userEmail);
    // TODO: Implement code to verify target
    Assert.Inconclusive("TODO: Implement code to verify target");
}
```

简单修改之后，可以得到一个正式的单元测试，如代码清单 2-3 所示。

代码清单 2-3

```
[TestMethod()]
public void ConstructorTest()
{
    string userEmail = "someone@somewhere.com";

    User target = new User(userEmail);

    Assert.IsTrue(target != null);
}
// 我们还可以进一步测试 E-mail 是否确实保存在 User 类型中。
```

从上面这个例子可以看到，创建单元测试的主要步骤是：

1. 设置数据（一个假想的正确的 E-mail 地址）

2. 使用被测试类型的功能（用 E-mail 地址来创建一个 User 类的实体）

3. 比较实际结果和预期的结果（Assert.IsTrue(target != null);）

现在可以运行单元测试了，同时可以看看代码覆盖报告（Code Coverage Report），代码百分之百地都被覆盖了。

当然，这时候的代码还有很多情况没有处理，例如，还没有：

处理空的字符串，长度为零的字符串，都是空格的串……

我们可以很快地复制 / 粘贴，又写了下面三个测试，如代码清单 2-4 所示。

代码清单 2-4

```
[TestMethod()]
[ExpectedException(typeof (ArgumentNullException))]
public void ConstructorTestNull()
{
    User target = new User(null);
}

[TestMethod()]
[ExpectedException(typeof(ArgumentException))]
public void ConstructorTestEmpty()
{
    User target = new User("");
}

[TestMethod()]
[ExpectedException(typeof(ArgumentNullException))]
public void ConstructorTestBlank()
{
    User target = new User("      ");
}
```

如果不修改类库中的代码，单元测试会报告这三个新的测试都失败了。

小飞对代码做了相应的修改，结果出现了代码清单 2-5 中的错误。

代码清单 2-5

```
Test method UserTest.UserTest.ConstructorTestBlank threw exception System.
ArgumentException, but exception System.ArgumentNullException was expected.
Exception message: System.ArgumentException: Value does not fall within the
expected range.
```

定睛一看，原来复制 / 粘贴用了原来的 ArgumentNullException，而不是 Argument-Exception。

如果有人加了下面的代码：

```
if (!m_email.Contains("@"))
{
    throw new ArgumentException();
}
```

这时，代码覆盖测试就会报告代码覆盖率是 85% 左右。那还得加上新的单元测试，以保证所有的代码都得到了基本的测试。

小飞：现在我知道为什么有些软件写了好几年都没有发布了，敢情他们都忙着写单元测试了。

阿超：也许因为他们没有在一开始就写单元测试，所以后来有很多问题要处理。很多调查显示，在软件开发后期发现的 Bug，修复起来要花更多的时间。

小飞：这对我们设计人员有什么用呢？好像都是一些细节的东西。

阿超：在写技术模块的规格说明书（Specification）的时候，要越详细越好，最好各项要求都可以表示为一个单元测试用例。

小飞：如果不能表示为一个单元测试用例呢？

阿超：那就是你写得还不够细。

小飞：我大胆地说一句，如果是一个人写写程序玩玩，单元测试似乎不那么重要。

阿超：你可以大胆地对你的女朋友说："我们只是玩一玩……"看看效果如何。

如果玩一玩，什么都不太重要。如果你写的模块会有不同的人，在不同的时间使用，那你最好把你这一"单元"要做的事，以及它不能做的事，用单元测试清晰地表达出来。同时，单元测试也能帮助程序员记录这个模块的历史和设计变更的理由。

2.1.2　好的单元测试的标准

怎样才算一个好的单元测试？单元测试应该准确、快速地保证程序基本模块的正确性。下面是验证单元测试好坏的一系列标准：

单元测试应该在最基本的功能 / 参数上验证程序的正确性。
单元测试应该测试程序中最基本的单元 —— 如在 C++/C#/Java 中的类，在此基础上，可以测试一些系统中最基本的功能点（这些功能点由几个基本类组成）。从面向对象的设计原理出发，系统中最基本的功能点也应该由一个类及其方法来表现。单元测试要测试 API 中的每一个方法及每一个参数。

单元测试必须由最熟悉代码的人（程序的作者）来写。
代码的作者最了解代码的目的、特点和实现的局限性。所以，写单元测试没有比作者更适合的人选了。

问： 如果我很忙，能不能让别人代劳写单元测试？

答： 如果忙到连单元测试都没有时间写，那么你也没有时间写好这个功能。在一些极限编
　　 程的方法中，是可以考虑让别人来做单元测试的，但是，程序的作者还是要对单元测
　　 试负责。

最好是在设计的时候就写好单元测试，这样单元测试就能体现 API 的语义，如果没有单元测
试，语义的准确性就不能得到保障，以后会产生歧义。

单元测试过后，机器状态保持不变。

这样就可以不断地运行单元测试，如果单元测试创建了临时的文件或目录，应该在 Teardown
阶段删掉。如果单元测试在数据库中创建或修改了记录，那么也许要删除或恢复这些记录，
或者每一个单元测试使用一个新的数据库，这样可以保证单元测试不受以前单元测试实例的
干扰。

单元测试要快（一个测试的运行时间是几秒钟，而不是几分钟）。

快，才能保证效率。因为一个软件中有几十个基本模块（类），每个模块又有几个方法，基本
上我们要求一个类的测试要在几秒钟内完成。如果软件有相互独立的几个层次，那么在测试组
中可以分类，如数据库层次、网络通信层次、客户逻辑层次和用户界面层次，可以分类运行测
试，比如只修改了"用户界面"的代码，则只需运行"用户界面"的单元测试。

单元测试应该产生可重复、一致的结果。

如果单元测试的结果是错的，那一定是程序出了问题，而且这个错误一定是可以重复的。

问： 如果用随机数以增加测试的真实性，好么？

答： 一般情况下不好，如果某个随机数导致程序出错，但是下一次运行又不能重复这一错
　　 误，则于事无补。我们还是要用随机数等办法"增加测试的真实性"，但不是在单元
　　 测试中。单元测试不能解决所有问题，不必期望它会发现所有的缺陷。

独立性 —— 单元测试的运行/通过/失败不依赖于别的测试，可以人为构造数据，以保持单元测试的独立性。

程序中的各个模块都是互相依赖的，否则它们就不会出现在一个程序中。一般情况下，单元测
试中的模块可以直接引用其他的模块，并期待其他的模块能返回正确的结果。

如果其他的模块很不稳定，或者其他模块运行比较费时（如进行网络操作），而且对于本模块
的正确性并不起关键的作用，这时可以人为地构造数据，以保证单元测试的独立性。

单元测试应该覆盖所有代码路径。

单元测试应覆盖所测单元的所有代码路径，包括错误处理路径。为了保证代码覆盖率，单元测试必须测试公开的和私有的函数 / 方法。

问：　啊！这样岂不是要写很多啰里啰唆的测试方法？

答：　对，因为程序中的很多缺陷都是从这些啰里啰唆的错误处理中产生的。如果你的模块中的某个错误处理路径很难到达，那你也许要想想是否可以把这个错误处理拿掉。

小飞：这对于那些爱写复杂代码的人是一个很好的惩罚，不对，是一个很好的锻炼。

阿超：对，把单元测试的责任和代码作者绑定在一起后，代码作者就能更真切地体会到复杂代码的副作用，因为验证复杂代码的正确性要困难得多。要注意：**100% 的代码覆盖率并不等同于 100% 的正确性**！分析如下：

a. 代码覆盖率对于"应该写但是没有写的代码"无能为力。例如代码申请了内存或其他资源，但并没有释放。又如，代码中并没有处理错误情况。或者没有处理和文件、网络相关的一些异常情况，例如文件不存在、权限有问题，等等。

b. 代码中有效能问题，虽然代码执行了，并且也正确地返回了，但是代码效率非常低。有些情况下，可以针对代码效率写一个单元测试。

c. 多线程环境中的同步问题，这个问题和代码执行的时序、共享资源的锁定有关。

d. 进一步说，"覆盖率"有下面几个层次：

　　1. 函数的覆盖，这个模块的每一个函数都覆盖了么？

　　2. 语句的覆盖，这个模块的每一个语句都覆盖了么？

　　3. 分支的覆盖，这个模块的每一个条件分支都覆盖了么？

　　4. 条件的覆盖，这个模块的每一个布尔表达式的 TURE | FALSE 都覆盖了么？

在条件语句中，影响条件最终判断结果的因素往往有很多，例如下面的伪代码：

```
if ( a == TRUE && func1(b) == TRUE && c == True)
{
        DoFoo (a, b, c);
}
else
{
        DoBar (a, b, c);
}
```

一个程序员可以简单地让 func1 和 变量 c 永远为真，只要模拟变量 a 的值为真或假，就可以覆盖条件的两个分支 DoFoo 和 DoBar，这里的路径覆盖率是 100%，但是条件 func1() 和条件 c 的取值为 FALSE 的情况并没有被考虑进来。

e. 其他与外部条件相关的问题（例如与设备、网络、执行环境相关的问题）。我们在第 1 章提到飞机被炸开一个洞，你觉得飞机的程序应该考虑"覆盖"这种情况么？

单元测试应该集成到自动测试的框架中。

另一个重要的措施是要把单元测试自动化，这样每个人都能随时、随地运行单元测试。团队一般是在每日构建之后运行单元测试的，这样单元测试的错误就能及时被发现并得到修改。

单元测试必须和产品代码一起保存和维护。

单元测试必须和代码一起进行版本维护。如果不是这样，过了一阵，代码和单元测试就会出现不一致，程序员要花时间来确认哪些是程序出现的错误，哪些是由于单元测试滞后造成的错误。这样就失去了单元测试的意义，同时又给大家增加了负担。如此折腾多次以后，大家就会觉得维护单元测试费时又费力[2]。

2.1.3　回归测试

在单元测试的基础上，我们就能够建立关于这一模块的回归测试（Regression Test）。Regress：return to a worse or less developed state，是倒退、退化、退步的意思。在软件项目中，如果一个模块或功能以前是正常工作的，但是在一个新的构建中出了问题，那么这个模块就出现了一个"退步"（Regression），从正常工作的状态退化到不正常工作的状态。在一个模块的功能逐步完成的同时，与此功能有关的测试用例也同样在完善中。一旦有关的测试用例通过，我们就得到了此模块的功能基准线（Baseline），一个模块的所有单元测试就是这个模块最初的 Baseline。

假如，在 3.1.5 版本，模块 A 的编号为 125 的测试用例是通过了的，但是在新的版本 3.1.6 上，这个测试用例却失败了，这就是一个"倒退"（Regression）。工程师们应该在新版本上运行所有已通过的测试用例，以验证有没有"退化"情况发生，这个过程就是一个"Regression Test"。如果这样的"倒退"是由于模块的功能发生了正常变化引起的（例如，新的需求，支持电子邮件地址以 .name 为最后的域名），那么测试用例的基准就要修改，以便和新的功能保持一致。

针对一个 Bug Fix，我们也要做 Regression Test。目的是：

1. 验证新的代码的确改正了缺陷
2. 同时要验证新的代码有没有破坏模块的现有功能，有没有 Regression

所以，对于"回归测试"中的"回归"，我们可以将其理解为"回归到以前不正常的状态"。

回归测试最好要自动化，因为这样就可以对于每一个构建快速运行所有回归测试，以保证尽早发现问题。单元测试是回归测试的基础。在专注于模块基本功能的单元测试之外，还有功能测试——从用户的角度检查功能完成得怎么样。在微软的实践中，在一个项目的最后稳定阶段，所有人都要参加全面的测试工作，把所有以前发现并修复的 Bug 找出来，一个一个验证，以保证所有已经修复过的 Bug 的确得到了修复，并且没有在最后一个版本中"复发"，这是一个大规模的、全面的"回归测试"。

2.2　效能分析工具

啊，效能分析，Performance！这是每一个程序员都梦想的事儿，让自己的程序跑得又快又好，最好是比别人快一个数量级，别人的程序是 $O(N^2)$，而我的程序是 $O(n \times \log N)$，或者是 $O(N)$，这是多爽的一项成就呀！VSTS 提供了方便的效能分析工具，让我们能很快地找到程序的效能瓶颈，从而能有的放矢，改进程序。下面我们看一个具体的例子。

有这样一道题：写一个程序，分析一个文本文件中各个词出现的频率，并且把出现频率最高的 10 个词打印出来。

果冻很快用 C# 写好了程序，命名为 WordFreq.exe，然后运行了一下，验证了正确性，程序的基本框架如代码清单 2-6 所示。

代码清单 2-6
```
DoIt()
{
    ProcessFile()  //store all words in a big buffer
    ProcessBuffer() //calculate and store the frequency of each word
    OutputResult()  //output top 10
}
```

```
ProcessBuffer()
{
    GetOneWord()    //get one word from buffer
    FreqOneWord()
}

FreqOneWord(word)
{
    Find the word in the array list,
    If (found)
        Update the frequency
    If (not found)
        Add the word in the array list with frequency = 1
}

OutputResult()
{
    ArrayList.Sort()    //sort the array
    Output Top 10 entry;
}
```

文本文件大约是 300－1000KB 大小。在运行效能分析之前，阿超让大家预计耗时最多的是什么函数，或者哪些语句。大家众说纷纭，有的说是处理文件，因为 I/O 很花时间，有的说是排序，有的说是处理每个词。还有人建议排序和处理每一个词应该同时进行，这样就能加快速度。

实践的第一步，要确保编译的程序是 Release 版本。然后在 Visual Studio 界面中选中 Tools | Performance Tools | Performance Wizard（如图 2-3 所示）。

图 2-3　效能分析 —— 选择分析方法

可以选择两种分析方法：

1. 抽样（Sampling）
2. 代码注入（Instrumentation）

简单来说，**抽样**就是当程序运行时，Visual Studio 时不时看一看这个程序运行在哪一个函数内，并记录下来。程序结束后，Visual Studio 就会得出一个关于程序运行时间分布的大致印象。这种方法的优点是不需要改动程序，运行较快，可以很快找到瓶颈，但是不能得出精确的数据，也不能准确表示代码中的调用关系树（Call Tree）。

另一方面，**代码注入**就是将检测的代码加入到每一个函数中，这样程序的一举一动都被记录在案，程序的各个效能数据都可以被精准地测量。这一方法的缺点是程序的运行时间会大大加长，还会产生很大的数据文件，也相应增加了数据分析的时间。同时，注入的代码也影响了程序真实的运行情况（这有点像量子物理学中的"测试的光线干扰了被测物体本身"的现象）。

一般的做法是，先用抽样的方法找到效能瓶颈所在，然后对特定的模块用代码注入的方法进行详细分析。

对程序进行效能分析，我们先要弄清楚下面这几个名词，如表 2-1 所示。

表 2-1　效能分析的名词解释

名词	含义
调用者（Caller）	函数 Foo() 中调用了 Bar()，Foo() 就是调用者
被调用函数（Callee）	见上，Bar() 就是被调用函数
调用关系树（Call Tree）	从程序的 Main() 函数开始，调用者和被调用函数就形成了一个树形关系——调用树
消逝时间（Elapsed Time）	从用户的角度来看程序运行所花的时间。当用户看到一个程序没有反应时，用户并不清楚程序此时是在运行自己的代码，还是被调度出去了，或者操作系统此时正在忙别的事情
应用程序时间（Application Time）	应用程序占用 CPU 的时间，不包括 CPU 在核心态时花费的时间
本函数时间（Exclusive Time）	所有在本函数花费的时间，不包括被调用者使用的时间
所有时间（Inclusive Time）	包含本函数和所有调用者使用的时间

理解了上面的各种概念后，就不难理解"消逝的本函数时间（Elapsed Exclusive Time）"等其他组合名词所代表的概念了。

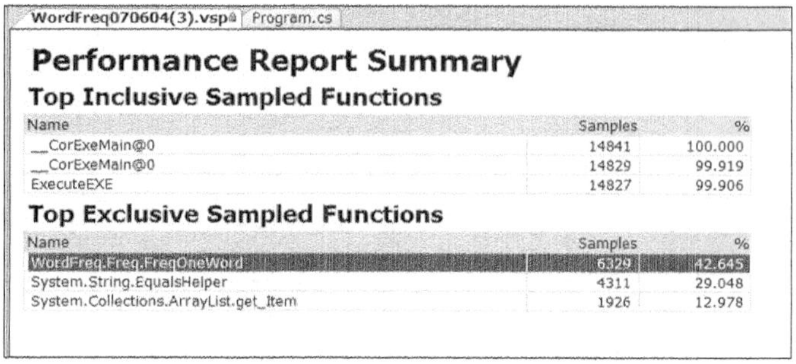

WordFreq070604(3).vsp | Program.cs

Performance Report Summary

Top Inclusive Sampled Functions

Name	Samples	%
__CorExeMain@0	14841	100.000
__CorExeMain@0	14829	99.919
ExecuteEXE	14827	99.906

Top Exclusive Sampled Functions

Name	Samples	%
WordFreq.Freq.FreqOneWord	6329	42.645
System.String.EqualsHelper	4311	29.048
System.Collections.ArrayList.get_Item	1926	12.978

图 2-4 用抽样的方法分析效能

我们先进行抽样分析，在效能浏览器（Performance Explorer）中开始效能分析即可。

图 2-4 所示的是 WordFreq 程序处理一个 30KB 的文本文件时的情况。

大家可以看到耗时最多的三个函数是：

```
WordFreq.Freq.FreqOneWord(string)
System.String.EqualsHelper(string,string)
System.Collections.ArrayList.get_Item(int32)
```

三个函数加起来占用了整个程序 84% 的时间。看来我们得分析为什么这三个函数会被调用得这么频繁，开销这么大了。

现在可以进行代码注入的分析，同样运行程序后，看看图 2-5 所示的调用关系树（Call Tree）报告。

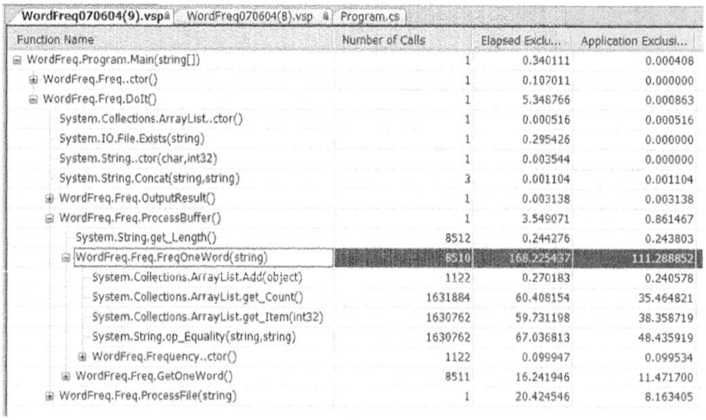

WordFreq070604(9).vsp | WordFreq070604(8).vsp | Program.cs

Function Name	Number of Calls	Elapsed Exclu...	Application Exclusi...
⊟ WordFreq.Program.Main(string[])	1	0.340111	0.000408
⊞ WordFreq.Freq..ctor()	1	0.107011	0.000000
⊟ WordFreq.Freq.DoIt()	1	5.348766	0.000863
System.Collections.ArrayList..ctor()	1	0.000516	0.000516
System.IO.File.Exists(string)	1	0.295426	0.000000
System.String..ctor(char,int32)	1	0.003544	0.000000
System.String.Concat(string,string)	3	0.001104	0.001104
⊞ WordFreq.Freq.OutputResult()	1	0.003138	0.003138
⊟ WordFreq.Freq.ProcessBuffer()	1	3.549071	0.861467
System.String.get_Length()	8512	0.244276	0.243803
⊟ WordFreq.Freq.FreqOneWord(string)	8510	168.225437	111.288852
System.Collections.ArrayList.Add(object)	1122	0.270183	0.240578
System.Collections.ArrayList.get_Count()	1631884	60.408154	35.464821
System.Collections.ArrayList.get_Item(int32)	1630762	59.731198	38.358719
System.String.op_Equality(string,string)	1630762	67.036813	48.435919
⊞ WordFreq.Frequency..ctor()	1122	0.099947	0.099534
⊞ WordFreq.Freq.GetOneWord()	8511	16.241946	11.471700
⊞ WordFreq.Freq.ProcessFile(string)	1	20.424546	8.163405

图 2-5 代码注入方法产生的效能报告

结合实际的代码（见代码清单 2-7），可以看到在 `WordFreq.FreqOneWord` 函数中，究竟发生了什么。

代码清单 2-7

```
private void FreqOneWord(string w)
{
    // see if we have a match, if not, add it to the end,
    // then assign it initial frequency 1;
    // if yes, inc the frequency by 1
    for (int i = 0; i < m_wordList.Count; i++)
    {
        Frequency fi = (Frequency)m_wordList[i];

        if (fi.str == w)
        {
            fi.n++;
            return;
        }
    }

    //now we have to append it to the end.
    Frequency f = new Frequency();
    f.str = w;
    f.n = 1;
    m_wordList.Add(f);
}
```

我们可以清楚地看到: `WordFreq.Freq.FreqOneWord(string)` 调用了 8510 次, 表明一共处理了 8510 个词。但是, `System.Collections.ArrayList.Add(object)` 调用了 1122 次, 说明有 1122 个不同的词被加入到 ArrayList 中。下面三个函数被调用的次数相似, 它们耗时都很长。

    System.Collections.ArrayList.get_Count()

    System.Collections.ArrayList.get_Item(int32)

    System.String.op_Equality(string,string)

果冻: (大叫起来) 写下这行代码时

            for (int i = 0; i < m_wordList.Count; i++)

    我没想到 m_wordList.Count, 也就是 ArrayList.get_Count(), 会花这么多时间, 累计被调用了 1631884 次!

    可以马上把代码改成:

            int count = m_wordList.Count;

            for (int i = 0; i < count; i++)

这样会如何？大家等了一会儿，代码分析的结果出来了（如图 2-6 所示）。

WordFreq070604(8).vsp | Program.cs

Function Name	Number of Calls	Elapsed Exclu...	Application Exclusi...
⊟ WordFreq.Program.Main(string[])	1	0.330224	0.000381
⊞ WordFreq.Freq..ctor()	1	0.106351	0.000000
⊟ WordFreq.Freq.DoIt()	1	212.818274	0.000904
System.Collections.ArrayList..ctor()	1	0.000418	0.000418
System.IO.File.Exists(string)	1	0.290541	0.000000
System.String..ctor(char,int32)	1	0.003695	0.000000
System.String.Concat(string,string)	3	0.001102	0.001102
⊟ WordFreq.Freq.OutputResult()	1	0.003986	0.003986
System.Collections.ArrayList.get_Count()	12	0.001300	0.001300
System.Collections.ArrayList.get_Item(int32)	10	0.001551	0.001551
⊟ System.Collections.ArrayList.Sort()	1	2.487700	1.063681
WordFreq.Frequency.CompareTo(object)	12094	0.279672	0.272719
System.Console.WriteLine(string,object,object)	10	60.966739	0.000000
⊟ WordFreq.Freq.ProcessBuffer()	1	3.674820	0.843456
System.String.get_Length()	8512	0.256353	0.243758
⊟ WordFreq.Freq.FreqOneWord(string)	8510	148.033850	102.810494
System.Collections.ArrayList.Add(object)	1122	0.211852	0.211852
System.Collections.ArrayList.get_Count()	8510	0.239969	0.234419
System.Collections.ArrayList.get_Item(int32)	1630762	61.130615	42.269296
System.String.op_Equality(string,string)	1630762	77.509412	51.513270
⊞ WordFreq.Frequency..ctor()	1122	0.079524	0.073220
⊞ WordFreq.Freq.GetOneWord()	8511	13.478711	11.557854
⊞ WordFreq.Freq.ProcessFile(string)	1	13.879877	8.028279

图 2-6　改进后的程序效能分析图

可以看到 `System.Collections.ArrayList.get_Count()` 的调用次数和时间都大幅减少。

可以继续进行“效能测试，分析，改进，再效能测试”的流程，逐渐提高程序的效能和我们的编程水平。

大家也要注意避免没有做分析就过早地进行“效能提高”，刚才有人提到我们可能要提高排序的性能，但是从图 2-6 来看，`System.Collections.ArrayList.Sort()` 只占了 `FreqOneWord()` 不到 1/50 的时间，**如果我们不经分析就盲目优化，也许会事倍功半**。我们在第三章还会讲到过早优化的其他例子。

2.3 个人开发流程

卡内基梅隆大学（CMU）的能力成熟度模型（CMM 和 CMMI），是用来衡量一个团队能力的一套模型。CMU 的专家们针对软件工程师也有一套模型，叫 Personal Software Process（PSP），PSP 和任何其他方法论一样，也不是一蹴而就的。我们根据最新的版本（PSP 2.1）来看看一个软件工程师在接到一个任务之后应该怎么做，如表 2-2 所示。

表 2-2　软件工程师的任务清单（中英对照）[3]

PSP2.1	记录所花的时间，开发阶段各个子项之和应该等于开发的总时间
Planning	计划
• Estimate	• 明确需求和其他相关因素，指明时间成本和依赖关系
Development	开发
• Analysis	• 分析需求
• Design Spec	• 生成设计文档
• Design Review	• 设计复审（和同事审核设计文档）
• Coding Standard	• 代码规范（为目前的开发制定合适的规范）
• Design	• 具体设计
• Coding	• 具体编码
• Code Review	• 代码复审
• Test	• 测试（包括自测，修改代码，提交修改）
Record Time Spent	记录用时
Test Report	测试报告
Size Measurement	计算工作量
Postmortem	事后总结
Process Improvement Plan	提出过程改进计划

下面的表 2-3 对比显示了作者 2011 年收集的两组统计数据。

- 大学四年级学生：在中国科技大学和微软合作的"现代软件工程"课程中，每个学生记录了自己在完成个人项目时所花费的时间（学生情况：大学四年级上学期，专业：计算机 / 电子 / 数学）

- 工作三年的软件工程师：一群平均工作时间在 3 年左右，平均毕业学位为硕士的职业软件工程师的匿名调查

表 2-3　PSP 数据比较　大学生 vs. 工程师

PSP 阶段	大学生所花时间百分比	工程师所花时间百分比
计划	8	6
• 明确需求和其他相关因素，估计每个阶段的时间成本。	8	6
开发	82	88
• 需求分析	**6**	**10**
• 生成设计文档	5	6
• 设计复审（和同事审核设计文档）	4	6
• 代码规范（为目前的开发制定合适的规范）	3	3
• 具体设计	10	12

续表

PSP 阶段	大学生所花时间百分比	工程师所花时间百分比
• 具体编码	**36**	**21**
• 代码复审	7	9
• 测试（自测，修改代码，提交修改）	**13**	**21**
报告	9	6
• 测试报告	3	2
• 计算工作量	2	1
• 事后总结，并提出过程改进计划	3	3

软件工程师比大四学生多读了 3 年书，多工作了 3 年，两类人任务的质量要求也不一样。 我们可以看到，工程师在"需求分析"和"测试"这两方面明显地要花更多的时间（多 60% 以上）；但是在具体编码上，工程师比学生要少花 1/3 强的时间。显然，从学生到职业程序员，并不是更加没完没了地写程序 —— 花在写代码上的时间反而少了许多。

PSP 有如下的特点。

- 不局限于某一种软件技术（如编程语言），而是着眼于软件开发的流程，这样，开发不同应用的软件工程师可以互相比较。
- 不依赖于考试，而主要靠工程师自己收集数据，然后分析，提高。
- 在小型、初创的团队中，很难找到高质量的项目需求，这意味着给程序员的输入质量不高。在这种情况下，程序员的输出（程序 / 软件）往往质量也不高，然而这并不能全部由程序员负责。
- PSP 依赖于数据。
    - 需要工程师输入数据，记录工程师的各项活动，这本身就需要不小的时间代价。
    - 如果数据不准确或有遗失，怎么办？让工程师编造一些？
    - 如果一些数据不利于工程师本人（例如：花很多时间修改缺陷），我们怎么能保证工程师愿意如实地记录这些数据呢？
- PSP 的目的是记录工程师如何实现需求的效率，而不是记录顾客对产品的满意度。工程师有可能很高效地开发出一个顾客不喜欢的软件（例如用户界面很差，功能未能解决用户实际问题，等等），那么这位工程师还是一个优秀的工程师么？

2.4　实践 —— 设计有实际意义的软件工程作业

首先，每个读者（或者学生）要开始管理自己的源代码：

- 每个人都申请一个 Visual Studio Online、GitHub [4] 或者类似的网上源代码管理项目，存放源程序和其他文档

很多老师反映软件工程的作业题不好出，学生做的"大作业"也是了无新意，自学软件开发的读者往往也想不出什么有意义的题目来练习。怎么办？师生们身处轰轰烈烈的软件产业大环境，但是在软件工程课上做的题目却是非常简陋，没有起到应有的作用，这的确是一件很有讽刺意义的事情。根据作者的调查，在软件工程课上的编程作业通常有三类：

1. 学习某种编程语言的特性，例如学习 C++ 语言的类的各种知识。这是学习编程语言的基础，不是软件工程作业。

2. 练习某些算法或按某种模式处理数据，例如：对输入数据进行排序处理，并输出。这是算法和数据结构的练习，不是软件工程作业。

3. 按照给定的需求实现一个较复杂的软件系统，但没有要求系统进行大规模的测试、模拟、实际运行，或后续演化。全国大学生交上来的成千上万的"图书馆信息系统"就是其中翘楚。这个作业有一定的复杂性，但是离实际的软件还差很远。

回头看我们在第一章提到的软件的特殊性，可以看出这些题目缺乏两个最基本的要素：复杂性和易变性。我们提到，程序 = 算法 + 数据结构；软件 = 程序 + 软件工程。软件工程的编程作业，不仅仅是程序，而是要加入软件工程的要素（复杂性、易变性和其他），有价值的软件工程的作业必须要触及这两个基本要素！

人们在实践中碰到的需求是经常变化的，软件设计的许多原则是从实践而来，这些原则正是为了在不断变化的需求中保证程序的可维护性和效率。我们以两个软件设计原则为例，第一，单一职责原则（Single Responsibility Principle，SRP）指出

一个模块（类）应该只有一个导致它变化的原因，一个模块应该完全对某个功能负责。

软件设计的经典著作《敏捷软件开发：原则、模式与实践》[5] 分析了下面的例子：

一个处理正方形的模块有两个功能：①计算面积，②画出这个正方形。

这个设计让一个模块负责两个不同的职责：进行几何计算（与显示图形无关）和在图形界面绘出正方形。如果是一个集合计算的程序需要使用这个模块，那么它要同时包括图形显示的部分

（因为是在同一个模块中），这是一种浪费，也引入了不必要的依赖（因为图形显示和具体的图形底层的实现相关），妨碍了可移植性。另外，几何计算需求的改变和图形显示需求的改变都会导致这个模块发生变化，增加错误发生的风险。

另一个例子描述了一个调制解调器的 API 界面：

```
Interface Modem
{
    public void dial(String pno);    //pno means port number
    public void hangup();
    public void send(char c);
    public void recv();
}
```

这个界面做了两类紧密相关的事情，连接管理（dial, hangup）和数据通信（send, recv），他们是两类不同的职责呢，还是一类？结论是：根据具体情况分析，要看需求的变化是否总是导致这些操作同时变化。

另一个重要的软件设计原则是开放 - 封闭原则（Open-Close Principle，OCP）：

> 软件实体应该是可以扩展的，同时是不可修改的。

具体地说：

- 允许扩展（Open for extension）。当应用的需求发生改变时，我们可以对模块进行扩展，从而改变模块的功能。
- 不允许修改（Closed for modification）。对模块行为进行扩展时，不必改变模块的本身。

在什么情况下使用这些原则呢？这本书同时指出：

> 变化的轴线仅当变化实际发生时才具有真正的意义。如果没有征兆，那么去应用 SRP，或者其他原则都是不明智的 [6]。

> 遵循 OCP 的代价也是昂贵的……显然，我们希望把 OCP 的应用限定在可能会发生的变化上。……最终，我们会一直等到变化发生时才采取行动 [7]。

回头看看我们在软件工程课上给学生布置的作业，有"变化的轴线么"？有需求的变化么？没有！那既然不用考虑任何变化，为何不把所有的功能放在一个大类里面，或者就写在 main( ) 函数里面，尽快实现就交作业了，管他什么 SRP，OCP 原则，什么内聚，耦合，信息隐藏！这说明我们的学生恰恰是明智地完成了老师布置的作业。没有足够复杂性、易变性的软件工程作业要求，反而让学生陷入"我有银弹"的误区：

> "哎，你看我一通加班，就写好了程序，得了高分。也不用啥软件设计的原则，事先也不用需
> 求说明书，也不留什么文档，就搞定了！软件容易得很！"[8]

那么如何引入学生能承受的复杂度呢？如何引入"变化的轴线"呢？我们可以把简单的程序
从几个维度逐步扩展，增加复杂度，引入不同的需求，提高需求的易变性，在这个过程中，
锻炼程序员对各种软件设计原则、软件工程原则的理解和应用，软件的适应性也得到加强。
下面列举的例子就是在实践中产生的种种扩展需求。

从数据方面扩展：

- 从数据本身的属性扩展，例如处理"最大子数组的和"的程序，可以扩展到大数（超
  过 64 位的数字），这样引入大数的处理。
- 从数据的数量扩展，很多老师出题就假设数组只有六七个元素，直接写死在程序中。
  如果这个数组有一万个、十万个元素呢？如果元素保存在文件里呢？
- 从数据的维度扩展，如果数据是在多维数组中呢？
- 从数据的其他属性扩展，例如，如果你的程序能处理北京的地铁数据，如何改进你的
  程序，让它能动态处理上海或其他城市的数据呢？这样程序就要引入某种抽象来表示
  "地点"，而不是僵化地假设数据就是北京的。

从需求方面扩展：很多程序的需求都是非常抽象，可以用数学公式描述和验证的，例如："找
出数组中的最大值"，然而实际需求的复杂度往往超过了数学公式的表达能力。请考虑下面几
种扩展的方式：

- 不是仅仅要求结果，而是要让程序把计算的过程显示出来。请搜索各种"动画显示排
  序过程"的资料，然后自己实现一下。
- 从需求的维度方面扩展，例如学生写了一个"统计程序有多少行"的程序，我们可以
  进一步要求，能把注释行、空行、只有一个字符的行去掉么？能处理目录里面的多个
  文件么？
- 重复一个成熟的、学生比较熟悉的需求，这也是可行的，关键是要体现"工程"的特
  点。例如做一个文档编辑软件，要求能处理 10M 大小的文本文件；做一个图书信息
  系统，要求有 10 万本书，100 万条借 / 还书记录。很多同学做的图书馆信息系统只有
  不到 10 本书的记录，这是图书馆么？

- 在已有的需求上增量改进，例如，让文档编辑软件支持 markdown 语法，支持无限的"后悔"操作；让图书馆信息系统支持手机客户端。如果图形编辑器支持三种图形模板，现在引入五种新的模板，在这种情况下，程序员就会审视自己的设计是否能遵循一些设计原则，来高效率地满足需求。

- 探索创新的方式来满足已有的需求，或即将出现的需求。

从用户方面扩展：绝大部分大作业都是单机运行，给一个用户（老师）看一次，看完就万事大吉。我们可以考虑下面的扩展方式：

- 单用户第二次使用这个软件的时候，能有什么功能，让单用户更喜欢这个软件？（例如：记住上次的状态，自动展现上次文档最后编辑的地方，等等。）

- 如果多用户使用这个系统，会出现什么问题，例如，学生的图书馆信息系统考虑到有 100 人同时查询的情况么？如何模拟这样的测试？我们在课堂上让几十个学生玩的"黄金点"游戏，如果是全世界的用户都可以编程序玩这个游戏，会出现什么[9]？如何设计游戏的服务？

- 用户从世界各地来，怎么办？你的"程序"能提供多种语言的界面么？

- 用户有善意的和恶意的，如何让你的程序更安全？如何测试安全性？

从软件构建方面扩展：

- 如果是把一个已有的软件从一个平台迁移到另一个平台，怎么办？

- 大多数的"程序"都是用单一的语言写的，如果软件有多个语言写成的不同模块，如何定义彼此的接口（API）？

- 如果软件已经在服务中（例如图书馆信息系统），如何升级部分模块，同时尽量减少系统下线的时间？

本书表 3-3 还列出了很多针对"增删改查"数据库系统的扩展问题，这些都可以让程序员做出有成就感、有实际意义的工作来。

2.5　练习与讨论

更多说明和讨论请参见：http://www.cnblogs.com/xinz/p/3803109.html

1.　软件工程和程序设计大作业的调查

请同学们做一个调查，到相关的软件学院或计算机学院采访学长或学弟学妹，调查一下程序设计大作业的完成情况：程序花多少时间完成？程序量是多少（多少行代码）？开发过程中使用了源代码管理等工具么？完全独立完成的同学有多少个？程序解决实际问题么？

请把结果发布在个人博客上。

2. 各种编程的玩法

编程可以是一门理论，也可以是一门工程，还可以是一门手艺，这些年来程序员们玩出了不少好手艺，请看：

http://news.cnblogs.com/n/501488/

http://www.ted.com/talks/golan_levin_on_software_as_art?language=zh-cn

你有什么编程相关的手艺？

3. Coder 和 Hacker 的区别：

http://news.cnblogs.com/n/513177/

http://st-threath.blogspot.tw/2013/06/an-engineer.html

http://aknow-work.blogspot.tw/2013/06/reply-to-coder-hacker-and-architect.html

4. 分析开发工具

请到 http://code.visualstudio.com 下载最新的版本并构建几个简单的程序，写一篇博客描述这个工具的优点和缺点。

（请在网页看链接：http://cnblogs.com/xinz/p/4470424.html）

1　这里选用的是 VS 2010 作为工具示例。其他版本也有类似功能。

2　很多开发人员有这样那样的借口不去提高单元测试的覆盖率，其中一个借口就是：这一部分代码永远测不到！请看 MSDN 的视频讲解：http://channel9.msdn.com/Events/Build/2012/3-015

3　参见：http://www.sei.cmu.edu/

4　参见：https://github.com/

5　这一节的几处引用都来自中文版《敏捷软件开发：原则、模式与实践》作者：Robert C. Martin, 译者：邓辉 ISBN 987-7-302-071976

6　来自《敏捷软件开发：原则、模式与实践》一书，第 8 章，90 页。

7　来自《敏捷软件开发：原则、模式与实践》一书，第 9 章，98 页。

8　参加这个博客和其下的讨论，这个学生把程序作业和软件作业混淆起来了。
http://www.cnblogs.com/toka/p/6280082.html#3610678

9　请看"黄金点游戏"的扩展需求：http://www.cnblogs.com/xinz/p/5972932.html

第 3 章　软件工程师的成长

- 理论和知识点

  评价软件工程师水平的主要方法，技能的反面，TSP 对个人的要求，软件工程师的思维误区

如果你有机会观察一个刚入职的软件工程师和一个工作多年、卓有成效的高级工程师，你会看到他们在公司里的行为没啥区别：同样是在电脑前敲敲打打，有时候查邮件，有时候上网，有时看手机，有时和同事聊天、讨论……似乎看不出谁更"高级"。有时候高级工程师回家了，新手还在电脑前面干活。为什么一个高级工程师会比新手工资高那么多？除了比工作年头之外，软件工程师还有什么更好的方法来衡量自己的能力和价值？

3.1　个人能力的衡量与发展

软件工程包括了什么呢？第 1 章提到：

软件工程包括了开发、运营、维护软件的过程中的很多技术、做法、习惯和思想。软件工程把这些相关的技术和过程统一到一个体系中，叫"**软件开发流程**"，软件开发流程的目的是为了提高软件开发、运营、维护的效率，以及提升用户满意度、软件的可靠性和可维护性。

软件开发流程不光指团队的流程，还包括个人开发流程，因为软件团队是由个人组成的。在团队的大流程中，是每一个具体的个人在做开发、测试、用户界面设计、管理、交流等工作。因此，个人在团队中也有独立的流程。

把每个人的工作有序地组织起来，就是团队的流程。这里说的"有序"，并不是"无争论"。在大部分成功的软件团队模型中，各个角色（开发、测试、项目管理等）考虑问题的出发点是有区别的，不同意见的冲突在所难免，一个好的团队流程能把冲突的积极方面（各自尽力把自己的工作做好，说服别人）释放出来，而避免消极方面（因为冲突而产生的消极、抵触情绪等）。

用足球来作一个比喻，足球队中有没有个人流程？当然有，职业足球对于球员有很严格的要求，体现在：

> 体能、技术、意识、斗志

具体技术有传接、盘带、射门、定位球、跑位，等等。对一些特定的角色（如守门员），还有独特的技术要求。足球队有没有流程？当然有：

> 阵型、配合、临场应变

足球队有不少"阵型"：442、433、451 以及它们的各种变体。还有不少风格：南美、欧洲；技术、力量；小快灵、抢逼围、两翼齐飞、全攻全守，等等。然而，尽管有这么多关于团队阵型和战略的理论，足球的每一次盘带、传球、跑动、射门、扑救，依然都是单个球员完成的。如果单个运动员的技术、体能不行，无论是什么阵型，用处都不大，有些阵型还会起反作用，例如，让体力弱的球队去打全攻全守。足球队有没有交流？当然有，教练和球员之间、球员之间都有很频繁的交流，有战前的计划和训练，有事后的总结和分析，当然还有争论。

软件团队和团队中的工程师也是这样。软件系统的绝大部分模块都是由个人开发或维护的。在软件工程的术语中，我们把这些单个的成员叫做 Individual Contributor（IC）。IC 在团队中的流程是怎么样的呢？以开发人员为例，流程如下，前一章的 PSP 也谈到了这个内容。

- 通过交流、实验、快速原型等方法，理解问题、需求或任务
- 提出多种解决办法并估计工作量
  - 其中包括寻找以前的解决方案，因为很多工作是重复性的
- 与相关角色交流解决问题的提案，决定一个可行的方案
- 执行，把想法变成实际中能工作的代码，同时验证方案的可行性和其他特性（例如程序的效能等）
- 和团队的其他角色合作，在测试环境中测试实现方案，修复缺陷（Bug）。如果此方案有严重的问题，那么就考虑其他方案
- 在解决方案发布出去之后，对结果负责

每个人的工作质量直接影响最终软件的质量。那么，软件工程师如何衡量、证明自己的能力？

问：你是职业软件工程师么？

答：是。

问：你觉得你"职业"到哪一个程度？

答：嗯，我在一个能发工资的地方上班，靠我的软件技术挣钱，所以我相当的职业。

问：像职业篮球队员那样职业？

答：差不多吧。

问：职业篮球队员都有很详细的记录说明，例如，表 3-1 所示的表格说明了一个职业篮球队 2010 赛季队员们的场上表现。

表 3-1　衡量职业篮球运动员赛季表现的数据

球员	出场数	先发	分钟	命中率	三分命中率	罚球命中率	进攻	防守	篮板	助攻	抢断	盖帽	失误	犯规	得分
凯文·马丁	80	80	32.5	0.436	0.383	0.888	0.4	2.9	3.3	2.5	1.0	0.1	2.3	1.9	23.5
路易斯·斯科拉	74	74	32.6	0.504	0.000	0.738	2.0	6.2	8.2	2.5	0.6	0.5	1.9	3.1	18.3
凯尔·洛瑞	75	71	34.2	0.426	0.376	0.765	1.2	2.9	4.1	6.7	1.3	0.3	2.1	2.8	13.5
姚明	5	5	18.2	0.486	0.000	0.938	1.4	4.0	5.4	0.8	0.0	1.6	1.4	2.6	10.2
蔡斯·巴丁格	78	22	22.3	0.425	0.325	0.855	0.7	2.9	3.6	1.6	0.5	0.2	0.8	1.5	9.8
康特尼·李	81	1	21.3	0.439	0.408	0.792	0.6	2.0	2.6	1.2	0.7	0.2	0.8	1.3	8.3

图表显示了队员出场次数、场上时间、命中率、篮板、助攻、抢断、盖帽、失误、犯规、得分、罚球命中率等[1]。作为一个职业软件工程师，你有类似的数据说明你所有的职业活动和成绩么？

答：嗯……没有。唯一的数据是，我的"上场时间"还是挺长的，而且经常打加时赛——加班。

什么样的数据能说明一个软件工程师的技术和能力呢？衡量能力有哪些参数？没有量化的指标，就谈不上衡量和比较。我们还是看看搬砖的伙计们，关于工作量：

- 有多少块砖？
- 要搬多远？

他们也有简单的指标衡量工作质量：

- 多快搬完？
- 搬的过程中损坏了多少块砖？

那么，初级软件工程师如何成长呢？我认为有下面几种成长。

1. 积累软件开发相关的知识，提升技术技能（如对具体技术的掌握，动手能力）。例如：对 Java、C/C++、C# 的掌握；诊断 / 提高效能的技术；对设备驱动程序（Device Driver）、内核调试器（Kernel Debugger）的掌握；对于某一开发平台的掌握。

2. 积累问题领域的知识和经验（例如：对游戏、医疗或金融行业的了解）。

   第一点和第二点在很多简历上都可以看到，也可以比较容易地检测出来。随着经验的增长，一个工程师可以掌握更广泛、更深入的技术和问题领域的知识。

3. 对通用的软件设计思想和软件工程思想的理解。

   这一方面就比较虚，什么是好的软件设计思想？什么是好的软件工程思想？一个工程师开了博客，转发了很多别人的文章，这算有思想么？另一个工程师坚持做任何设计都要画 UML 图，这算有思想么？

4. 提升职业技能（区别于技术技能）。

   职业技能包括：自我管理的能力，表达和交流的能力，与人合作的能力，按质按量完成任务的执行力，这些能力在 IT 行业和其他行业都很重要。

5. 实际成果。

   绝大部分软件工程师的工作成果都是可以公开的，你参与的产品用户评价如何？市场占有率如何？对用户有多大价值？你在其中起了什么作用？行胜于言，这些实际的工作成果，是最重要的评价标准。

软件开发的工作量和质量怎么衡量呢？第 2 章提到的 PSP 认为有下列 4 个因素：

a．项目 / 任务有多大？

说明项目的大小，一般用代码行数（Line Of Code，LOC）来表示；也可以用功能点（Function Point）来表示。

b．花了多少时间？

可以用小时、天、月、年来表示。一组人所花费的时间可以用（人数 × 时间）来表示，例如某项目花费了 10 个人 × 月。

c．质量如何？

交付的代码中有多少缺陷？**交付**有两个定义：

- 在代码完成（Code Complete）时，**交付**给测试人员

- 在软件最终发布时，**交付**给顾客

可以用缺陷的数量来除以项目的大小。例如 5 Bugs / KLOC，意味着每千行程序有 5 个缺陷。

也有人用试图用 "re-work" 来表示质量，例如：这 1000 行代码，从开始写到最后发布，一共修改了 200 行·次。另一组代码，从开始写到最后发布，一共修改了 50 行·次。那么改动少的代码最初质量高 —— 因为 re-work（返工）的次数少。

笔者认为，re-work 只是表明在软件开发过程中花费的时间，re-work 的多寡并不跟最终的质量成正比关系。软件开发过程很大程度上是一个探索和实验的过程，不同的 re-work 能帮助工程师深入了解项目的各个难点，尽早交付原型，找到最优解决方案，等等。因此，re-work 是有价值的。当然，如果一个程序员为了一个简单的问题而不断地 re-work，其工作效率就不是太高 —— 这可以用时间花费来衡量。一个艺术家经过几十遍的涂涂改改，最后创作出来一幅佳作，这成本值得么？然后这幅作品被大量重印，给画家带来名和利的收获，这成本值得么？如果这幅作品只是每天要完成的十几幅稿件中的一幅，这个成本又会怎么算呢？

d．是否按时交付？

软件 / 任务是否按时交付？这个看似简单，其实也有讲究。例如，当我们衡量一个程序员在一段时间内的交付情况时，我们是用简单的平均值呢，还是用方差来表示？看看下面这个例子。两个程序员 Al 和 Bob。他们在两次项目中各自完成 3 个任务。平均值显示，Al 完成任务的时间从 10 天减至 7 天；Bob 从 10 天缩短至 8 天。看起来是 Al 更好？

表 3-2　两个程序员的交付对比

任务	Al 的估计	Al 的实际用时	Bob 的估计	Bob 的实际用时
1, 2, 3	10 days	5, 10, 15	10 days	5, 10, 15
4, 5, 6 (3 months later)	7 days	1, 9, 11	8 days	7, 8, 9
		Average = 7		Average=8
		StdDev=5.3		StdDev=1

在第一轮的工作中，Al 和 Bob 都完成了 3 项估计为 10 天的工作，各自都用了 5、10、15 天。

在三个月之后，Al 和 Bob 接受了另外三项任务，Al 的估计都是 7 天，他花了 1、9、11 天。平均用时是 7 天。Bob 估计是 8 天，实际用了 7、8、9 天时间。从总用时来看，Al 的平均用时比 Bob 少一天，似乎应该是稍稍优秀一些，但是从标准方差（Standard Deviation）来看，Al 的

方差是 5.3，而 Bob 是 1。显然 Bob 比 Al 的交付时间要稳定得多。在团队工作中，稳定、一致的交付时间是衡量一个员工能力的重要方面。

软件工程师不能按时交付的原因之一，是他们有时候不满足于"解决目前直接的问题"，而是想"解决问题背后的问题"，或者"解决通用的、不直接的、但有重大意义的问题"。请看 3.2 的画扇面讨论。

软件项目的确需要创造性，需要一些意外，一些惊喜。但是，更多的是常规的、可重复的任务，软件工程的奠基人之一瓦茨·汉弗雷总结说，软件领域可以分为两个方面：一方面是技艺创新的大爆发；而另一方面是坚持不懈的工程工作，包括软件的改善、维护和测试等，这一方面占了 90%－95% 的比例 [2]。对于这些任务，一个成熟的软件工程师应该能够降低任务交付时间的标准方差。如果你能长时间稳定而按时地交付工作的结果，内部和外部的顾客就会对你的工作有信心，更喜欢与你合作。标准方差是六西格玛（Six Sigma）方法的核心概念，这也是杰克·韦尔奇在 GE 推行六西格玛的一大原因 [3]。

团队对个人的期望

大多数工程师都在团队的环境中工作，怎么样才是一个合格，甚至优秀的队员呢？前面提到了 PSP，和它对应的有团队的软件流程 TSP（Team Software Process），TSP 对团队成员也有要求：

1. **交流**：能有效地和其他队员交流，从大的技术方向，到看似微小的问题。

2. **说到做到**：就像上面说的"按时交付"。

3. **接受团队赋予的角色并按角色要求工作**：团队要完成任务，有很多事情要做，是否能接受不同的任务并高质量完成？

4. **全力投入团队的活动**：就像一些评审会议，代码复审，都要全力以赴地参加，而不是游离于团队之外。

5. **按照团队流程的要求工作**：团队有自己的流程（见"团队和流程"一章），个人的能力即使很强，也要按照团队制定的流程工作，而不要认为自己不受流程约束。

6. **准备**：在开会讨论之前，开始一个新功能之前，一个新项目之前，都要做好准备工作。

7. **理性地工作**：软件开发有很多个人的、感情驱动的因素，但是一个成熟的团队成员必须从事实和数据出发，按照流程，理性地工作。很多人认为自己需要灵感和激情，才能为宏大的目标奋斗，才能成为专业人士。著名的艺术家 Chuck Close 说：我总觉得灵感是属于业余爱好者的。我们职业人士只是每天持续工作。今天你继续昨天的工作，明天你继续今天的工作，最终你会有所成就 [4]。

3.2 软件工程师的思维误区

正如我们在第 1 章讲的那样，软件有很多特性，软件开发有它自己独特的规律。如果不了解这些特性，软件工程师就会产生不符合实际的想法，在开发过程中走很多弯路。软件的模块之间存在着各种复杂的依赖关系，软件的不可见性和易变性，使得软件的依赖关系很难定义清楚，导致软件不易得到及时的维护和修复。对依赖关系的两种极端态度都会引出可笑的行为，导致延迟交付。

分析麻痹：一种极端情况是想弄清楚所有细节、所有依赖关系之后再动手，心理上过于悲观，不想修复问题，出了问题都赖在相关问题上。分析太多，腿都麻了，没法起步前进，故得名"分析麻痹"（Analysis Paralysis）。下面是工程师果冻和项目经理大牛之间的对话[5]：

> 大牛问，果冻，你怎么还没去打水？
>
> 木桶有一个洞，咋办啊，大牛？
>
> 　　修哇，果冻！
>
> 用啥来修啊，大牛？
>
> 　　用粗麻绳把它堵上，果冻！
>
> 麻绳太长，咋办啊，大牛？
>
> 　　用刀砍短啊，果冻！
>
> 刀太钝，咋办啊，大牛？
>
> 　　磨刀啊，果冻！
>
> 磨刀石太干，咋办啊，大牛？
>
> 　　拿木桶去取水啊，果冻！
>
> 木桶有一个洞，咋办啊，大牛？
>
> 　　……

不分主次，想解决所有依赖问题：另一种极端是过于积极，想马上动手修复所有主要和次要的依赖问题，然后就可以"完美地"达成最初设定的目标，而不是根据现有条件找到一个"足够好"的方案。我们还可以看一个小飞的故事：

> 小飞早上醒来之后，发现宿舍的哥们都出门学习去了，他想起昨晚下决心要和哥几个一起每天去图书馆自习，连续奋斗一个月迎接考试！他拎着书包出了门，发现自行车轮胎气不足，于是就去找隔壁宿舍的果冻同学借打气筒。果冻说他的打气筒昨天拿到他女朋友荔荔那里去了，但是他们俩昨晚吵架了，打气筒还在荔荔的宿舍里。小飞说我可以去拿！果冻说最好带个小礼物

去，小飞问带什么礼物呢？果冻说荔荔说过她想要手织的围巾，小飞想牦牛毛的围巾最好了，于是小飞就开始剪牦牛的毛 [6]。

过了大半天，同学们自习回来了，看到小飞，就问：你为啥要追着牦牛跑啊？小飞摸了摸脸上的汗水，喃喃地说，我也忘了，我本来是要去上自习的……

过早优化： 既然软件是"软"的，那它就有很大的可塑性，可以不断改进。放眼望去，一个复杂的软件似乎很多模块都可以变得更好。一个工程师在写程序的时候，经常容易在某一个局部问题上陷进去，花大量时间对其进行优化，无视这个模块对全局的重要性，甚至还不知道这个"全局"是怎么样的。这个毛病早就被归纳为"过早的优化是一切罪恶的根源"：

> We should forget about small efficiencies, say about 97% of the time: premature optimization is the root of all evil.
>
> Yet we should not pass up our opportunities in that critical 3%. A good programmer will not be lulled into complacency by such reasoning, he will be wise to look carefully at the critical code; but only after that code has been identified [7].

王屋村软件学院的小飞同学在下雨的时候经常打着一把很精巧的小雨伞，和同学们一起匆匆赶路。同学们提醒他：小飞，你这雨伞太小了，你的裤腿都湿了！

但是小飞还是打着这把小雨伞。几年过去了，在毕业酒会上，大家又谈起这个故事。女同学小李说："有一次我没有带伞，他邀请我和他一起走，但是他的伞太小了，我就没答应。"小飞红着脸解释了原因：我原来想，如果有女朋友的话，两人在雨中打着很小的雨伞，她就会离我近一些。现在我还是单身，我想起了"过早优化是一切烦恼的根源"。

过早扩大化 / 泛化（Premature Generalization）： 软件的"软"还表现在它可以扩展。在写一个程序的时候，需要某个函数可以处理整数类型和字符串类型的信息，有的程序员往往灵光闪现——哎，能不能把类型抽象出来，让这个函数处理所有可能的类型？这样不就一劳永逸了么？有些软件本来是解决一个特定环境下的具体问题，有的程序员一想，我们能不能做一个平台，处理所有类似的问题，这样多好啊！ 这样的前景的确美妙，程序员的确需要这样的凌云壮志，但是要了解必要性、难度和时机。"画扇面"就是一个很好的例子。

我看到同学们在分析前面的学生的软件项目时（参看博客 1 [8]、博客 2 [9]），不禁想起一个侯宝林的经典相声——《画扇面》。我们不妨拿它和软件工程做个比较：

表 3-3　画扇面 vs 软件工程

画扇面	做软件工程团队项目
相声是一门说学逗唱的艺术…… 甲：我刚买了一把纸扇 乙：哦，拿来看看，一把白纸扇……上面空空如也太可惜，拿不出手啊。如果能画上画就更好了。我这几天也没什么事，我就给你免费画画！	软件工程讲究的是需求分析，项目管理，开发，测试和维护…… 甲：我觉得咱们团队项目做一个好用的小工具就好了，我已经做好了一个原型。 乙：这想法固然好，但是我们这些编程高手，就做这么小的一个工具，未免拿不出手。我们要把它搞大！
甲：太好了，您能画什么？ 乙：画个美女图怎么样？美女出浴图或美女春游图都可以考虑。 甲：我激动 ing……	甲：那我们做什么呢？ 乙：我们扩展一下，把所有相关的功能都实现了，一统天下。几种工具结合起来！ 甲：我激动 ing……
过了几天…… 甲问：我那美女画好了么？ 乙：喔，美女，画好了！你看这美女的小脸蛋儿，眼睛稍稍大了点……但是，我不如给她改成张飞算了！都是人体，我可以很快重构一下，我画张飞最拿手了，过几天就好。	过了几周…… 甲：通过调研才发现，这么多工具都有自己独特的需求，不同需求互相冲突，不好协调，怎么办？ 甲：我们可以做成一个**通用的**工具，统一需求，解决用户从头到尾的问题。
过了几天…… 甲问：我那张飞？ 乙：张飞？！喔对的，张飞也画得差不多了，嗯，你看这张飞的胡子，这身躯……是粗了点……要不咱们画成山水，这张飞，这张飞……马上就可以变成一块怪石！ 甲：大热天的我等这扇子……我容易吗……	过了几周…… 甲：通用的工具听上去很好，但是太通用了，不好掌握，我们到底要实现哪些具体功能呢？ 乙：我们可以做成一个**开放式的平台**！这样所有人都可以做一个插件，来实现这个平台的一些功能！而且别人还可以用我们这一个**通用的框架**开发任意别的软件。你想想——框架，**任意软件啊**！我们都会是架构师啊！ 甲：我激动，不过我们软工课快要结束了，要交作业啊……
过了几天…… 甲：我那山水？ 乙：啊，山水……我也画好了。你看那巨石，很巨大，很给力吧……构图有点那啥……容我再改改。 甲：您什么时候画好？这夏天都快过了！ 乙：嗯，我的山水画还是有些宋人风格的……假以时日……如果你急着要用扇子，这样吧，**我把扇面全涂黑了**，你再找人往上写金字好了！	过了几周 甲：项目发布时间到了，我们的平台还没有，工具还没连起来，怎么办？ 乙：咱们可以把项目开源到网上，另外也许有很多开源的朋友闲着没事，可以给我们的代码写一些注释等。这是我们对开源运动做的巨大贡献，我们虽然没有创造出产品，但是我们输出了价值观，这可不是每个程序员都能做到的啊。 甲：那期末怎么交差啊？ 乙：赶紧写 PPT！

很多学生学了一些编程语言，读了一些技术博客，一般都豪情万丈。他们做一个项目恨不得展现自己平生所学，再加上前沿技术，做一个轰动的创新。这固然值得鼓励，不过实践表明，这些往往都不能成功。

我们看看成功的例子，他们是怎么开始的，例如 Linux 刚开始的时候：

I'm doing a (free) operating system (just a hobby, won't be big and professional like gnu) for

386(486) AT clones…[10]

我们还看到管理学大师彼得·德鲁克的忠告：

Those entrepreneurs who start out with the idea that they'll make it big — and in a hurry — can be guaranteed failure.[11]

解决大问题固然让人感觉美妙，但是把小问题真正解决好，也不容易，我们回头看看博客园、CSDN 等 IT 人士云集的网站，每天都有很多宏大的新想法、惊世骇俗的评论冒出来，争论美女 / 张飞 / 巨石的重构问题，对一些通用的框架 / 平台发出一些人云亦云的评论等。这些文字，大多数会转化为墨水，把扇面涂黑，让后人在上面写下金字。

3.3　软件工程师的职业发展

21 世纪以来，中国大陆高校每年招收六百万大学生，其中大约百分之十是在学习各种 IT 相关的专业（计算机科学与技术、计算机工程、计算机软件、软件工程、管理信息系统等）。扣除读研究生（最终大部分也会走上工作岗位）、出国等分流，同时考虑到培训机构给就业市场贡献的大量劳动力，每年大致有四十万到六十万左右的"软件工程师"进入工作岗位。他们都是以什么样的心态对待这一职业的呢？我们可以看看人们对待职业的态度有哪些等级：

1. 临时的寄托或工作 (Temporary Work)

   在大学里你会看到很多人选 IT 专业的原因和"热爱"没有什么关系，有些人是因为专业调剂来到这里，有些人是因为要拿一个文凭作为敲门砖（例如，跨专业考上软件专业的研究生，然后计划以硕士的资格去考公务员），有些人是临时找到这样一份工作，并不打算做长久。他们处于低动力、低技能的状态。

2. 工作（Job）

   这就是一个能挣钱养家的营生，如果别的营生更赚钱，那就会跳到别的地方去。一些人留在这个职业里，只不过是因为他不会做别的。这些人会经常问"软件开发做到 35 岁以后怎么办"这样的问题。当然，如果了解和体会了软件开发的投入和回报的关系，这些人的心态会进步到下一个阶段。

3. 职业（Profession）

   在工作的基础上，如果有足够的职业道德和职业规划，那么工作就是一个"职业"。只有在这个层次上可以开始谈有意义的"职业发展"。职业人士对"30 岁以后"、"35 岁以后"都有一定的打算。

4. **投身的事业（Commitment / vocation）**

把软件项目相关的目标作为长期的承诺，碰到困难也不退缩，一直坚持到完成任务。

5. **理想的呼唤（Calling）**

一些人觉得这是理想的呼唤，通过软件可以改变世界，他们主动寻找机会，实现自己的理想。

很多读者会问，我怎么知道这个专业就是我的事业，或是理想的呼唤呢？我上课、上班不用心，正因为这不是我想投身的事业，我想投身什么我也不知道，但是肯定不是正在学习的软件工程！ 这些读者可以参考一下 Emanuel Derman 的故事，他从小喜欢物理，认为这就是"理想的呼唤"。他经过多年努力，在名校拿了理论物理的博士学位之后，非常想做"纯物理"研究，很看不起应用物理，更不用说其他工作了。但是由于经济和能力的原因，他不得不去一个一般的大学做物理老师，郁郁不得志。在 35 岁的时候（很多中国 IT 人士认为这个年龄是程序员的职业终点），他改行做了贝尔实验室某不太重要部门的程序员，在那里领悟到了编程的优美和挑战；几年后他跳槽去证券公司，做各种软件以及金融分析，成长为金融风险研究的专家，当上了部门总经理；之后在实践中把金融、数学和软件融合在一起，在这个新领域提出了有广泛影响力的新模型，被评为金融界的"年度金融工程师"，这时他 55 岁。他最后去一流大学开创了金融工程 (Financial Engineering) 这门学科。他回顾自己的职业经历时说：

> 回首当年，我（的态度）的确是错了。任何事情，当你仔细探究，你就会理解它的量和质；当你对一个领域的神韵足够了解，并开始连接这个领域的表现形式和实现细节的时候，任何一个领域都是会变得引人入胜的 [12]。

如果我们对职业有认真的态度，那就能发现很多证明个人能力的方式。

通才和专精的关系

有人说一个人就可以快速成长成为一名全栈工程师，这让我想起街头卖艺的单人乐队（Oneman-band），他们什么都会一些，可以很快地演奏一些曲子。

图 3-1　街头卖艺的单人乐队（图片来自网络搜索）

与之对立的，是只研习某一乐器的乐手，你愿意花钱听哪种演奏呢？当一个小孩说长大了要做音乐家，你会让他走上单人乐队的道路么？

一个作曲家在写一首交响乐的时候，他可以分别写各个乐器的乐谱，充分发挥不同乐器的特点，这说明他对各个乐器是非常了解的。然而在演奏这首交响乐的时候，不会是一个演奏家满场奔走，一会儿拉小提琴，一会儿吹单簧管。

当我们谈论"全栈工程师"的时候，我们说的究竟是"交响乐作曲家写各个乐器的乐谱"，还是"演奏家满场奔走，操作各种乐器"呢？当工程师设计软件的时候，工程师的设计、修改错误等活动大致等同于交响乐的谱写完善阶段，两个职业都假设一旦程序 / 乐谱写好，它们就会被正确地执行。当一个运维工程师在维护一套系统的时候，运维团队要了解各个模块的作用、维护知识，以及和硬件、商业模式相关的各种事件的需求。如果这大部分运维工作都是由一个运维工程师来完成，那么这位工程师的确是"全栈"。

3.3.1　职业发展 —— 考级之路

在中国，软件工程师的职业资格考试有：

- 计算机等级考试 [13] 和全国计算机技术与软件专业技术资格考试 [14]。

基于笔者有限的经验和观察，此类考级有这样的好处：

- 国家认证，有一定的权威性和通用性
- 任何人都可以参与

也有这样一些局限性：

- 以答题 / 评分为主要考试形式，没有面对面的考察

- 考试中每个人单独行动，不能考量团队合作能力
- 要考虑到通用性和稳定性，考题内容相对滞后于工业界的发展，部分内容相当滞后

同时，很多公司也提供了针对自己产品的职业认证项目（Certified Program）。例如，

- 微软公司有微软认证专家（Microsoft Certified Professional，MCP）[15]
- 甲骨文公司有 Oracle 认证项目（Oracle Certification Program，OCP）[16]

获得了相应公司和行业的认证，工程师就可以更容易地获得相应的工作、合同机会。

一些行业协会也有自己的认证项目，例如 IEEE（电气电子协会）就提供了一系列的职业认证服务[17]。国内也有机构和学校探索各种能力和认证考试服务，例如中国计算机学会计算机职业资格认证考试：http://cspro.ccf.org.cn，还有以浙江大学计算机学院为首开发的计算机程序设计能力考试：www.patest.cn。

3.3.2 职业成长 —— Steve McConnell 版本

史蒂夫·迈克康奈尔（Steve McConnell）创立的公司（Construx Software）也为员工提供了一套成长路径。首先，一个软件工程师需要具备一定的知识和能力。**知识**：迈克康奈尔把相关的软件知识分为十大知识领域。**能力**：一个工程师对这些知识的掌握分为如下四个阶段。

入门（Introductory）；熟练（Competency）；带头人（Leadership）；大师（Mastery）。

其次，工程师有职业成长级别（Professional Development Ladder）[18]。

迈克康奈尔把工程师分为 8 个级别（8—15），一个工程师要从一个级别升到另一个级别，需要在各方面达到一定的要求。例如，要达到 12 级，工程师必须在三个知识领域达到"带头人"水平。例如要达到"工程管理（知识领域）的熟练（能力）"水平，工程师必须要做到以下几点：

- 阅读：4—6 篇经典文献的深入分析和阅读
- 工作经验：要参与并完成 6 个具体的项目
- 课程：要参加 3 个专门的课程

有些级别还要求工程师获得某种专业证书，以及在工业界、教育界授课，发表论文，等等。

3.3.3　职业成长——大公司版本

微软公司针对软件工程师的职业发展也有很完备的规划和支持。这方面的资料比较多，这里简单地以软件开发工程师为例说明一下。下面的解释部分来自于埃里克·布莱什纳（Eric Brechner）的书 *Hard Code*[19]。

表 3-4　微软公司的软件工程师职业等级

等级	要求
SDE（初级软件开发工程师）	入门。在学校里学到了一些技能，尚未在实践中得到充分锻炼
SDE II（中级软件开发工程师）	独立。可以写别人交给你的任何东西，不明白时知道去问谁
Senior SDE（高级软件开发工程师）	小组领导。影响着 3—12 名工程师，或者是他们的行政领导；或者是他们的技术带头人
Principal SDE（首席软件开发工程师）	团队领导。影响着 10 人以上的一个大团队，成为影响团队成败的关键人物
更高的职位有：Partner SDE、Distinguished Engineer、Technical Fellow	影响力扩大到整个机构，甚至工业界

这些描述看似简单，其实不容易做到。例如，作为一个高级工程师，怎么能证明你的能力呢，你能否做到下面这些：

- 你当过新员工的导师么？他们后来都遵从你的种种教诲么？
- 你是否成为别人的榜样？（写的代码，做的设计，别人可以拿来重用）
- 你在招人方面是否有心得，并能言传身教，让大家都认识到面试的重要性，同时掌握各种面试技巧？
- 你是否创立/改进/推动了一些流程，而且这些流程不需要你亲自参与，也能流传下去？
- 在和别的角色（例如 UX/PM/QA）打交道的时候，你是否往往都能赢得别人的支持，而不是和别人反复争执，抱怨不休？

IT 业界的不少专家也对程序员的成长提出了不少好的建议。例如，*The Pragmatic Programmer*[20] 一书在其网页上列出了三十多条建议，大家可以好好对照一下，有些建议比较抽象，并不适合于所有的工程师，但是可以作为一个很好的参考。

3.3.4　职业成长——自我评估

并不是每个软件工程师都有强烈的愿望或机遇去做最先进、最创新、最有风险的项目。绝大部分软件工程师都不是技术天才，但即使是一般的工程师，做一般的信息系统，就是业界说的"CRUD"（Create/Retrieve/Update/Delete，增删改查）数据库系统，也需要一些核心技术和许多扩展的知识，如表 3-5 所示。

表 3-5　做 CRUD 需要的核心技能和扩展知识

基本需求	基本技术	扩展技术	进一步的扩展技术
把数据放到数据库中满足增删改查的需求	数据库技术（关系数据库的基本原理和操作）	大容量的数据库操作、并行、备份等技术	关系数据库模型，数据挖掘，商业智能
有网页满足一般用户的查询需求	网页服务技术（ASP.NET、PHP等），数据绑定及控件	用户界面的设计，对不同浏览器的支持	用户心理，用户交互的原则在不同设备和不同场景下的应用
能不断实现新的功能	编程语言和开发工具（Java、C#、Python）	程序的效能分析，软件的重用，面向对象的理论等	能改进软件工具，或构建新的语言提高解决问题的效率
软件团队能按时高质量完成任务	每日构建，版本管理，单元测试，项目管理	需求分析，敏捷开发等高级软件工程的技术	软件团队的绩效评估，团队的培训和发展
要有一定的安全性	数据库安全，网站的安全	计算机网络与数据通讯，操作系统的知识，数据加密解密	密码学，各种病毒工作原理
能满足业务的需求	对业务领域有基本的了解	进一步了解业务领域知识	对业务领域有深入了解，能洞察行业发展的趋势

没有人能在学校里掌握所有"将来会用得到的知识"才离开学校，随后马上把技术运用在实践中。工程师应该在实际工作中不断学习和不断成长，根据自己的情况选择在哪个方面追求"专和精"，在哪几个方面达到"知道就好"的水平 [21]。

结合中国软件行业的特点，我们可以归纳出在中国 IT 行业"好工程师"的要素，并做成一个自我评价清单（Check-list），供有志于这个职业的工程师们进行自我评价和跟踪。清单见博客：http://www.cnblogs.com/xinz/p/3852177.html

3.4　技能的反面

大概在我小学五年级的时候，大家开始玩魔方，我们家也买了一个。我和几个小孩折腾了一会，没搞出什么名堂。我哥哥却很快弄出一面一样的颜色。后来我也琢磨出了这一步。再后来我才知道魔方有一些模式和一些口诀，按图索骥，依口诀而行，就会从一面玩到一面再加一层，再到加两层，然后把最上层四个角的颜色搞对，然后再按照一两个口诀翻十几下，六面就做好了！我玩着玩着，就把各种模式和口诀都掌握了。上初中的时候，我还在课间表演过，赢得一些男同学的好评，女同学似乎对此不感兴趣。要在当时，我的简历一定会在"技能"一栏写上：

"精通玩魔方。"

后来我就不玩魔方了，这样过了好多年。不久前我在一个实习生的桌上又看到了魔方。我拿起来，似乎不用想，当年的口诀就在手上。转啊转，一面，一层，两层，那个实习生露出崇拜的目光……直到最上一层，嗯，口诀是什么来着？我试了几种可能，好像都不行。

看来我的简历要改写成：

"精通玩魔方，只到第二层。"

后来我想，把第二层拼好，我只知道找到某个模式，按照某个口诀执行即可，但是我并不了解为什么这个口诀能把第二层拼好，同时又不打乱第一层的结果。我更不知道如果在执行中走错了几步，如何随机应变，挽回局面。离开了口诀的话，我只能拼出一面。从这点来看，我的魔方技能应该是：

"能够独立地还原一面，其他看口诀可搞定。"

那么，我这真实的"技能"还值得写进简历么？看样子是上不了台面了，那什么才是"技能"呢？技能的反面是什么？计算机人机交互领域的科学家比尔·巴克斯顿（Bill Buxton）在 1995年提到了"The Opposite of Skill"[22]。

巴克斯顿说技能的反面是"Problem Solving"——"解决问题"，这个听起来有点绕，我们看看一个例子吧。一个 IT 专业的大学生来面试，简历上写"技能：精通 Visual Studio C# 编程"。于是面试官请他用 Visual Studio IDE 写一段程序。一个"不精通"的面试者的编程过程实际上就是一个"解决问题"的过程。例如：

- 嗯，怎么开始一个 C# 的命令行程序呢？
- 定义数组是怎么弄的？是"int [] arr"还是"int arr[]"，还是 ArrayList，还是 Array <T>。哦，我平时都是上网查的。哦，我不知道还有 MSDN 网站。
- 嗯，为什么编译没过呢，哦，这里少一个分号。
- 嗯，怎么设断点？怎么定义命令行参数？额，我要查一查……

你发现他把时间都花在"解决（低层次）问题"上了，你想考察的"算法技能"、"C# 程序设计技能"都无暇顾及。注意，这是在他认为非常精通的编程工具和编程语言中出现这样的问题。你要这样的员工么？

那怎么提高技能呢？答案很简单，通过不断的练习，把那些低层次的问题都解决了，变成不用经过大脑的自动操作，然后才有时间和脑力来解决较高层次的问题。

这三个层次和教育理论中的三个区域的理论（舒适区，学习区，恐慌区）也很相似。图上的中间层次，就是我们要尝试、失败、学习、再尝试的学习区。一个初学者看到关于本领域顶尖人物事迹的报道，见贤思齐焉，很想马上就像顶尖人物一样做事，或者得了一本《21天精通某某技术》的书籍，要求自己在21天达到最高层次。这实际上是强迫自己进入"恐慌区"，由于没有实力，心理准备也不够，必然会出现"拖延症"等现象，结果肯定是失败得很惨。这样的失败经验往往给人重大打击，让人不容易重整旗鼓，再开始学习。因此，选择合适的"学习区"来学习，不断构建自己的舒适区，从而拓展学习区，最后在某些领域达到技能的精通，是一个循序渐进的好办法。

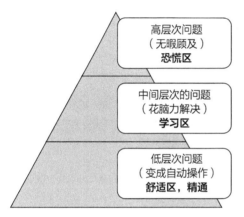

图 3-2　问题的层次，舒适区、学习区和恐慌区

年轻学生都志向远大，上了一些课，就很想解决高层次的问题。一些学生非常想做高层次的"科研"，觉得"工程"是基础，没意思。而且他们认为"我已经知道怎么做了"。从科研或者理论的高度上说，所有的"技能"都能总结成简单的"已经知道怎么做了"。例如：

下围棋怎么做？每一步都占据全局价值最大的一点，直到终局，即可获胜。
打乒乓球怎么做？把对手打过来的球都打回去，直到对手接不到球，或回球出界、下网，即可获胜。

这些知道高层次理论的人士在实践上怎么样呢？

魔方的技能如何分层？读者看看自己在哪个层次。

1. 听说过魔方的玩法，理论上了解（已经知道：通过扭动魔方的各个层面，直到六面的颜色还原）
2. 对口诀知其然，能在实践中根据某种口诀玩成六面（作者达到了这种水平）
3. 对口诀知其所以然，能够根据情况加以变化
4. 同上，唯手熟尔。几十秒就可以搞定的（学校冠军们达到了这种水平）
5. 同上，但是转得特别快，十几秒就能转好的那些人，还能有一些例如闭眼睛还原魔方的绝技的（世界冠军们达到了这种水平）
6. 能够设计出新型的魔方

那怎么才能考察出一个人是否"精通"魔方呢？我想了这样一个办法：

  a．给面试者一个打乱颜色的魔方；

  b．要求他把六面还原；

  c．如果还原了，要求他把魔方恢复成我最初给他的那个混乱的局面，必须一模一样。

精通魔方的同学，来吧。

3.5　练习与讨论

更多练习和讨论参见：http://www.cnblogs.com/xinz/p/3852172.html

1.　选哪一种医生？

作为一个软件工程师，你觉得自己表现如何？有没有这样的体会：

看书的时候觉得"技止此耳"，开发项目的时候才觉得实际情况和书上讲的都有一些出入，一些重要的细节书上没有提。我们很多人是边看 ASP.NET 的书，边开发 ASP.NET 的项目，这相当于一边看医学书一边动手术……

如果你是病人，你希望你的医生是下面的哪一种呢？

  a）　刚刚在书上看到你的病例，开刀的过程中非常认真严谨，时不时还要停下来翻书看看……

  b）　富有创新意识，开刀时突然想到一个新技术、新的刀法，然后马上在你身上试验……

  c）　已经处理过很多类似的病例，可以一边给你开刀，一边和护士聊天说昨天晚上的《非诚勿扰》花絮……

  d）　此医生无正式文凭或正式医院的认证，但是号称有秘方，可治百病。

事实上，很多软件项目就是用 a）或者 b）这样的方法搞出来的。当然也有一些人走 d）这条路。

讨论：① 你要选哪种类型的医生？
　　　　② 医生、药剂师、律师和很多行业都有职业考试和职业证书，软件工程师需要有正式的职业证书才能上岗么？

2.　案例——请写博客说明你的看法

程序员小飞原计划三天完成某个任务，他说服了同事，坚持采用自己独特的实现方法。现在是第三天的下午，他马上就可以做完。但是在实现功能的过程中，他越来越意识到自己原来设计中的弱点，他应该采取另一个办法，才能避免后面集成阶段的额外工作。但是他如果现在就改弦更张，那就意味着公开承认自己的设计不好，并且会花费额外的时间，这样他的老板、同事也许会因此看不起他。如果他按部就班地按既定设计完成，最后整个团队还要花更多时间在后续集成上，但那就不是他个人的问题了。怎么办？

3. 成长和代码量的关系

软件工程师的工作就是写代码，相关专业的练习也是以阅读代码、写代码为主，那么代码量和工程师的水平是线性的关系么？

这个问题有人还研究过：

http://www.techug.com/norris-numbers（翻译）

http://www.teamten.com/lawrence/writings/norris-numbers.html（原文）

当代码是在 2000 行以下，程序员可以用"写了再改"的蛮干方法，并且靠记忆力搞定一个程序，但是，如果你的代码规模达到 20000 行，你就要用结构化编程（类，模块，API，细节隐藏，面向对象的其他方法等）来保证程序不变成一团乱麻。如果代码规模再大一个数量级，20 万行，200 万行呢？

4. 学什么，怎么学，核心竞争力是什么？

程序员经常在学习，交流，提高自己，怎样才是有效的学习方法呢？打字快就能写程序快么？哪一种语言、编辑器是最好的？最终我们这个行业的核心竞争力是什么？请看：

http://www.zhihu.com/question/27180582

http://news.cnblogs.com/n/509554/

http://www.tuicool.com/articles/r6Vramr

IT 行业需要"好工程师"，这是一个检查表，请对照检查：

http://www.cnblogs.com/xinz/p/3852177.html

5. 各式各样的工程师

我们平时假设程序员都是身体完全健康的正常人，如果你身体有些缺陷，你还能做一名合格、甚至是优秀的工程师么？下面是两个例子：

http://blog.jobbole.com/21881/

http://blog.jobbole.com/12176/

6. 对职业梯子（career ladder）的思考

https://www.hakkalabs.co/articles/climbing-cto-ladder-fall-2

7. 自知之明

我们经常看到一些 IT 专业的同学、同事，或者专家对一些事情进行评论，并且表现得头头是道，他们真的懂多少，他们有自知之明么？你在刚学习某个语言或技术的时候，是否也有这种现象？

http://www.guokr.com/article/439517/

原文：

http://www.psmag.com/health-and-behavior/confident-idiots-92793

（请在网页看链接：http://cnblogs.com/xinz/p/4470424.html）

1　　参见：http://china.nba.com/stats/teams/teamStats/1610612745_2010_2_00.html

2　　参见：《软件故事》第三章，作者：Steve Lohr；译者：张沛玄．人民邮电出版社，ISBN: 978-7-115-35508-9

3　　参见：杰克·韦尔奇．苏茜·韦尔奇著．《赢》（*Winning*，ISBN: 0060753943）．余江译．北京：中信出版社，2005.

4　　引言来自于 https://en.wikiquote.org/wiki/Chuck_Close

5　　改编自儿歌 < 木桶有个洞 >，参见 http://www.scoutsongs.com/lyrics/theres-a-hole-in-the-bucket.html

6　　剪牦牛毛（Yak Shaving）是在国外编程界小范围流行的术语，描述为了间接地帮助实现一个目标而做的一些次要且
　　　和目标无关的工作。其中一个解释：http://sethgodin.typepad.com/seths_blog/2005/03/dont_shave_that.html

7　　来源于 Donald Kunth 的论文 Structured Programming with go to Statements, ACM Computing Surveys, Vol 6, No. 4,
　　　Dec. 1974 (p.268).

8　　参见：http://www.cnblogs.com/bawangyishan/archive/2011/03/03/1969771.html

9　　参见：http://www.cnblogs.com/se2011/archive/2011/03/04/1971185.html

10　参见：http://www.linux.com/learn/resource-center/376-linux-is-everywhere-an-overview-of-the-linux-operating-
　　　system?start=2

11　参见：http://www.leadershipnow.com/leadingblog/2007/05/the_innovation_mindset.html

12　故事来自《My Life as a Quant: Reflections on Physics and Finance》作者 Emanuel Derman. ISBN 0470192739. 翻译的
　　　文字出自其中第六章。Emanuel Derman 的个人网站 : http://www.emanuelderman.com

13　参见：http://sk.neea.edu.cn/jsjdj/index.jsp

14　参见：http://www.rkb.gov.cn/

15　参见：http://en.wikipedia.org/wiki/Microsoft_Certified_Professional

16　参见：http://en.wikipedia.org/wiki/Oracle_Certification_Program

17　参见：http://www.ieee.org/education_careers/education/professional_certification/index.html

18　参见：http://www.construx.com/uploadedFiles/Construx/Construx_Content/Resources/White_Papers/
　　　Construx%20Professional%20Dev%20Ladder.pdf

19　参见：Eric Brechner. *I.M. Wright's Hard Code: A Decade of Hard-Won Lessons from Microsoft*（ISBN:
　　　0735661707）. Microsoft Press，2011.

20　参见：http://pragprog.com/the-pragmatic-programmer/extracts/tips

21　参见："软件天才与技术民工" http://blog.csdn.net/bitfan/article/details/6106212

22　参见：http://www.billbuxton.com/xc.html

第 4 章　两人合作

- 理论和知识点

  代码规范，极限编程，结对编程，两人合作的不同阶段，影响他人的技巧

4.1　代码规范

现代软件产业经过几十年的发展，一个软件由一个人单枪匹马完成，已经很少见了，软件都是在相互合作中完成的。合作的最小单位是两个人，两个工程师在一起，做的最多的事情就是"看代码"，每个人都能看"别人的代码"，并发表意见。但是每个人对于什么是"好"的代码规范未必认同，这时我们很有必要给出一个基准线——什么是好的代码规范和设计规范。

程序员写的代码是给人看的，还是给机器看的？

人也看，机器也看，但最终是人在看。我们的代码要让"旁观者"看得清清楚楚。请看下面这段代码，如代码清单 4-1 所示，如果你接手这样的代码，有什么感想？

代码清单 4-1　badly formatted code – big C

```
            #include "stdafx.h"
       #include          "stdio.h"
    void test();
       int _tmain
       (int argc,
          _TCHAR*          argv[])
          { test(); return
                    0; }


                   char C[25][40];void d(int x,int y)
    {C[x][y]=C[x][y+1]=32;}int f(int x){return (int)x*x*.08;}
    void test(){int i,j;        char s[5]="TEST";
  for(i=0;i<25;i++)
  for(j=0;j<40;j++)
 C[i][j]=s[(i+j)%4];
for(i=1;i<=7;i++)
{d(18-i,12);
C[20-f(i)][i+19]=
 C[20-f(i)][20-i]=32;
  }d(10,13);d(9,13);
   d(8,14);d(7,15);
    d(6,16);d(5,18);d(5,20);       d(5,22);d(5,26);
        d(6,23);d(6,25);d(7,25);for(i=0;i<25;i++,printf("\n"))
                for(j=0;j<40;printf("%c",C[i][j++]));}
```

根据我的调查，同学们基本上有如下几种反应：

- 看不下去！

- 重写程序！

- 找到原作者，暴打一顿！

- 炒他鱿鱼，他不走我走！

计算机只关心编译生成的机器码，你的程序采用哪种缩进风格，变量名有无统一的规范等，与机器码的执行无关。但是，做一个有商业价值的项目，或者在团队里工作，代码规范相当重要。

代码规范可以分成两个部分：

1. 代码风格规范。主要是文字上的规定，看似表面文章，实际上非常重要。

2. 代码设计规范。牵涉到程序设计、模块之间的关系、设计模式等方方面面的通用原则。

4.2 代码风格规范

代码风格的原则是：简明，易读，无二义性。

提示：这里谈的风格是一家之言，如遇争执，关键是要本着"保持简明，让代码更容易读"
的原则，看看争执中的代码规范能否让程序员们更好地理解和维护程序。

4.2.1 缩进

是用 Tab 键好，还是 2、4、8 个空格？

结论：4 个空格，在 Visual Studio 和其他的一些编辑工具中都可以定义 Tab 键扩展成为几
个空格键。不用 Tab 键的理由是，Tab 键在不同的情况下会显示不同的长度，严重干
扰阅读体验。4 个空格的距离从可读性来说，正好。

4.2.2 行宽

行宽必须限制，但是以前有些文档规定的 80 字符行宽太小了（以前的计算机 / 打字机显示行
宽为 80 字符），现在时代不同了，可以限定为 100 字符。

4.2.3 括号

在复杂的条件表达式中，用括号清楚地表示逻辑优先级。

4.2.4 断行与空白的 {} 行

程序的结构是什么风格？下面有几种格式，我们一一讨论。

最精简的格式 A：

```
if (condition)    DoSomething();
else     DoSomethingElse();
```

有人喜欢这样，因为可以节省几行，但是不同的语句（Statement）放在一行中，程序调试（Debug）
起来非常不方便，如果要一步一步观察 condition 中各个变量（condition 可能是包含函数调用
的复杂表达式）的变化情况，单步执行就很难了。

因此，我们还是要有断行，于是得到如下结构 —— 格式 B：

```
if (condition)
    DoSomething();
else
    DoSomethingElse();
```

由于没有明确的"{"和"}"来判断程序的结构，在有多层控制嵌套时，这样的格式就不容易看清结构和对应关系。下面的改进（格式 C）虽好，但还是不够清晰：

```
if (condition) {
    DoSomething();
} else {
    DoSomethingElse();
}
```

于是，我们最后选择了下面的格式，每个"{"和"}"都独占一行，即格式 D[1]：

```
if (condition)
{
    DoSomething();
}
else
{
    DoSomethingElse();
}
```

4.2.5　分行

不要把多条语句放在一行上：

```
a = 1; b = 2;    // bogus
if (fFoo) Bar();    // bogus
```

更严格地说，不要把多个变量定义在一行上：

```
Foo foo1, foo2;    // bogus
```

4.2.6　命名

阿超：我在某个同学的程序中看到有些变量叫"ILoveFang"、"SB"，不知道这些变量在现实生活中有没有什么意义。

（众人大笑。）

阿超：当我们的程序比"Hello World"复杂 10 倍以上时，像给变量命名这样简单的事也就不那么简单了。我们就来谈谈如何起名字这个问题。程序中的实体、变量是程序员昼思夜想的对象，要起一个好的名字才行。大家都知道用单个字母给有复杂语义的实体命名是不好的，在 C 语言家族中，比较通用的，也是经过了很多实践检验的方法叫"匈牙利命名法"。例如：

fFileExist，表明是一个 bool 值，表示文件是否存在；

szPath，表明是一个以 0 结束的字符串，表示一个路径。

如此命名的目的，是让程序员一眼就能看出变量的类型，避免用错。早期的计算机语言（如 BCPL）不作类型检查，在 C 语言中，int、byte、char、bool 大概都是一回事。下面这条语句：

if (i)

从语义来说，i 可以是表示真 / 假的一个值，也可以表示长度是否为零，还可以表示是否到了字符串的结束位置，或者可以表示两个字符串比较的结果是否相等（strcmp() 返回 -1，0，1）。从程序的文字上，很难看出确切的语义。

同样是字符串类型，char *、BSTR 的有些行为是很不一样的。

HRESULT 的值也可以用来表示真假，但是 HR_TRUE == 0、HR_FALSE == 1，这与通常的 true/false 刚好相反。

大部分的程序，错就错在这些地方！在变量面前加上有意义的前缀，程序员就能一眼看出变量的类型及相应的语义。这就是"匈牙利命名法"的用处。还有一些地方不适合用"匈牙利命名法"，比如，在一些强类型的语言（如 C#）中，对类型有严格的要求，不同类型的值是不能做运算的，例如 C# 中，if() 语句只能接受 bool 值的表达式，这样很大程度上就杜绝了上面的问题。在这类语言中，前缀就不是很必要，匈牙利命名法并不适用。微软的 .NET 框架就不主张用这样的命名法则。现在很多程序中的变量名太长，其实没有必要，请考虑下面的建议：

1. 在变量名中不要提到类型或其他语法方面的描述。例如一个表示全年假日的列表变量，不用写 arraylistOfHolidays，可以直接写 holidays。

2. 避免过多的描述。例如一个变量是游戏中最后出现的"大 boss"，不用写 theFinalBattleMostDangerousBossMonster，可以直接写 boss。

3. 如果信息可以从上下文中得到，那么此类信息就不必写在变量名中。例如一个类叫 EmployeeHealthRecord，它有一个员工姓名的变量，可以直接是 "name"，而不必写 employeeName。

4. 避免可要可不要的修饰词。例如 `state`, `data`, `value`, `engine`, `entity`, `instance`, `object`, `manager`. 可以问自己，如果在变量名中把这些字都去掉，程序会更加难懂么? 如果答案是否定的，那么可以把这些修饰词都去掉[2]。

4.2.7　下划线

下划线用来分隔变量名字中的作用域标注和变量的语义，如：一个类型的成员变量通常用 `m_` 来表示，或者简单地用一个下划线 "_" 来做前缀。移山公司规定下划线一般不用在其他方面。

4.2.8　大小写

由多个单词组成的变量名，如果全部都是小写，很不易读，一个简单的解决方案就是用大小写区分它们。

Pascal —— 所有单词的第一个字母都大写。

Camel —— 第一个单词全部小写，随后单词随 Pascal 形式，这种方式也叫 lowerCamel。

一个通用的做法是：所有的类型 / 类 / 函数名都用 Pascal 形式，所有的变量都用 Camel 形式。

类 / 类型 / 变量：名词或组合名词，如 `Member`、`ProductInfo` 等。

函数则用动词或动宾组合词来表示，如 `get/set`、`RenderPage()`。

4.2.9　注释

谁不会写注释? 但是，需要注释什么?

不要注释程序是怎么工作的（How），程序本身就应该能说明这一问题。

```
//this loop starts the i from 0 to len, in each step, it
// does SomeThing
for (i = 0; i < len; i++)
{
    DoSomeThing();
}
```

以上的注释是多余的。

注释是为了解释程序做什么（What），为什么这样做（Why），以及要特别注意的地方，如下:

```
//go thru the array, note the last element is at [len-1]
for (i = 0; i < len; i++)
{
    DoSomeThing();
}
```

复杂的注释应该放在函数头，很多函数头的注释都用来解释参数的类型等，如果程序正文已经能够说明参数的类型 in/out，就不要重复！

注释也要随着程序的修改而不断更新，一个误导的（Misleading）注释往往比没有注释更糟糕。

另外，注释（包括所有源代码）应该只用 ASCII 字符，不要用中文或其他特殊字符，否则会极大地影响程序的可移植性。

在现代编程环境中，程序编辑器可以设置各种美观得体的字体，我们可以使用不同的显示风格来表示程序的不同部分。

注意：有些程序设计语言的教科书对于基本的语法有详细的注释，那是为了教学的目的，不宜在正式项目中也这么做。

下面的示例代码中有很多注释，但是那些注释是非常必要的吗？哪些错误处理是多余的[3]？

```
Protected Sub txtSSN_TextChanged(ByVal sender As Object, ByVal e As System.
EventArgs) Handles txtSSN.TextChanged
Try  'Provides error trapping
'_____    '
' txtSSN_TextChanged
'      Activated by entering SSN.
'      Transfer form value to local class variable.
'_____    '
' anOrder.SSN
'      Holds the SSN for processing in all forms ' txtSSN ' Form object that
holds user entered SSN '
'_____    '
anOrder.SSN = txtSSN.Text
Catch ex As Exception ' Error trapping.
'_____    '
' Output system error message to user on form under form title and
' send details to database
'_____    '
subErrorReporting("txtSSN_TextChanged", ex.Message)
End Try
End Sub
```

4.3　代码设计规范

代码设计规范不光是程序书写的格式问题，而且牵涉到程序设计、模块之间的关系、设计模式等方方面面，这里又有不少内容与具体程序设计语言息息相关（如 C、C++、Java、C#），但是也有通用的原则，这里主要讨论通用的原则。如果你写的程序会被很多人使用，并且你得加班调试自己的程序，那最好还是遵守下面的规定。

4.3.1　函数

现代程序设计语言中的绝大部分功能，都在程序的函数（Function、Method）中实现。关于函数，最重要的原则是：只做一件事，并且要做好。

4.3.2　goto

函数最好有单一的出口，为了达到这一目的，可以使用 goto。只要有助于程序逻辑的清晰体现，什么方法都可以使用，包括 goto，如代码清单 4-2 所示。

代码清单 4-2

```
HRESULT  HrDoSomething(int parameter)
{
    //parameter check and initialization
    //processing part 1
    If (SomeCode() != ok)
    {
        //set HR value
        Goto Error;
    }
    //processing part 2
    If (SomeOtherCode() != ok)
    {
        //set HR value
        Goto Error;
    }
Error:
    //clean up free resource，reset state, etc
    return hr;
}
```

4.3.3　错误处理

当程序的主要功能实现后，一些程序员会乐观地估计只需要另外 20% 的时间，给代码加一些错误处理就大功告成了，但是这 20% 的工作往往需要全部项目 80% 的时间。

1.　参数处理

在 Debug 版本中，所有的参数都要验证其正确性。在正式版本中，对从外部（用户或别的模块）传递过来的参数，要验证其正确性。

2.　断言

如何验证正确性？那就要用断言（Assert）。断言和错误处理是什么关系？

当你觉得某事肯定如何时，就可以用断言。

```
Assert (p != NULL);
```

然后可以直接使用变量 p。

如果你认为某事可能会发生，这时就要写代码来处理可能发生的错误情况。如：

```
......
p = AllocateNewSpace(); // could fail
if (p == NULL)
{ // error handling.
}
else
{ // use p to do something
}
```

4.3.4　如何处理 C++ 中的类

注意，除了关于异常（Exception）的部分，大部分其他原则对 C# 也适用。

1.　类

1） 使用类来封装面向对象的概念和多态（Polymorphism）。

2） 避免传递类型实体的值，应该用指针传递。换句话说，对于简单的数据类型，没有必要用类来实现。

3） 对于有显式的构造和析构函数的类，不要建立全局的实体，因为你不知道它们在何时创建和消除。

4）仅在必要时，才使用"类"。

2. class vs. struct

如果只是数据的封装，用 struct 即可。

3. 公共 / 保护 / 私有成员（public、protected 和 private）

按照这样的次序来说明类中的成员：public、protected、private。

4. 数据成员

1）数据类型的成员用 m_name 说明。

2）不要使用公共的数据成员，要用 inline 访问函数，这样可兼顾封装和效率。

5. 虚函数（Virtual Function）

1）使用虚函数来实现多态（Polymorphism）。

2）仅在很有必要时，才使用虚函数。

3）如果一个类型要实现多态，在基类（Base Class）中的析构函数应该是虚函数。

6. 构造函数（Constructors）

1）不要在构造函数中做复杂的操作，简单初始化所有数据成员即可。

2）构造函数不应该返回错误（事实上也无法返回）。把可能出错的操作放到 HrInit() 或 FInit() 中。

下面是一个例子（见代码清单 4-3）。

代码清单 4-3

```
class Foo
{
    public:
        Foo(int cLines) { m_hwnd = NULL; m_cLines = cLines}
        virtual ~Foo();
        HRESULT HrInit();
        void DoSomething();
    private:
        HWND m_hwnd;
        int m_cLines;
};
```

7. 析构函数（Destructor）

1）把所有的清理工作都放在析构函数中。如果有些资源在析构函数之前就释放了，记住要重置这些成员为 0 或 NULL。

2）析构函数也不应该出错。

8. **new 和 delete**

1）如果可能，实现自己的 new/delete，这样可以方便地加上自己的跟踪和管理机制。自己的 new/delete 可以包装系统提供的 new/delete。

2）检查 new 的返回值。new 不一定都成功。

3）释放指针时不用检查 NULL。

9. **运算符（Operators）**

1）在理想状态下，我们定义的类不需要自定义操作符。确有必要时，才会自定义操作符。

2）运算符不要做标准语义之外的任何动作。例如，"=="的判断不能改变被比较实体的状态。

3）运算符的实现必须非常有效率，如果有复杂的操作，应定义一个单独的函数。

4）当你拿不定主意的时候，用成员函数，不要用运算符。

10. **异常（Exceptions）**

1）异常是在"异乎寻常"的情况下出现的，它的设置和处理都要花费"异乎寻常"的开销，所以不要用异常作为逻辑控制来处理程序的主要流程。

2）了解异常及处理异常的花销，在 C++ 语言中，这是不可忽视的开销。

3）当使用异常时，要注意在什么地方清理数据。

4）异常不能跨过 DLL 或进程的边界来传递信息，所以异常不是万能的。

11. **类型继承（Class Inheritance）**

1）仅在必要时，才使用类型继承。

2）用 const 标注只读的参数（参数指向的数据是只读的，而不是参数本身）。

3）用 const 标注不改变数据的函数。

4.4 代码复审

阿超： 代码复审看什么？是不是把你的代码拿给别人看就行了？

杂曰： 1. 别人根本就不懂，给他们讲也是白讲。

2. 我是菜鸟，别的大牛能看得上我的代码么？

3. 也就是形式而已，说归说，怎么做，还是我说了算。

代码复审的正确定义：看代码是否在代码规范的框架内正确地解决了问题（见表 4-1）。

表 4-1　代码复审的形式

名称	形式	目的
自我复审	自己 vs. 自己	用同伴复审的标准来要求自己。不一定最有效，因为开发者对自己总是过于自信。如果能持之以恒，则对个人有很大好处
同伴复审	复审者 vs. 开发者	简便易行
团队复审	团队 vs. 开发者	有比较严格的规定和流程，适用于关键的代码，以及复审后不再更新的代码 覆盖率高 —— 有很多双眼睛盯着程序，但效率可能不高（全体人员都要到会）

软件工程中最基本的复审手段，就是同伴复审。

谁来做代码复审？即最有经验、熟悉这一部分代码的人。对于至关重要的代码，我们要请不止一个人来做代码复审。

代码复审的目的在于：

1. 找出代码的错误，比如：

   1）编码错误，比如一些碰巧骗过了编译器的错误

   2）不符合团队代码规范的地方

2. 发现逻辑错误，程序可以编译通过，但是代码的逻辑是错的

3. 发现算法错误，比如使用的算法不够优化，边界条件没有处理好等

4. 发现潜在的错误和回归性错误 —— 当前的修改导致以前修复的缺陷又重新出现

5. 发现可能需要改进的地方

6. 教育（互相教育）开发人员，传授经验，让更多的成员熟悉项目各部分的代码，同时熟悉和应用领域相关的实际知识

4.4.1　为什么要做代码复审

问：为什么非得做代码复审不可？难道开发人员没有能力写出合格的代码？既然你招我进了公司，就是相信我有这个能力，对不对？

答：首先，在代码复审中发现的问题，绝大多数都可以由开发者独立发现。从这一意义上说，复审者是在替开发者干开发者本应干的事情。

问：这么说如果开发者做到完美，复审者的时间和精力就是一种浪费了？

答：不对，即使是完美，代码复审也还有"教育"和"传播知识"的作用。更重要的是，不管多么厉害的开发者都会或多或少地犯一些错误，有欠考虑的地方，如果有问题的代码已签入到产品代码中，再要把所有的问题找出来就更困难了。大家学习软件工程都知道，越是项目后期发现的问题，修复的代价越大。代码复审正是要在早期发现并修复这些问题。

另外，在代码复审中的提问与回应能帮助团队成员互相了解，就像练武之人互相观摩点评一样。团队中有新成员加入时，代码复审能非常有效地帮助新成员了解团队的开发策略、编程风格及工作流程。

问：新成员是否应该在完全掌握了这些方面之后再写代码？

答：理论上是如此。但是如果我们要"完全掌握"，可能需要比较长的时间，另外，如果不开发实际的软件，这样的"完全掌握"有意义么？还是在实践中学习吧。这也是"做中学"（Learning by Doing）思想的体现。

4.4.2 代码复审的步骤

在复审前——

1. 代码必须成功地编译，在所有要求的平台上，同时要编译 Debug | Retail 版本。编译要用团队规定的最严格的编译警告等级（例如 C/C++ 中的 W4）。

2. 程序员必须测试过代码。什么叫测试过？最好的方法是在调试器中单步执行。

   问：有些错误处理的分支我不能执行到怎么办？

   答：如果作者都不能让程序执行到那些分支，那谁能保证那些错误处理的正确性呢？

   同时，也可以加上 OutputDebugString 等输出来监视程序的控制流。

3. 程序员必须提供新的代码，以及文件差异分析工具。用 Windiff 或 VSTS 自带的工具都可以。VSTS 中可以通过 Shelveset 来支持远程代码复审。在复审中，复审者可以选择面对面的复审、独立复审或其他方式。

4. 在面对面的复审中，一般是开发者控制流程，讲述修改的前因后果。但是复审者有权在任何时候打断叙述，提出自己的意见。

5. 复审者必须逐一提供反馈意见。注意，复审者有权提出很多看似吹毛求疵的问题，复审者不必亲自调查每一件事，开发者有义务给出详尽的回答。例如：

复审者：你在这里申请了这个资源，你是如何保证它在所有路径下都能正确释放的？

开发者：这个……我要再检查一下。

或者——

开发者：这个是这样保证的，我用了 SmartPointer，然后这里有 try/catch/finally……
要记住复审者是通过问这些问题来确保软件质量的，而不是有意找碴儿。

6. 开发者必须负责让所有的问题都得到满意的解释或解答，或者在 TFS 中创建新的工作项以确保这些问题会得到处理。例如：

复审者：这一段代码可能会被多个线程调用，代码是线程安全（thread-safe）的么？
我怎么没有看到对共享资源的保护？

开发者：我一时得不出结论，让我在 TFS 中开一个"任务"来跟踪此事。

7. 对于复审的结果，双方必须达成一致的意见。

1）打回去——复审发现致命问题，这些问题在解决之前不能签入代码；

2）有条件地同意——发现了一些小问题，在这些问题得到解决或记录之后，代码可以签入，不需要再次复审；

3）放行——代码可以不加新的改动，签入源码控制服务器。

要注意避免不必要的繁文缛节，我们做代码复审的目的是为了减少错误的发生，而不是找一个人来对着你的代码点头。一些简单的修改不是非得要一个复审者来走一遍形式。在项目开发的早期斤斤计较于一些细枝末节（例如：帮助文件里的拼写错误，数据文件格式不够最优化等）也是于大局无补的，但是，这些问题并不是不用处理了，我们可以建立一些优先级较低的工作项来跟踪处理。

好的复审者不光是要注意到程序员修改了什么，还要把眼光放远，问一些这样的问题：

"这么修改之后，有没有别的功能会受影响？"

"项目中还有别的地方需要类似的修改么？"

"有没有留下足够的说明，让将来维护代码时不会出现问题？"

"对于这样的修改，有没有别的成员需要告知？"

"导致问题的根本原因是什么？我们以后如何能自动避免这样的情况再次出现？"

有些修改看似聪明有效率，实则可能会加大以后的开发和维护的难度。

人不能两次踏入同一条河流，程序员不能两次犯同样的错误。在代码复审后，开发者应该把复审过程中的记录整理出来：

1. 更正明显的错误。

2. 对于无法很快更正的错误，要在项目管理软件中创建 Bug，把它们记录下来。

3. 把所有的错误记在自己的一个"我常犯的错误"表中，作为以后自我复审的第一步。

有些人喜欢在程序中加一些特定的标记，来跟踪各种"要做的事情"，例如：

```
//$todo：make this function thread-safe
//$review: is this function thread-safe?  Need to double-check
//$bug: when input array is very large, this func might crash
```

这些标记最好是加上人名，以示负责，例如：

```
//$bug (AChao): when input array is very large, this function will
//become very slow due to O(N*N) algorithm
```

在代码复审过程中，$review 标记的问题要一一讨论，在代码复审过后，所有的 $review 标记要清除。在一个里程碑或正式版本发布之前，所有的 $todo 和 $bug 标记都要清除。

做标记是不错的办法，但是如果开发者光记得做标记，最后却没有真正去研究和改正这些潜在的问题，这些 $todo、$review、$bug 就会被遗弃在代码中。过了一段时间后，后来的程序员也不敢碰它们 —— 因为没有人能真正了解上一个版本的 $todo 是真的要马上做，还是已经做过了（Done），只是没有更新 $todo 的注释，或者问题早已通过别的方式解决了。其根本原因在于团队没有用项目管理软件进行记录，没有人会跟踪这些事情。

4.4.3 代码复审的核查表

下面是一个简单的代码复审核查表，在实际项目中，大家可以加上自己认为重要的注意事项。

1. **概要部分**

    1）代码符合需求和规格说明么？

    2）代码设计是否考虑周全？

3 ）代码可读性如何？

4 ）代码容易维护么？

5 ）代码的每一行都执行并检查过了吗？

2. **设计规范部分**

1 ）设计是否遵从已知的设计模式或项目中常用的模式？

2 ）有没有硬编码或字符串 / 数字等存在？

3 ）代码有没有依赖于某一平台，是否会影响将来的移植（如 Win32 到 Win64 ）？

4 ）开发者新写的代码能否用已有的 Library/SDK/Framework 中的功能实现？在本项目中是否存在类似的功能可以调用而不用全部重新实现？

5 ）有没有无用的代码可以清除？（很多人想保留尽可能多的代码，因为以后可能会用上，这样导致程序文件中有很多注释掉的代码，这些代码都可以删除，因为源代码控制已经保存了原来的老代码。）

3. **代码规范部分**

修改的部分符合代码标准和风格么（详细条文略）？

4. **具体代码部分**

1 ）有没有对错误进行处理？对于调用的外部函数，是否检查了返回值或处理了异常？

2 ）参数传递有无错误，字符串的长度是字节的长度还是字符（可能是单 / 双字节）的长度，是以 0 开始计数还是以 1 开始计数？

3 ）边界条件是如何处理的？switch 语句的 default 分支是如何处理的？循环有没有可能出现死循环？

4 ）有没有使用断言（Assert）来保证我们认为不变的条件真的得到满足？

5 ）对资源的利用，是在哪里申请，在哪里释放的？有无可能存在资源泄漏（内存、文件、各种 GUI 资源、数据库访问的连接，等等）？有没有优化的空间？

6 ）数据结构中有没有用不到的元素？

5. **效能**

1 ）代码的效能（Performance）如何？最坏的情况是怎样的？

2 ）代码中，特别是循环中是否有明显可优化的部分（C++ 中反复创建类，C# 中 string 的操作是否能用 StringBuilder 来优化）？

3） 对于系统和网络的调用是否会超时？如何处理？

6. 可读性

代码可读性如何？有没有足够的注释？

7. 可测试性

代码是否需要更新或创建新的单元测试？针对特定领域的开发（如数据库、网页、多线程等），可以整理专门的核查表。

绝大部分情况下，一个团队所使用的编程语言，别的团队也一定使用过了；一个团队要解决的问题，别的团队也一定解决过类似的了。我们可以看看别人是否留下了适合这种语言或问题的编程规范和设计原则。如果是比较成熟的语言，一定会有高质量的文章和著作可以参考 [4]。

4.5　结对编程

既然代码复审能发现这么多问题，有这么好的效果，如果我们每时每刻都处在代码复审的状态，那不是很好么？事实上，极限编程（Extreme Programming）正是这一思想的体现 —— 为什么不把一些卓有成效的开发方法用到极致（Extreme），让我们无时无刻地使用它们？

4.5.1　最早有记录的结对编程

结对编程随着敏捷思潮的兴起而广为人知，然而这种实践早已有之。1987 年，Intuit 公司（当时只是一个刚刚起步的个人财务管理软件公司）宣布 4 月会向客户提供新版本的软件（4 月 15 日是美国报税的截止日期）。但到了 3 月末，公司仅有的两个技术人员发现进度还是大大落后于预期，于是这两人在 3 月的最后一周开展了不得已的、长达 60 小时的结对编程活动 [5]：

> So as not to disappoint their waiting customers, the two-some, cooperative partners as much due to their complementary differences as to the goals they had in common, worked around the clock to complete the new version. One the final weekend of March ⋯ [They] conducted a marathon debugging session. They became so weary that they traded off thinking and typing: One of them mindlessly manned the keyboard while the other cogitated and dictated what to type. After a few hours, trusting each other's skills, they switched roles. ⋯ they continued for sixty hours straight.

可以看出，和很多其他的发明创造一样，最初的结对编程也是为了解决问题，不得已而为之 [6]。

4.5.2　为什么要结对编程

在结对编程模式下，一对程序员肩并肩、平等地、互补地进行开发工作。他们并排坐在一台电脑前，面对同一个显示器，使用同一个键盘、同一个鼠标一起工作。他们一起分析，一起设计，一起写测试用例，一起编码，一起做单元测试，一起做集成测试，一起写文档，等等。

结对编程不是程序开发者独到的发明，在现实生活中，也存在着类似的搭档关系：

> 越野赛车（驾驶，领航员）
>
> 驾驶飞机（驾驶，副驾驶）[7]

这些任务都有共同点：在高速度中完成任务，任务有较高的技术要求，任务失败的代价很高。

结对编程中有两个角色：

1. 驾驶员（Driver）：控制键盘输入。
2. 领航员（Navigator）：起到领航、提醒的作用。

这两个角色是可以互换的。和现实生活中的例子类似，一个人负责具体的执行（驾驶，用键盘编写程序等），另一人负责导航、检查、掩护等。

这种方式自然会引发很多疑问 ——

- 编程从来就是一个人的活动。学校里是这么教的，我们一直以来也是这么做的。两个人本来可以去做两个模块，现在一个模块两个人写是不是一种浪费（这可是两份工资哦）？
- 我习惯一个人写程序，不喜欢被人盯着工作，这样我不自在，无法工作。
- 身旁的这个家伙老是问问题，他 / 她不会看书么？我都无法专心工作了。
- 会不会出现，"我只领航，不用敲键盘，多爽……"的情况？
  ……

每人在各自独立设计、实现软件的过程中不免要犯这样那样的错误。在结对编程中，因为有随时的复审和交流，程序各方面的质量取决于一对程序员中各方面水平较高的那一位。这样，程序中的错误就会少得多，程序的初始质量会高很多，这样会省下很多以后修改、测试的时间。具体地说，结对编程有如下的好处：

1. 在开发层次，结对编程能提供更好的设计质量和代码质量，两人合作解决问题的能力更强。两人合作，还有相互激励的作用，工程师看到别人的思路和技能，得到实时的讲解，受到激励，从而努力提高自己的水平，提出更多创意。

2. 对开发人员自身来说，结对工作能带来更多的信心，高质量的产出能带来更高的满足感。

3. 在企业管理层次上，结对能更有效地交流，相互学习和传递经验，分享知识，能更好地应对人员流动。

总之，如果运用得当，结对编程可以取得更高的投入产出比（Return of Investment）。

4.5.3　不间断地复审

结对编程让两个人所写的代码不断地处于"复审"的过程，程序员们能够不断地审核，提高设计和编码质量，可以及时发现并解决问题，避免把问题拖到后面的阶段去。

开发中的复审主要包括：设计复审、代码复审、测试计划复审和文档复审。

这些复审可以在伙伴之间进行，也可以在团队内部进行。结对编程和传统开发过程的复审有什么区别呢？

1. **传统意义上的伙伴复审，即程序员之间的互相复审，有以下的问题：**

   1）复审人缺乏对程序的深入了解，减弱了复审的效果；

   2）不能持久、定时地进行复审；

   3）对需求和设计的不了解导致无法实现全面有效的复审。

2. **团队复审是指多于两人的团队就某一程序实体进行的复审，团队复审的缺点在于：**

   1）什么时候开会做复审？不可能一个团队天天开会。要找到一个所有人都能出席的时间，并不容易；

   2）牵涉的人员众多，理解程度不一，复审的速度和效果不能得到有效的平衡 —— 太快则有人不懂，太慢则浪费许多人的时间；

   3）正是由于成本问题，无法对所有的设计和代码进行深入的复审；

   4）由于人员众多，有面子问题。

在结对编程中，任何一段代码都至少被两双眼睛看过，被两个脑袋思考过。代码被不断地复审，这样可以避免牛仔式的编程[8]。同时，结对编程避免了"我的代码"还是"他的代码"的问题，使得代码的责任不属于某个人，而是属于两个人，进而属于整个团队，这样能够帮助团队成员建立集体拥有代码的意识，在一定程度上避免了个人英雄主义。

结对编程的过程也是一个互相督促的过程，每个人的一举一动都在别人的视线之内，所有的想法都要受到对方的评价。这种督促的压力，使得程序员更认真地工作。结对编程"迫使"程序员必须频繁地交流，而且要提高自己的技术能力，以免被别人小看。

但是要注意，每个人每天的高效率工作时段不超过 3—4 个小时。结对编程中驾驶员和领航员的角色要经常互换，避免长时间紧张工作而导致观察力和判断力下降。一对程序员完成预定任务之后，就可以休息，或者开展其他较轻松的工作，而不应该死板地按照工作日八小时的规定而继续编程。

极限编程对工程师提出了更高的要求。这种要求不关乎技术水平，也不关乎学历水平或工作经验。这种要求是对一个人的心智、道德修养的更高要求。结对编程中，编码不再是私人的工作，而是一种公开的"表演"。程序员的代码、工作方式、技术水平都变得公开和透明，这也许是有些人不喜欢这一方式的原因。

4.5.4　如何结对编程

1. 驾驶员：写设计文档，进行编码和单元测试等 XP 开发流程。
2. 领航员：审阅驾驶员的文档；监督驾驶员对编码等开发流程的执行；考虑单元测试的覆盖率；思考是否需要和如何重构；帮助驾驶员解决具体的技术问题。领航员也可以设计 TDD 中的测试用例。
3. 驾驶员和领航员不断轮换角色，不要连续工作超过一小时，每工作一小时休息 15 分钟。领航员要控制时间。
4. 主动参与。任何一个任务都首先是两个人的责任，也是所有人的责任。
5. 只有水平上的差距，没有级别上的差异。两人结对，尽管可能大家的级别资历不同，但不管在分析、设计或编码上，双方都拥有平等的决策权利。
6. 设置好结对编程的环境，座位、显示器、桌面等都要能允许两个人舒适地讨论和工作。如果是通过远程结对编程，那么网络、语音通讯和屏幕共享程序要设置好。

结对编程是个渐进的过程，有效率的结对编程不是一天就能做到的。结对编程是一个相互学习、相互磨合的渐进过程。开发人员需要时间来适应这种新的开发模式。一开始，结对编程很可能不比单独开发效率更高，但是在度过了学习阶段后，结对编程小组的开发质量、开发时间通常比两人单独开发有明显的改善。

并不是所有的项目都适合结对编程，下面是一些不适合使用的例子。

1. 处于探索阶段的项目，需要深入地研究，在这种情况下，一个人长时间的独立钻研是有必要的。

2. 在做后期维护的时候，如果维护的技术含量不高，只需要做有效的复审即可，不必拘泥于形式，硬拉一个人来结对唱二人转。

3. 如果验证测试需要运行很长时间，那么两个人在那里等待结果是有点浪费时间。

4. 如果团队的人员要在多个项目中工作，不能充分保证足够的结对编程时间，那么成员要经常处于等待的状态，反而影响效率。

5. 关键是如何最大限度地发挥"领航员"的作用，如果用处不大，也就无需结对。

4.6 两人合作的不同阶段和技巧

如果我们做的项目是真实的，有具体而多变的需求，有工期、质量和资源的矛盾，团队成员各自的水平、目标也不一致，那么团队内部不可能没有矛盾。但是，矛盾不是一开始就爆发的，它有自己的生命周期，有不同的发展阶段。谈恋爱、两人合作项目，都有相似的几个阶段，下面我们以生活中的跳交谊舞为例，描述一下两人合作的各个阶段。

1. 萌芽阶段（Forming）

以跳舞为例，两人刚认识时，拘谨而彬彬有礼。

这一阶段的现象：两人刚刚互相认识，这时大家都有礼貌，一般交流不少，每个人都想得到对方的接纳，试图避免冲突和容易引起挑战的观点。对即将进行的舞蹈，有不同的期望值，但是双方彼此并不了解。

2. 磨合阶段（Storming）

开始跳舞，开始踩脚。接触之后，才感到手足无措，眼睛不知往哪里看，才能感受到对方原来舞步是这样的……这样的笨拙。这时，会出现如下对话：

—— 哦，对不起，我又踩了你的脚。

—— 噢！你揪着我的肉了！

—— 哦，我是要你向右转！

—— 你这叫跳舞么，简直就是牵驴拉磨！

……

—— 对不起，我昨晚对你态度不好，咱们今晚还去跳舞么？

3. 规范阶段（Norming）

跳舞逐渐和谐、合拍，团队成员就很多事情取得了一致。一些成文或不成文的规则逐步建立起来了。男方轻轻的一个手势，女方就知道如何旋转。

4. 创造阶段（Performing）

跳舞二人合而为一，为艺术而舞蹈（大家发出了唏嘘向往之声）。

并不是所有的合作都能达到这一阶段，磨合太多后，我们还可能进入"解体阶段"。

5. 解体阶段（Deforming）

散伙，各走各的独木桥，回宿舍抱着板凳跳舞，或者另找舞伴。

4.6.1 两人的合作 —— 如何影响对方

两人在一起合作，自然会出现不同意见，每个人都有自己的想法，在两个人平等合作的情况下，不存在领导与被领导的关系，如何能说服对方？这个时候不是比谁的嗓门大，首先双方要意识到，问题早点出现要比晚点出现好很多，我们有机会早日解决问题。除了技术方面的考虑之外，一个成熟的工程师要琢磨对方的话语和观察对方的肢体语言，了解它们所表示的潜台词，试着从对方的角度看待问题。同时也要根据情况采取不同的方法影响别人，有以下几种方式，如表4-2所示。

图 4-1 两人合作的不同阶段

表 4-2　影响他人的几种方式

方式	简介	逻辑 / 感情	推 / 拉	注解
断言 （Assertion）	就是这样吧，听我的，没错！	感情	推 —— 主动推动同伴 做某事	感情很强烈，适用于有充分信任的同伴。语音、语调、肢体语言都能帮助传递强烈的信息
桥梁 （Bridge）	能不能再给我讲讲你的理由……	逻辑	拉 —— 吸引对方，建立共识	给双方充分条件互相了解
说服 （Persuasion）	如果我们这样做，根据我的分析，我们会有这样的好处，a、b、c……	逻辑	推 —— 让对方思考	有条理，建立在逻辑分析的基础上。即使不能全部说服，对方也可能接受部分意见
吸引 （Attraction）	你想过舒适的生活么？你想在家里发财么？加入我们的传销队伍吧，几个月后就可以有上万元的收入……	感情	拉 —— 描述理想状态，吸引对方加入	可以有效地传递信息，但是要注意信息的准确性。夸大的渲染会降低个人的可信度

提示：没有绝对正确或错误的方法，只有合适或不合适的方法。几种方法可以同时使用，同时要注意，软件行业的从业人员还是理性思考的比较多。试想 —— 深夜，宿舍大楼着火了！大家从梦中惊醒，都往外跑。但是你的室友还在为穿哪一件衣服出去而挑来挑去，犹豫不决。这时你会选哪一个方法？桥梁？说服？吸引？还是断言？

4.6.2　如何正确地给予反馈

"哪个人前不说人，谁人背后无人说" —— 在人背后对事主评点是人类的习惯。这些反馈大多会添油加醋，拐弯抹角地传到本人耳朵里，造成各种程度的误解。

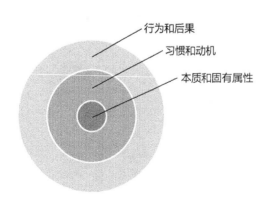

但是，我们在工作中需要对同伴的工作进行反馈，表达感谢，阐明要求，指出不足，等等。怎么讲，才能让对方能听进去？反馈就是告诉对方你对他的评价，人是复杂的，动画片《怪物史瑞克》（*Shrek*）的怪物都知道这一点，它说过，人都像洋葱一样，有很多层次，你要针对哪一个层次反馈呢？

行为和后果
习惯和动机
本质和固有属性

图 4-2　评论别人的三种层次

1. **最外层**：行为和后果
2. **中间层**：习惯和动机
3. **最内层**：本质和固有属性

举例说明：王屋村的软件工程师果冻邀请邻村的姑娘荔荔去听音乐会，荔荔在音乐厅门口左等右等，音乐会开始 5 分钟之后果冻才一头大汗地匆匆赶到。这时荔荔可以给果冻三个层次的反馈。

最外层：行为和后果

果冻，你迟到了，让我很着急。我们现在进不了会场，只能在外面等第一幕结束。我们错过了精彩的表演！

注：当反馈是关于行为和后果时，行为可以改正，后果可以弥补，对方还是有挽回局面的机会。

中间层：习惯和动机

果冻，你怎么又放我鸽子，是不是又离不开你那破项目，你总是不重视我！我的几个闺蜜都进去了，就我被晾在外面，你是故意耍我！让我丢人！

注：当反馈上升到攻击对方的习惯和动机，被攻击的一方就比较难表白并且澄清动机。

最内层：本质和固有属性

果冻，你太自私了，心里都没有别人！你们王屋村的男人没一个好东西！码农都是活该被人鄙视！

注：当攻击深入到核心，被攻击一方已经无法回应，因为攻击的目标 [王屋村的男人] 是自己的固有属性，无法改变的。[自私] 则涉及到人的本质，也很难改变。

任何人都不是完美的，都有可以改进的空间。在软件工程的合作中，合作伙伴同样会有很多意见要告诉同伴，有技术上的，也有合作方式上的，也有为人处世上的，说不定还有感情上的。我们就拿最简单的代码规范来说吧，假设果冻在大量源代码中使用了 Tab 缩进的风格，以及其他与团队规定相悖的代码规范。他的同伴小飞很不爽，因为小飞是主张 4 个空格的风格，而且团队也是这样规定的。小飞会怎么提意见呢？

最外层：行为和后果

果冻，我注意到你写程序的时候使用 Tab 缩进，我们当初在制定团队规范时说好了使用 4

个空格。如果个别人使用了不同的风格，以后大家在阅读，修改代码时就会有很多不便之处。同时我们制定的这么简单的规范都不能实施的话，会让大家感觉不好，对以后其他工作也有影响。

中间层：习惯和动机

果冻，你怎么又搞 Tab 缩进？这都第几次了？我们上次都有共识了，你怎么还这么做呢？你是对上回大家的决议不满么？那也不能偷偷搞破坏！

最内层：本质和固有属性

果冻，你太没脑子了，我们开会提到过编码风格，都没进入你的脑瓜。看来你都想着你自己的风格和方便，团队精神哪去了！你们移山软件学院出来的学生怎么都是这样自私啊！

注：当攻击深入到核心，被攻击一方已经无法回应，因为攻击的目标 [移山软件学院的学生] 是自己无法改变的。或者无从下手的 [自私]。可以想象这次触及灵魂深处的冲突会有不太美好的结局。

怎么给别人提供容易接受的反馈呢？这有一个"三明治"的办法。

我们知道三明治是两片面包夹一片肉，肉最好吃，但是光给肉，别人不好拿，也不好吃。**最好是先来一片面包**，做好铺垫：强调双方的共同点，从团队共同的愿景讲起，让对方觉得处于一个安全的环境。

然后**再把肉放上**，这时就可以把建设性的意见（Constructive Feedback）加工好，加上生菜、佐料等。怎么准备这块肉也有讲究，在提供反馈时，不宜完全沉溺于过去的陈年谷子烂芝麻，给别人做评价，下结论。这样会造成一种 [你就是做得不好，我恨你] 的情绪。不妨换个角度，展望将来的结果，强调 [过去你做得不够，但是我们以后可以做得更好]。在技术团队里，我们的反馈还是要着重于 [行为和后果] 这一层面，不要贸然深入到 [习惯和动机]、[本质]。除非情况非常严峻，需要触动别人内心深处，让别人悬崖勒马。

然后**再来一片面包**，呼应开头，鼓励对方把工作做好。

好，一个有营养而可口的三明治就做好了。

看看小飞给果冻做的三明治。

第一片面包：果冻，我觉得你这几段代码写得很快，而且解决问题的思路也不错，这样的速度比你刚来的时候好太多了，值得我学习。

中间的肉：我注意到你写程序使用 Tab 缩进，还有其他不符合规定的命名。我们当初在制定团队规范时说好了是用 4 个空格。如果个别人使用了不同的风格，以后大家在阅读、修改代码时有很多不便之处。同时这么简单的规范都不能实施的话，会让大家感觉不好，对以后其他工作也有影响。

第二片面包：你这几段代码还是很关键的，以后很多同事会拿来做参考。我觉得你既然已经做了很多工作，那就再进一步，留下高质量的代码。

为什么这一节要讲这么多两人合作的反馈问题？因为，如果软件工程师连一对一的合作都做不好，不能有效地去影响同伴，让合作双方都能从合作中受益，提高水平，那大家就别扯什么团队合作这些事了。

像图 4-2 这样的由外至内的评论风格也可以用于团队之间。例如，团队 A 依赖于团队 B 的工作结果，但团队 B 的并没有按期交付。这时候，团队 A 的成员可以从类似的三个层次评价：

- 最外层：行为和后果。"他们的项目进展不利，并且没有及时通告风险，导致我们的项目不能按期发布，影响了整个公司的利益。"
- 中间层：习惯和动机。"他们历来如此，可能他们不想让我们的项目成功吧。"
- 最内层：本质和固有属性。"他们团队是从外面收购的，原来就属于落后的行业，本来就是要淘汰的。所以干活总是不能及时完成。"或者"这个团队的人都是某个国家/地区的，听说那里的人都是夸夸其谈，不靠谱。"

4.7 练习与讨论

更多的说明和讨论参见：http://www.cnblogs.com/xinz/p/3852241.html

1. 结对项目的案例和论文

学术界、工业界对结对编程已经有不少研究，请阅读至少两篇相关论文或论文，结合自己的切身体会总结一下。推荐的论文：

- http://c2.com/cgi/wiki?PairProgrammingCaseStudy
- http://dwz.cn/1GOOvc
- http://www.cs.utexas.edu/users/mckinley/305j/pair-hcs-2006.pdf
- Williams, Laurie, Robert Kessler, Ward Cunningham, and Ron Jeffries. 2000. "Strengthening the Case for Pair Programming." IEEE Software 17, no. 4.

2. 性格对合作的影响

人和人不一样，在和别人合作的时候，要注意各人表达观点的方式和思考的方式不尽相同。请看网上关于 MBTI 的文章[9]，测试并分享各自的 MBTI 类型，讨论不同性格类型对合作有多大的影响，在合作的各个阶段应该如何应对[10]。

3. 代码复审的讨论

小飞：哇，这么多酷的 C++ 功能都不能用，那我们还学什么 C++，为了迎接考试，我都把 Operator Overload、Polymorphism 背得滚瓜烂熟了，为什么不让我用？

阿超：我们写程序是为了解决问题，不是"为赋新词强说愁"，这些高级的语言特性，不是不让用，而是要用得慎重，不要动不动就写三五个类，一个套一个，要把注意力集中在能否用简洁的方法解决问题上来。

小飞：这么多规范，我都不知道怎么写第一行程序了。

阿超：自我复审也很重要——把代码摆在面前，当作是别的菜鸟写的。把你通常问别人的，以及别人会问你的问题都自己问一遍，这样就能发现不少问题。

小飞：如果开发者很厉害，那么复审者就没有什么作用，也许这些复审都是走过场？

阿超：同理可以推论，如果开发者很厉害，那么测试人员也没什么作用，也是走过场，干脆把他们送回家得了。我们敢这样做么？

小飞：这些规范啊，建议啊，都是细枝末节的东西，我们要做世界级的软件，搞这些东西是不是太小家子气了？

阿超：首先世界级的软件也会因为小小的纰漏而导致世界级的问题。例如我们常常听到的安全漏洞和紧急补丁。其次，软件的开发是一个社会性的活动，有它的规律。其中一个规律就是"破窗效应"（Broken Windows Theory），如果团队成员看到同伴们连一些细小的规范都不遵守，那自己还要严格执行单元测试么？另一个成员看到这个模块连单元测试都没有，那他自己也随意修改算了。这样下去，整个软件的质量可想而知。

4. 阅读别人的代码有多难

我们经常抱怨阅读别人的代码很难，我们自己在写代码的时候，是否考虑到如何让代码更易于阅读和维护呢？

http://dwz.cn/1iVube

http://kb.cnblogs.com/page/192086/

5. 结对编程中不好的习惯 —— 你经历过么，如何提醒同伴改进

- **不拘小节的人** 两人在一起近距离地工作，但是却不注意个人卫生和互相尊重。开始合作前，吃了很多大蒜就来了。

- **喜欢发号施令的人**　总是对敲键盘的人说："到末行，加个反括号，然后……"。他不去关注解决方法和下一步该怎么做，而过度关注一些编程细节。

- **拼写纠错者**　坐在你旁边，纠正你输入的每个错误字符。当然，他没有时间来真正地进行导航。

- **深藏不露者**　仅仅自己敲着代码而不告诉别人他在做什么。领航员不得不靠自己去弄懂代码。关于该用什么方法，该选择哪种设计，领航员和实施者之间完全没有交流。

- **跳跃很大的人**　他们喜欢在代码中进行大范围的跳跃，这样领航员便不知道进行到哪里了。

6. Visual Studio 2017 版推出了 Live Share 功能，让不在同一地点的工程师能共享一个代码开发环境。这样的结对编程效果如何？和两人并排坐的形式相比有何区别？ 请大家试一下并分析。

（请在网页看链接：http://cnblogs.com/xinz/p/4470424.html）

1　让 {} 独占一行还有一个好处：一眼就能看出是否有多余的代码行，这在有些情况下是致命的错误，参见：http://lpar.ath0.com/2014/02/23/learning-from-apples-goto-fail/ 或搜索"apple code to fail source code"。

2　参见 http://journal.stuffwithstuff.com/2016/06/16/long-names-are-long/

3　绝大多数的注释和错误处理都是多余的，只有这一条语句有用：anOrder.SSN = txtSSN.Text

4　参见：Suzanne Taylor . *Inside Intuit: How the Makers of Quicken Beat Microsoft and Revolutionized an Entire Industry*(ISBN：9781591391364). Harvard Business Review Press，2003.

5　这是作者发现的最早的实践，不排除有更早的活动。

6　可以参见 *The Practice of Programming* ，作者：Brian W Kernighan, Rob Pike. ISBN: 978-0201615869

7　火车司机也有这样的例子：http://www.zhld.com/zkwb/html/2011-10/20/content_187201.htm

8　牛仔式的编程风格：单打独斗，依靠个人能力编程，缺少复审、代码版本管理、文档等措施。

9　请看：http://en.wikipedia.org/wiki/Myers-Briggs_Type_Indicator

10　另外请参见《对性格内向者的 10 个误解》：http://blog.jobbole.com/12488/

第 5 章　团队和流程

- 理论和知识点
  典型的软件团队模式和开发流程都有哪些？各有什么优缺点，TSP，MVP，MBP，
  RUP

5.1　非团队和团队

图 5-1　非团队（来源：论坛[1]）

在讲团队之前，我们要讲讲什么是"非团队"。
王屋村里经常发生这样的一幕：

王屋村的居民大智要把一堆砖头从村头搬到村
尾。他来到顶球酒吧前，看到前面三三两两地蹲
着一些人，有些人面前放着一块包装箱纸板，上
面写着"Java，五毛一行"；"网页前端，不酷
不要钱"；"专做 PS，擅长人体"；"通吃 SQL、NoSQL"，等等。

大智冲这些人喊了一嗓子：搬砖的有没有？一百块砖一毛钱！地上蹲着的一些人抬头看了看，
有一两个人慢慢站起来了。大智看了看人数，又喊了一声：中午有盒饭！这时七八个人都站起
来了，拍拍屁股就凑到大智面前。大智就带着他们走了。

这七八个人是团队（Team）么？不是，他们只是一群乌合之众，临时聚集在一起，各自完成
任务就领钱走人[2]。

下图是一些团队的例子：

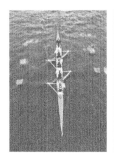

图 5-2 团队

可以看出，这些团队有共同的特点：

1. 团队有一致的集体目标，团队要一起完成这目标。一个团队的成员不一定要同时工作，例如接力赛跑。王屋村搬砖的"非团队"成员则不然，每个人想搬多少就搬多少，不想干了就结算工钱走人。

2. 团队成员有各自的分工，互相依赖合作，共同完成任务。王屋村搬砖的"非团队"成员则是各自行动，独立把任务完成，有人不辞而别，对其他的搬砖人无实质影响。

5.2 软件团队的模式

软件团队有各种形式，适用于不同的人员和需求。基于直觉形成的团队模式未必是最合适的。例如小朋友们刚开始踢足球的时候，大家都一窝蜂地去抢球，球在哪里，一堆人就跟到哪里，这样的模式可以叫**一窝蜂模式（Chaos Team）**。不能否认，这样的团队也有，只不过他们在这样的模式下存活的时间一般都不长，没有机会让别人很好地观察。

一窝蜂模式可能是一个欢乐而随意的模式，但这是一个好的团队形式么？当然不是。要把一群小朋友培养成一个团队（如右图所示），需要时间。

体育团队从一窝蜂抢球演变到有明确的分工、阵型、战术的团队，需要时间。类似地，软件团队的模式，最初也是混沌的一窝蜂形式：一群人开始写代码，希望能写出好软件。随着团队的成熟和环境的变化，团队模式会演变成下面几种模式之一。

图 5-3 分工明确的（足球）团队

5.2.1　主治医师模式（Chief Programmer Team，Surgical Team）

就像在手术台上那样，有一个主刀医师，其他人（麻醉，护士，器械）各司其职，为主刀医师服务。

这样的软件团队中，有首席程序员（Chief Programmer），他 / 她负责处理主要模块的设计和编码，其他成员从各种角度支持他 / 她的工作（后备程序员、系统管理员、工具开发、编程语言专家、业务专家）。佛瑞德·布鲁克斯在主管 IBM System 360 项目时就采用了这种模式[3]。

在一些学校的软工课上，这一模式往往退化为"一个学生干活，其余学生跟着打酱油"。

5.2.2　明星模式（Super-star Model）

主治医师模式运用到极点，可以蜕化为明星模式，在这里，明星的光芒盖过了团队其他人的总和，2004 年到 2012 年的"翔之队"就是一个例子[4]。明星也是人，也会受伤，犯错误，如何让团队的利益最大化，而不是明星的利益最大化？如何让团队的价值在明星陨落之后仍然能够保持？是这个模式要解决的问题。真正有巨大成就的明星都能意识到团队的作用，迈克尔·乔丹说过，"Talent wins games, teamwork wins championship."一些摇滚乐团的团队成员个性非常突出，团队时时都处于解体的边缘，这能增加娱乐界的谈资，但是对团队的成长并不利。

5.2.3　社区模式（Community Model）

社区由很多志愿者参与，每个人参与自己感兴趣的项目，贡献力量，大部分人不拿报酬。这种模式的好处是"众人拾柴火焰高"，但是如果大家都只来烤火，不去拾柴；或者捡到的柴火质量太差，最后火也就熄灭了。**"社区"并不意味着"随意"**，一些成功的社区项目（例如开发和维护 Linux 操作系统的社区），都有很严格的代码复审和签入的质量控制。

5.2.4　业余剧团模式（Amateur Theater Team）

这样的团队在每一个项目（剧目）中，不同的人会挑选不同的角色。在下一个剧目中，这些人也许会换一个完全不同的角色类型。各人在团队中听从一个中央指挥（导演）的指导和安排。在学生实践项目或培训项目中，这样的事情经常发生。在业余玩票、培训的环境中，每个人可以尝试不同角色，大家还可以比较平等地讨论。 但是在竞争性强烈、创造性要求高的团队，不会存在完美的民主气氛，就像职业足球比赛，每个人的责任都不可或缺，但是不会每个人都有同样的控球时间。

5.2.5 秘密团队（Skunk Work Team）

一些软件项目在秘密状态下进行，别人不知道他们具体在做什么。苹果公司 1980 年代在研发 Macintosh 之后的系统时，就有两三个团队在不同时期进入秘密状态开发。21 世纪的一些创业团队也是处于类似状态。这种模式的好处是：团队内部有极大的自由，较高的热情，没有外界的干扰（不用每周给别人介绍项目进展，听领导的最新指示，等等）。一个团队的成员如果有很大的自由度，又有独特的使命，这对于大家来说，是很大的驱动力。这样的团队往往能发挥超高的效率完成看似不可能的任务。

5.2.6 特工团队（SWAT）

就像电影电视中的特工组"加里森敢死队"等一样，软件行业的一些团队由一些有特殊技能的专业人士组成，负责解决一些棘手而有紧迫性的问题。例如 2000 年之前，很多公司都需要专业人士去解决 Y2K 问题[5]。这些团队成员必须了解传统语言和老式系统，才能胜任这样的任务。现在还有一些专门做网站安全性服务的团队，也属于这一类型。参见 17 章中关于人员激励的论述，特工团队满足了人们对于 "Mastery"（精通某一领域）这种内在驱动因素的需求，能在某一领域达到"专家"、"高手"的地位，一出手就能解决难题，这也是对技术人员非常有吸引力的。

5.2.7 交响乐团模式（Orchestra）

交响乐团的演奏有下面的特点。

- 家伙多，门类齐全。
- 各司其职，各自有专门场地，演奏期间没有聊天、走动等现象。
- 演奏都靠谱，同时看指挥的。
- 演奏的都是练习过多次的曲目,重在执行。

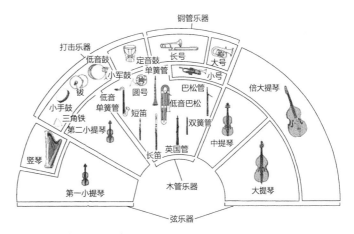

图 5-4　交响乐团乐器多

当某个软件领域处于稳定成长阶段的时候，众多大型软件公司的开发团队就会采取这种模式，例如微软公司的 Office 软件，从 Office 97、Office XP、Office 2003、Office 2007 到 Office 2011、Office 2013……

5.2.8　爵士乐模式（Jazz Band）

图 5-5　迈尔斯·戴维斯领导的爵士乐队

右图是爵士乐的代表人物迈尔斯·戴维斯（Miles Davis）[6] 带领乐队演奏很受欢迎的曲目《So What》[7]。从外行看热闹的角度看，和交响乐团相比，这种模式有以下特点。

- 不靠谱。他们演奏时都没有谱子。
- 没有现场指挥，平时有编曲者协调和指导乐队，和迈尔斯常年合作的编曲吉尔·伊文斯（Gil Evans）也是很有造诣的音乐家。
- 也有模式，迈尔斯（姑且称之为架构师）先用小号吹出主题，然后他到一旁抽烟去了，其余人员根据这个主题各自即兴发挥；最后迈尔斯加入，回应主题，像是对曲子的总结。
- 人数较少。

评论家归纳迈尔斯·戴维斯的特点是：

---

individual expression, emphatic interaction, and creative response to shifting contents.

强调个性化的表达，强有力的互动，对变化的内容给予有创意的回应。

这看上去跟"敏捷的开发模式"有点类似。

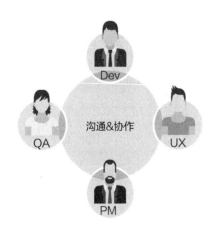

图 5-6　功能团队

这样的团队模式和上面的"交响乐团模式"在很多方面都对立，但是两种模式都产生了很受欢迎的音乐作品，因此不能简单地说孰优孰劣。

5.2.9　功能团队模式（Feature Team）

很多软件公司的团队最后都演变成功能团队，简而言之，就是具备不同能力的同事们平等协作，共同完成一个功能。

在这个功能完成之后，这些人又重新组织，和别的角色一起去完成下一个功能。他们之间没有管理和被管理的关系。大型软件公司里的不少团队都是采用这种模式。这些功能小组也称为 Feature Crew，小组内的交流比较频繁。

约翰·巴克斯在 1955 年管理 FORTRAN 语言项目时，就采用了类似的团队架构。巴克斯以蜂窝状的架构来组织工作。每个小组都由一到三个人组成，每个小组都是一个有自主权的单元，可以自由选用最有利于他们完成工作的任何技术。但是，每个小组必须与其他小组就编程规范达成一致……[8]

5.2.10 官僚模式（Bureaucratic Model）

还有一个团队模式可以叫作官僚模式。

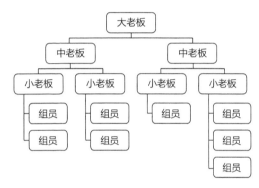

这种模式脱胎于大机构的组织架构，几个人报告给一个小头目，几个小头目报告给中头目，依次而上。这种模式在软件开发中会出问题。因为成员之间不光有技术方面的合作和领导，同时还混进了组织上的领导和被领导关系。跨组织的合作变得比较困难，因为各自头顶上都有不同的老板。这种结构有一重大隐患，在做绩效评估的时候，各个小老板、中老板都要为自己手下的弟兄们争名夺利，而有意无意地忽

图 5-7　层层领导的官僚模式

略了全局最优的绩效评估标准，导致很多无谓的算计、纠结、甚至有人会贬低别的团队的贡献。

这种模式如果应用不好，最后会变成"老板驱动"的开发流程，见后面的介绍。

小飞：不就是人在写代码，只要能写代码，各种各样的团队模式对工程师的工作和软件最后的质量有影响么？

阿超：1960 年代，程序员 Melvin Conway 就总结了一个**康威规律**：

　　一个机构设计出来的系统，它的体系结构注定会沿用这个机构的内部交流模式[9]。

因为人的工作都受到大大小小团队、组织的影响，最自然和安全的工作方式，就是在组织的边界内部工作，而组织之间的交流方式，会极大地影响系统的设计。如果观察一个银行网站，或一所大学的网站，你往往能看出这些机构的内部结构。但是，软件系统是给用户使用的，用户的需求并不是要看这个机构的内部组织架构图，而是要解决用户的问题。一个合适的团队结构，能更大地改进交流的效率，让团队更能把注意力集中在最主要的目标——解决用户需求上面。

5.3　开发流程 [10]

一群人在一起做软件开发，总是要有一些方式方法。就像第一章提到的：

> 我们在开发、运营、维护软件的过程中有很多技术、做法、习惯和思想。软件工程把这些相关的技术和过程统一到一个体系中，叫作"软件开发流程"，软件开发流程的目的是为了提高软件开发、运营和维护的效率，以及提升用户满意度、软件的可靠性和可维护性。

5.3.1　写了再改模式（Code-and-Fix）

史蒂夫·迈克康奈尔在这里 [11] 提到了不少开发流程。第一个提到的开发流程 —— Code-and-Fix，看起来和一窝蜂团队模式非常像。

图 5-8　写了再改模式

这个流程也有好处，不需要太多其他准备或相关知识，大家上来就写代码，也许就能写出来，写不出来就改，也许能改好。当面临下面的任务时，也许这个方法是有用的。

- "只用一次"的程序
- "看过了就扔"的原型
- 一些不实用的演示程序

但是，要写一个有实际用户、解决实际需求的软件，这个方法的缺点就太大了。要注意的是，许多学校里的软件工程作业的要求符合上面那三点，所以难怪同学们觉得没有必要用其他的开发方法，"写了再改"足矣！

5.3.2　瀑布模型（Waterfall Model）

当软件行业还在年幼的时期，它从别的成熟行业（硬件设计，建筑工程）借用了不少经验和模型。在那些"硬"的行业中，产品大多遵循 [分析 → 设计 → 实现（制造） → 销售 → 维护] 这个流程。由于在"硬"行业中产品一旦大规模生产，要再返回去修改时就非常困难，甚至是不可能的。因此这个模型描述了单向的、不可逆的生产过程。

温斯顿·罗伊斯（Winston Royce）在 1970 年的论文 *"Managing the Development of Large Software Systems"* [12] 中第一次明确地描述了这个模型（虽然他没有用 Waterfall 这个词）。

但是要注意的是，温斯顿并不推崇严格意义上的瀑布模型，相反他指出了此模型的各种缺陷，并提出了一些改进的办法。

例如，温斯顿正确地指出了在设计大型系统时，要做相邻步骤的回溯，解决上一阶段未能解决的问题，如图 5-9 所示。

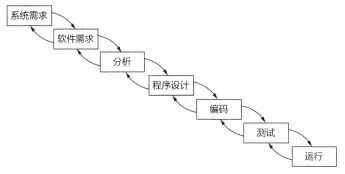

图 5-9　相邻步骤的回溯

又如，温斯顿指出，要让产品成功，最好把这个模型走两遍，先有一个模拟版本，在此基础上收集反馈，改进各个步骤，并交付一个最终的版本：

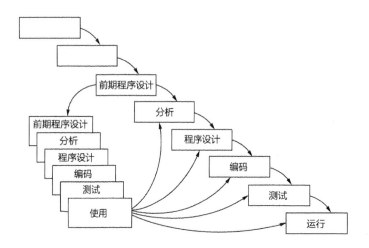

图 5-10 收集反馈并改进

温斯顿还指出，用户的及早介入、讨论、复审是很重要的。他建议：要让顾客正式地、深入地、持续地参与到项目中来。

他也提到在这个模型下文档的重要性。下面的图中显示了 6 种文档。

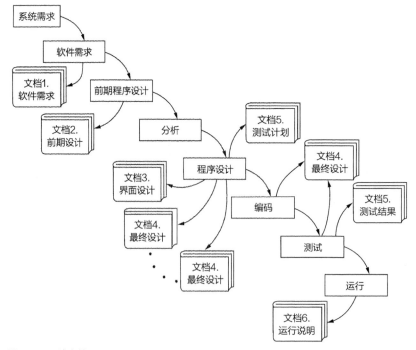

图 5-11 6 种文档

有讽刺意义的是，一些人并没有仔细读这篇论文，他们采用了这一模型，并希望这样的"瀑布"一次就能把产品做好，同时产生出好些有用的文档。一时间瀑布模型传播开来了。对于这个模型所导致的问题，有评论家不正确地把它们归咎于温斯顿 [13]。

尽管狭隘定义的瀑布模型有着这样那样的问题，可它还是一个反映人类解决问题思路的常用模型。它在软件工程实践中的局限性在于：

- 各步骤之间是分离的，但是软件生产过程中的各个步骤不能这样严格分离出来
- 回溯修改很困难甚至不可能，但是软件生产的过程需要时时回溯
- 最终产品直到最后才出现，但是软件的客户，甚至软件工程师本人都需要尽早知道产品的原型并试用

"最终产品直到最后才出现"是很令人头痛的局限性，考虑这个制造汽车的故事。

- 你（用户）提出要发动机、车身、车窗、方向盘、加速踏板、刹车、手刹、座位、车灯……
- 生产商按照瀑布模型流程给你设计、生产，六个月后交付。
- 看到样车后……
- 你提出 —— 我当初忘了一件小事，要有倒车灯：
  - 当倒车的时候，倒车灯会亮。
- 生产商说：
  - 我要重新设计车尾部，加上倒车灯，把车底拆开，安装线路，修改传动装置把倒车档和倒车灯联系起来……我得重新开始。
- 你说：这不是很小的一件事么？

这是小事还是大事？

那么，瀑布模型有适用范围么？我认为有：

- 如果产品的定义非常稳定，但是产品的正确性非常重要，需要每一步的验证
- 产品模块之间的接口、输入和输出能很好地用形式化的方法定义和验证
- 使用的技术非常成熟，团队成员都很熟悉这些技术
- 负责各个步骤的子团队分属不同的机构，或在不同的地理位置，不可能做到频繁的交流

5.3.3　瀑布模型的各种变形

为了解决瀑布模型的问题，大家在实践中提出了各种变形：

图 5-12　生鱼片模型

- 生鱼片模型（各相邻模块像生鱼片那样部分重叠）

  这个模型解决了各个步骤之间分离的缺点，同时也带来了一些困扰 —— 究竟什么时候上一个阶段会结束呢？

- 大瀑布带着小瀑布

  为了解决不同子系统之间进度不一，技术要求迥异，需要区别对待的问题，有人引入了子瀑布模型：

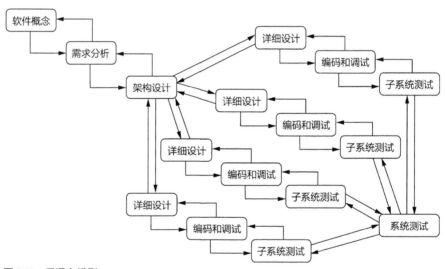

图 5-13　子瀑布模型

在这种瀑布群下，要把各个子系统统一到最后做系统测试（System Test）的阶段，难度不是一般的大啊！另外，在这样的开发流程中，用户只有到了最后才能看到结果，用户真是等不起。

5.3.4　Rational Unified Process 统一流程（RUP）

从瀑布模型开始的各种模型都有一个共同点：重计划，重事先设计，重文档表达。这一类的方法中集大成者要算 Rational 统一流程（Rational Unified Process，RUP）[14]。RUP 把软件开发的各个阶段整合在一个统一的框架里。

要完成一个复杂的软件项目，团队的各种成员要在不同阶段做不同的事情，这些不同类型的工作在 RUP 中叫做规程（Discipline）或者工作流（Workflow）。简介如下。

业务建模　为用户提供软件，就要理解目前用户的业务流程，但是精通计算机语言细节的工程师并不能马上理解对用户活动和期望值的各种自然语言描述。为了解决这个问题，业务建模（Business Modeling）工作流用精确的语言（通常是 UML）把用户的活动描述出来。这个词有时也翻译为"商业建模"，但并不是只有存在金钱交易的商业活动才能符合建模的要求，任何和客户的正常工作相关的业务活动（例如政府为居民提供网上服务，学生到图书馆借书）都是建模的对象。这个工作流的结果通常是用例（Use Case），后面章节对用例有专门介绍。

需求　有了用例之后，开发人员和用户（或者用户代表）要分析并确认软件系统得提供什么样的功能来满足用户的需求，功能有什么约束条件，如何验证功能满足了用户需求。这就是需求工作流的作用。

分析和设计　分析和设计（Analysis & Design）工作流将需求转化成系统的设计。这一步结束之后，团队成员就能知道系统有哪些子系统、模块，它们之间的关系是怎样的。

实现　在实现（Implementation）工作流中，工程师按照计划实现上一步产出的设计，将开发出的组件（Module），连同验证模块（例如：单元测试）提交到系统中。同时，工程师们集成由单个开发者（或小组）所产生的结果，通过手工或自动化的手段，把可执行的系统搭建出来。

测试　测试工作流要验证现阶段交付的所有组件的正确性、组件之间交互的正确性，以及检验所有的需求已被正确地实现。在这个过程中，发现、报告、会诊、修复各种缺陷，在软件部署之前保证质量达到预期要求。

部署　部署（Deployment）工作流的目的是生成最终版本并将软件分发给最终用户。具体过程可以参考本书"稳定和发布阶段"一章。

配置和变更管理　配置和变更管理工作流（Configuration and Change Management）负责管理 RUP 各个阶段产生的各种工作结果（例如源代码控制系统管理和备份各种源文件），要记录修改人员、修改原因、修改时间等属性，有些团队还可以考虑并行开发、分布式开发等。

项目管理　软件项目管理工作流（Project Management）负责平衡各种可能产生冲突的目标，管理风险，克服各种约束并成功地在各个阶段交付达到要求的产品。

环境　环境（Environment）工作流的目的是向软件开发组织提供软件开发环境，包括过程和工具。

RUP 把软件开发分成几个阶段，一个大阶段的结束称为一个里程碑（Milestone），每个阶段内可以有几个迭代，以比较灵活的形式实现本阶段的任务。从这一点来说，RUP 在大尺度上像瀑布模型，在每个阶段内像迭代模型。下面是 RUP 四个阶段的介绍：

初始阶段 —— 此阶段的目标是分析软件系统大概的构成，系统与外部系统的边界在哪里（我们的系统究竟和什么别的外部实体打交道），大致的成本和预算是多少，系统的风险主要来自哪里。成功度过初始阶段的项目会达到生命周期目标（Lifecycle Objective）里程碑。

细化阶段 —— 它的目标是分析问题领域，建立健全的体系结构基础，编制项目计划，按优先级处理项目中的风险。团队要确定项目的具体范围、主要功能、性能、安全性、可扩展性等非功能需求。同时为项目建立支持环境，包括创建开发案例、创建模板并准备工具。细化阶段结束时，项目到达了第二个重要的里程碑：生命周期结构（Lifecycle Architecture）里程碑。

构造阶段 —— 在这一阶段，团队开发出所有的功能集，并有秩序地把功能集成为经过各种测试验证过的产品。构造阶段结束时是第三个重要的里程碑：初始功能（Initial Operational）里程碑。此时的产品版本也常被称为"beta"版。

交付阶段 —— 这时候，团队工作的重点是确保软件能满足最终用户的实际需求。交付阶段可以有迭代（beta1，beta2 等），基于用户的反馈，团队利用这些迭代对系统进行修改、调整。除了对功能的调整，团队还要注意处理用户设置、安装和可用性等问题。在交付阶段的终点是第四个里程碑：产品发布（Product Release）里程碑。

迭代开发

业务价值在不同时间段、跨迭代领域递增式地交付

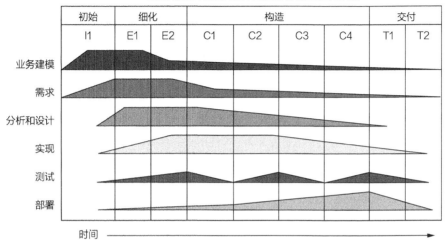

图 5-14　RUP 的工作流（纵轴）和开发流程的各个阶段（横轴），图中的阴影面积代表不同角色在各个阶段的参与程度。由于阴影面积起起伏伏，这个图又被称为 RUP 驼峰图 [15]

5.3.5　老板驱动的流程（Boss-Driven Process）

笔者在和中国一些企业的软件开发者交流的时候，听闻不少人提到开发流程事实上是由行政领导主导，或者由公司的老板驱动，我们姑且把它命名为老板驱动的流程（Boss-Driven Process）。

这种模式也不是全无道理，笔者认为有下面几个因素。

- 当软件订单的获得不是主要靠技术实力，而是靠个人关系，或者暗箱操作的时候，老板的能力决定了一个团队是否能获得订单，既然软件的具体功能并不重要（或者哪个团队做水平都差不多），那么老板说做什么就做什么。
- 在大型企业内部，软件功能往往由行政体系来决定。
- 有些老板比一般技术人员更懂市场和竞争。
- 软件团队尚未成熟，不懂得如何独立地进行需求分析，不懂得如何对行政领导有技巧地说"不"，也不知道如何说服利益相关者同意并支持正确的项目方向。既然不能驱动团队成员，那只能靠外力来驱动了。

这种模式当然也有它的问题。

- 领导对许多技术细节是外行。
- 领导未必懂得软件项目的管理，领导的权威影响了自由的交流和创造。
- 领导最擅长的管理方式是行政命令，这未必能管好软件团队或任何需要创造力的团队。
- 领导的精力有限，领导很忙时，团队怎么办？

在团队中，如果没有平等的交流，就会导致大事故。例如，《异类》（*Outlier*）这本书描写了由于飞机的副机长不敢质疑机长的错误指令，导致机毁人亡的事情。

5.3.6　渐进交付的流程（Evolutionary Delivery），MVP 和 MBP

这个流程是史蒂夫·迈克康奈尔在 1996 年总结的，但是它其实已经很接近现在大家谈论较多的迭代式开发流程。当系统的主要需求和架构明确之后，软件团队进入了一个不断演进的循环中：

[开发 → 发布 → 听取反馈 → 根据反馈做改进]

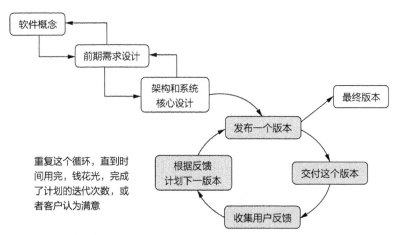

图 5-15　不断演进的 evolution 循环

这个软件什么时候才最后完成呢？下面几个条件满足一个即可。

- 时间到了。
- 钱花光了。
- 用户满意了（或者很不满意，不再给钱了）。

在渐进交付的流程中，我们假设一下，当用户等待了很长时间，看到第一个版本的时候，他们对这个产品很不满意，完全没有任何购买或使用的意愿。在这种情况下，整个团队为第一版所做的各种投入都浪费了。问题根源是：产品团队得到用户的反馈太晚了。那么，我们能否让用户更早地给产品团队反馈？把"尽早"推到极致？从 2009 年开始，一些互联网产品团队在试验 MVP 方法：

MVP[16] —— Minimum Viable Product，最小可行产品，又称为 Minimal Feature Set，最小功能集。

具体的做法是：把产品最核心的功能用最小的成本实现出来（或者描绘出来），然后快速征求用户意见。例如，一个社交网站已经有很多用户，都是免费的，产品团队想设计一个付费的 VIP 服务，MVP 的做法可以是这样 —— 在目前的用户入口页面中加一个"VIP 服务"的链接，指向一个简单的介绍页面（用最小成本做出来）。观察到底有多少用户点击这个链接。如果点击量太小，那么这个 VIP 服务就不用做了。

另一个例子，一个团队要打造一个餐饮推荐服务，原来的 V1 计划包括网站要适配三种浏览器，两种手机客户端（安卓和 iOS），以及手机和网站的同步，用户之间的互动，菜谱管理，照片管理；另外还要支持餐馆用户的登录和数据管理，等等。这个计划如果全部实现，估计要花一年多的时间，但是在这一年时间中用户没法提供任何反馈（因为大部分功能都没能实现好）。如果用 MVP 的思路，团队会找出最关键、最小的功能集（用户用 iPhone 应用能看到北京市某个区的餐馆推荐），快速实现，三个月就可以听到用户的反馈。这样是不是会更好？

MVP 的指导思想和渐进交付相似，但是它更强调更早获得用户反馈，为此可以在产品完成之前就发布，它也强调产品的核心价值（产品最区别于竞争产品的地方），为了突出核心功能，别的辅助功能可以不考虑或者用别的平台提供的服务来代替。

正如所有的方法论那样，MVP 也有它的适用范围，和它相对应的，是 Maximal Beautiful Product（最强最美产品，MBP）的思路，如果对用户的需求了然于心，或者产品团队比用户更了解用户的需求，为何不把产品最全、最美的形态展现出来，一举征服用户？大家可以回顾第一版的 iPhone（2007 年）和 iPad（2010），它们是 MVP 么？显然不是。如何能做到 MBP？这对产品团队有更高的要求。

其他流程介绍请参见本书"敏捷流程"和"实战中的软件工程"这两章。

5.3.7　TSP 的原则 [17]

我们在这一章浏览了许多团队模式和流程，后面的章节还有敏捷流程和微软推崇的解决方案框架（MSF），优秀的模式和流程有什么共同点呢？ CMU 软件工程学院把这些共同点抽象总结为 Team Software Process（TSP）的原则：

1. 使用妥善定义的流程，流程中的每一步都是可以重复、可以衡量结果的。
2. 团队的各个成员对团队的目标、角色、产品都有统一的理解。
3. 尽量使用成熟的技术和做法。
4. 尽量多地收集数据（也包括对团队不利的数据），并用数据来帮助团队做出理性的决定。
5. 制定切合实际的计划和承诺，团队计划要由负责具体执行的的角色来制定（而不是从上级而来）。
6. 增加团队的自我管理能力。
7. 专注于提高质量，争取在软件生命周期的早期发现问题。最有效提高质量的办法是做全面而细致的设计工作（而不是在后期匆忙修复问题）。

这些原则虽然抽象，但是每个团队在做 Postmortem（参见 15.3 节）的时候，可以对照检查，看看自己的团队在刚刚过去的软件生命周期中到底提高了多少。

5.4　练习与讨论

更多说明和讨论请参见：http://www.cnblogs.com/xinz/p/3852332.html

1. 团队模式和团队的开发模式有什么关系？
2. 如果你领头开展一个全新的项目，你要怎么选择"合适"的团队模式？
3. 不同的团队模式如何影响团队绩效的评估？
4. 团队精神和集体主义的区别？
    大家回想在小学和中学的学习过程，大家在一个班集体，有多少工作是以"团队"（Teamwork）的形式来完成的，有多少工作是以"工作组"（Workgroup)形式完成的？或许大部分工作都是以"非团队"的形式完成的。"团队精神"和平常讲的"集体主义"有什么区别？
5. 阅读《梦断代码》（Dreaming in Code）这本书，分析 Chandler 团队的形式和流程，它们各有什么优缺点？
6. 有人说 —— 现代软件工程分为四个阶段：
    和 PM 吵 → 和设计吵 → 和测试吵 → 和用户吵；
    你觉得应该如何避免吵架？
7. 软件开发有流程，硬件开发和生产当然也有，请看硬件生产的流程（此流程不包括硬件设计）：
    http://dwz.cn/1W1qbn
    这样的"生产"流程和软件"生产"的流程有什么区别呢？

8. 很多流程的目的是帮助大家减少风险，确保质量，但是流程未必全都是正面作用。请看下面的故事：

走 6 天流程改一行代码：http://blog.jobbole.com/19772/

这种情况需要改进么，如何改进？

（请在网页看链接：http://cnblogs.com/xinz/p/4470424.html）

1　http://topic.csdn.net/u/20080623/13/25ff50e2-16a7-49c1-ac7b-fcbdda18fa86.html

2　在 *The Wisdom of Teams* 一书中，这样的团体叫 Work Group.

　　Jon Katzenbach，Douglas Smith. *The Wisdom of Teams：Creating the High-Performance Organization*（ISBN 0875843670）. HarperBusiness, 2006.

3　参见：*The Mythical Man-Month*，第三章，作者 Fred P. Brooks Jr, ISBN: 0201835959

4　2014 年，还有一位国内的电视剧明星表示自己的水平很高，现场就能搞定台词，不需要编剧事先写台词，甚至不太需要编剧。

5　Y2K 问题：Year 2K Problem，又称千年虫问题。主要原因是早期的软件大多以两位数字来记录年份（如 70 表示 1970 年），导致在公元 2000 年到来时，这些程序的表示方式和相应逻辑都要修正，才能避免出现问题。

6　参见：http://en.wikipedia.org/wiki/Miles_Davis

7　请搜索 Miles Davids "So What" 的视频。一个参考来源为：http://v.youku.com/v_show/id_XNTkzOTg4MTY=.html

8　参见：《软件故事》第二章，作者：Steve Lohr；译者：张沛玄；人民邮电出版社，ISBN: 978-7-115-35508-9

9　参见：http://catb.org/~esr/jargon/html/C/Conways-Law.html

10　这里展现的一些开发模型的图都参考了 *Rapid Development* (1996), Chapter 7, "Lifecycle Planning"（p. 133），作者：Steve McConnell

11　*Rapid Development* (1996), Chapter 7, "Lifecycle Planning"

12　论文参见：http://en.wikipedia.org/wiki/Waterfall_model#CITEREFRoyce1970

13　参见：The Rise and Fall of Waterfall: Winston Royce，http://www.youtube.com/watch?v=X1c2--sP3o0

14　参见：http://en.wikipedia.org/wiki/IBM_Rational_Unified_Process

15　图片来源：http://en.wikipedia.org/wiki/IBM_Rational_Unified_Process#mediaviewer/File:Development-iterative.gif

16　参见 http://venturehacks.com/articles/minimum-viable-product

17　这些原则翻译自 TSP Body of Knowledge (BOK) 2010 年版本。关于 TSP 的更多详细内容，请参见 http://sei.cmu.edu

第6章 敏捷流程

- 理论和知识点

  敏捷流程及其原则，Backlog、Burn-down、Sprint、Scrum 方法论，各种软件开发方法论的优缺点，选择软件流程的根据

6.1 敏捷的流程简介

在软件工程的语境里，"敏捷流程"是一系列价值观和方法论的集合。从 2001 年开始，一些软件界的专家开始倡导"敏捷"的价值观和流程，他们肯定了流行做法的价值（见表 6-1 左列），但是强调敏捷的做法（见表 6-1 右列）更能带来价值。

表 6-1 现有的做法 vs. 敏捷的做法

现有的做法	敏捷的做法
流程和工具	个人和交流
完备的文档	可用的软件
为合同谈判	与客户合作
执行原定计划	响应变化

敏捷开发的原则是：[1]

1. 尽早并持续地交付有价值的软件以满足顾客需求

2. 敏捷流程欢迎需求的变化，并利用这种变化来提高用户的竞争优势

3. 经常发布可用的软件，发布间隔可以从几周到几个月，能短则短

4. 业务人员和开发人员在项目开发过程中应该每天共同工作

5. 以有进取心的人为项目核心，充分支持信任他们

6. 无论团队内外，面对面的交流始终是最有效的沟通方式

7. 可用的软件是衡量项目进展的主要指标

8. 敏捷流程应能保持可持续的发展。领导、团队和用户应该能按照目前的步调持续合作下去

9. 只有不断关注技术和设计，才能越来越敏捷

10. 保持简明——尽可能简化工作量的技艺——极为重要 [2]

11. 只有能自我管理的团队才能创造优秀的架构、需求和设计

12. 时时总结如何提高团队效率，并付诸行动

在"敏捷"的大旗下面，我们可以看到好几种软件开发的方法论。我们在这里剖析 Scrum 这个方法论。

从理论上看，这个方法论真是美妙无比（见图 6-1）。

微软 MSDN 也有类似的流程介绍 [4]，看起来也是高屋建瓴，很流畅（见图 6-2）。

根据右面的两幅图，我们不难看出敏捷的步骤。

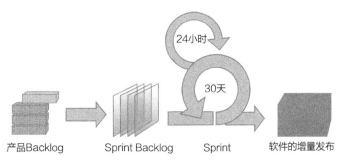

图 6-1　敏捷流程图 [3]

第一步：找出完成产品需要做的事情——Product Backlog。 Backlog 翻译成"积压的工作"、"待解决的问题"、"产品订单"，都可以。产品负责人领导大家对于这个 Backlog 中的条目进行分析、细化、理清相互关系、估计工作量等工作。每一项工作的时间估计单位为"天"。

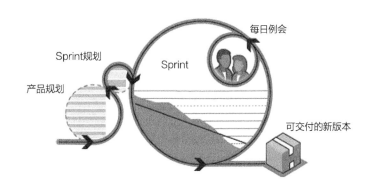

图 6-2　MSDN 上的敏捷流程图

第二步：决定当前的冲刺（Sprint）需要解决的事情——Sprint Backlog。

整个产品的实现被划分为几个互相联系的冲刺。产品订单上的任务被进一步细化了，被分解为

以小时为单位（参见 WBS 工作划分的办法）。如果一个任务的估计时间太长（如超过 16 个小时），那么它就应该被进一步分解。订单上的任务是团队成员根据自己的情况来认领。如果**团队成员能主导任务的估计和分配，他们的能动性得到较大的发挥**。

第三步：冲刺。

在冲刺阶段，外部人士不能直接打扰团队成员。一切交流只能通过 Scrum 大师（Scrum Master）来完成。**这一措施较好地平衡了"交流"和"集中注意力"的矛盾**。有任何需求的改变都留待冲刺结束后再讨论。

冲刺期间，团队通过每日例会（Scrum Meeting）来进行面对面的交流，团队成员大多站着开会，所以又称**每日立会**。大家依次报告：

> 我昨天做了啥
> 我今天要做啥
> 我碰到了哪些问题

每日立会强迫每个人向同伴报告进度，迫使大家把问题摆在明面上。同时团队要启动每日构建，让大家每天都能看到一个逐渐完善的版本。

SCRUM Master 根据项目的情况，用简明的图表展现整个项目的进度，这个图最好放在大家工作的环境中，或者每天传达给各个成员：

图表可以是燃尽图（Burn Down Chart，想象我们把一堆 Backlog 的木头给烧光）。

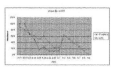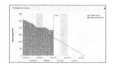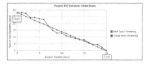

图 6-3　燃尽图大都有向下的趋势线条

也可以是简单的看板图（Kanban）：把一堆任务从最初的"待定"推动到"工作中"等各个状态，直至"完成"。

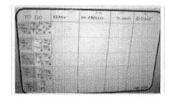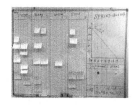

图 6-4　各种简易的看板，任务的状态一目了然

冲刺阶段是时间驱动的（Time-boxed），时间一到就结束。这个特点看似不起眼，但其实它有效地断了各种延期想法的后路，很高明[5]。

第四步：得到软件的一个增量版本，发布给用户。然后在此基础上又进一步计划增量的新功能和改进。

6.2　敏捷流程的问题和解法

美妙的理论在实践中都会碰到这样那样的问题，下面是一些例子。

第一步：各个需求和任务之间是有种种复杂的依赖关系的，除了优先级之外，我们还要考虑相互的依赖关系。怎样在计划（Backlog）中体现依赖关系呢？

第二步：把一个任务从产品层级的描述逐步细化到技术实现层面，是很需要技术能力和交流能力的。例如，产品订单上写着：

希望这个英语单词学习软件能在各个移动平台上实现用户学习进度的同步。

那么，在把这个任务分解到一个可以执行的冲刺任务时，我们要考虑这些因素：

什么是用户学习进度？用户如何衡量这个功能的优劣？

PC 平台和各个移动平台分别用什么来表示"学习进度"？

同步是通过什么样的技术手段实现？

如何解决可能的同步冲突问题？

……

这些问题未必能在短时间内完成，然而时间不等人，那么程序员会冒着风险先尝试着在某些平台上实现 —— 也许以后要返工。

如果团队成员都对某个任务不感兴趣，都不认领这个任务，怎么办？团队成员小飞想认领某个任务 A，但是 A 的实现要依赖于任务 B，但是 B 没人认领，小飞也不具备足够的知识去完成 B，怎么办？

有些成员认领的任务很多，有些成员认领的任务很少，忙闲不均，怎么办？

第三步：每日例会看起来很爽：

我昨天做了啥

我今天要做啥

　　我碰到了哪些问题

爽了之后，也许会流于形式。我们想象一帮狗熊开每日例会时，大家的发言是：

　　我昨天掰棒子

　　我今天继续掰棒子

　　我没碰到困难

这样的会议有用么？也许昨天掰的棒子没处理，今天就掰另一个棒子去了，明天又来一个新棒子……

一群狗熊级的程序员会这么说：

　　我昨天写代码

　　我今天继续写

　　我没碰到困难

每天这样写代码，我们离冲刺的终点线到底是更近了，还是更远了？如果流于形式，无论多么敏捷的每日立会也会被忽悠[6]。

一个改进是，**定义好任务究竟是什么？** 任务的完成（Done）到底意味着什么？每个人的任务必须是明确定义的，狗熊们不能笼统地说"我在掰棒子"，而是要说明标号为 123 的棒子现在是什么状态，你做好之后交给谁了。

另一个改进是，要在每一个任务中记载我们**完成这个任务还需要多少时间**。已经花了多少时间虽然重要，但那不是关键（那是沉没成本），关键是要看我们离最后目标有多远。就像某部门展览"反腐成果"给群众看 —— "已经抓出来 N 个腐败分子"固然解恨，但关键是"还剩多少在台上"，这个问题不说明，再抓多少个都不解决问题。

冲刺到一半的时候，产品负责人突然发现要马上做重要的改动！或者某个大佬要看某个不在计划中的功能的演示，怎么办？这种情况非常考验 Scrum Master。如果一个运动员在跑一百米冲刺，但是跑到一半的时候，领导突然想看一百一十米栏的比赛，前面马上会摆起栏架，大家要准备 8 步上栏！怎么办？

有正常头脑的运动员和教练员会说：**去你的，要改主意，也要等到老子冲刺完了再说啊！**

关于每日立会 —— 如果团队成员不在同一个地方，怎么开会呢？我听到一些敏捷的专家说，一个团队的成员必须面对面开会，才有效果。肯·施瓦伯（Ken Schwaber）说：

> 我还建议，把所有开发过程的附加物件，像设计文档，都扔掉……SCRUM 依赖于团队成员面
> 对面、高容量的交流和合作；每人独立的小隔间、没有必要的文档都增加了疏离和误解的可能
> 性[7]。

如果项目的所有人都坐在一起，连工位之间的矮墙都没有，那的确很爽，但是在很多公司中那
是不可能的，有些团队成员甚至在不同的时区工作，怎么办？他们就不能敏捷了？这时候我们
的确需要文档和其他辅助手段来沟通。

再说说燃尽图。有些燃尽图只是列出了任务的数目，这种图无法展现项目的拖延情况，一个任
务有大有小，它们在图表中都是一个点，一个 16 小时的任务需要 3 天完成，一个 2 小时的任
务出于种种原因也花了 3 天时间，它们在图表中的表现是一样的。在实践中，我个人认为以时
间为度量的燃尽图更有效果。

下面是一个实际项目的燃尽图，有三个每天跟踪的时间值：

- 实际剩余时间（Remaining Hour）：每个团队成员所有任务的剩余时间的总和。
- 预估剩余时间（Projected Remaining Hour）：根据每个人每天的理论进度推算的剩余
  时间。
- 实际花费时间（Completed Hour）：实际花费的时间。

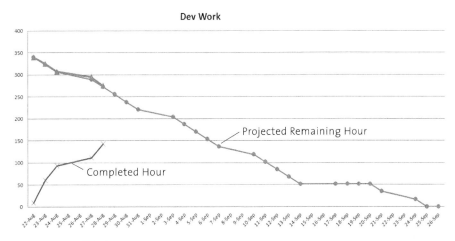

图 6-5　Sprint 进行中

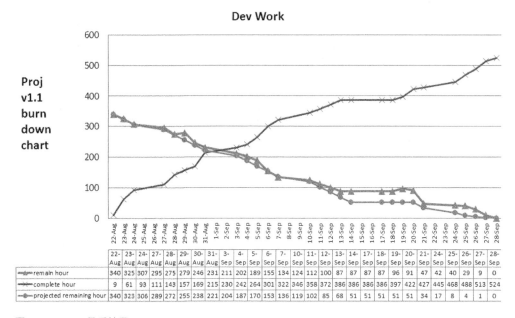

	22-Aug	23-Aug	24-Aug	25-Aug	27-Aug	29-Aug	30-Aug	31-Aug	3-Sep	4-Sep	5-Sep	6-Sep	7-Sep	10-Sep	11-Sep	12-Sep	13-Sep	14-Sep	17-Sep	18-Sep	19-Sep	20-Sep	21-Sep	24-Sep	25-Sep	26-Sep	27-Sep	28-Sep
remain hour	340	325	307	295	275	279	246	231	211	202	189	155	134	124	112	100	87	87	87	96	91	47	42	40	29	9	0	
complete hour	9	61	93	111	143	157	169	215	230	242	264	301	322	346	358	372	386	386	386	386	397	422	427	445	468	488	513	524
projected remaining hour	340	323	306	289	272	255	238	221	204	187	170	153	136	119	102	85	68	51	51	51	51	51	34	17	8	4	1	0

图 6-6　Sprint 最后结果

注解 1： Sprint 从 8/22 到 9/28，中间 9/15—9/18 整个团队外出参加部门年会。

注解 2： 开始预计所有工作量为 340 小时，每个工作日能减少（Burn）17 小时。

注解 3： 开发人员有 5.5 名，绝大多数第一次接触正式商业项目和 Scrum 的团队开发模式。最终完成的工作量为 524 小时，是预计的 1.5 倍。（**这暴露了什么问题呢？**）

注解 4： 有 0.5 名 UX 设计人员、0.5 名 PM 和 2 名测试人员。

注解 5： Sprint 结束后，各个任务宣告完成，并且没有 P1（最严重的）Bug，但是 P2 及以下的 Bug 有 80 多个，加上前一个版本遗留下来的 70 个 Bug，总共还有 150 个 Bug 要解决，才能发布。

注解 6： Sprint 结束后，发现有两个原来的设计问题很大，团队决定在 Sprint 结束之后进行重新设计，或者叫 Design Change Request（DCR）。

第三步半： 做过项目的人都知道，当你说"任务都完成了"的时候，那只是说，开发人员认为**该写的代码**都写完了，但其实还有很多事情没做完。例如写一个 Windows 客户端的功能，显示一张新闻图片，加上与它相匹配的文字（假设这些图片／文字都可以从互联网上拿到），做完之后，还有下面的事情。

a．验证这个功能在各个主要版本的 Windows 下都显示正确。（有开发人员表示自己的机器运行了强大的 Windows 10 和高级显示器，UI 看起来不错，其他平台**想必**也不错！）

b. 验证这个功能的显示布局和字体在 100% 到 200% 的 DPI 上都显示正确，在各种色彩配置中都显示正确。

c. 验证文字无论是中文、英文、阿拉伯文都能正确显示。（联合国五种工作语言我们得支持吧？）

d. 验证程序效能上没有问题。

e. 验证程序长时间运行，没有内存和资源泄露。

f. 验证这个功能和其他功能有较好的集成。

谁来做这第三步半呢？程序员写完功能的时候，我们感觉好像项目完成了 80%，殊不知后面的 **20% 往往要花费 80% 的时间**，敏捷流程没有明确表明到底何人何时以何种优先级来完成这 20% 的任务。

长期任务：软件项目中常常有一些比较艰难和底层的任务，完成这些任务需要超过 Sprint 所计划的时间，这时候我们怎么安排呢？在作者的经验中，这些任务往往在短周期的迭代中得不到应有的重视，一直拖着，最后导致团队要花大量的时间来解决问题。

软件团队中还有一个重要的角色——测试。**测试人员在一个冲刺中怎么工作呢？**有敏捷专家建议测试人员可以担负起产品负责人（Product Owner）的部分责任，同时掌握验收测试（Acceptance Test）流程，对产品的最终质量负责。但是测试人员的开发技术能力在团队中并不占优（在有些中国公司中甚至是最弱的一环），他们在大家都要"烧光"所有任务的压力下，能担当起产品负责人这一责任么？

本书的"稳定和发布阶段"一章讲到了"第三步半要做什么事情"，它的流程图（图 15-1）可以作为 Scrum/Sprint 模型的补充。

第四步：得到了一个增量的软件发布，但是谁来验证这个增量是否满足了事先的计划呢？如果程序员们在冲刺的过程中发现了新问题，改进了原来的计划，这是好事还是坏事？

每一次冲刺结束后，大家要放松一下，总结上一次的经验教训，争取下一次做得更好。团队通过多次总结和流程改进，逐步提高团队的效率，逐步满足用户的需求。可以参考微软学术搜索项目组 10 次冲刺的过程[8]。

6.3 敏捷的团队

软件开发流程有好多种，我们怎么衡量一个开发流程是否对当前的项目 / 团队合适？ Scrum/ Sprint 能成功实施的关键在于 Scrum Master。有些团队随机挑一个成员来做 Scrum Master，好像这个角色就是招呼大家开开会，记录每个人的进度而已。这种方法失败的可能性很大。一个好的 Scrum Master 能在两种语境（描述软件需求的商业语境，描述实现细节的技术语境）间自如地翻译和切换，事实上是一个强有力的项目经理（参见本书"项目经理"一章）。如果团队还要求他 / 她做全职的开发工作，这样的人就更难找了。

敏捷对团队的要求很简单：自主管理（Self-managing）、自我组织（Self-organizing）、多功能型（Cross-functional），但是这很难做到。软件项目的团队各式各样（请看"团队和流程"一章），假设一个团队做得还不错，现在要变成敏捷流程，那团队要做下面的改变：

1. **自主管理**：以前领导布置了任务，我们实现就可以了，现在要自己挑选任务；每次 Sprint 结束之后，还要总结不足，提出改进，并且自己要实施这些改进。"自主管理"不等于"没有管理"。
2. **自我组织**：以前做好自己的事情就好了，安心下班。现在每个人要联合起来对项目负责，有人工作落后了还要帮助他改进，项目缺少某类资源还要自己顶上去。
3. **多功能型**：以前规格说明书由 PM 来写，测试由测试人员来做，现在每个人都全面负责，自己搞定规格说明书，和别人沟通，同时自己搞定测试。

如果你的团队很弱，那么强行把敏捷（或者其他高级方法）套在上面也没有用，也许还会适得其反，往往需要经历多次失败 / 总结 / 改进的过程才能让 Scrum 走上正轨。换句话说，如果你的团队已经有这么厉害（自主管理、自我组织、多功能型）的一帮人，那么用不用 Scrum 都能写好软件！

6.4 敏捷总结

6.4.1 敏捷很特别吗

它与质量控制理论的模型如经典的戴明环（Plan-Do-Check-Act/Adjust，PDCA）类似。正如肯·施瓦伯在描述 Scrum 的核心特点的时候所说：

> 在迭代开始时，团队审视摆在他们面前的任务，选择他们认为可以在迭代期间完成的那些任务（Plan）。然后团队独立地尽最大努力完成这些任务（Do）。在迭代结束时，团队给利益关系人

展示成果（Check），并对开发流程进行调整（Act/Adjust）。

在六西格玛理论（Six Sigma）[9]中，我们也可以看到相似的流程，只不过它变成了界定、量测、分析、改进、控制（DMAIC）。此模型不强调迭代的重要性。Scrum 和渐进交付的流程（Evolutionary Delivery）也很相似，见图 5-15。

Sprint/Scrum 对项目的众多需求采取分而治之的办法，能让相关人员集中精力，在一定期限内解决部分问题。它强调短时间的迭代（Iteration、Timebox），在多次迭代中不断总结，改进团队的流程和产品功能。它明确地指出不同的人在一个项目中的投入和责任的不同（参见本书"猪、鸡和鹦鹉的故事"这一节），并坚持让全身心投入的"猪"来主导项目。它通过 Daily Scrum、Scrum Master 等方法和角色，鼓励团队内部交流，并优化团队和其他人员的交流方式。它对团队成员提出了很高的要求：自主管理、自我组织、多功能型。一般人不能马上做到这一点。它不是"银弹"，不能解决软件开发的所有问题。至于具体项目进度如何跟踪，如何管理测试工作，如何管理复杂项目，还要靠战斗在一线的团队成员见招拆招，想出合适的办法。敏捷的众多方法看似容易，其实门道挺多，网络上有很多参考资料[10]。

推而广之，所谓极限编程，就是把一些认为重要和有效的做法发挥到极致，如表 6-2 所示，在这层意义上，"极限编程"应该叫"极致编程"。

表 6-2　把好的做法推到极致（Extreme）

如果……	发挥到极致就变成……
了解顾客的需求很重要	每时每刻都有客户在身边，时时了解需求
测试 / 单元测试能帮助提高质量	那就先写单元测试，从测试开始写程序——测试驱动开发（TDD）
代码复审可以找到错误	从一开始就处于"复审"状态——结对编程
计划没有变化快	那就别做详细的设计，做频繁的增量开发、重构和频繁地发布
如果提高用户的体验是最重要的目标	那就从体验出发，发掘用户需求，而不是从技术出发，说服用户使用最新的技术[11]
（其他好方法……）	（发挥到极限的做法……）

6.4.2　敏捷流程的经验教训

这里有一些实践者的经验教训：

1. 敏捷宣言表明的是一些优先级，不必当作圣旨或者教条来争论。
2. Scrum Master 不是一个官，而是一个没有行政权力的沟通者，就像微软的 PM 那样。

他 / 她同时还要在团队中做具体的工作。直接把原来的"经理"变成 Scrum Master，大多行不通。

3. 一些项目需要很多暗箱操作和政治角力才能搞定，Scrum 会把这些矛盾都摆到明处。这有好处，也有风险。

4. 在复杂的项目里，要让一线团队成员做决定。

5. 创业公司的团队其实经常是运行在某种快节奏的敏捷的模式中（只不过大家太忙，没工夫论证自己到底有多么敏捷）。

6. 在 Scrum 计划阶段的估计不是一个"合同"，领导们不要把它当成一个合同。估计总是不准的。坚持短期的 Sprint，这样即使不准的估计也不会有大的损害。

7. 不要和管理层谈"流程"，他们只关心"结果"。

8. 在大型团队、跨地区的团队，或者复杂项目中，Scrum 并没有非常完美的答案，Scrum 的创始人也承认这一点 [12]。

6.5　敏捷的问答

王屋村移山公司的程序员果冻最近请假参加了一系列敏捷的培训，有好事者传言他和"a-girl"勾搭上了，其他年轻同事有点坐不住了，也表示要参加此类活动。几天后，果冻回到公司，给所有人发了一枚写有"Agile"的胸章。他纠正大家的发音，这个词不是发"a-girl"，而是"爱脚儿"！果冻希望和大家一起在公司里掀起一股"爱脚儿"的热潮，把公司的软件工程质量从 CMMI5 再提高一个档次。

小飞给他讲了一个笑话 ——

> 软件团队开会，领导说：我们要采用敏捷的开发流程。很简单，就是木有计划，木有文档，马上写代码，随时发牢骚。
>
> 工程师问：培训有木有？
>
> 领导说：有，刚才就是培训。散会！现在可以写代码和发牢骚了 [13]！

果冻说："我不觉得可笑，我认为敏捷是瀑布模型发明以来的另一个巨大的进步。"

晚上大家在喝酒的时候碰到阿超，于是就有了下面的问答：

问： 爱脚儿—敏捷到底是什么东东？好像有很多名词、缩写和传说……

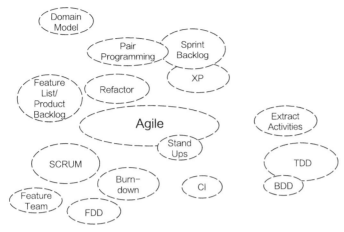

图 6-7　关于敏捷的名词、缩写及其他

答： 敏捷（Agile）是一股思潮，或者说是一种价值观，它涵盖了好几种软件开发的方法论（Methodology）；这些方法论又是建立在许多行之有效的最佳实践方法（Best Practices）之上的。如下图所示。

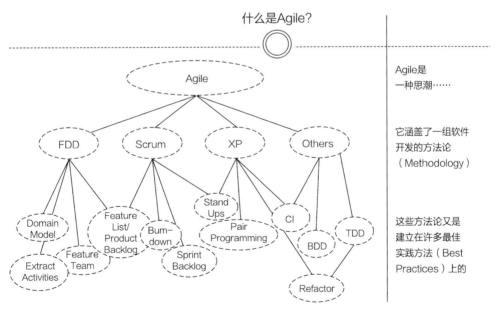

图 6-8　敏捷是什么

问： 敏捷的思想是从天上掉下来的么？

答： 不是，是人们自己总结出来的。

问： 敏捷的方法论有哪些？

答： 比较有名的是：

- 爱抚弟弟（FDD – Feature Driven Design）
- 史克朗姆（SCRUM）
- 极限编程（XP）

问： 那比较有名的最佳实践是什么？

答： 这就太多了，你把任意三个字母组合一下，说不定就是一个最佳实践，例如 TDD（踢弟弟，Test Driven Development）就是一个最佳实践。很多程序员老大哥都喜欢踢弟弟。

问： 为什么人们以前没有总结出来敏捷，而是最近这几年才醒悟呢？

答： 这个……原始人为什么不知道吃方便面？敏捷的原则并不是从石头缝里面蹦出来的，它和前人总结的软件工程原则有着千丝万缕的联系[14]。敏捷在互联网时代出现不是偶然的。

- 最初的软件（20 世纪六七十年代）的顾客都是大型研究机构、军方、美国航空航天局、大型股票交易公司，他们需要通过软件系统来搞科学计算、军方项目、登月项目、股票交易系统等超级复杂的项目。这些项目对功能的要求非常严格，对计算的准确度要求相当高。
- 20 世纪八九十年代，软件进入桌面软件时代，开发周期明显缩短，各种新的方法开始进入实用阶段。但是软件发布的媒介还是软盘、CD、DVD，做好一个发布需要较大的经济投入，不能频繁更新版本。
- 互联网时代，大部分的服务是通过网络服务器端实现，在客户端有各种方便的推送（Push）渠道。一般消费者成为主要用户。网络的传播速度和广度，使得知识的获取变得更加容易，很多软件服务可以由一个小团队来实现。同时，技术更新的速度在加快，那种一个大型团队用一种成熟技术开发 2—3 年再发布软件的时代已经过去了。用户需求的变化也在加快，开发流程必须跟上这些快速变化的节奏。于是敏捷就产生了。

问： 什么样的牛人一夜之间想出了这么多敏捷的东东？

答： 首先，很多方法已经在实践中运用了很多年，不是牛人们一夜之间想出来的；其次，很多方法论把原来单个的实践方法结合起来，运用到极致，吸引了不少眼球。不过，一些牛人的确在几个晚上搞出了一个"敏捷宣言"。

2001 年 2 月，17 位软件绿林好汉聚集在美国犹他州的滑雪胜地雪鸟（Snowbird）雪场。白天除了滑雪，没啥鸟事；晚上除了喝酒侃大山，鸟没啥事……但是他们都感觉"世易时移，变法宜矣"。经过讨论，《敏捷宣言》应运而生，这一组宣言并没有带来新的程序开发语言，或者具体的开发方法，它只是说在当代做软件开发的时候更应该注意哪些方面。

问：为啥很多研究都证明敏捷很有效果？

答：大多数被测试、被研究的新东西都很有效果，这是 Hawthorne 效应[15]。例如你可以测试"给每一个程序员发毛绒玩具，然后测试劳动生产率"，你会发现毛绒玩具能提高劳动生产率！

问：敏捷是万能的么？我上学的时候，老师教我们"形式化的软件开发方法（Formal Method）"、"里程碑式的开发（Plan-driven development）"，它们都被淘汰了？

答：不是，和任何武功、战术一样，敏捷有它最适用的范围。

表 6-3　敏捷的适用范围

最适用方式 / 客观因素	敏捷（Agile）	计划驱动（Plan-driven）	形式化的开发方法（Formal Method）
产品可靠性要求	不高，容忍经常出错	必须有较高可靠性	有极高的可靠性和质量要求
需求变化	经常变化	不经常变化	固定的需求，需求可以建模
团队人员数量	不多	较多	不多
人员经验	有资深程序员带队	以中层技术人员为主	资深专家
公司文化	鼓励变化，行业充满变数	崇尚秩序，按时交付	精益求精
实际的例子	写一个微博网站	开发下一版本的办公软件；给商业用户开发软件	开发底层正则表达式解析模块；科学计算；复杂系统的核心组件
用错方式的后果	用敏捷的方法开发登月火箭控制程序，前 N 批宇航员都挂了	用敏捷方法，商业用户未必受得了两周一次更新的频率	敏捷方法的大部分招数都和这类用户无关，用户关心的是：把可靠性提高到 99.999%，不要让微小的错误把系统搞崩溃

从 2009 年开始，中国的好几个互联网公司都在赶进度开发微博功能。用户也可以随时向公司提供反馈（例如 @微博小秘书）报告问题。当时有评论员说能听到用户直接反馈正是敏捷开发流程的好处。但是在微博功能上线好几年后，人们还能看到用户对于严重问题的反馈：

夏威夷小龟：围脖是又在更新么？？？怎么我的微博丢失了那么多？？？
3月17日 17:07 来自新浪微博　　　　　　　　　　　　　转发 ｜ 收藏 ｜ 评论(2)

森子哥哥Sam：我的微博莫名其妙没了。最新的一条还是3.15号的，新浪玩微博丢失啊～～
3月17日 17:03 来自新浪微博　　　　　　　　　　　　　转发 ｜ 收藏 ｜ 评论(4)

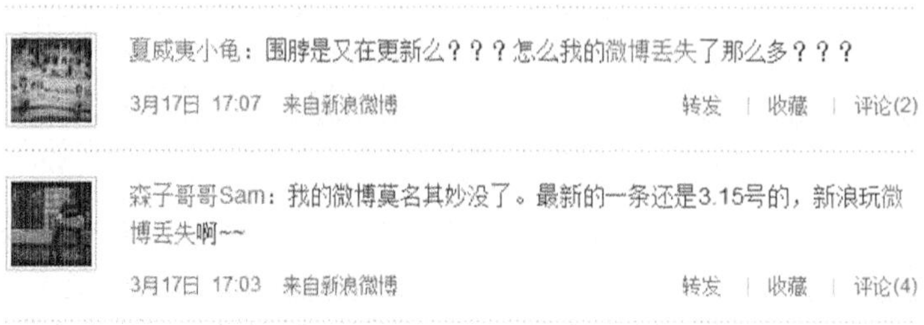

图 6-9　用户反馈微博丢失的问题，但是能恢复丢失的微博么

用户辛辛苦苦写的微博丢了，这属于很严重的数据丢失问题。如果这是一个实际的股票交易系统，用户能容忍这个系统有时候丢失几笔交易么？如果这是一个航天项目，开发团队希望航天员突然从太空报告氧气泄漏的重大问题么？我们需要敏捷（Agile）的开发流程，但是不需要匆忙（Rushed）或忙乱（Chaotic）的开发流程。

在实际情况下，有许多号称敏捷的项目好像也敏捷不到哪里去[16]。要记住，有许多最佳实践在各种开发方式下都在使用，所以各种开发方式并不是井水不犯河水、老死不相往来的那种关系。

问：敏捷难道不是通吃一切的？你列这个表，好像没有给敏捷应得的名分呀？

答：有穿全套制服、开警车出行的警察；也有很多便衣警察；他们各有最佳的适用范围，对吧？如果你觉得便衣警察的名分没得到，给他们统一打扮起来，就成了右边的情况：名分是有了，但是他们的最佳适用范围呢？

问：听说有大写的"爱脚儿"和小写的"爱脚儿"之分？

答：有的，有些激动的人士把敏捷当作一种宗教，所以大写 Agile；另一些人只是把敏捷当作一个形容词，所以小写 agile。

"We follow an agile process"一般指团队的流程比较灵活。"We follow the Agile process"指按照官方敏捷流程的教义开展工作。当敏捷变成了宗教，你说它还会敏捷么？当实事求是的做法和教条发生了冲突，你怎么办呢？举个例子，果冻晚饭吃了"小葱拌豆腐"，这是历史悠久的一道素菜。果冻的朋友会不会说——

哇，这不是最近某大师推荐的么？你成了他的粉丝？你要吃素？！你要做和尚么？有什么想不开的？

我们不要把一些"有益健康的饮食"和"某大师 / 宗教的教义"混淆起来。

回到敏捷（Agile），它是一个形容词或者副词，不是一个东西，它修饰的是做事情的

方式，不是这事情本身。所以"敏捷"需
要一个动作的执行者和一个动作。光说
"敏捷好"是没有用的。

图 6-10 有名分的便衣警察

问：那么如何分清原教旨主义的爱脚儿和把爱
脚儿当作实践工具的人士？

答：很简单，你有礼貌地问对方：敏捷方法有
不适用的场合么？然后冷静观察对方的回
答和表情，就可以了。必要的时候要准备
好逃跑的路线。

问：要敏捷的话，是不是手头用惯了的工具都不能用了？

答：那倒未必，有很多工具支持敏捷的方法论，例如微软的 VSTS（Visual Studio Team
System）就支持 Agile 的方法论（叫 MSF-agile）。微软也有自己的一套方法论，不过
各种方法论都只是参考，软件团队还是要根据具体情况来做决定。有理论而没有工
具，那理论也是白扯。有工具而不懂理论，那工具就不能发挥最大作用。

问：我想敏捷，但是项目的期限不能往后拖，敏捷能帮我早日完成任务么？

答：敏捷不是万能的。敏捷的方法能**帮助你更早地知道你是否能如期完成任务，仅此而
已**。敏捷的方法（迭代的方式）能帮你尽快让用户看到项目的**部分**价值。当你尽早交
付**部分价值**时，也许用户对你目前交付的东西已经很满意了，这样你就不用再花时间
来实现其他需求。另一种可能是，用户看到了部分系统，他们有新的需求，这样你就
可以实现新的需求，而不用再浪费时间实现过时的需求了。

问：敏捷宣言是不是软件开发思想的顶峰？

答：敏捷宣言固然好，然而人的认识总是在发展的，软件行业也不断地有新的思想出现，
或者旧的思想重新浮现。例如，2009 年有人提出了软件匠艺宣言（Manifesto for
Software Craftsmanship）[17]：

不仅要让软件工作，更要精益求精。

不仅要响应变化，更要稳步增加价值。

不仅要有个体与交互，更要形成专业人员的社区。

不仅要与客户合作，更要建立卓有成效的伙伴关系。

也就是说，左项固然值得追求，右项同样不可或缺。

请注意，这个宣言里提到的"左项"，就是敏捷宣言里推崇的价值观。宣言一念，或者令人神清气爽，或者让人更加迷惑，但是宣言具体能帮助开发者做什么呢？可以看看中国软件社区是如何讨论的 [18]。

问：软件开发领域还有其他一些思想，例如大集市 vs. 大教堂，你对它们怎么看？

答：软件工程这个领域出现了不少热闹的宣言和冷静的反思，百花齐放当然好，但是都有各自的适用范围和时代背景。大集市东西琳琅满目，但是未必个个有质量保证。北京潘家园有古董大集市，在那儿买到真正古董的几率是多大呢？更深入的研究请看"练习与讨论"中的"思潮"一题。

6.6　练习与讨论

更多内容与讨论请参见：http://www.cnblogs.com/xinz/p/3852390.html

1.　什么时候适合选择敏捷

我们看了这么多方法论之后，一些同学一定比较困惑，到底选择哪一种开发方法比较好呢？这在实践中不是难题，有学者还列出了一些简单的问题来帮助人们做决定 [19]：

表 6-4　问题引出方法

问题	Yes—— 偏向传统的瀑布 + 文档的流程	No—— 偏向敏捷流程
1. 项目需要有明确的 spec 么？		
2. 项目没有明确的用户，也无法联系用户进行沟通。		
3. 软件系统是大型的么？		
4. 软件系统是复杂的么？例如实时系统。		
5. 软件的生命周期很长么？		
6. 你使用比较差的软件工具么？		
7. 软件项目成员是分布在不同的地区么？		
8. 团队是否有"文档为先"的传统？		
9. 团队的编程技术较差么？		
10. 要交付的软件系统是否要通过某种行业规定或行政法规的批准？		

请结合中国软件开发的情况（在国企开发，给企业开发软件，手机 APP 开发，个人创业，游戏产业等），讨论应该增加一些什么问题，来帮助团队选择最合适的开发模型。

2.　讨论软件开发方法的思潮

迄今为止，我们了解了不少软件工程的方法论。请从下表挑选几篇关于软件工程方法论的文章，仔细阅读（包括相关的讨论），根据你的软件工程经验分享你的看法。表格请见：

http://www.cnblogs.com/xinz/p/3852390.html

（请在网页看链接：http://cnblogs.com/xinz/p/4470424.html）

1　参见：http://en.wikipedia.org/wiki/Agile_software_development#Agile_principles

2　英文说 maximizing the amount of work not done. 我的理解是 —— 任何还没有明确的工作所需时间不可知，因此要 maximize，不要把那些还没有做的工作和正在做的工作混起来。

3　图片来源：http://en.wikipedia.org/w/index.php?title=File:Scrum_process.svg&page=1

4　参见：http://msdn.microsoft.com/en-US/library/vstudio/hh500404.aspx

5　这里有几个 现代软件工程学生小组的 Daily Scrum 的过程：
http://www.cnblogs.com/ustc_msra_ase/archive/2011/02/17/1957382.html
http://www.cnblogs.com/southseven/archive/2011/11/20/2255685.html
http://www.cnblogs.com/Gun-N-Rose/archive/2012/09/29/2708889.html

6　忽悠敏捷流程的一个例子：http://www.cnblogs.com/xinz/archive/2011/02/20/1958907.html

7　参见：Ken Schwaber. *Agile Project Management with Scrum*. Microsoft Press，2004. Page 103

8　参见：http://www.cnblogs.com/xinz/archive/2012/02/20/2358888.html

9　参见：http://en.wikipedia.org/wiki/Six_Sigma

10　大家可以观赏 Scrum 视频培训：http://scrumtrainingseries.com/

11　关于这一点，请看史蒂夫fh乔布斯的观点：http://daringfireball.net/2014/02/working_backwards

12　我曾看到 30 多人挤在会议室里搞 Daily Scrum，每个项目成员在 Scrum 中浪费了多少时间？

13　参见国外漫画系列 Dilbert 的讽刺：http://dilbert.com/strips/comic/2007-11-26/

14　例如这篇文章描述了 Boehm 在 1980 年代提出的软件工程原则和二十年后的敏捷原则的关系：
http://blog.csdn.net/dylanren/article/details/6526907

15　参见：http://en.wikipedia.org/wiki/Hawthorne_effect

16　网上关于敏捷流程中执行的具体问题描述例子：
http://www.cnblogs.com/davidzhang33/archive/2011/04/27/2030020.html

17　参见：http://manifesto.softwarecraftsmanship.org/#/zh-cn

18　参见：http://www.infoq.com/cn/news/2012/09/craftship-cn

19　I Sommerville, *Software Engineering*, 9th Edition, Addison-Wesley, 2010. ISBN 0137035152

第 7 章　实战中的软件工程

- 理论和知识点

  MSF 的原则，MSF 团队模型和开发模式，Cargo Cult

7.1　MSF 简史

前面的章节介绍了软件开发的各种方法论以及一些原则和宣言。宣言令人激动，但不能代替软件，用户不会看了宣言就掏钱买软件。那么近二十年来世界上最大的软件公司——微软公司有没有什么软件开发的思想和宣言呢？它倒是有一个方法论——微软解决方案框架（Microsoft Solution Framework，MSF）。

大约在 1993 年，微软在总结了自己产品团队的开发经验和教训，以及微软咨询服务部门的业务经验后，向业界分享，起名叫 MSF。在以后的几年中，MSF 进一步吸收了微软各个部门和微软的合作伙伴在实际项目中的经验。2002 年，随着 Visual Studio .NET 的发布，微软发布了一系列关于 MSF 3.0 的白皮书，针对 MSF 3.0 的大规模培训也开始在中国举办 [1]。

2006 年，MSF 4.0 随着 Visual Studio Team Foundation Server 2005 发布。它增加了不少敏捷开发的内容，并且明确描述了团队协作的典型流程和在新的团队协作软件包 VSTS 中的应用。

2010 年之后，随着 Visual Studio 软件开发系统的更新，MSF 也发生了一些变化，对于敏捷的流程（Scrum、Agile）有更多的支持 [2]。

7.2 MSF 基本原则

MSF 有一套思想框架 —— 9 条基本原则 [3]。

1. 推动信息共享与沟通（Foster open communications）

2. 为共同的远景而工作（Work toward a shared vision）

3. 充分授权和信任（Empower team members）

4. 各司其职，对项目共同负责（Establish clear accountability and shared responsibility）

5. 交付增量的价值（Deliver incremental value）

6. 保持敏捷，预期和适应变化（Stay agile, expect and adapt change）

7. 投资质量（Invest in quality）

8. 学习所有的经验（Learn from all experiences）

9. 与顾客合作（Partner with internal and external customers）

7.2.1 推动信息共享与沟通

第一个原则，就是所有信息都保留并公开，讨论要包括所有涉及的角色，决定要公开并告知所有人。当然，对牵涉到的技术机密、安全性等信息要采取必要的保护措施。

二柱：我们以前都是"老板让你知道，你就会知道，别多问"。看起来比较好控制吧？

阿超：以前两三个哥们一起捣鼓软件，大家都知根知底，好像搞一个爵士乐队（参见"爵士乐模式"），没有意识到"沟通"的重要性，但是随着项目复杂度和团队规模的增加，没有信息共享与沟通是万万不行的。

二柱：如果有一些事情，我个人也没拿准是不是要通知某一方面的人员，怎么办？

阿超：在这种情况下，宁可过分沟通。

小飞：这是不是很烦？我得不断地告诉别人 —— 我刚做了某事，我刚做了某事，好像网上有不少关于"修改了文档的一个文字错误，就要发邮件告知天下"这样的事儿……

阿超：对，人不能被规则累死，最好是让这些通知能随着事件的发生而自然地传递给关心这些事情的人。例如，在 TFS 中，你可以设置提醒（Alert），让 TFS 主动提醒你，你所关心的事发生了变化。另外，在 TFS 中，所有和项目有关的信息都会保存起来。例如：所有工作项及其历史；所有源代码的修改记录。

TFS 用户经常问的一个问题是：在 TFS 中，我为什么不能删除工作项？

答案很简单，MSF 的第一原则：所有的信息都保留，并公开。TFS 的记录就像银行账户里的资金流动记录，是不可以删除的。

大牛：有人犯了一些比较愚蠢的错误（比如一个很低级的 Bug），TFS 把它们都记录下来了，从个人角度来看，有人会说："我知道我做错了，已经改正，那最好把原来的记录删除了吧。"这样做，不是有利于打造和谐的团队么？

阿超：和谐的"谐"，是一个"言"和一个"皆"字，说的就是大家都可以发言，所有的事情都要记录。记录留下来，可以做事后分析，给后来的同事，或者别的项目的同事学习。如果删除，那也就违反了第 8 条原则"学习所有的经验"。如果历史是一笔糊涂账，某些事件被删除了，或者不能提，哪来的和谐？！我们公司要建立"对事不对人"的文化，好像有一句古话，把人的错误比做日食……

果冻："君子之过也，如日月之食焉：过也，人皆见之；更也，人皆仰之。"还有，"人谁无过？过而能改，善莫大焉。"

大牛：我们以前关于项目的好多事，都装在几个头头的肚子里，最开放的，也不过是把一些问题列在 Excel 文件，或者是 MS Project 文件中，但是也没有历史记录。

阿超：看不到所有的信息，那么项目进度以及项目中存在的各种问题就不能及时让所有人知道，这样 MSF 中其他的原则也就不能实行了。没有开放的信息，也就谈不上"授权"，或者"建立清晰的责任和共同的职责"，以及"保持敏捷，预测并适应变化"。这也是为什么"推动信息共享与沟通"是第一个基本原则。

有人把"交流"等同于"文档"，这是不对的。我们一帮人吭哧吭哧干活是为了什么？是为了解决用户的问题。用户给项目投资了成千上万，不是为了看到一堆过时的文档。同样，团队成员之间的交流要简明，不必为了交接而搞出许多文档。另外一个重要的因素是，如果团队在整个软件生命周期都使用团队协作服务器（TFS 或者 GitHub），那么很多活动、决定、文档都自然地有记录，不必额外去为了文档而再写一些东西。

MSF 团队模型和 MSF 过程模型也是建立在"信息共享与沟通"原则上的。

7.2.2　为共同的远景而工作

阿超："为共同的远景而工作"，对于这句话，大家是怎么理解的？

杂曰：这就是所谓同心同德。兄弟同心，其利断金。我们当然是同心的啦，大家都是哥们，都是为了移山公司的兴旺才来的。

阿超：好，但是这里面提到一个"共同的远景"，这是什么玩意？

　　大家注意这个"共同的远景"是指产品的远景。我们做一个产品，不管是应用软件、行业软件，还是通用软件，要明确项目的目标是什么。

　　（1）这个目标必须是明确的，没有二义性；

　　（2）这个目标不是当前就能达到，必须是通过努力才能达到的；

　　（3）这个目标不是空泛的，它应该对项目成员每天的工作都有指导作用。每天你来上班，如果发现你做的事情对项目的远景没有帮助，你应该跟老板提出来。

小飞：我们有些项目好像没法定出来这样的目标，或者老板也不清楚我们到底要干什么。

阿超：那么，很显然这些项目的带头人没有及格，这些项目最后没有达到预期的目标，也就不奇怪了，因为我们连预期的目标是什么都没有搞清楚。

　　这样的远景也不见得错，但是不要忘了我们讲的是"共同的远景"，即团队的领导人要让全体成员都同意并为之奋斗的项目的远景。如果一部分人还为远景 1.0 而奋斗，但是另一半人却在为远景 2.0 而努力，那是要出乱子的。

二柱：如果没有"共同的远景"，即使团队发布了产品，不同的成员对项目是否成功，以后如何发展，也会有不同的看法，因为他们心里的远景（参照物）是不一样的。

阿超：另外，当项目到了关键时刻，我们再和大家统一思想，向往远景，已经晚了。另一个事例，说明远景也和实际工作有密切关系。大松博文在中国女排搞"魔鬼训练"的时候[4]，如果大家的远景不是世界冠军，干嘛费那么大的劲？每天随便练练，早点洗洗睡得了。如果我们的目标只是业余玩玩网站，大家干嘛费劲学什么 MSF？

小飞：远景是由领导决定，还是自下而上形成的？

阿超：一般是由"有远见的人"提出，然后公开讨论，在讨论的过程中，可以消除误解，凝聚共识。这是一个项目的关键，是项目第一阶段要达到的主要目标。

二柱：这是不是俗话说的"统一思想"，或者另一个俗话说的"洗脑"？不是说国外不兴洗脑的么？

阿超：可以这样看，但我们下面要说另一个基本原则，需要你的大脑有原创精神。

7.2.3　充分授权和信任

这一点的关键是"授权"这个词，授权（Empower）有两个意思：一是给某人权力和权威；

二是给予某人更多自信和自尊。在一个高效的团队中，所有成员都应该能得到充分的授权，他们有权在职权范围内按照自己的承诺完成任务，同时，他们也充分信任其他同事能实现各自的承诺。类似地，团队的顾客（包括内部和外部的顾客）也认为团队能兑现承诺，并进行相应的规划。

二柱：这样做好像很危险哪！

阿超：那应该怎么办？采用"命令"的方式？！

　　　充分授权的管理方式是 MSF 的核心观念之一。MSF 团队模型就是建立在以下两个原则上的：

　　　（1）平等协作——成员之间、团队之间是平等协作的关系；

　　　（2）充分授权给团队和成员。

　　　这就是为什么 MSF 团队模型是网状，而不是层次结构。

　　　这样做有什么好处？好处有两点：

　　　（1）被授权的人会承担起自己对项目的责任，同时也期望同事们也同样对项目负责；

　　　（2）MSF 提倡自下而上的计划，每个人有充分的权力估计并决定自己的任务需要多长时间，而不是上级交给的时间，这意味着让真正做这件事的人按照自己的估计去完成任务。这样做的结果是啥？是人人都会支持项目的计划和时间表，因为这个时间表是每个人自下而上订出来的！

二柱：听上去很美，但是我作为一个组长，给我的组员充分授权，到头来发现事情都没做完，咋办？我只好不断地问：你做到哪里了，还差多少？

阿超：这要靠工具的支持，在 VSTS、GitHub 等系统中，由于所有工作的进展都记录在案，任何延迟都会被及时发现，这样组长（或其他层次的领导）就不用把精力花在"询问"，而花在"帮助解决"上，在最关键的时候提供指导和帮助。领导在项目中的角色是"支持成员完成任务"，而不是"控制成员，迫使他们完成任务"。充分授权在 MSF 团队模型的另一个含义是：信任，鼓励团队成员成长，每人都可以在某一时段、某一领域当领导。比如二柱是软件安全性的专家，他就可以带领其他成员对项目进行安全性测试。如果测试工程师果冻刚刚学习了如何做压力测试，他可以带领其他测试人员对产品进行全面的压力测试。

大牛：这一原则还对企业传统招人、用人的方式有冲击，我觉得这是 MSF 最难在中国公司实行的一部分，"授权"、"放权"的管理理念和很多公司的企业文化不相符。

果冻：我国古代也有充分授权和信任的例子，看这一段——

"郢人垩慢其鼻端，若蝇翼，使匠石斫之。匠石运斤成风，听而斫之，尽垩，而鼻不伤。郢人立不失容。宋元君闻之，召匠石曰：'尝试为寡人为之。'匠石曰：'臣则尝能斫之，虽然，臣之质死久矣。'自夫子之死也，吾无以为质矣，吾无言之矣！"

大家一致反映要听白话文的解释，果冻解释完了以后，大家七嘴八舌地议论，这里面有授权和信任么？

大牛：有啊，郢人授权匠石，他并没有管匠石的操作细节（用斧头，还是菜刀、匕首或者手术刀）；然后他"立不失容"，才能让整个操作成功，这里面体现了信任。

阿超：要注意这种信任是两方面的，匠石也信任郢人会"立不失容"，不会缩头缩脑，因此他才能"运斤成风，听而斫之"。如果有互相猜疑，就会出乱子，例如，匠石心里琢磨"我估计他会害怕，脑袋会往里缩二寸，我要往里再砍两寸"，而郢人心里想"我得再伸出去一些，这样斧子才够得着"……如果没有双方互信的基础，宋元君真的敢试？匠石真的敢砍？这个故事里的相互信任，可以与"高山流水"中伯牙、子期的相互理解相媲美。另外，充分授权之后，领导是不是显得有点没用了呢？

7.2.4 各司其职，对项目共同负责

团队中的每个角色都有自己的职责（见表 7-1），如果出了问题，这个角色就要负责任。

表 7-1 MSF 团队模型和关键质量目标

关键质量目标	MSF 小组角色	出口条件
按约束条件交付产品	项目经理	项目经理们的项目是在时间/资源的条件内交付的么
按产品规格说明交付产品	开发	我们是否按照功能说明完成了各项功能
保证所有问题都得到处理	测试	我们发现了所有的问题，而且都有处理方案吗
产品部署和后续管理	发布管理	客户是否能快速方便地部署产品和进行后续管理
让产品更好用	用户体验	产品是否适应用户的使用习惯？易学易用
让客户满意	产品管理	客户是否（在总体上）满意我们的项目

比如说，如果产品发布后，客户在部署和管理上出现了很多问题，那负责"产品部署和后续管理"的角色"发布管理"人员就要站出来对此负责。

与此同时，团队的各个角色合起来，对整个项目最终的成功负责，为什么？因为每个角色在其职责范围内的失败都会导致整个项目的失败，而且各个角色的工作都是互相渗透、互相依赖的。这种互相依赖的方式也鼓励团队成员在自己本职之外为其他领域做贡献。例如，测试人员可以帮助"用户体验"角色更好地设计用户界面，因为如果用户界面很差，再好的功能也不能发挥应有的作用。

问：　如果我要做一件事情，但是周围的人有不少不同意见，短时间又不能完全说服他们，怎么办？

答：　对此事负责任的角色要自己拿主意。

阿超：我今天在"顶球"网吧看到大牛他爹老崔在下棋，围观者支招的不少，有的说上马，有的说拱卒，有的说出车。大牛他爹一会儿招法就乱了，眼看局势不灵了，围观者一哄而散，老崔后来也没法，只好认输了。一个围棋国手在一次重要的对局后，听到旁观者对棋局的进程有很多不同的看法，他也没有过多争辩，只是说："无责任的旁观者和有重大责任的当局者的看法自然是不一样的。"无责任的旁观者在支招后，如果不灵，他可以面不改色地继续支招，甚至可以给另一位对局者支招，不管最后谁输谁赢，旁观者随时都能安心地离开，回家吃饭。有重大责任的当局者在走了损招或败招之后，他很可能就要认输下台，丢掉比赛的奖金和头衔。大家还记得父子和驴的故事吧：

"父子出门，子骑驴，人诽之；父骑驴，人亦诽之；父子同驴，人人诽之；无奈，遂父子抬驴。"

这些都说明一个什么问题？如果我是责任人，最终还要我自己拿主意。别人的意见都只是参考。我的责任是把事情做出来，而不是讨好所有人，让他们知道我按照他们的意见做了。

在项目进展的过程中，对于每一项任务，每个人都要明确以下几点。

- Who：谁负责？
- What：做什么，具体的执行方案，什么叫做"做好了"？
- When：什么时候开始，什么时候结束？
- Why：为什么是这样安排（和项目的远景是否吻合），在什么情况下可以变更？

与"信息共享与沟通"原则相呼应，这样的安排能让所有人都明确自己的职责，同时有"大局观" —— 知道别人在做什么，为什么，以及整个项目的目标[5]。还可以参见 RASCI 模型。

7.2.5 重视商业价值，提供渐进的价值

阿超：我们都是搞技术的，但同时我们也是一个商业实体，我们的项目都应该是出于商业目的，如果没有商业的需求，再酷的技术也没有用，商业项目需要重视市场和用户，技术是处于第三位的。一个沉溺于技术而忽略商业价值的团队，就像盲人骑烈马，跑起来很拉风，但最终不免人仰马翻。回首望去，很多"高科技"的公司就是过客。怎样衡量一个项目的成功？并不是最酷的技术，而是商业的成功。

软件企业 = 软件 + 商业模式

一个项目的商业价值只有在它被成功地发布并运行时才能体现出来，所以，MSF 过程模式包括了开发和发布阶段。

我听说你们在软件学院比赛中做了一两个很酷的项目，得了奖，解决了实际问题，不是么？难道没有真正运行起来？

小飞：项目演示完了，我们就没有管了，好像也没有人要求我们在实际环境中运行。过不久代码就不全了，也不能编译了，后来也就不了了之[6]。

我经常听说"激情"才是最重要的，写软件的大拿们当初都是激情万丈，代码如泉涌……

阿超：激情可以被激发出来，也可以消失，或者移情别恋，而且激情因人而异。当项目遇到困难时，当项目看不到尽头时，有人就会问世间激情为何物，能叫我每天加班？一个团队项目如果没有经得起考验的商业价值，没有明确的远景，是很难坚持下去的。

看看国外的观点，他们搞了很多年的商业：

> "Don't start a business if you can't explain what pain it solves, for whom, and why your product will eliminate this pain, and how the customer will pay to solve this pain."

> 如果你还没有能说清楚你的产品解决了什么问题，为谁解决问题，为什么你的产品会解决这些问题，以及客户怎样付钱让你解决问题，那你就不应该贸然创业[7]。

类似地，如果我们没有搞清楚我们的项目会解决什么问题，为谁解决问题，为什么它会解决问题，以及怎样才能拿到客户的报酬，那我们的项目还不能算是真正开始。

果冻：那开源 / 共享软件是怎么一回事，如果开源了，商业价值如何体现？

阿超：这个问题问得好，我估计如果开放讨论，三天三夜也讲不完。但是让我们设想一下，如果我们的项目成功了，有人以"开源"的名义来要我们的源程序，我们答应么？

二柱：凭什么！

阿超：对呀，凭什么？！在软件中凝聚了我们"无差别的人类劳动"——这就是软件这一商品的价值，我们的口粮、公司的水电费都得用这一价值去交换，我们如果重视商业价值，就要有重视商业价值的做法。有一些原来"闭源"的项目，后来变成开源的，总是有各自的原因，这些原因里面，商业运作的因素也很明显。

二柱：但是正如你所说的，我们都是搞技术的，那怎样才能保证我们"重视商业价值"？

阿超：在 MSF 团队模型中，"用户体验"这个角色代表了用户的利益，保证产品能真正易于使用；"产品管理"这个角色代表了客户的利益，保证了我们的产品能为顾客提供商业价值。搞技术的，要尊重这两个角色，因为他们代表的是我们的衣食父母。

二柱：我们的激情会变，但是项目经理大牛才是变得最快的，他隔三岔五跑来说，客户有点新想法，我们要做一些小改动……

大牛：那怪不得我，是咱们的"衣食父母"提出来的。

阿超：这就扯到下一个原则。

7.2.6 保持敏捷，预期和适应变化

软件工程，唯一不变的是变化。所以干脆别幻想客户的需求会在第一时刻很明确，然后保持不会变。但要注意，**我们是预期变化，不是期望变化**。

除开外部原因，团队内部也在变化，我们对技术的掌握每天都在提高，原来认为不可能的事可能变得容易。我们对客观世界和软件系统的了解每天都在深化，原来觉得没问题的小细节忽然成了大问题。甚至原来一起打拼的同事忽然要离开……这些都要求我们团队保持敏捷的身段。

大牛：最近业界有人总结，项目需求的生存期是 18 个月，就是说如果一个项目的需求是 18 个月前确定的，而产品还没有做出来，那几乎就可以不做了，因为需求肯定已经发生了很大变化。

大家有没有注意到微软的一些成功项目的各个版本之间也是间隔 18—24 个月。现在软件开发的重心从桌面软件移到了互联网软件和服务，项目的版本更新就更频繁了。

果冻：既然总会变，那么似乎没有必要在每一步骤都保持高质量？

阿超：你的潜台词是因为变了之后，以前做的事就没有意义了。但是高质量在任何时候都是有益的，低质量的工作，会误导客户和团队，也许会导致错误的变化。达到高质量是有代价的，关键是要给客户提供及时、准确的信息，根据客户的反馈进行修改。质量是重要的，但是如果你的功能不能满足客户不断变化的需求，注意是"不断变化的需求"，那么再高的质量也没有用处。软件的质量在敏捷的开发流程中处于什么样的地位？请看下一节。

7.2.7　投资质量

对质量的重视，引发对质量的投资，引发对人、过程和工具的投资。

大牛：为什么叫投资？干脆叫"质量第一"，或者"全面质量管理"不就完了么？

阿超：之所以叫"投资"，是很有道理的。听我慢慢道来。

（1）投资要讲效率。软件开发过程大部分时间花在了解／设计／变更／再了解／再设计的过程中。我们要重视质量，但并不是要不惜一切代价达到最高的质量标准（有人倒吸了一口凉气），因为提高人／过程／工具的质量是要花成本的！我们不是为提高质量而提高质量。我们要讲投资的效率。比如，在做快速原型的过程中，有些部分可以做得粗糙一点。

（2）投资要讲时机，比如说对于某项技术的培训，最好的做法是在即将需要的时候进行培训，太超前或滞后都不灵。

（3）投资是长期的。和投资股票／不动产一样，真正的投资者看重的是长线的收益；人的成长、团队的成熟都需要时间，不可能短期内立竿见影。**那些"短平快"的东西，叫投机，不叫投资。**

大牛：对，投机的事儿多了。比如，有些公司听说国家要求软件企业必须达到 CMMI 某个等级才能参与投标，于是花了两个月的时间，公司就奇迹般地提高到 CMMI 3 级，这是投机，不是投资。

小飞：另外,什么叫软件的质量？每当一个大型软件发布之后,紧接着这个软件的"服务包"（Service Pack）就会出动。然后我经常看到报道说微软的 Windows 或者 Office 有几千个 Bug 没有解决，就发布了。我们移山公司的质量尺度是什么呢？不会像微软那样吧。

大牛：如果我们能做出 Windows 或者 Office，占领全世界 80%—90% 的个人电脑市场，我个人很愿意像微软那样。不愿意的同志别来和我争这个利润。

阿超：　我们做商用软件的人都在为此苦恼，只有优秀的软件公司能找到一个平衡点，及时发布能够解决用户问题的软件，并且能及时修改软件中的问题 —— 注意，这两个"及时"并不一定是同一个时间。做非商用软件（比如为了演示、交作业）可以不用管这两个及时，交了卷，就万事大吉了。所以，MSF 没有提"质量第一"，或者"全面质量管理"，我希望移山公司不是质量第一，而是解决用户的问题第一。我也不希望移山公司是"全面质量管理"，因为"全面"之后，会出现"大道废，有仁义"的现象，大家都讲"全面质量管理"，往往意味着我们的质量管理没有抓到点子上。而且有些庸人往往会以"要达到高质量"为由，阻碍正常的工作进程[8]。

有些团队把开发和测试有意无意地对立起来，好像二者是矛盾的。一个典型的例子是，有时开发人员不想给测试人员足够的信息，好像不想"帮"测试人员找到缺陷；与此同时，测试人员一旦找到缺陷，会有些得意，"看，你写的代码那么臭，我又发现了 N 个 Bug"。这种对立情绪，也许在短期内能刺激成员的工作热情，而从长远来看是有害的。很少有人会希望在这种充满对立情绪的环境中工作。团队成员应该有共识：防止缺陷的发生成为团队质量控制的首要任务，所有的角色都应该对质量保障（Quality Assurance）负责。

微软公司内部做过统计，在一个中大规模的团队中，一个"缺陷"从发生到被改正，中间经过了近 20 道工序，平均总的时间开销是 12 小时。优秀的团队能做到这一点：可能的缺陷在设计阶段之前就讨论过，并且在代码中已经避免了，因此在"缺陷跟踪系统"中，并没有出现很多缺陷记录在案，但是软件的质量仍然很高。另外，团队要重视在实战条件下的质量，这一点要求我们保持随时可以发布的高质量。如果用户说：时间到了，网站要上马。我们应该很快地交给用户一个可用的版本，也许功能不多，但是现有的功能都可用。

为了达到这一点，我们要重视产品的安装和发布 —— 产品要尽早能够达到随时安装、发布的标准。在一些项目中，安装和发布都是最后阶段才做，这就导致几个问题：

1. 开发过程中，测试团队很难安装产品，阻碍了测试团队的进展。很多情况下，测试人员不得不从多个源头拷贝不同的文件到测试环境中，才能开始测试，浪费了大量时间。

2. 关于安装的缺陷得不到重视 —— 用户拿到一个 Beta 版，意见最大的就是安装不上！或者好不容易装好了，却卸载不了，不得不重新安装系统。

7.2.8 学习所有的经验

阿超： 古今中外，人们对经验的学习还是比较重视的，我们经常听到"忘记过去的人注定会重复过去的错误"等类似的谚语。咱们中国的老祖宗也没少唠叨，哪位能提供一些成语典故？

杂曰： 数典忘祖，好了伤疤忘了痛，一朝被蛇咬，十年怕井绳……

阿超： 停！"一朝被蛇咬，十年怕井绳"并不是"学习所有的经验"，而恰恰是没有学习，不敢分析蛇和井绳的区别。

在学习过去的经验的同时，也要避免让过去的经验妨碍解决现在的问题。

小飞： 那为什么在软件开发中我们往往没有吸取前人的经验教训？

杂曰： "没时间"；

"每一个项目都有自己的特色，不宜生搬硬套"；

"项目的经验都在各人的脑子里"；

"项目结束后，大家都散伙了，没人组织总结，或者写总结的人有偏心"；

"有时总结变成互相指责，搞得不欢而散"；

……

阿超： 这一原则有两个含义 ——

（1）把经验总结出来；

（2）分享经验。

为什么要坚持总结和分享？是为了 ——

（1）让团队成员从别人的成果和失败的例子中学到东西；

（2）帮助新项目重复以往成功的做法；

（3）培育团队总结的习惯和"批评与自我批评"的文化。

MSF 在每一个里程碑结束时都要做一个"里程碑回顾"，这个回顾不必等到整个项目结束才做。这样做的好处是，大家对最近的成败都记忆犹新，能提供比较准确和全面的反馈；如果发现了错误，可以马上研究解决办法，在下一个里程碑中通过实践来验证。参见 15 章的"事后诸葛亮"会议。

二柱：但是这样的做法是否能符合国情？我们文明古国讲的是"以德报怨"，有一些错误，交了学费，就算了，不要拉下脸皮嘛。最后大家聚餐一下，灌醉了领导和同事，擦干嘴边的油渍，又继续前进了。

果冻：孔子他老人家说"以德报怨，何以报德？"他老人家主张"以德报德，以直报怨"，我的理解是别人做了错事，特别是对你做了错事，你要指出来，并且争取得到改正。由此看来，MSF 还是比较符合儒家思想的。

7.2.9　与顾客合作

MSF 强调产品团队与顾客的交流与合作，并不是产品团队拿到合同之后，就闭门造车，直到产品完成才告诉用户，给他们一个惊喜（通常"惊"大于"喜"）。项目当然是项目团队成员做的，但是项目的商业价值要由用户说了算，那些"我觉得用户会喜欢"的东西要及早和用户交流。因为"我觉得"和"用户觉得"是两码事。

小飞：我说一句可能不太中听的话，我觉得有时用户好像很，嗯，很不愿意交流，很自负。有时又很傻，很天真。和他们交流有时好像是对牛弹琴。

大牛：有这么几种情况：

（1）用户不懂他想要什么。有些用户只有一个模糊的需求，他们说：我们企业要上 ERP ！你给我整出来。这种情况下，我们得和用户一起做需求分析，先把牛找出来；

（2）用户想的和商业价值无关。比如有些用户说，我想让每个按钮都是半透明的，还要有三维效果，就像一些网络聊天软件一样酷！这些要求和他的企业管理项目的价值没有直接联系。也许这个用户代表是一头牛，而不是用户代表，我们要找管牛的人；

（3）用户想要的我们还不懂。这种情况下，我们是牛，用户是在对我们弹琴；

（4）大家心里想的不是牛，也不想弄清牛想什么，只要有钱就行。例如：

客户：你能不能做 4G ？

我们：上 4G 干啥？我们还搞不懂 4G，好像没有多少人真正需要 4G。

客户：对，我也不懂 4G，但是我手里有四百万预算要花掉……

我们：啊呀，你干吗不早说，那咱们就搞一个四百万的 4G 项目好了！

7.3　MSF 团队模型

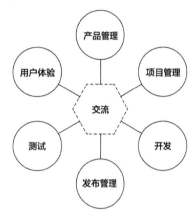

图 7-1　MSF 团队模型

MSF 团队模型定义了小组同级成员的一些角色和职责，如图 7-1 所示。

在 MSF 团队模型中，任何技术项目都必须达到特定的关键质量目标，才能够被认为是成功的项目。任何一个角色无法实现其目标，都将危及整个项目。因此，每个角色都被认为是同等重要的，重要的决定都要共同做出。相关的目标和角色如图 7-1 所示。

说白了，一个项目要达到的目标很多，MSF 团队模型让不同的角色去实现这些目标。在一个项目结束的时候，每个角色都问自己这样的问题 —— 我是否达到了我的质量目标？

最后，比如测试团队（角色：测试）要保证"我发现的所有问题都得到解决"，那么测试团队就会做以下两件事：

1. 发现产品的问题；
2. 保证这些问题都得到处理。

要注意的是，保证这些问题都得到"处理"和得到"解决"是不一样的，有些问题目前不能得到完美的解决，但是可以有让用户满意的处理方案，项目团队不能回避这些问题。

问：我们发现了问题，但是我们目前的"处理"不能让用户满意，怎么办？

答：测试团队就要和别的角色（如：产品管理 / 项目经理 / 开发）一起研究用户需求，在可能的方案中选出一个，比如：

（1）按照目前的状态交付，向用户作出说明（如：在某个操作系统 / 浏览器版本下，某个功能不能正常工作）；

（2）推迟交付时间，让团队有足够的时间来解决问题；

（3）修改产品的约束条件（如要求客户的操作系统 / 浏览器必须是某一个版本以上，或者增加一个附加条件：产品发布后半年会出新的插件解决问题）。

在讨论处理方案时，每个角色从自己的质量目标出发并对其负责。

问： 那有冲突怎么办？

答： 那就吵呗。各个角色的利益是有一定冲突的，MSF 没有掩饰这一点。MSF 团队模型的核心是，成功的技术项目必须符合各种利益相关人（Stake holder）完全不同且常常对立的质量观点。

问： 这么说在团队中有矛盾是正常的了？

答： 对！例如，用户代表觉得新增加一个功能很酷，因为新功能"让产品更好用"，但是项目经理角色觉得会影响"按约束条件内交付产品"的目标，测试会觉得"保证所有问题都得到处理"的目标受到威胁，用大白话说，就是"我没有时间测试你的新功能，因此不能加这个功能"。这就要各方在整个项目的共同利益之下，协商解决，寻求多赢。

问： 我原来认为测试人员说"我没有时间测试你的新功能，因此不能加这个功能！"是态度问题，会被开发人员鄙视的。

答： 这是对产品质量负责的态度，你要代表你角色的利益，如果你有充分的授权和信任，你就要直言不讳。

除了项目的各个角色之外，MSF 团队模型还可以推广到包括操作、业务和用户等外部因素。在对立中寻找共同利益，在冲突中达到平衡。MSF 团队模型推动了不同利益代表在追求共同利益过程中的融合。

果冻： "在对立中寻找共同利益，在冲突中达到平衡"，其实我们的孔夫子对此早看得门儿清——

子曰：君子和而不同，小人同而不和。

7.4　MSF 过程模型

每个项目都要经过一个生命周期，图 7-2 是 MSF 过程模型的生命周期简图。

MSF 过程模型是从传统的软件开发瀑布模型和螺旋模型发展而来的，它把瀑布模型中基于里程碑的规划优势与螺旋模型中增量迭代的长处结合了起来。

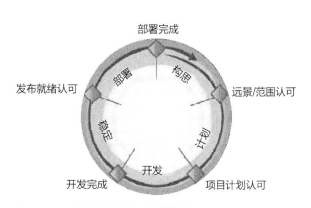

图 7-2　MSF 过程模型的生命周期简图

MSF 过程模型的基本元素是阶段和里程碑。所谓"阶段"，就是在这一段时间里团队集中精力做某一类事情，每个阶段的结束都代表了项目的进展和团队工作重心的变化。比如在"开发阶段"结束后，团队就不再允许设计 / 实现新的功能，除非有理由充分的"变更请求"。

问： 我觉得这样也太理想化了，一个 10 人以上的团队，不可能在某月某日同时完成某一阶段，然后第二天进入下一阶段。

答： 对，各个阶段之间会有缓冲区，团队中各个功能组的进度是各有区别的，不必强求一律。但是各个功能组的节奏应该逐渐统一，这样能才能处理好团队间的依赖关系，提高整个团队的开发效率。

团队用里程碑来检查工作是否结束和同步各个角色的进度，以此来确定当前阶段的目标是否已经实现。此外，里程碑标志着每个阶段的结束，此时团队应该引导成员转移工作的重心，并鼓励队员以新的视角来看待下一阶段的目标。在上一个阶段产生的各种交付内容，将成为下一阶段的起始点。

7.5　实战中的软件工程

果冻： 看到这些大公司的各种方法和流程，再回头看看我们小公司的寒酸家当，我们还等什么，赶紧照着他们的角色配置，买开发工具吧！工具齐整了，就可以按照流程来走了！

阿超： 那也未必，我想起以前王屋村刚刚有眼镜店的时候，大智去买眼镜的故事。他问，老年人如果戴上老花镜，所有的书都能看清楚么？售货员说：对，就能看清所有的书和杂志了。大智高兴地说，给我来一副！我要送给我二伯，他老人家多年来都是文盲，这下好了，带了眼镜马上就能读书看报了！

究竟要买什么样的眼镜？我们看看世界级软件公司发展过程中软件工程的变化。

MS 的软件开发流程的演进

阿超： 我们回顾一下微软公司的第 0 个项目，事实上，这是公司成立之前的项目。1974 年 12 月，比尔·盖茨和保罗·艾伦在 Popular Electronics 杂志上看到了一个全新"个人电脑"的介绍，这个叫 Altair 的机器由远在新墨西哥州的 MITS 公司设计，它基于 Intel 8080 芯片，有 256 字节的内存，可以扩展到 4096 字节。它没有显示器和键盘，只能通过机器码来操作，机器码是通过按机器面板上的开关来输入，输出就是一些可以闪烁的小灯。看到这个消息，他们认为个人电脑的大浪潮就要到了，他们的切入点就是给这个电脑配备高级语言——BASIC 的解释器。说干就干，在比尔用机器码写 BASIC 解释器的同时，保罗在一个小型机（PDP-10）上写 8080 的模拟器，在上面运行和调试解释器。除了看过杂志上的照片，他们并没有任何实体机器，

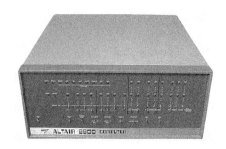

图 7-3　Altair "个人电脑"

唯一的技术资料就是 8080 芯片的技术文档，在这样艰苦的情况下，他们夜以继日，只用了八个星期就完成了工作。

当保罗一个人飞到 MITS 公司演示 BASIC 解释器的时候（比尔还要在哈佛大学上课），他头一次看到了真的 Altair 电脑。当他们的 BASIC 解释器第一次运行在这个机器上时，第一个测试就是完全正确的。MITS 公司从工程师们到总经理都惊呆了。日后，保罗回忆道：我自己也非常惊喜，但是我做出了一副'这没啥了不起'的样子。

小飞：这是否相当于现在两个人看到安卓 CPU 的文档，在八周的时间内，写了一个安卓的模拟器和编程环境，并且在真正的安卓机器上一次运行成功？

果冻：对，而且他们没有互联网，当年这个解释器要小于 4096 个字节，真是想不到！

阿超：这样的故事告诉我们什么软件工程的道理呢？

小飞：他们重视测试工作，在开发的同时开展了模拟器的工作。当然，这也是不得不重视，因为他们手里没有任何这个产品的工具。

果冻：超级牛人，见山开路，遇水搭桥，愣是开创了一个时代，流程啥的对他们都是浮云。

阿超：他们都有远见卓识，我现在看到这个 Altair 机器，也没感觉这会掀起个人电脑的浪潮[9]，但是他们看到了，并且执行了他们的计划。有人说微软起步是由于创始人依靠父母赢在起跑线上，或者是运气好，第一个项目就成功。其实他们不知道比尔和保罗从 1968 年（那时比尔 13 岁）就开始写程序，在两个计算机公司打过工，做测试和 debug 工作。他们还一起开过一个处理交通数据的公司，但不太成功。这个 Altair 项目距离他们 "入行" 已经 5 年多了，他们在这个项目中扮演了商务拓展、项目经理、开发、测试等多个角色，他们有这样的眼光和执行力，这次成功也不意外吧？

时光过去了 20 年

阿超： 在 1990 年代，微软已经发展成为一个世界一流的软件企业，在办公软件、操作系统、编程语言方面都有很多优秀产品，他们的软件工程是怎么样的呢？

1996 年，作者加入微软的 Outlook 团队，这时候微软已经有成熟的软件流程，三大专业项目经理，开发、测试团队组成工作小组（Feature Crew），在内部以里程碑（Milestone）为阶段进行产品开发。团队都有自己研发的成熟的 Bug 管理系统、源代码管理系统（购买别的公司源码然后自己改进）和代码编辑器。微软当时自己的编辑器还不够强大，不能快速处理 Outlook 项目庞大的代码，所以当时的团队用的是 Source Insight [10]。

Outlook 团队给每个新人发一个装订简朴的 32 开本小手册，是团队的开发经理写的。它讲了项目的背景和意义（Outlook 当时的代号叫 Ren，是一个动画片的人物）；如何配置开发机器，如何第一次构建 Outlook 项目；什么叫 "吃自己的狗食"，软件工程的各个方面，以及如何与测试、PM 合作，如何有效地在微软工作，等等。

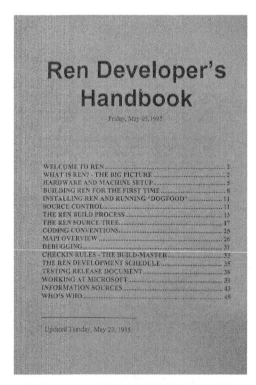

图 7-4　Outlook 团队发给新成员的入门手册

微软期望新人 Learning by doing，第一天就能开始干活，我在第一天就收到很多 Bug，团队的期望是，从实际的修复 Bug 的过程中学习。每个人在工作初期有很多文档和各种学习资料要看，在全职工作中学习，很多同事把这一段高强度学习的过程比喻为：开着消防水龙头喝水！

但是，在怎样进行项目管理方面，微软当时还没有统一的工具，大部分团队都是用 Excel，或把 Bug 管理工具当作项目管理工具来用。例如，当要给某人一个任务的时候，就给他开一个 Bug。 团队在每一个大的里程碑结束后，都会讨论提高项目管理水平，作为团队的一员，作者体验了几次不同的探索：

- 用 BBS 风格的表单来管理，Outlook 作为 Exchange 服务器的客户端，可以支持自定义的表单（Form），这些表单可以发布在公共的目录下面，就像 BBS 一样。开发一个功能，就发一个帖子，然后 PM/Dev/Test 就修改帖子，用表单的各种字段来表示进度和状态。团队用这个方法走完了一个版本，发现这个方法有很多优点，但是缺点也很明显：不支持查询，如果我想看看全部二十个功能的进度，就没办法。这个系统没有历史记录，一些决定是怎么做出来的？大家后来都查不到了。

- 在下个版本，我们改用 MS Project 来管理项目。项目经理们画出各个功能所需的资源和彼此的依赖关系，然后打印出巨大的甘特图，贴在走廊上，仿佛大家照着甘特图走就能如期发布。使用 Project 开发了一个版本之后，大家又发现了很多问题：Project 主要用来管理 "硬" 的项目，它假设每个人把一件事做完，再做下一件事情。但是在软件开发中，很多工作都是处于 "差不多好了" 的情况，在任务中所花费的时间也很难准确记录。在项目后期，大家看到图上的大部分任务都未完成，它们之间有无数的线条表示依赖关系，非常混乱。如果要把一项部分完成的任务转交给另一个员工，Project 不能记录这些历史关系。和前一个工具一样，它不能查询整个项目的状态。

- 微软公司后来升级了 Bug 管理工具，改名叫 Product Studio，扩展到可以管理测试用例和测试流程，而且它还提供了开发接口，各个团队可以写自己的扩展应用。当我在 Product Studio 团队设计 "任务管理" 功能的时候，TFS 项目开始了， 于是我们就合并到 TFS 团队中，所有的任务、缺陷、测试用例等都成为 "工作项" 的一个实例。在 TFS 发布后，微软内部的超大团队，如 Office、Windows 还继续使用 Product Studio 和它的各种扩展应用，Windows 团队还有自己设计的测试用例管理系统，因为 Windows 的测试用例太多太复杂了。 直到 TFS 非常成熟后，Office 和 Windows 团队才逐步替换自己的各种项目管理工具。

小飞：从这段历史来看，微软的团队也摸索过很多种不同的工具和方法

果冻：而且每个团队都可以自己决定用什么方法，而不是听"总部"的指示。

时间又快进了二十年，到了 2015 年左右，微软的软件工程有什么变化么？我们看看 TFS 团队本身的软件工程有什么新意：

- 所有小团队都采用敏捷流程，相互有依赖关系的团队周期保持一致（约 6 周一个迭代），和用户社区有紧密的联系，要发布的功能都事先通气[11]。

- 在公司内部采用了 Stack Overflow 企业版，大家在内部的 Stack Overflow 进行技术交流[12]。

- TFS 也和 Git 无缝集成，微软的默认源代码管理工具采用了 Git[13]。为了让 Git 能处理庞大的代码库，TFS 团队还进行了几次技术改造，并且把这个项目开源共享。

- 自组织的团队[14]：每个大的里程碑结束后，所有的团队成员都可以自己选择下一个项目，这时候，项目的领头人，通常是研发组长和 PM，就要一起极力向大家兜售自己项目的意义，声称在他们领导下的团队将是多么有意思，等等。数据显示，八成的团队成员留在原来的团队，二成换组，这对于团队技能的持续性、开拓新机会、带来新鲜血液，都是很好的平衡。

果冻：哦，原来的方式是，买一个工具的源代码，自己在内部改一下，从此和外界分开，井水不犯河水。现在是用外面的工具，改进之后，也分享到外面。

小飞：哇，与其几个大领导关在屋里秘密调配人员，不如大家公开而理性地自主选择。能自由选择项目的公司，我要去投简历！

Cargo Cult

大牛：阿超刚才讲的眼镜的故事，让我想起一个传说[15]。二战时美军在太平洋某个小岛修建了机场，岛上的土著们看到士兵头戴钢盔，身背步话机，嘴里不停地叽里咕噜。然后，神奇的大鸟从天而降，士兵们从鸟肚子里拉出一箱箱货物，土著们也偶尔能分到一些口香糖、香烟等新鲜玩意。战后美军撤了，土著们开始举行庄严的仪式，他们把椰子壳扣在脑瓜上，身上绑着树枝冒充天线，模仿美军的样子，向空中喊叫，希望神奇的大鸟能和以前一样从天而降。然而大鸟终究没有来，于是他们用椰子树和野花扎了一个色彩斑斓的飞机模型来模拟大鸟的降落。这样的仪式在多年后引起一些人类学者的兴趣，他们猜测土著曾在上古时期和外星人有过神秘接触；另外的学者，则把这种活动叫做货船崇拜（Cargo Cult），就是试图以形似而神不似的努力，去期望奇迹的发生。

果冻： 你说的太绕了，这个和软件工程，特别是实战中的软件工程有什么关系？

阿超： 做好软件项目，离不开人、技术、工具和方法。什么是软件开发的本质？文盲戴上度数合适的眼镜，就能识字么？"识字"的本质是什么？什么样的条件能导致装满货物的飞机降落到一个小岛上？这个事情发生的本质原因是什么？是用椰子壳做的头盔么？如果把头盔换成正牌的美军头盔，"飞机到来"的成功率会增加么？

团队 A 用简单的看板方法，把写有任务内容的小贴纸贴在墙上；团队 B 用大型项目管理软件，把任务状态存储在数据库中，并通过算法画出任务变化的曲线。仅此区别，能推导出这两个团队的成功率的区别么？

另外，当我们描述项目成功的原因，探讨软件工程的原理和发展的时候，要用到证人誓词的精神：我保证我说的都是事实，是全部的事实，除了事实没有别的。

小飞： 这个誓词就有点冗余了，"陈述事实"四个字不就完了么？

阿超： 那未必。例如，移山公司的报告说：

> 我们公司 10 组进行结对编程的员工都对这一方法的效果很满意。

但实际上有 18 组工程师进行了结对编程，有 5 组觉得效果一般，另外 3 组觉得效果不如独立工作。如果没有要求"全部的事实"，我们就会得出错误的结论。

再如：

> 我们项目在 V2.0 的时候采用了最好的编程语言 PHP，再加上实施了一系列敏捷开发的流程，项目如期发布，并取得了预想的业务结果。

最好的编程语言是什么，这是一个意见，并不是事实，不要混到思辨当中。

Build To Win

果冻： 你说 PHP 不是最好的语言，那哪一个才是呢？

阿超： 如何衡量一个语言的优劣？这就回到我们第 1 章提到过的，构建软件的几个目的（Build To Learn, Build To Show, Build To Serve, Build To Win），在学术圈，有研究计算机语言的专家，他们发明新语言，是为了什么目的？在软件公司里，团队发明或采用一个新语言，是为了什么目的？我们以 Google 公司的 Go 语言为例。它的发明者是有着多年软件工程经验的 Rob Pike[16]，Go 语言推出的时候，很多计算机语言的专家觉得 Go 语言缺少一些现代语言必不可少的元素，似乎在 "计算机语言" 这个科学殿堂中不足以 "登堂入室"。Rob 说，Go 语言是为了解决在大规模软件开发中的痛点：

- 构建时间过长
- 模块之间的依赖关系不好管理，最后失控
- 不同的程序员使用一个语言不同的子集，程序难读

还有一些人的因素，大部分 Google 的工程师处于他们职业生涯的早期，他们不是研究员，他们最熟悉过程性的语言，因此这个语言要符合这些工程师的习惯，让他们能很快上手工作。

小飞：难道 Google 的工程师不是最优秀的程序员么，为何他们不用最精妙的面向对象语言，或者函数式语言？

阿超：一群工程师来公司上班的目的是什么呢？就是尽快把工作做好，Build To Win，而不是花时间琢磨面向对象如何精妙，C++ 最精妙的设计是如何迷人。我猜想，Go 语言设计的取舍，体现了发明者对软件工程本质的理解。当然 Go 语言也加入了一些现代的设计，如并行（Concurrency）、反射（Reflection）等，这些在现代软件工程中是必要的。

果冻：这么说，没有最好的，只有最合适的？

阿超：这句话适用于编程语言，也适用于软件工程的方法、流程、框架，等等。就像我们说软件工程的目的就是尽快构建出 "足够好" 的软件那样。那么如何才能具备判定 "合适"、"足够好" 的能力呢？

7.6　练习与讨论

更多内容与讨论请参见：http://www.cnblogs.com/xinz/p/3854387.html

1. 通过微软公司从创立之初（1975 年左右），到取得桌面电脑的绝对领先地位（1995 年左右），再到互联网时代（2015 年左右）的开发方式的分析，结合你现在团队的情况，分析你的团队开发成功软件的核心要素是什么。

2. 在软件工程发展的过程中，各个专家在不同时期总结了软件工程的原则，下面是 1983 年巴里·波西米亚（Barry Bohemia）在总结了多个项目（各个项目总共耗时约 175000 人月，主要是与国防、航空、航天相关）之后提出的软件工程原则 [17]，请将它与 MSF、Agile 的原则进行比较，看看有什么异同？

表 7-2　巴里·波西米亚总结的软件工程原则

Principles	中文翻译和解释
1. Manage using a phased life-cycle plan.	使用分阶段的计划来管理流程，强调需求分析和抵制随意地改变项目计划
2. Perform continuous validation.	持续地检查认证，争取在早期发现问题
3. Maintain disciplined product control.	坚持规范的产品控制——验证过的程序或文档只有通过规范的流程才能修改
4. Use modern programming practices.	使用现代的编程方法和工具
5. Maintain clear accountability for results.	确保团队成员能分阶段、分模块地产生可以测试、可以复审的结果，并对结果负责
6. Use better and fewer people.	用少而精的人员，减少交流成本，提高效率
7. Maintain a commitment to improve the process.	持续地收集数据和反馈，争取通过多个迭代实现流程的改进和整体软件质量的提高

3. **小飞**：能否有一个打折扣的 MSF？让一个团队一下子接受 MSF 的"9 项基本原则"似乎并非易事，那么我们可以打折扣地贯彻 MSF 吗？如果可以，应该如何实施呢？

越是充分授权和信任，很多人在团队中越不自觉，结果写的代码都是敷衍了事（大学里面的团队很多都是这样），需要用什么激励机制来促进吗，还是说只能依靠团队成员的个人自觉？

果冻：西方管理学大师戴明曾经说："Eliminate numerical goals, numerical quotasand management by objectives. Substitute (that with) leadership"，意思就是说（在团队中）要消除以数字定义的目标、份额，以及以类目标为基础的管理原则。我们要用领导能力取而代之。

这和"数量化的管理"级别的要求有没有冲突？

二柱：软件工程讲的净是一些奇妙玄幻的概念，拗口的专业名词加上纷繁复杂的流程，其实做软件完全没那么难，主要靠的还是程序员自身的修养和完成工作的素质。

你怎么回答这些问题？

4. 其他成功的软件公司也有他们成长的烦恼，也在积极寻找答案。例如，Facebook 公司有几百个工程师在它的 iOS 客户端项目工作，据第三方技术人员分析，它的客户端项目有一万八千个 Object-C 的类。

讨论：https://www.darkcoding.net/software/facebooks-code-quality-problem/

另一个讨论：https://news.ycombinator.com/item?id=13856443 ）

同时, 它的网页服务可以支持一天上千次的增量发布（论文：http://ieeexplore.ieee.org/document/7883285/）。读者可以参加讨论，分享见解。

（请在网页看链接：http://cnblogs.com/xinz/p/4470424.html）

1　当时有一个 "Architect 2000" 的全国巡回演讲，很多 IT 企业都参加了，作者也作为讲师参加了在中国的一次讲座和经验分享。

2　参见官方网页：https://msdn.microsoft.com/zh-cn/library/dd380647.aspx

3　参见：2014 年的介绍网页，http://msdn.microsoft.com/en-us/library/jj161047.aspx

4　参见：http://baike.baidu.com/view/837280.htm

5　参见：本书 "17.1　猪、鸡和鹦鹉的故事"。

6　作者在十多所软件学院看到的 "优秀" 学生项目大抵如此。

7　参见：Joel Spolsky, http://www.joelonsoftware.com/articles/Micro-ISV.html

8　参见：本书 15.1 节中提到的 "软件团队的血型"。

9　这一段故事来自于比尔·盖茨 的传记 Hard Drive: Bill Gates and the Making of the Microsoft Empire. 作者 James Wallace & Jim Erickson. ISBN 0-88730-629-2

10　参见 https://www.sourceinsight.com

11　参见 https://www.visualstudio.com/zh-cn/articles/news/features-timeline

12　参见 https://www.stackoverflowbusiness.com/enterprise

13　参见 https://blogs.msdn.microsoft.com/bharry/2017/02/03/scaling-git-and-some-back-story/

14　参见 https://blogs.msdn.microsoft.com/bharry/2015/07/24/self-forming-teams-at-scale/

15　参见 Richard Feynman 1974 年在 Caltech 毕业典礼上的演说，其中提到了 Science Cargo Cult：http://calteches.library.caltech.edu/51/2/CargoCult.htm

16　参见 Rob 对 Go 语言设计的说明：https://talks.golang.org/2012/splash.article
也参见别的专家对 Go 语言的批评：
http://nomad.so/2015/03/why-gos-design-is-a-disservice-to-intelligent-programmers/

17　参见：Seven Basic Principles of Software Engineering, Barry W. Boehm,
链接：http://dx.doi.org/10.1016/0164-1212(83)90003-1

第 8 章　需求分析

- 理论与知识点

  软件需求的类型、利益相关者、获取用户需求的常用方法和步骤、竞争性需求分析的框架 NABCD、四象限方法、KANO 图、项目计划和估计的技术、任务划分的技术 WBS

8.1　软件需求

人们为了解决现实社会和生活中的各种问题，要求助于软件。人们的需求五花八门，那么软件团队如何才能准确而全面地找到这些需求呢？主要有以下几个步骤。

1.　获取和引导需求（Elicitation）

软件团队需要找到软件的利益相关者，了解和挖掘他们对软件的需求，引导他们表达出真实的需求。不同的项目需要不同的手段，这一步骤也被叫做"需求捕捉"，形容真正的需求稍纵即逝，需要靠火眼金睛和敏捷的身手来发现并抓住它们。另外，很多时候用户并不知道自己确切的需求，或者不愿意表达完整的需求，软件团队需要设身处地，替用户着想，引导出需求。有些需求在实现之前，并没有用户明确表达具体的需求（例如：没有用户说"我希望有一个偷菜的软件，我可以偷别人家的菜"），但是，成功的团队还是可以从"用户需要和朋友之间玩游戏，用户有证明自己能力的需求"这些角度出发，挖掘出需求。另外，软件团队可以分析技术的发展趋势以及产业的变化、社会发展的大趋势，推测用户会产生哪些新的需求。例如，看到全球定位系统（GPS）技术的成熟、地理信息系统的发展、私家车的普及和智能手机性能的不断提高，我们可以推测出利用手机给汽车导航将是一个普遍的需求。

需求还可以来自各种管理机构，例如一些互联网服务对不同年龄用户的内容管理、"敏感词屏蔽"、快速删除网上内容，等等。

需求不仅来自外界，还可以来自软件企业本身。我们在第一章就提到，**软件企业 = 软件 + 商业模式**。企业所采用的商业模式会对软件提出需求。一个免费的互联网服务到达一定规模后，企业就会考虑如何让这个服务带来收入。例如一个免费的互联网电子邮件服务会考虑对用户收费，支持几种不同等级的用户，在邮件中附带广告，或者在页面显示广告，等等。这些"需求"并不是来自用户，事实上绝大部分用户都反感这样的"需求"，但是企业需要一个能维持它生存和发展的商业模式，尽管这个模式的种种需求未必都是对用户有利的。

需求还可以来自技术团队本身，团队在考虑软件的代码、架构、所依赖平台的长期演化的时候，会提出技术性的需求，包括代码的迁移、架构的演化、平台的变化，或者引入新的技术、编程语言等。例如，为了提高将来的开发效率，一个手机软件团队决定引入跨平台的语言和框架；一个依赖客户端 / 服务器（Client/Server）架构的软件需要支持新的 HTTPS 协议；原来后台的数据服务使用了专用的数据库和专门的小型机，现在改为基于开源技术的软件和硬件；软件前端代码需要支持某种自动测试工具，以便更有效地进行自动测试，等等。

有些需求的目的是要"更好地了解用户的行为和需求"，例如，我们要在软件的各个功能点加上收集信息的代码，并在后台实现数据收集、整理、报告和数据挖掘（Data Mining）工作。此类技术在一些公司叫作 Telemetry —— 遥测技术 [1]。

2. **分析和定义需求（Analysis & Specification）**

这是指对从各个方面获取的需求进行规整，定义需求的内涵，从各个角度将需求量化：需求实现的最后期限，实现需求大致所需的时间和资源成本，各个不同需求的优先级，需求带来的收益，等等。

3. **验证需求（Validation）**

软件团队要跟利益相关者沟通，通过分析报告、技术原型、用户调查或演示等形式向他们验证软件团队对于这些需求的认知。

4. **在软件产品的生命周期中管理需求（Management）**

在软件的生命周期中，需求在发生变化，技术在发展，团队成员的能力也在提高。原来认为重要的事情可能不再重要，有些功能原来技术上很难实现，现在出现了捷径，一些相关的法规会发生变化，外部的合作伙伴突然发生变化，这些都要求我们不断对需求进行重新审核并做出相应的调整。

对软件的需求，也可以从不同角度做下面的划分。

1. **对产品功能性的需求**：要求产品必须实现某些功能。例如，学校的选课软件只允许有学生身份的用户浏览并选择课程，同时要求学生选择某一门课时必须要满足"先修课"的要求，等等。

2. **对产品开发过程的需求**：要求软件的开发流程必须满足某些约束条件，例如，开发过程必须产生某种类型的文档，必须在某个时间点达到某个状态，必须对源代码施以某种约束（安全性核查、代码版权核查、代码规范和支持文档的核查）。

3. **非功能性需求**：这也叫"服务质量需求"（Quality of Service Requirement），例如，股票交易系统必须在一定时间内返回用户查询结果（它对时间的要求比"科技文献检索"网站要高），火车票购票系统、大学选课软件必须能支持一定数量的用户同时访问，等等。

4. **综合需求**：有些需求并不是单单一个软件模块就能满足，例如，"购物网站必须在 24 小时内把货物发送到用户手中"，这个需求牵涉到软件系统、货物派送系统、送货部门、监控系统等不同部门的功能和执行能力。

软件团队和客户代表要在需求阶段把这些问题定义清楚。

8.2 软件产品的利益相关者

很多人或机构都是某个软件的利益相关者，软件团队在分析软件需求时要考虑如下这些利益相关者。

用户：或称最终用户（User，End-user），是直接使用软件系统的人。取决于软件的特点，一个软件也许有多种不同的用户。（例如，一个打车软件的用户有三种：出租车司机、顾客和监管方。）

顾客：或称客户 (Customer, Client)，购买这个软件或者根据合同或规定接收软件的人。这些人不一定是软件的直接用户，但是他们的利益和软件直接相关。例如，给小孩买英语学习软件的家长；决定公司应该使用哪一款远程会议软件的主管（可能是 CTO[2]），决定本公司的出租车司机应该用哪一款打车软件的管理人员；代表委托方（甲方）向软件团队提交需求的人员。

市场分析者：代表"典型用户"的需求，他们或者是市场部门的成员，或者是独立的市场分析人士。

监管机构：在一些行业，软件必须符合许多行业和政策规定（如银行、公共交通、通信、矿产资源等）。

系统 / 应用集成商：在复杂软件的开发和应用过程中，系统 / 应用集成商负责给客户提供咨询、服务、集成等工作。有些系统集成商会把客户总的需求分解，并交付给下一级的服务团队来完成。

软件团队：具体完成某一个特定软件或特定功能的团队。

软件工程师：工程师也是软件需求阶段的一个重要角色，软件的各种约束、特性会影响到他们工作的效率、开发难度和软件维护的难度。他们应积极参与到软件需求阶段中来。

软件开发不可能一次满足所有利益相关者的要求，但是我们一定要让相关角色在这个阶段有机会提出他们的需求和意见，同时，要弄清楚"他们想从软件中得到什么"。这些利益相关者也许从未见面，一个使用某个软件功能的用户和具体开发这个功能的工程师之间可以相隔很多环节。例如：用户—客户—系统集成商—应用集成商—二级应用集成商—软件团队—工程师。

8.3 获取用户需求 —— 用户调研

软件开发的过程，就是"用户最需要的东西"在下面这一链条中传送、转换、实现、扭曲或丢失的过程。

> 用户最需要的 ﹥
>   用户表达出来的 ﹥
>   软件团队能理解的 + 团队的商业目标 ﹥
>   软件团队成员具体表达出来的（PM 写 Spec）﹥
>   在各种约束条件下，具体执行表达出来的（Dev 写代码）﹥
>   验证通过的（Test）﹥
>   通过各种渠道告诉目标用户（发布 / 推广）﹥
>   用户终于能用上了，但是他们不满意

软件业界有一个非常著名的秋千图[3]，表达了类似的情形。

也许公司擅长三层架构，
因此秋千也要三层的

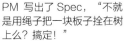

PM 写出了 Spec，"不就
是用绳子把一块板子拴在树
上么？搞定！"

开发人员根据 Spec 写出了
功能，"板子要保持水平！
你看我开发水平不错吧？"

测试人员最后同意发布的软
件，"板子要能晃起来了，
太好了，可以发布了！"

图 8-1　秋千图

软件的功能和用户想要的一样么？不大一样。用户满意吗？不大满意，那用户到底想要啥？我
们调研一下，然后开始新的循环……如何准确掌握用户需求？大家可以靠直觉，靠老板的命
令，靠互联网上传来的各种信息，靠拷贝其他产品，靠其他不靠谱的手段……当然我们也可以
靠一些经过实践证明行之有效的办法，其中许多具体做法既可以用在软件需求的收集阶段，也
可以用在测试阶段。下面是几种常用的用户调研方法。

1.　焦点小组（Focus Group）

找到一群目标用户的代表，加上项目的利益相关者来讨论用户想要什么，用户对软件的评价等
等。焦点小组是很常用的调研方法，它也有一些弱点：

- 一群人在一起，往往大家会出于讨好其他人的心理来发表意见，避免不一致的意见或冲
  突。参与讨论的人士表达能力也会有差异，有可能会出现一些善于表达的人士控制讨论
  议程的倾向。

- 讨论者对于他们不熟悉的事物（例如全新的市场、颠覆式的创新）不能表达有价值的想法 —— 在汽车出现之前，我们找一帮马车夫来畅想"未来的交通工具"，他们未必会贡献很有价值的想法。
- 讨论者容易受到主持人有意或无意的影响。
- 研究者往往从不同意见中挑选最符合自己利益的那些条目，然后对外号称这就是大家的共识。

以上这些特点要求会议的组织者要有很强的组织能力，能让不同角色都充分表达意见，并如实地总结这些意见。这种形式也叫做推进会议（Facilitated Meetings）。

2. 深入面谈（In-depth Interview）

通过详细的面谈，广泛而深入地了解用户的背景、心理、需求等。这通常是一对一的采访。这种方法费时费力，效果往往取决于主持面谈的团队成员的能力[4]。深入面谈这一方法也可以用在某一特定领域，例如软件的用户可用性和用户界面，这也可以称为**软件可用性研究（Usability Study）**。

此类研究着重探究用户在使用软件时有哪些困难，并如何改进软件，让软件更好用。常用的方法是请用户来完成一些任务，然后软件项目成员可以在一旁观察，也可以隐蔽在单向玻璃后边，或通过录像观察。这时候让用户使用的软件不一定是自己公司开发的软件，也可以使用别的软件，从而找出此类软件的问题，以及用户潜在的需求。

我自己的体会：

> 微软公司有专门的部门，经常招募目标用户来做试验。这项活动有专门的研究人员和 PM 负责，作为开发人员，我也曾实地参观过用户使用新版本的 Office（我们隐蔽在单向玻璃窗后面）。研究人员通常让被试者完成一些任务，例如，
>
> 在 Excel 中，如何互换一个表格中的行和列？
>
> 你想给不少客户都发送内容相似的贺年邮件，但是客户的名称和地址都各不相同，你怎么用 Word、Outlook 完成这个任务？
>
> 在 Excel 中，你在看一些大的表格的时候，要来回移动，但是这样表格的标题栏就看不到了，怎样锁定标题栏呢？

我印象很深的一点是：用户在各种菜单中幽幽暗暗反反复复地寻找某个功能，我们在单向玻璃后面替他着急……我们的界面离"平平淡淡从从容容才是真"差太远了。

深入面谈和焦点小组的讨论自然会产生需求分析的结果：用户场景。后面的章节会讲到。

3. 卡片分类（Card Sorting）[5]

通常，团队收集到的需求都是杂乱无章的，不同的角色
从不同角度表达了希望软件能做什么，有什么特点，能
解决自己的什么痛苦，或者有什么好玩的地方，等等。
在收集这类反馈时我们可以利用"卡片分类"的办法，
把各种需求做成便于规整的小卡片（也可以写在小贴纸
上），然后反复进行下列活动：

图 8-2　卡片分类

讨论 → 明晰定义 → 归类 → 排序

这一方法可以帮助我们更好地统一大家对软件需求的认识，量化各种特性，更好地定义一个软
件的信息架构、用户的工作流程、软件菜单结构、网站的浏览路径、各种内容的层次关系等。

4. 用户调查问卷（User Survey）

这种方法是向用户提供事先设计好的问题，让用户回答。有时候用户在浏览某个网站时，一个
弹窗会跳出来，打断用户的思路，不客气地要求用户回答几个问题。用户在回答这类问题时，
是否会心不在焉，乱点一气？

用户调查问卷看似容易，其实大有门道，下面是调查者一些常见的错误。

a．问题定义不准确。

　　例如：你用哪一个搜索引擎？对此，用户可能提供多个合理的答案：最近使用的；最喜
　　欢的但是未必最常用的（例如最喜欢的搜索引擎由于某种原因访问不了）；为某一个领域
　　而使用的（例如查图像或英语单词）；最近一周 / 一月 / 一年使用的搜索引擎也会有所不同。
　　定义不准确的问题会让用户困惑，我们也许能收集到很多答案，但仍然无法准确了解用户
　　的想法。

b．使用含糊不清的形容词、副词描述时间、数量、频率、价格等。

　　例如：最近、有时、经常、偶尔、很少、很多、相当多、很贵、很便宜。这些词语对
　　不同用户和在不同的语境中有不同的意义。

c．让用户花额外的努力来回答问题。

　　例如：请问你全家平均每人每年下载多少手机应用软件？用户很难在短时间内得出准确
　　的答案。

d ． 问题带有引导性的倾向。

例如：用户普遍认为，搜索引擎 A 收录了许多侵犯版权的资料而拒绝承认错误，搜索引擎 B 则赢得用户信任，你会选择 A 或 B？

e ． 问题涉及用户隐私、用户所在公司的商业机密或细节等。

用户调查问卷的问题可以有如下这些方式，大家可以根据具体情况使用。

a ． 全开放式问题。例如，你对手机上的日程管理软件的期望是：＿＿＿＿＿＿＿＿＿＿＿＿
这种问题能让用户畅所欲言，但是整理和量化比较困难。

b ． 二项选择题。用户只用回答是 / 否即可。这类问题便于统计处理，分析也比较容易，但用户没有进一步阐明理由的机会，难以反映意见与程度的差别，了解的情况也不够深入。
这个类型还有一个变种，就是在两种选择对比中只能选其中之一。

c ． 多项选择题。大家在平时的考试中经常碰到。

d ． 顺位选择题。

例如，您选择手机背单词软件的主要考虑因素是（按照优先级填写 1、2、3 ……）：

- 词汇量
- 能记录进度
- 能定制单词表
- 支持与 PC 同步
- 支持英语四级等专门词库
- 支持发音

5．用户日志研究（User Diary Study）

这一调研方式要求用户记录自己日常工作或生活中与所用软件相关的行为，供软件团队分析。用户可以写类似日记体的文字描述，也可以每天填表（例如跟踪自己每天的饮食种类），也可以使用软件来跟踪。这是用户调查在时间上的延长，要求用户有很高的自律能力。另外，如何保护用户的隐私也是一个问题。

6．人类学调查（Ethnographic Study）

这种方法听起来学术味很浓，其实可以解释为 —— 和目标用户"同吃同住同劳动"。例如，与其坐在办公室里想象如何给老年人设计手机，不如去和老年人生活几天，从生活中得到体会和需求[6]。人类学的用户调查听起来很高深，其实未必 —— 也许你一直生活在目标人群中，只不过你对这些需求不够敏感罢了。在《社交网络》（*The Social Network*）[7]这部电影中，马克的一个同学问他，你知道某某女生有没有男朋友？马克沉思一会，不理会这个同学，径直跑回宿舍，在"thefacebook.com"这个网站上实现了"你有朋友了么"这一功能。

大学生们如果能暂时放下自己所学的许多高端技术，走到真实的世界中去，也许会看到并理解来自普通用户的真实需求，下面是软件工程课上一位同学的顿悟[8]。

我平时接触的同学都是计算机专业的，我平时上的网站都 geek 味或 hacker 味十足。我几乎从来不用 qq，我从来不上百度贴吧，我从来不打游戏，我不用 360 也不用任何杀毒软件，我不用 hao123 做主页。我没事看看 google reader，我翻墙上 twitter 和 Facebook，我常逛 hacker news 和 quora，我乐于尝试国外的各种新鲜酷站，我从来没为软件或服务付过费。

原来我并不了解海量中国用户，原来真实的用户并不是我想象的那样。

以前我不理解为什么 360 的装机量那么大，现在我懂了：1. 海量用户并不知道如何管理使用电脑，360 那种傻瓜式的一键解决才是他们需要的；2. 他们不想花钱，但是不会找什么"破解版"、"序列号"、"注册机"。

以前我不理解为什么 hao123 这么"弱智"的网站能有这么大影响，现在我懂了，我爸爸可以通过它非常轻松地到新浪上看新闻，但如果你让他直接输入网址的话，他肯定会输入"xinlang.com"。

以前我不理解为什么有那么多人愿意为了 qq 上的虚拟形象付钱，现在我懂了，我表姐她们只要上网肯定挂 qq，而且女孩都爱漂亮爱虚荣，她们不在乎花点钱打扮打扮自己。

不同行业的人士也会写一些调查报告，例如，2013 年初网络上流传过一篇《中国三线城市数字生活》[9]，这些文章也能帮助我们研究目标用户和市场。

7. A/B 测试（见 12.2 节）

各种方法的分类

图 8-3 表示了这些方法在（态度：行为、定性：定量）上的分野。

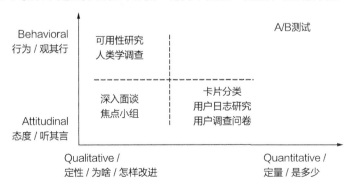

图 8-3　各种方法在（态度：行为、定性：定量）上的分野

做过头了会怎样?

互联网给我们带来了用户和数据,我们有这么多各式各样的工具,这是好事,但也会有副作用。世界上能访问用户数据,并根据数据做分析和改进的公司,Google 是其中翘楚,这种以数据为中心的做法做过了头,也有悲剧发生。道格拉斯·鲍曼(Douglas Bowman)曾担任 Google 的视觉设计主管,2009 年的一天,他受不了了[10]:

> 对,这是真事儿 —— Google 公司的某团队在两种蓝色之间犹豫不决,于是他们测试了两种蓝色之间的 41 种浓淡程度。最近我还和别人争论过一个线条究竟应该是 3、4 或 5 像素宽,然后还要证明我的论点。我在这种环境中已经不能正常工作。我已经厌倦了争执这些微不足道的设计问题。

当公司要求你用数据来证明 41 种蓝色到底哪一种更好,或者为一条边框宽度是 3、4 或 5 个像素而争执不休,纷纷表示要拿数据来证明时,你怎么办?

8.4 竞争性需求分析的框架

从理论的层面谈需求,往往都有一个隐含的假设 —— 只有我们一家公司在给用户提供服务,似乎用户不会考虑或改用其他公司的服务,因此我们可以按部就班地"引导、捕捉、分析"需求。一些定制软件(例如委托开发一款专用软件)或内部软件(例如企业内部信息系统应用)也许是这样。但是,大部分普通用户的需求都有好几个互相竞争的机构在提供服务,对于互联网服务来说,更是如此。很多需求并不是用户提出来的,而是技术的突破让产品团队看到了可以让用户做到以前不敢想、不敢做的事情 —— 但这个时候大多数用户并没意识到自己有这个具体需求。在互联网时代,一个软件团队有很多机会做出影响世界的产品,但是,似乎所有想法都被别人想到过了,做出来了,上市了,移植到各种平台上去了……那么后来的团队除了羡慕别人生得早,还有什么办法呢?但是往往不经意间,在大学生们热衷于偷菜、三国杀、dota、微博、微信的时候,又一批新的想法、新的技术蜂拥而至,别人又想出了新的点子、新的商业模式。我们的菜偷了不少,三国杀玩了好几个通宵,软件工程的需求分析也能背诵,但还是想不出什么新颖的用户需求等着我们……

我们要在竞争性的环境中实践软件工程,那就要做实用并且创新的项目。说到创新,首先"创新"可以分为改良型的创新(在现有软件中增加几个功能,把某个程序变得更快一点,把程序移植到新的平台)和颠覆型的创新(一个新的产品导致旧产品或产业发生巨大的变化或者消失)。这两种类型各有其重要性,不宜偏废。

我们怎么提出创新的想法,怎么说服别人我的创意是靠谱的呢?有些同学会通过"二拍"的办法来解决。

- 拍脑袋：嘿，咱们做一个图书拍卖网站怎么样？
- 拍胸脯：没问题的，市面上 ASP.NET 的书很多，我看两个晚上就能写出一个购物网站。

这些事情光靠拍脑袋和拍胸脯是不够的，"二拍"的后果往往是第三拍——拍屁股走人。有些同学可能还会遭到脑袋被砖头拍的后果。如果不能拍脑袋、拍胸脯、拍屁股，那我们怎么才能按部就班地分析需求，然后有条理地说服别人？ NABCD 模型是一个有效的方法。

1.　N（Need，需求）

你的创意解决了用户的什么需求？这个需求可以是明确的、公开的（例如：希望能上网玩三国杀），也可能是说不清道不明的，例如——以前没人说：嗯，如果我能找到这样一个网站，我可以去偷菜，就好了……

了解用户的需求，可以有两个方法，一个是假设用户的需求已经被不同程度地满足了，例如，我们可以去看移动应用商店的每一个类别，看看用户都在用 App 满足什么需求，用户的反馈是什么，他们对哪些地方不满意，我们能否做得更好；另一个是找到"不消费的用户（nonconsumption）"——那些还没有使用某个 App 的用户，他们为何不使用这些 App？案例：一个词典 App 团队在调查用户需求，发现现有用户都在用 App 来准备英语四六级考试，这些用户绝大部分是女生。男生为何选择了"不消费"呢？采访发现大部分男生决定不做任何准备，裸考四六级。深入采访发现，这些男生也有需求：① 希望快速知道自己的英语词汇量如何；② 希望和同学比拼一下，看谁的英语水平厉害。 从这个角度考虑，"英语词汇量游戏"就能把那些"不消费"的用户变成我们的用户 [11]。

我们要充分了解用户的痛苦，他们对已有软件、服务不满意的地方。但是用户往往也不了解颠覆型的创新。例如，不但用户不太能描述自己的需求，有时候开发者也陷入固定的"产品导向"的思维，开发网站的，就认为用户一定需要一个网站；开发移动应用的，就认为用户一定需要一个 App。事实上，用户并不需要"产品"，用户需要解决痛点的方案 [12]。

2.　A（Approach，做法）

找到了需求，下一步怎么办，得看看你有什么招数，特别是**独特的招数**，来解决用户的痛苦。你不能说我会 C++，所以我一定可以写好这个软件。你得有独特的办法，例如，有人脸识别技术，会做超大规模的数据处理。

这些招数不光是技术上的，也可以是商业模式上的（例如，我们第一个做众包的服务）、地域的（例如，我们对本市的公交线路很熟）、人脉的（例如，我们认识很多大学生）、行业的（例如，我们有地图测绘行业的资质），或者是成本上的（例如，我们能找到更便宜的资源来维护网站）。

3. B（Benefit，好处）

有了独特的做法，那你这个产品 / 服务会给客户 / 用户带来什么好处呢？如果用户已经有一个解决方案（例如用户已经在用 QQ 聊天），那你的新的聊天软件具体有哪些好处，能让用户离开现有产品，使用你的产品呢？这还有一个用户迁移成本的问题——用户要花费多少精力、时间、金钱才能得到你的产品的好处？如果你要求用户必须有 8GB 内存、最好的显卡、10Mbps以上的宽带连接，才能使用你的"更好的"视频聊天工具，那么会有多少用户愿意支付这个成本呢？如果你自己推出了一个社交网站，有一些好的功能，似乎比现在市场上的社交网站都好，但是用户的迁移成本是多大呢？很多用户会说："等我的朋友都上你这个网站玩了，我就过来了。"但是这个条件也许永远也满足不了。

4. C（Competitors，竞争）

竞争对手也没有闲着，这个市场有多大，目前有多少竞争者在瓜分，你了解么？你的产品如果不是最先进入某个市场的，你还能赢么？

先进入市场的产品，有所谓的先发优势（First Mover Advantage，FMA），当然也有劣势。后面进入市场的产品，有种种不利的因素，但是也有后发优势（Second Mover Advantage，SMA）。这个我们在后面讲创新时会详细讲到。

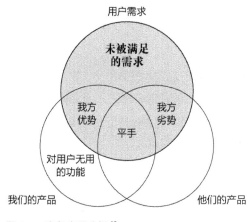

图 8-4 竞争产品分析 [13]

下面用一张示意图来表示我们和竞争对手都是如何满足用户的需求的。

说明：产品的圆圈内表示的是产品的功能；"我方优势"表明我方产品有独特的功能满足用户的需求；"我方劣势"表示我方没有这些功能；"平手"表示双方都有的功能；"未被满足的需求"表示用户的需求还没有被任何产品满足。

我们做竞争性需求分析的目的之一，就是要看清楚我方优势在哪里，我方劣势在哪里。

5. D（Delivery，推广；Data，数据）

在实际项目中经历多次的 NABC 之后，许多人意识到这个框架还应该加一个元素 D：Delivery。怎样把你的创新产品交到用户的手中？

例一，你想到了一个好主意，建一个比 hao123 更好的网站导航页面！我们姑且认为 NABC 都没问题，那如何把这么好、这么简单的产品交到（Deliver）用户手中呢？

例二，你想到了一个手机的应用，NABC 都不错，那如何把产品交到千万个用户手中呢？很多同学会说，把它提交到应用商店去啊！但是在中国大陆有多少个手机应用商店？你的应用提交上去之后，会在相应的产品类别中名列第几？有多少人会看到？

为了让新用户知道我们的产品，我们可以使用很多手段，例如：做广告，做公关活动，鼓励有影响力的用户或市场认识介绍这个产品，做出高质量的功能让用户口口相传，等等。在产品本身，我们也可以设计功能，让更多的非用户自然地成为用户。一种是让产品把用户拉进来，把用户生活中的好友拉到产品中（例如把用户拉到微信群中讨论）；另一种是在交流中自然地宣传产品（例如免费邮件产品在用户发邮件的正文后面带上一句宣传的话）。了解产品怎样能有效地在用户中推广，能让我们把相关的功能设计做好[14]。

把 NABCD 的各方面搞清楚之后，团队成员就可以用简明的语言把自己项目的特点说出来，这种简明的表达方式又叫"电梯演说"，下面是一个模板：

我们的产品 < 名称 > 是为了解决 < 目标用户 > 的痛苦，他们需要 <Need>，但是现有的产品并没有很好地解决这些需求。我们有独特的办法 <Approach>，它能给用户带来好处 <Benefit>，远远超过竞争对手 <Competitor>。同时，我们有高效率的 <Delivery> 方法，能很快地让目标用户知道我们的产品，并进一步传播[15]。

对于已经发布的产品，推广通常不是最高优先级。我们还需要用数据来证明所提议的改进究竟有多少数据支持，会带来哪些可以衡量的益处，例如：

收入，App 闪退次数，Mean Time To Failure（MTTF），效能指标，NPS（参见第 16 章），用户使用产品的时间，等等。类似地，我们也可以将其表达成一则电梯演说：

我们的 < 功能改进 > 是为了解决 < 目标用户 > 的痛苦，他们需要 <Need>，但是现有的方案并没有很好地解决这些需求，我们有独特的办法 <Approach>，它能给用户带来好处 <Benefit>，远远超过竞争对手 <Competitor>，包括我们以前的版本。我们有数据 <Data>（用户调查）支持我们的观点。我们相信它能给我们带来 <Data> 的业绩改善（用户量，使用时间，评价，收入等）。

8.5　功能的定位和优先级

得到了需求之后，软件团队就要考虑实现这些需求[16]。一个公司可能有多种软件产品和服务，它们各有不同的战略意义。一个软件或服务也由很多功能组成，它们有机地结合起来，才能解决用户的问题，产生效益。

如果项目成员突然被问及，你为啥在做这个功能而不是另一个功能？为什么做这个产品而不是别的产品？我们会得到一些感性的回答。

- 老板说啥就做啥。
- 我来的时候，大家就做这个功能了，所以我要做。
- 我觉得这个功能爽，我就做！
- 别的产品通过这个功能赚钱，我们也做。
- 全面赶超竞争对手，每个功能都要全面提高！
- 用户提到的需求我都做！
- 这个功能我要继续做，做到行业最好！
- 今天我来了灵感，要写这部分代码，所以我就做这个功能。
- 别的功能显示不出我的技术实力，我不想做。
- 这个做的人太多，我不做。
- 这个做的人太少，我不做。
   ……

感性地决定事情的优先级未必全错，但是一个团队的资源毕竟有限，怎样才能保证投入能得到较大的回报呢？我们可以考虑用图 8-5 的四个象限来划分产品功能的特点，以便更准确地、理性地了解我们产品的核心价值，从而优化投资策略。

要把用户从竞争对手那里吸引过来，团队自己的产品要有一个差异化的焦点，在这个焦点上，我们的团队能做得比别人好 10 倍，高一个数量级（安迪·葛洛夫把它叫做 10X 原则[17]）。这种功能又叫杀手功能，其他功能也很重要，但是它们都是（相对来说）外围的。产品也许有很多功能，但是应该只有一两个功能是杀手级的。例如我们和许多卖包子的同行竞争，别人有肉包、菜包、小笼包……经过分析，我们决定做蟹黄小笼包，什么是杀手级功能？当然是蟹黄！它虽然量少，却是产品的关键，蟹黄小笼包还有许多其他功能和属性，但是相对而言，它们都是外围的。

于是我们有了两种不同类型的功能：

杀手功能（Core）/ 外围功能（Context）

除此之外，我们的竞争对手和用户已经决定了一些此类产品必须要满足的需求，不能满足这些需求，产品就入不了用户和评论员的法眼，当然，还有许多功能是辅助性的。

这样，我们又得到另一种划分：

必要需求（Mission Critical）/ 辅助需求（Enabling）

这四种划分结合起来，就得到了功能分析的四个象限。我们以一个英汉词典软件为例子来说明。

- **杀手功能**: OCR 文字识别技术，可以在屏幕上取词解释，拥有独家权威词典，等等。
- **外围功能**: 良好的界面设计，在各个平台上都能运行。
- **必要需求**: 单词短语释义的准确性（如果达不到这一点，用户就不会来使用）。
- **辅助需求**: 可以做各种皮肤（这也许能让一些用户更喜欢这个软件，但不是决定因素）。

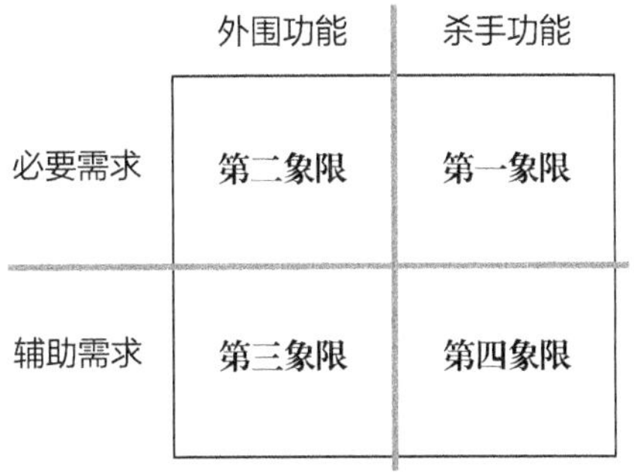

	外围功能	杀手功能
必要需求	第二象限	第一象限
辅助需求	第三象限	第四象限

图 8-5　功能分析的四个象限

这四个象限能让软件团队清楚地看到自己感兴趣的功能处于什么地位，有了这些分析，我们就可以决定怎么处理不同类型的功能。重要的是，不要把资源平摊到所有象限中，而是倾斜到可以产生差异化和独特用户价值的地方。

资源有限，我们对不同功能有哪些办法呢？有下面五种办法。

- 维持 —— 以最低成本维持此功能。

- 抵消 —— 快速地达到"足够好"、"和竞争对手差不多"。

- 优化 —— 花大力气做到并保持行业最好。

- 差异化 —— 产生同类产品比不了的功能或优势（我有人无的优势，或者一个数量级以上的优势）。

- 不做 —— 砍掉一个功能也是一个办法，我们并不一定要做所有的功能。

	外围功能	杀手功能
必要需求	**第二象限** 建议采取"抵消"的办法，快速地达到"和别人差不多"，对于大家都特别看重的功能，采取"优化"的办法，达到行业最佳	**第一象限** 建议采取"差异化"的办法，全力以赴投资在这个领域
辅助需求	**第三象限** 建议采取"维持"的办法，以最低代价维持此功能	**第四象限** 建议采取"维持"的办法，或者现在"不做"，等待好的时机或者小规模实验。

图 8-6　对四个象限的不同建议

这样的方法也可以用在分析产品线的各个产品上 [18]。

正如前面"感性理解"的例子提到的，功能变好，用户满意度就高，功能质量和用户满意度有一个线性的关系，如图 8-7 所示。我们以对 App 评分的五星级来做参照，满意度越高，星级就越高，见图 8-10。

属于这一类型的功能，都和上文提到的"核心需求"有关。例如，词典软件收录的词汇和例句的数量，查询的速度，等等。一系列

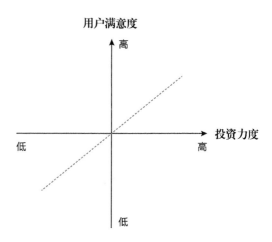

图 8-7　在功能上投资越多，用户就越满意

的研究认为，产品还有其他类型的功能（或者属性），不同类型的功能，或者同一种类型的功能处于不同程度的时候，它们的提高对用户满意度的提高贡献也不一样。例如词典软件不能死锁或意外退出（产品的稳定性），它和用户满意度的关系，应该是图 8-8 所示的曲线。满足这个基本需求的功能，或属性也叫卫生属性（Hygiene），例如你的蟹粉小笼包店卫生比较差，吃客当然会抱怨，并且不会再来。当饭店达到一定的卫生水平后，吃客会停止抱怨卫生问题；但是当你继续投资卫生达到最高级，顾客的好感也并不会有线性的提高，因为顾客来店的目的是吃饭，不是享受超过"足够好"水平的卫生条件。一个小吃店的卫生水平特别高，能让这个小吃店获得五颗星的评价么？一个词典 App 的闪退率是行业最好水平，几乎就没有闪退，这能让用户给这个 App 评五星级么？未必。用户的感觉是，如果这类功能没达到要求，那么评分肯定是三星以下。

软件产品的服务质量需求 (Quality of Service) 就大多属于此类，它们的英语词汇都以 -bility 结尾（Stability, Usability, Accessibility）， 表 13-2 展现了这些需求相关的测试。

第三类是让用户惊喜（Delighter）的功能，这些功能一旦出现（尽管质量不是太好），就能给用户满意度带来正面的帮助，随着此类功能质量的提高，用户会非常满意这个产品。用户可能会因为这样的功能而给这个 App 打高分，这类功能和用户满意度的关系如下图所示：

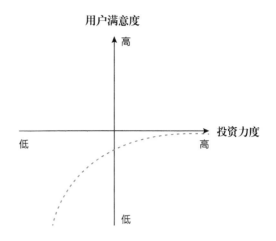

图 8-8　在卫生属性上投资超过一定程度，用户满意度未必继续上升

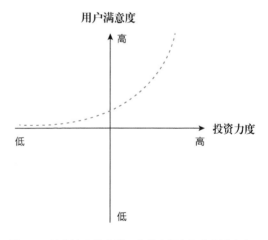

图 8-9　让人惊喜的功能，会极大提高用户的满意度

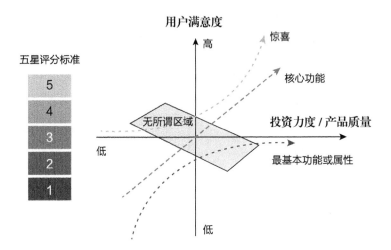

图 8-10 各种不同投资的不同效果

把三种类型的关系放到一起，就能看出我们应该如何投资不同类型的需求，以比较高的效率提高用户的满意度。如果团队可以花一个人月的资源，把"惊喜"类型的功能从"较好"提升到"最好"，或者把一个"最基本功能"从"较好"提升到"最好"，应该选哪个领域呢？本书 7.2.7提到"MSF 投资质量"也说明了这样一个对质量的理性观点。

随着时间的推移，这几类功能也会发生变化，例如手机的多点触摸曾经是"惊喜"的功能，后来是所有厂家竞争的核心功能，再后来已经是最基本的功能了，不支持多点触摸的手机还有人买么？读者还可以回顾一下这几年的词典应用和手机导航应用，它们的三种类型的功能是否在逐渐变化中？

一个极端的例子是，如果你对产品的全部投资都集中在"最基本功能"，那么产品的平均分不会超过 3 分。

我们看到，投入和回报不是一个线性的关系，有时投入根本看不到回报，例如在"无所谓"领域中的投入。另一方面，如果在质量上做到极致，达到高级的工匠水平（Craftmanship），会对团队成员本身和用户产生巨大影响。在 Macintosh 电脑研发的过程中，乔布斯坚持把电脑内部也设计得很美观，并且让团队成员在电脑内壳留下签名，就像艺术家在自己的作品中签字那样。这种投入取得了异乎寻常的效果，那么，别的团队照抄这个方式也能取得同样的成功么？

8.6　计划和估计

8.6.1　目标、估计和决心

网上经常有笑话集锦，列举电视剧中的穿帮
情节。其中一个是在某缠绵冗长的言情剧
中，一个叫"书桓"的角色沉痛地说："长
达八年的抗日战争就要开始了⋯⋯"如果这
不是事后的回忆，书桓同学当时是怎么估计
到抗日战争要打八年的？这一技术让软件工
程师和项目经理望尘莫及。

图 8-11　神预测

软件项目计划的一个重要环节就是估计项目各类工作（特别是各种功能）所需的时间。如果你
没有书桓同学的能力，你得好好练习这一技术。"估计"这一技术看似容易，其实大有学问。
当约翰·巴克斯启动 FORTRAN 项目后，他的上司会定期询问完成日期，他总是给出同样的
答复："6 个月。"但实际上，项目一共花了将近 3 年的时间 [19]。史蒂夫·迈克康奈尔还专门写
了 *Software Estimation: Demystifying the Black Art* 一书 [20]，希望能把软件估计这一神秘技术"去
神秘化"。

在开始估计之前，我们先分清楚几个概念：目标、估计和决心。

目标：表明一个希望达到的状态。例如，软件"五一"之前要投放市场！在建校一百周年之时
　　　　把我校建成世界一流大学！不论这类目标如何重要，它们未必能够实现。

估计：以当前了解的情况和掌握的资源，要花费多少人力物力时间才能实现某事。

决心：保证在某个时间之前完成预先规定的功能和质量。例如：我们跑步前进，全民炼钢，两
　　　　年超英赶美！

如果我们混淆了目标、估计和决心，那就会犯错误，历史上就有这样的例子。

1958 年 5 月党的八大二次会议正式提出："我国工业在十五年或者更短的时期内，在钢铁和其
他主要工业产品的产量方面赶上和超过英国" [21]。这是**一个估计**。会后，全国各条战线迅速掀
起了"大跃进"的高潮。

"大跃进"开展只过了几个月，又把赶超英国的时间由十五年改为两年。1958 年 8 月，北戴河
会议提出 1958 年钢产量要比 1957 年翻一番，即从 535 万吨提高到 1070 万吨。1959 年钢产量

指标为 2700 万吨至 3000 万吨。这是**一个目标**。

为了实现这一按常规不可能实现的高指标，提出要打破常规大跃进，一起大炼钢铁。这是**一个决心**。

后来，虽然 1958 年的钢产量达到了 1107 万吨，但有 1/4 以上是不能用的劣质钢。"大跃进"打乱了国民经济秩序，浪费了大量的人力物力，造成了国民经济比例严重失调，使社会主义建设事业受到重大损失 [22]。

18 年后的 1975 年，中国钢产量达到 2390 万吨，才首次超过了英国的年钢产量，完成了赶超英国的目标。扣除"大跃进"那几年，这和当初估计的时间差不多！

这种情况在软件项目中也可以看到，软件项目的延迟更是比比皆是 —— 为什么我们估计得不准呢？因为难么？为什么软件估计这么难呢？其实所有的估计都难。不信的话，我们做一些估计的练习，不用搜索引擎，你估计一下下面的数目（数量级正确就行）[23]：

中国陆地边界长度

非洲人口密度

长江一年的流量

2013 年亚洲货币流通的总量

现年 80 岁的中国人一生说过多少句话

怎么样？你的估计和实际情况差几个数量级？

一些硬件项目的估计相对容易 —— 例如：这边有一堆砖头，估计有 X 块，我们 N 个人要把这些砖头搬到那边，每人每小时可以搬 M 块，那么我们估计大概要 $X / N / M$ 小时。这个估计还是比较靠谱的。

软件项目的难度还体现在另一个方面，软件工程师的【能力】没有合适的衡量单位，而且大部分依赖于估计值。例如，如果移山公司的程序员果冻一天能写一千行 C++ 代码，那他 10 天就能写好一万行代码？！而且什么叫写好一万行代码？如果你估计一个项目的代码量是 10 万行，难道 10 个像果冻这样的人 10 天就能做完？

软件时间的估计，事实上是多个估计值的乘除法（估计的需求，估计的需求复杂度，估计的技术难度，估计的人员能力，人员流动和不可替代性），如果这些估计都差一两个数量级，那么我们最终的结果就会偏离十万八千里。

8.6.2　找出估计后面的假设

软件工程专家 Paul Rook 说，"我们其实并不是不会估计，我们真正不会的，是把估计后面藏着的种种假设全部列举出来"[24]。我们练习一下这一技能。

> 一个小组的同学（6—8 人）决定要徒步遍历中国陆地边界，假设硬件装备齐全，估计需要多长时间？

很多软件项目就是这样雄心勃勃地开始的，大家觉得当年某某牛人也这样做出来世界级的软件，现在还有互联网，还有人精通设计模式，这有什么可怕？用什么样的办法能让同学们方便地交流各自的估计，最后达成大致理性和统一的共识？

团队成员往往各抒己见，争执得不亦乐乎，但是最后往往谁也说服不了谁，还有一些人觉得无从下手，干脆不参加讨论。在这种情况下，可以考虑通过 Wideband Delphi 方法来做到快速沟通并达到意见的一致[25]。

这个方法看起来复杂，其实挺简单的。

1. 找到一个主持人（Facilitator/Moderator）
2. 主持几轮讨论，先确定大家对目标有统一的理解。（例如：什么叫遍历边境？一个人走完即可，还是所有成员都走完？）然后每一轮统计大家对时间的估计，并且询问大家估计值的前提假设是什么，找到合理的假设，然后继续。

例如：第一轮，大家的估计和假设如下。

a. 不可能　假设：团队第二天就解散了。

b. 300 年　假设：要按照边界走，爬到珠穆朗玛峰就挂了。

c. 5 年　　假设：3 万千米，一年工作 300 天，每天 20 千米。

d. 2 年　　假设：两万多公里的陆上边境线。参考红一方面军在长征时候的记录，12 个月走 1 万 2 千千米。所以 2 年即可。

e. 1 年　　假设：边界大概有 10 个省份，每个省份在当地公安边防的带领下，一个月就搞定了。有两个月用于和各地政府取得联系。

f. 5 个月　假设：沿着南宋时期的边界走，走走玩玩，很快就走完了。

g. 50 天　假设：不详。

大家对各自的假设做了比较和分析，再深入分析用户的需求意味着什么样的假设，然后我们得出了新的共同假设：

沿着边界 = 离边界最近的公路或小路走，青藏高原可以绕一下，不必亲自到每一块界碑跟前拍照留念。不过还得自己用脚走。

陆地边界 = 中国现在的边界，不是南宋时期的。约等于 2 万千米。

在理清了这些模糊前提之后，大家又有新的一轮估计：

......

然后进行一轮新的讨论、澄清、分析。

......

最后大家的估计收敛到一个大家都比较满意的精度数值。于是这个练习就结束了。注意，大家不必太拘泥于精度，根据这个题目的情况，用月做单位即可。不必争论到底会用 1002 天还是 1003 天。

主持人要记住在每一轮的讨论中**探询数值背后的假设**。另外，要推动数值收敛，这要求大家的假设（也就是用户需求分析）也要收敛，不要天马行空。在每一轮的讨论中，估计值的上界和下界要不断接近。

最后得到的估计数值也许和某人最初提出的数值很接近，但是这意义并不大，因为最后达成的假设也许和最初的假设大相径庭。Wideband Delphi 估计法的目的不是比谁的第一轮估计猜得准，而是在较短的时间内让团队充分沟通，交换意见。

在这个练习中，很重要的一点是要估计团队自身的能力，你看到别人能每天行军 30 千米，你自己未必做得到。你听说编程大牛两天写好某模块，你自己可能需要几个星期。有人提到团队要先培训几年，这也是很好的角度，在开始使用一个全新的技术前，一段时间的培训和练习是很有必要的。你的估计中是否包括这些因素？

还有一个高级 PM 能考虑到的问题，既然这是一个长期项目，那不可避免地有人员的投入（Commitment）和变动（Attrition）问题[26]。大家走着走着，有人受伤怎么办？有人和当地少数民族少女坠入爱河怎么办？有人打退堂鼓怎么办？

软件开发的一个特点是，软件项目的确有不少东西可以重用别人的结果，但是项目中最有价值的部分，别人都还没做过，还得自己动手。这就要求我们去探索，发现这样的工作到底需要多长时间。**问题是 —— 探险者总是高估自己的能力，低估未知的困难 —— 不然他们就不会出门探险了！**

8.6.3 提高估计能力的招数

据说，早期的西班牙探险者到美洲科罗拉多河大峡谷时，他们站在峡谷南岸俯瞰深谷中蜿蜒的河流，觉得那不过是一条细细的小溪而已。队长估计用不了一天就能跨越，于是大队人马开始出发。等他们下到山谷的一半，才发现"小溪"是一条湍急的河流，自身的装备不够，人困马乏，只好又悻悻返回，同时已经累得半死。

我们在做项目的时候，也经常会发现原来估计很容易的地方"水很深"，往前走，也许会被淹死，往回退，会耽误大量的时间。这时候大家心里都暗想 —— 当时要是在项目计划的时候多做深入分析和估计就好了！但是回过头来，对于这种情况，大家如果坐在峡谷边 Wideband Delphi 估计法估算一整天，也依然会得出非常乐观的结论，因为没有人提出不同的"假设"。这时候，我们可以考虑**参考前人的经验**，打听一下当地人跨越大峡谷要几天。有些事情花的时间是客观规律，不是由个人能力决定。例如生一个小孩大约需要 10 个月，这个时间和夫妻俩的感情无关，和婚礼来宾的数量也无关。世界上很多事情都有人做过了，即使和你的具体情况有种种区别，还是可以作为参考，例如你想徒步走遍全国，貌似前无古人，但是不妨看看一个骑自行车走遍全国的例子（图 8-12）。

四川老人 198 天骑行 2.5 万千米环游中国

2012-11-19 14:31 | 发布者: youmezz | 来自: 华西都市报

简阳老人的环游中国骑行路线图

图 8-12　四川简阳老人环游中国骑行路线图 [27]

这些老人骑车用了大约 200 天，小伙子走路能比他们快么？

另外一个办法是**快速原型法 —— 用一两个先锋去探路**。例如一个项目如果能用上微软的 Azure 平台，那貌似会给我们带来很多好处。如果你光看 Azure 的宣传资料，你觉得这简直太容易了，咱们赶紧上马！且慢，这时不妨派一个人写一个简单的应用，实际看看开发 / 调试 / 部署 / 支持的情况如何，这样才能给项目估计提供更好的数据支持。

软件工程师在长期的实践中，摸索出一套经验公式：实际时间花费主要取决于两个因素 —— 对某件事的估计时间 X，以及他做过类似开发工作的次数 N。

$$Y = X \pm X \div N \quad // \text{注：} Y \text{是实际时间花费。中间的} \pm \text{表示加上或减去。}$$

例如软件学院刚毕业的学生果冻估计某网站的用户管理模块需要 3 天，但是果冻从来没有做过，那么这件事情实际花费的时间有两种可能：

$$Y = 3 \pm (3 \div 0)$$

就是说，这件事也许是（3 + 无穷大），在项目时间内压根就做不了。例如一个学生团队一度想做 "用玩家的人脸自动生成 3D 模型，然后把人脸模型放到拳皇游戏中，就成功了！" [28] 但是这个项目根本没有取得预想的成功。

或者是（3 – 无穷大），不但不用做，而且这个员工会搞出很多新的 Bug 来，让团队花更多的时间来处理，把项目拖垮。

例如工程师果冻说要自己实现用户的管理，ASP.NET 早有现成的模块，但是果冻不服，非得要自己写一个。结果写得漏洞百出，很多其他员工来帮他。最后大家把他的代码扔了，用现成的模块来实现。

当 N 等于 1 时，一项工作估计的实际花费范围是 [0 .. 2X]，如果员工一直做类似的项目，他们的 N 值不断增加，估计变化的范围会越来越小，准确度则越来越高。当然，技术在变，市场在变，员工的心态也在变，员工是不甘于一直做雷同的项目的。

如果把这个公式展开一下，项目的复杂程度将由下面两个因素决定：

1. **需求的复杂程度**：程序员是第几次实现类似的需求？有些外行看起来很复杂难懂的需求（如银行业务流程），如果一个程序员已经做过多次相关的银行项目，其实不像外人看的那么难。

2. **技术的复杂程度**：程序员是第几次用这个技术实现？

一个极端的例子：几个从来没有合作过的程序员用他们从来没用过的技术（如 HTML5、iOS 客户端开发技术）去实现一个他们以前没碰到过的需求（如银行业务），他们的时间估计一定会很飘忽。业界的专家也有类似的分析，例如下面的二维图（需求 / 技术）和三维图（需求 / 技术 / 团队）[29]。

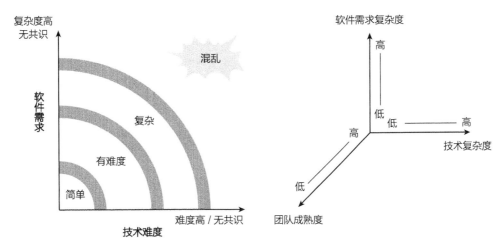

图 8-13　需求 / 技术 / 团队复杂度的二维和三维表示

我们还可以从上面的二维、三维模型发展到更多维度的情况。 软件成本分析的经典模型 CO-COMO 全面描述了影响软件成本的各种因素：

产品的因素

- 希望产品达到什么样的可靠性标准。平均每天重启一次能接受么？还是需要一年99.999% 的时间内都能运行？
- 产品的数据量有多大。图书馆管理系统有多少本书？每天有多少事务发生？
- 产品的复杂程度。是一个单页面展现信息的网站，还是一个需要实时处理火车票交易的网站？
- 对模块重用的要求。所有模块都可以重新写，还是必须要重用原来系统的某些老的模块？
- 文档的需求。需要完备的文档，还是"有什么事就问我"？

平台的因素

- 执行时间的约束。是一个实时系统么？
- 存储的约束。数据如何保存，恢复的策略是怎样的？
- 平台变动的约束。编程语言和工具每半年会发生大变化么，还是非常稳定？

人员的因素

- 分析师和程序员的能力。

- 做此类应用的经验，使用开发平台、编程语言和工具的经验，约等于上文公式提到的"类似开发经历"。
- 人员流动性（项目做到一半小伙伴会突然不见了么？）

项目的因素

- 使用项目管理工具的情况。是偶尔口头交流进度和依赖关系，还是全部用熟悉的项目管理工具？
- 工作区。团队成员都在一个办公区工作么，还是全球各大洲都有人？
- 项目进度安排。交付时间紧迫么？有缓冲区么？对于可能的变化有预案么？

这其中的每一项，都可以有下面的变化范围：

（所有因素完全在掌控中 .. 很有经验 + 需求简单 .. 没有直接经验 + 需求复杂 .. 全新领域 + 全新需求 + 不稳定平台和团队）

我们可以把各种因子数量化，例如，对"完全在掌控中"这一端给予 1 这个因子（表明它不会给项目引入不确定因素），而对"完全不知道"这一端给予 10 这个因子。于是，我们可以得到另一个公式：

假设人员和资金因素是固定的，软件项目所需时间 Y 会落在下面的范围中：

$$(Y_0, Y_0 * F_0 * F_1 * \cdots * F_n)$$

其中，Y_0 是团队估计的项目时间，F_0 到 F_n 是上文提到的各种因素，最小值为 1，最大值为 10。

1. 自底向上。团队成员各自估计底层模块和单个功能（及单元测试）所需的时间，再加上集成及基本测试的时间，就是大概的开发时间。这还没有考虑各个模块之间的相互依赖性。
2. 回溯。团队从整个项目最终交付之日往回倒推。

如果在"十一"就要交付整个软件，那么 9 月 1 日就要完成基本测试。如果 9 月 1 日要完成基本测试，那么 8 月 1 日就要代码完成（Code Complete）。如果 8 月 1 日要代码完成，那么我们要有 16 周的开发任务，那意味着我们 4 月 1 日就要开始，而且 4 月 1 日要有第一批设计规格说明书（Spec）！今天已经 4 月 7 日，你还没有看完《构建之法》！

在敏捷开发的项目中，团队一般不过分强调"估计"的价值，因为它就是一个"猜"字。"猜得准"不是团队的目标。团队的目标是把软件写出来，让用户满意。如果猜错了，没关系，微调项目进度即可，不要为了"猜得准"而踌躇不前；或者为了让当初的猜测看起来靠谱而不如实报告进度。

在敏捷的开发流程中，还有不少看似山寨的办法：

- **估计扑克牌** [30] —— 扑克牌上面是 1、2、3、5、8……等数字（斐波那契数），大家出牌来估计某功能花费的时间；
- **划拳估计法** —— 几人一声呐喊，同时出拳，几个手指代表几天；
- **T 恤尺寸法** —— 用 *S*、*M*、*L*、*XL* 代表估计的时间长度，对于尺寸超大的任务，要考虑把它们分解为比较细小而可掌控的小任务。

这些方法都是强调快速得到粗粒度的估计，然后进入实现阶段。一个团队经过一次里程碑之后，再回过头看看最初估计和实际花费时间的差距。经过一两次里程碑，成员们就可以了解在我们的项目中，一个尺寸为 S 的任务大概需要多少天 [31]。

目标、估计和决心是有区别的。公司领导问工程师小飞：这个项目今年 10 月 1 日前要交付使用，你估计能行么？小飞应该反问：领导，您已经制定了一个**商业目标**，现在你是想听**客观的估计**呢？还是我**主观的决心**？

另一个**目标 / 决心 / 估计**的故事：某项目本来进行得很顺利，大领导非要全体人员脱产开一天的动员大会，会议结束时，领导热情地问大家：大家对如期完成项目有信心么？这时，项目经理站起来说："我们本来是可以按期完成的，现在开了一天会，我们已经延期了一天。"对这样的经理，团队的所有成员都要点【赞】。

8.7　分而治之（Work Breakdown Structure）

一个团队项目要在一段时间内完成诸多任务，满足用户的需求，实现团队的目标，同时还希望项目能维持良好的技术架构，以便持续开发，千头万绪，从哪里入手？一队人马站在项目的"需求"前，就像愚公和家人站在王屋山前一样，他们可能都在想：这座山到底要花多少时间才能搬走呢？这时候我们需要一个角色站出来领导大家，把看似巨大无从下手的项目逐步分解为可以操作的工作。PM 是责无旁贷的领导者。

小飞：我想起一个笑话 —— 怎样把大象装进冰箱里？答曰：第一步，打开冰箱门；第二步，把大象推进冰箱里；第三步：把冰箱门关上。或者，像愚公移山那样，一锄头一锄头地挖，挖山不止。

阿超： 以上的两种说法听起来很逗，但是在实践中都行不通，我们最常用的就是所谓"分
而治之"的办法——

WBS : Work Breakdown Structure

WBS 的一个例子：

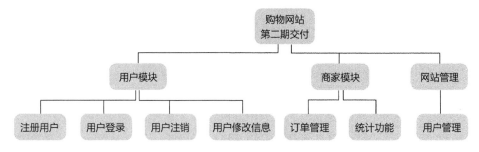

图 8-14　WBS 的例子

WBS 通常从最终的产品开始，一层一层往下，把大型交付件（Deliverable）分割为小型、具
体的交付件。这样的分割可以持续下去，直到 WBS 的使用者（开发团队、接收方）达到共识。
从数据结构方面来看，WBS 分割的结果是一棵树。所有子节点都最终有一个根节点。每个节
点描述的是要交付的产品或文档，而不是开发团队的努力或花费（各个叶节点的成本可以作为
次节点的属性展现出来）。

做好 WBS 的几个要点：

1. 保证所有子节点覆盖了全部父节点包含的内容。

2. 保证各个子节点不要相互覆盖。

3. 叶子节点要保证足够小，能在一个里程碑中完成。在通常的软件项目中，叶节点的成
   本最好不要超过两周。如果团队成员从常理出发，认为叶节点不宜再分下去，那就可
   以停止。

4. 从结果（Outcome）出发构建 WBS，而不是从团队的活动（Action）出发。

问： 所有的文档、工作计划也算在 WBS 中么？

答： 如果这些文档是可交付给客户的，或者开发团队要掌控制作文档的花费（人力），那
么文档也可以算在 WBS 中。如果项目很小，或者文档不是很复杂，那么文档工作就
可算为项目管理的一部分，而不必单列为一个交付件（Deliverable）。

问： 开发活动如何算入 WBS 中？如果 WBS 只是描述了交付件，那么我如何定义为了实
现这些交付件而做的工作？

答： WBS 描述了要交付的东西，这主要是给产品的接收方或利益相关者看的。他们对实现的细节并不感兴趣，因此没有必要在 WBS 里面夹杂"为了实现这些交付件而做的工作"。可以用开发团队比较熟悉的项目管理工具来描述任务（例如 TFS 中的工作项、设计文档等），这样才能让各个角色比较方便地跟踪和管理各种任务。

问： 一些细枝末节的东西也要单列出来么？

答： 不必，它们可以属于一个大的任务，要记住运用这些工具的最终目的是开发出产品，而不是产生包括所有细节的清单。

问： 对于有些需要考虑、探索、分析的问题（例如探讨、比较产品是用 J2EE 或 .NET 技术；分析 ASP.NET 的一些技术问题），它们并没有具体形式的交付成果，怎么办？

答： 花在这些问题上的时间都可称为"技术研讨"。一些短期的技术探讨应该在功能的设计阶段完成，并不需要单独的交付成果；如果是和整个系统的架构攸关的技术问题，则需要有交付成果，并且要有数据支持。例如，数据库设计的可扩展性。如果在团队中有些人经常花很多时间进行"技术研讨"但并没有具体结果或报告，这些人对团队的产品开发和公司的业绩真的有贡献么？

8.8 练习与讨论

8.8.1 练习——和竞品比较

更多内容与讨论请参见：http://www.cnblogs.com/xinz/p/3854436.html

在竞争性需求分析中，我们画了我方优势／劣势图，双方似乎优劣都相当。但是在现实生活中，特别是如果我方刚刚开始开发某个产品，我们和竞争产品（竞品）的差别应该是相当大的，请为下面的各个形状找出现实 IT 行业互相竞争的产品的例子：

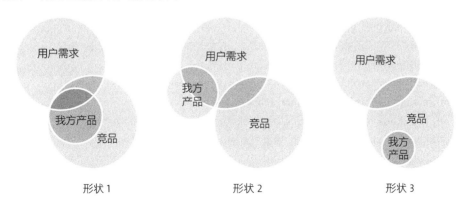

图 8-15 找出 IT 行业互相竞争的产品实例

8.8.2　扩展阅读

下面两篇文章也说明了软件估计的难度：

Steve McConnell：软件估计的 10 宗罪

      http://www.ewh.ieee.org/r5/central_texas/austin_cs/presentations/2004.08.26.pdf

Quora 精选：为什么软件开发周期总是预估的 2~3 倍

      http://jandan.net/2013/07/16/quora-software-development.html

8.8.3　开发速度的算术题

在一个软件项目中，软件团队预计每天的进度为 30 小时（即，完成了 30 小时的工作量）。当项目完成了总工作量的一半的时候，大家发现实际的进度为 15 小时 / 天，问：在余下的时间中，团队的进度要到多少，才能在项目结束时让整个项目的平均进度恢复到每天 30 小时的工作量？

8.8.4　具体项目练习

    http://www.cnblogs.com/xinz/p/3308608.html
    请每个项目团队挑选一个软件进行分析。

（请在网页看链接：http://cnblogs.com/xinz/p/4470424.html）

1. 当然，任何收集用户信息的行为都要得到用户事先的同意。

2. CTO：Chief Technology Officer，公司的首席技术官。

3. 参见：http://www.businessballs.com/treeswing.htm

4. 如何做好深入面谈，也有各种诀窍：http://www.gv.com/lib/get-better-data-from-user-studies-16interviewing-tips

5. 参见：http://en.wikipedia.org/wiki/Card_sorting

6. 参见：http://www.emarketing.net.cn/magazine/adetail.jsp?aid=1354

7. 参见：http://thesocialnetwork-movie.com/

8. 参见：http://www.cnblogs.com/meng-meng/archive/2011/11/14/2248589.html

9. 参见：http://blog.sina.com.cn/s/blog_628a7333010186wq.html

10. 参见：http://news.cnet.com/google-designer-leaves-blaming-data-centrism/#!

11. 关于 nonconsumption 的一系列相关研究可以参见 Christensen, Clayton M. Competing Against Luck: The Story of Innovation and Customer Choice. Kindle Version

12. 这一论点在 Clayton Christensen 的书 Competing Against Luck 第八章有详细论述

13. 参见：http://caddellinsightgroup.com/blog2/category/strategic-planning/

14. 有关两种产品病毒式传播的描述，参见 Philip La 的论述：https://medium.com/@philipla/the-two-types-of-product-virality-8ae744b1c4d7#.g6uga5oyb

15. NABC 的办法来源于 Innovation : The Five Disciplines for Creating What Customers Want，其他与创新有关的书参见：http://book.douban.com/doulist/1253169/

16. 有一种可能的需求是用户不希望软件做一些事情，例如不希望一个桌面软件不断地弹出广告。这时软件团队要权衡各个利益相关者的需求。

17. 参见：http://en.wikipedia.org/wiki/Switching_costs

18. 参见：Geoffrey A. Moore. *Escape Velocity: Free Your Company's Future from the Pull of the Past.* HarperBusiness，2011.
    参见：本书第 16 章中"创新的招数"一节

19. 参见：《软件故事》第二章，作者：Steve Lohr；译者：张沛玄．人民邮电出版社，ISBN: 978-7-115-35508-9

20. 参见：http://www.amazon.com/Software-Estimation-Demystifying-Practices-Microsoft

21. 参见：《中国共产党第八次全国代表大会第二次会议文件》，http://dangshi.people.com.cn/GB/165617/166496/168117/10012143.html

22. 参见：《历史的轨迹：中国共产党为什么能》第三章，谢春涛主编，新世界出版社，2011 年 3 月版

23. 请用搜索引擎和小组讨论来验证和改进你的估计。

24. 来自 *Waltzing with Bears*，作者 Tom DeMarco, Timothy Lister, ISBN: 0-932633-60-9

25. 请看网上的方法介绍：http://www.stellman-greene.com/aspm/content/view/23/38/
    http://en.wikipedia.org/wiki/Wide-band_delphi
    http://drdobbs.com/article/printableArticle.jhtml?articleId=184414570

26. 参见：本书"猪、鸡和鹦鹉的故事"一节

27. 参见：http://www.lvye.cn/article-26533-1.html

28. 参见：http://www.cnblogs.com/MSRA_SE_TEAM/archive/2011/01/17/1937765.html

29. 参见：http://lostgarden.com/2006/04/managing-game-design-risk-part-i.html。
    该图参考了 Danc 的"Managing game design risk : Part I"

30. 参见：http://en.wikipedia.org/wiki/Planning_poker

31. 关于时间估计，这里有更多相关内容：
    http://www.pmhut.com/agile-estimating-%E2%80%93-estimation-approaches

第 9 章　项目经理

- 理论和知识点

  团队角色分工，项目经理的由来和要求，项目经理和其他经理的区别，软件项目中的风险和风险管理，PM 的专业能力，如何开有效的会议

9.1　PM 是啥

典型的软件团队里除了能写代码、测试代码和画图做设计的成员，还有一类角色，不做上面这些事情但也很重要，我们叫他们项目经理 —— PM。

PM 的 M 就是 Manager，但是 P 有这几种：Product Manager、Project Manager、Program Manager，在不同的行业和公司，他们的作用各不相同。这一章主要介绍微软的项目经理 —— Program Manager。

Product Manager：产品经理 —— 正确地做产品。目前国内公司大部分 PM 都是指这个职位。产品经理对一个或多个产品或产品线负责，而互联网产品涉及到这些方方面面：产品定位、市场发展、需求分析、运营、营销、市场推广、商务合作。产品经理横跨这些部门，寻找资源，持续推进产品。随着产品的发展，不同公司，对 PM 要求会不一样。核心要求是，根据市场和用户需求，协调各部门资源，正确地把握产品定位和方向，解决用户的痛点，持续优化产品。

Project Manager：项目经理 —— 正确地做流程。在某些公司，这个职位与产品经理分开单列。他们对项目流程负责，即项目从立项到上线按时完成。正确地协调团队内部外部，调配各部门资源和时间，有效进行风险管理，保证一个项目顺利按计划结项，是一个项目经理的核心价值。

Program Manager：微软的职位名称。微软产品团队三足鼎立的角色分配就是 PM、开发、测试。PM 负责除产品开发和测试之外的所有事情。从某种意义上说，是前面两种角色的综合。微软通常有专门的产品策划（Product Planner），他们和市场部门的专职人员一起，负责产品的长期发展和市场推广。

9.2　微软 PM 的来历

大部分公司的项目经理叫 Project Manager，微软的经理叫 Program Manager，这有什么本质的区别么？

微软曾经也是一个创业公司，两个创始人都是开发人员，招聘的新成员也大多是像他们一样的开发人员，这其中就有一个叫查尔斯·西蒙尼（Charles Simonyi）[1] 的超级程序员，当然还有像史蒂夫·鲍尔默（Steve Ballmer）那样的超级销售人员，这里按下不表。

1974 年，查尔斯·西蒙尼在 Xerox PARC 开发了 WYSIWYG（所见即所得）[2] 的字处理软件 Bravo，成为 Alto 个人电脑的重要应用软件。

作为参照：

> 同一年，史蒂夫·乔布斯从印度回来，加入 Atari 公司打工，因为其他员工不能忍受他的傲慢态度和卫生习惯，他只好上夜班[3]。

> 同一年，比尔·盖茨在哈佛大学读 2 年级，那年冬天，他看到了个人电脑的曙光——MITS Altair 8800[4]，于是开始了微软公司的创业项目，参见 7.5 节。

1981 年，查尔斯加入了微软公司，领导 Word 和其他办公软件的开发。随着业务的发展和团队的壮大，下面这两个问题凸显出来：

1. 团队成员之间交流的成本急剧增长
2. 有很多开发和测试之外的事情，需要专人负责

9.2.1　交流成本问题

很多开发人员聚集在一起，该怎么工作呢？如果大伙做的是搬砖这样的体力活儿，那么在一定限度内，人员的增长和项目复杂度的增长是线性的关系；而程序开发就有些不同，查尔斯·西蒙尼发现项目管理的复杂度似乎跟人员数量的平方成正比。一个团队里若有 4 个成员，就有 6 种双向依赖和交流的途径，然后增加一位新成员，就要增加 4 条新的双向依赖交流的途径。对

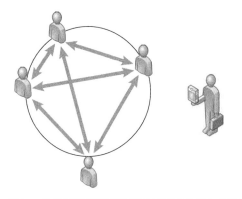

于 N 个成员的团队来说，交流的途径总数是 $n \times (n-1)/2$，这种 N 的平方的增长意味着这样的交流对人类来说是不可持续的。

该怎么办呢？查尔斯想到了一个办法——他提议把程序员分成 **Master Programmer（MP）和 Slave Programmer（SP）**，MP 和其他成员交流，了解需求，MP 只写抽象的伪代码，或者对功能的描述；SP 根据 MP 的文档，实现具体的功能。SP 只用和 MP 交流。这样不就大大减少了交流的成本么？

图 9-1　软件项目管理的复杂度和人员数量的平方成正比

这个想法在理论上是好的，但是实际上，没有人想做 SP，刚加入团队的开发人员问 —— 为什么我不能当 MP？这次改革最后不了了之。

9.2.2　开发和测试搞不定的事情

随着软件复杂度的提高，用户需求的多样化，市场竞争的日益激烈，光有程序员和销售人员是不够的。销售人员当然可以把顾客的需求直接告诉开发人员，但是开发人员往往听不懂。我们需要专人来把市场 / 销售人员那一套 MBA 的套路语言翻译成程序员能懂的规格说明书（Spec）。也就是说，我们需要专门的人才来做下面的事，而这些事往往是程序员不愿意花时间去做的：

1.　和客户交谈，组织用户调查，发现用户需求

2.　了解和比较竞争对手的产品

3.　怎么让软件变得可用（Usable）、有用（Useful）

4.　怎么改进团队的流程

上面这些事情，开发人员大多不愿意做，也未必能做好，大家宁愿盯着屏幕写代码。怎么办呢？这时候有另一个聪明人出现了，一个名叫贾伯·布鲁门萨尔（Jabe Blumenthal）的程序员提出了 Program Manager（PM）这一头衔，并成为了微软第一个 PM（1984 年，Excel 团队）。PM 的出现让团队内部的互动出现了两个新特性：

1.　负责一个功能的开发 / 测试人员和相关的 PM 密切合作，再由 PM 代表这一小组去和别的小组或客户代表打交道，大大降低了交流的成本；

2.　有专人负责开发 / 测试之外的许多事务和项目进度的管理，让开发和测试人员专注于

技术方面的工作。

实践证明，这种改革利大于弊，贾伯作为 PM，带领团队取得了很好的成绩。后来，贾伯和不少早期微软公司员工一样，从微软退休，当老师，投身公益事业去了[5]。

也许你不禁要问，那么 PM 做些什么呢？

9.3　PM 做开发和测试之外的所有事情

有些同学说，我写的代码都不用测试，我真想不到除了开发和测试之外，还有什么事情可做。**我们看看微软公司有哪几类 PM**[6]。

- 有做功能设计的 PM；有些功能或产品需要深入掌握各个计算机科学分支的专业知识才能做好。例如 Visual Studio 中的各种计算机语言、框架、TFS 的项目的项目经理，SQL Server、Windows Server、Azure、Bing Search 核心算法等团队的 PM
- 有些 PM 需要对商业和客户有很强的了解能力，例如 Office 办公软件的 PM
- 有些 PM 需要具备广泛的经验和知识面，以及商业拓展能力，例如互联网 MSN 部门的 PM
- 有些是驱动流程的 PM，例如推动几百人的团队完成一个版本的开发，又如保证 Windows Phone 在能在几十种不同硬件上发布
- 也有专门深入某一领域的 PM，例如负责软件的国际化 / 本地化（Globalization/Localization）
- 还有和研究人员合作，琢磨如何将前沿技术引入主流产品，做技术转化的 PM

下表列出了 Program Manager 和一些公司的 Project Manager 的区别[7]。

表 9-1　Program Manager vs. Project Manager

Project Manager	Program Manager
是团队的行政领导，带领大家在项目中工作	和大家平等工作，推动团队完成软件的功能
通常是团队和外界打交道的唯一代表	一个团队可以有很多 PM
对项目的功能有最后的决定权	和其他团队成员一起形成决议
管事也管人	管事不管人
不一定做具体工作	一定做具体工作

问： 既然 PM 这么厉害，为什么不让他们领导开发人员和测试人员，这样 PM 工作起来不就是更有利了么？

答： 首先，我们认为好的产品设计是在平等讨论（甚至争论）的基础上产生和完善的，如果讨论的一方同时又是另一方的老板，则无法进行平等和无拘束的讨论。

其次，PM 的产品是规格说明书（Spec），PM 要凭自己的能力，把用户的需求展现成其他成员能够理解和执行的语言，从而赢得同伴的信任和尊敬。如果 PM 同时又是其他人的老板，则不必写太好的 Spec，用命令即可说服别人。再次，PM 不一定是很好的行政经理（管人的），硬把管理不同专业人员的任务加到 PM 头上，反而会坏事[8]。

问： PM 最大、最独特的贡献是什么？

答： 带领团队达成最重要的目标，并保持团队的平衡。

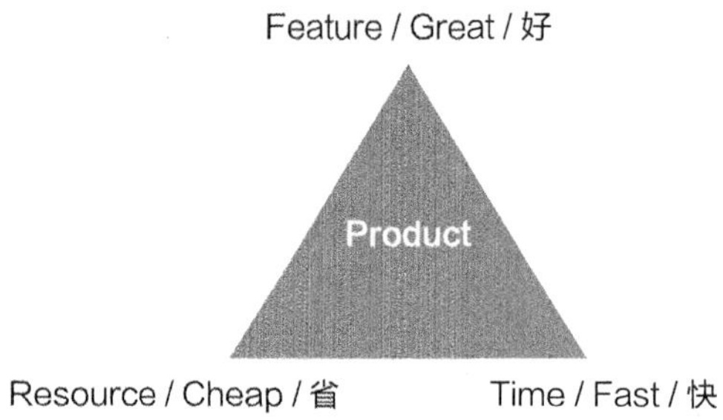

Feature / Great / 好

Product

Resource / Cheap / 省   Time / Fast / 快

图 9-2　PM 的独特贡献

一个软件产品几乎无法同时做到又多又快又省。在别的领域也类似，中国在大跃进期间提出了**多快好省**的要求。最后只得到一个"多"——人多[9]。

大部分优秀的团队可以做到三个目标中的两个：

多，快，但是不省

多，省，但是不快

快，省，但是不多

PM 要带领团队选择哪两个是最重要的，哪一个是可以牺牲的。

还有许多不那么优秀的团队也许勉强可以做到一个：

多，但是不快，不省

省，但是不多，不快

快，但是不省，不多

当然还有一些团队一个目标也达不到，中途作鸟兽散了。

问：我们团队有几个程序牛人，参加过 ACM 比赛什么的，他们写的程序都不用测试，为什么还要 PM？如果 PM 也来开发，是不是项目进展更快？

答：程序和软件有区别，请参看本书"概论"一章。

其次，在下面的图中，团队有很多划船的牛人，还有一个不划船只说话的舵手。如果这个舵手也开始划船，后果会怎么样？

图 9-3　舵手 = PM

可能小船的速率会快一些，但是小船的方向、稳定性会出问题。船是划快了一些，但是划桨的众多队友不能协调一致，船也不稳，而且最后到了一个计划外的地方，你愿意么？

在软件行业发展初期，软件都是为维持机器本身的运作服务，或是做科学计算，这时候也许看不出 PM 的作用。随着产业的发展，软件应用的深度和广度、软件的复杂度、软件团队的复杂度都极大地提高了，这时候我们需要一些人，起到沟通、交换、影响、润滑、讨价还价的作用 —— 就像商业社会的金钱一样 —— PM 就是这样的角色。

问：PM 文化的盛行有副作用么？

答：任何方法或文化都有优点和缺点，如果很多 PM 没有强烈的责任感和强大的推动力（参见 "猪，鸡和鹦鹉" 一节），而是满足于通过平等而反复的讨论折中得到团队的共识，一个可能的负面后果便是"委员会设计"（Designed by Committee），一些产品不能很快跟上市场变化，在用户体验方面，这么设计出来的东西大多中规中矩，了无新意。严重的话，甚至连 "委员会" 成员都会恨这样的设计。

艺术家 Vitaly Komar 和 Alex Melamid 做了一个实验，他们发了很多调查问卷，询问观众对于油画的偏好、颜色、风景画还是人物肖像？等等，然后根据很多调查问卷的"主流意见"创作了油画。结果所有观众都十分厌恶这些油画，连当初提"主流意见"的观众都不例外 [10]。

是由一个松散的集体通过不断改进产品来取得成功，或者由某个有远见的个人主导？人机交互领域的专家 Donald Norman 总结说：

> If you want a successful product, test and revise. If you want a great product, one that can change the world, let it be driven by someone with a clear vision. The latter presents more financial risk, but it is the only path to greatness [11].

牛人主导的项目，往往会大起大落；PM 主导的产品中，"不犯大错"成了一个特点，微软的很多产品在长期的竞争中，靠"不犯大错"，从第三版开始，赶上并超越对手。这也是了不起的能力 [12]。问题是，在新的商业模式下，用户是否能耐心地等待第三版？

成为一个合格的 PM，需要哪些能力呢？

1. 观察、理解和快速学习能力

PM 要能够在一个新的领域中很快上手。PM 要能理解用户，能站在用户的角度上考虑问题，观察发现用户不善于表达的需求，体察团队成员的言外之意，倾听老板 / 客户 / 利益相关人的弦外之音。要有能够理解别人的处境、心理、动机的能力 —— 同理心。

一个 PM 平时或许能玩转很多高技术的工具，但是当工作需要时，他 / 她能突然把自己变成一个完全不懂技术的菜鸟用户，从用户的角度来看问题。

一个 PM 做第一个项目时可以拍脑袋定工期，拍胸脯打包票，最后拍屁股走人（谁没年轻过呢），但是失败之后要有自省和自我改进的能力。

2. 分析管理能力

每天项目中发生的事情千头万绪，PM 要能够分析出重点，找到优先级，做判断、做决定……一个项目和一个人一样，每天都会碰到各种问题：

重要而紧急的

- 网站崩了！
- 程序员小飞突然提出离职！

重要而不紧急的

– 按照流量和内容的发展趋势，三个月后，目前的架构似乎撑不住，但是现在还凑合……

– 程序员们都不写文档，他们三个月前说等忙过之后会写的，但是……

不重要而紧急的

– 老板的老板问到了项目的进度！要写一个 PPT，向若干人征求意见，并及时得到反馈。

不重要且不紧急的

– 领导想召开全公司大会，要表演节目……

PM 如何处理这些事情呢？

3.　一定的专业能力

如果一定要说专业能力的话，PM 的专业就是理解和表达，你能否理解不同人的心理、需求和言外之意？你能否借助文字、图表、草图，甚至代码来清晰准确地表达自己的想法？PM 要始终能满怀激情地向用户兜售产品，向团队兜售希望。史蒂夫·鲍尔默的销售能力就是一个极好的例子 [13]。

PM 通常也能写代码，能玩转 Excel、PPT、Visio、甘特图，会 PS，有文字功底，写的博客有人爱读，反正，总得有几招绝活吧！不用说还要有大量的阅读，对 IT 行业、用户心理、社会都要有广泛的了解 [14]。

在一个项目中，PM 的具体任务是什么呢？他们的任务是：

1. **带领**团队形成团队的目标 / 远景，把抽象的目标转化为可执行的、具体的、优美的设计；

2. **管理**软件的具体功能的生命周期（需求 / 设想 / 设计 / 实现 / 测试 / 修改 / 发布 / 升级 / 迁移 / 淘汰）；

3. **创建并维**护软件的规格说明书，让它成为开发/测试人员及时准确的指导，而不是障碍；

4. **代表**客户和用户的利益，主动**收集**用户反馈，**预期**用户新的需求。**协调并决定**各种需求的优先级；

5. **分析**并**带领**其他成员对缺陷 / 变更需求形成一致意见，并确保实施；

6. **带领**其他成员确保项目保持功能 / 时间 / 资源的合理平衡，**跟踪**项目进展，**确保**团队发布令客户满意的软件；

7. **收集**团队项目管理和软件工程的各种数据，客观分析项目实施过程中的优缺点，**推动**项目成员持续改进，从而提振士气。

PM 如果得到团队成员的支持，会是什么样的呢？

你将成为项目流程的主人 —— 驱动流程，组织会议，实践 Scrum，保证进度；代表团队向上级 / 伙伴团队 / 客户 / 市场部门报告项目进展；团队成员都乐意和你交流，你赢得了大家的尊重；你不用自己写一行代码，也同样可以积极地影响项目和产品。

反之，如果得不到团队成员的支持，PM 会是什么样的呢？

你会在各种会议或流程中浪费大家的时间，发一些大家不读的"Status Mail"；不能凝聚团队，无法形成共识；你不了解团队的状态，也不能有效和准确地向有关方面报告团队的情况并获得支持，但偏偏还不断打扰团队成员，纠缠一些过时的问题；你对行业和产品的发展方向把握不准，对项目和产品造成负面的影响。

PM 还会和团队成员因为对项目投入的认识不同而产生误解（参见本书"猪、鸡和鹦鹉的故事"一节），当队友期望你是"猪"的时候，你偏偏当只"鸡"；当队友期望你作为"鸡"而搞定某一事情时，你却偏偏当一只飞来飞去的"鹦鹉"！

在本章的开头，我们提到有些类型的 PM 负责"正确地做产品"，有些 PM 负责"正确地做流程"，对于任何一个在现实世界打拼的团队来说，产品和流程都很重要。著名用户体验专家比尔·巴克斯顿在总结自己几十年的经验时说：

过程创新可能超越产品创新，但两个创新并驾齐驱则胜于任何一个 [15]。

这是对 PM 最好的要求。

9.4　领导力 —— 高效的团队讨论

移山公司的几个项目都在紧张进行中，在开了几个"事后诸葛亮会议"之后，大家发现每个人都对会议的效率不满。于是作为改进措施之一，大家看了一些"高效会议"的培训资料，然后按照资料建议的办法去开会，结果发现建议往往是相互矛盾的，开会效率不高的问题仍然没解决，一些人还生了一肚子气。于是大家来找阿超讨论。大家的抱怨主要集中在以下几个方面：

目的： 开会的目的并不明确，既然是每周一次，每天一次，大家按习惯每次都来，但是也没解决什么问题。主持会议的人有时陷入对细节的争执，时间到了也没有结果，就不了了之。

要带着感情去讨论问题么？ 有专家建议开会应该尽量不带感情，但是别的资料又要求大家带着感情去体会用户的痛点，还要带着浪漫的幻想去做头脑风暴。大家还抱怨这样的情况：开会时谁嗓门大，谁往往会赢得争论。

在分析问题的时候要提不同意见么？ 有时候你要集中注意力找到方案的漏洞，有时候却又要互相鼓励，鼓励多了被说成不痛不痒没有帮助；提意见多了又会被人说喜欢挑刺，伤感情。

直觉和详细分析的矛盾？ 对于一些问题，有些同事似乎早就有了结论，他们不想浪费时间讨论；同时有另外一些成员希望仔细分析。于是大家纠结于什么时候要认真分析，不断深入找到问题关键，不担心浪费时间；什么时候要快刀斩乱麻，这个快的决定往往是带感情色彩的。

阿超说："这些培训资料上的建议都是有好处的，就像软件工程的各种模式一样，我们要找到它们的适用范围来应用。"小飞问："我们来上班，是来开发软件，不是来开会。是否可以像极限编程那样，把优化推向极致，取消所有会议？"

阿超说："如果我们团队中所有人都朝夕相处，很多交流随时发生，那么我们未必需要很多正式的会议。但是取消会议并不能解决问题的根源，一个团队需要交流，形成共识，分析问题，总结成绩，这些都需要会议。把会议开好，能避免很多无意义的困惑、猜测、重复的交流和更没有效率的澄清（例如写邮件再次说明某项决定）。"

说到开会，很多人的直觉就是大家非常职业化的来开会，然后得到职业化的结果，以平静的心情离开会议，像这个草图一样：

图 9-4　怀着良好的愿望，以平静的心情来开会

实际发生的往往是下面这样：

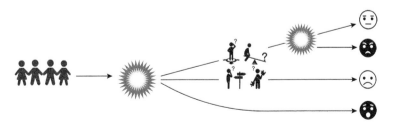

图 9-5　怀着怒火，以迷惑、疲惫的心情离开了会议

貌似开完了会，大部分人都不满意，会议的组织者应该要负最大责任。大家时间是有限的，要

在会议结束前达到目标，就要定义好目标具体是什么。组织者应该做到：

- 明确会议目的，要解决的问题是什么
- 推动会议进程，促使与会者在每一个阶段做合适的事情
- 总结会议，记录要点

会议的参加者想到哪里就说到哪里，各人的情绪也自由地发挥，虽然热闹，却是一种无序的交流，效率不高，我们应该把这些无序的活动逐步约束为有序的活动，然后让大家通过一系列的思维活动来分析问题，在一个时间段内只做一类思维活动，决定行动。思维活动有这几种类型：

- 理清事实

  事实就是客观存在的现象，可以验证并通过一些定量的指标来衡量。 事实不是可能性，例如，"我们的下一个版本很可能会吸引很多新用户"。 事实不是一个信仰，例如，"我坚信 PHP 是最好的开发语言"。

  在会议中，大家先把所有的事实列出来，并且把不是事实的部分撤除，例如，在会议一开始，大牛就急切地说：

  > 我刚听说我司高级副总裁大智同志下周三要看我们的新项目，大家赶紧把原定本周做完的任务都放一下，我们奋战七天，给领导看一个新的演示！

  且慢！这里的事实是什么？

  1）大智同志下周三来看新项目，这是事实么？
  2）大智同志对这个项目的期望是什么？
  3）这个项目和领导视察的关系是什么？

- 表达直觉和感情

  不同的人有各自的表达方式，在太多"我们需要事实和数据"、"理性分析"以及"时间紧，咱们就别扯太远" 的约束下，很多人在会议上没能直接地表达情绪，这不利于充分让大家投入并分享。 在开会时，最好是在事实厘清之后，拨出几分钟让大家充分表达情绪，并且不用说明自己情绪的理由。

  例如，会议的议题是："是否把我们系统的前端实现技术全部切换到最新的 vue.js" [16]

可以花几分钟时间，让所有人都自由表达情绪，这对于会议后续进展有良好的润滑作用。这个思维活动的价值在于，让所有人都看到其余人的情感和直觉，这对整个团队构建互信、包容的文化是很有帮助的。而且，由于大家都在这个时段表明态度，没有人会有"不够理性"的负担。

- 从乐观的角度分析问题

  既然我们有了事实，大家也表达了情感，那我们就根据具体情况一步一步地讨论解决办法。在这个阶段，大家对别人的想法都应该给予鼓励，给予乐观的反馈，并且逐步构造出一个解决方案。

  一个要求是，对于别人的想法，我们尽可能地用"对、而且……"的句式来回应。例如：

  小李说：我建议我们重写这个用社交网站登录的模块，因为新的需求和旧的需求差别很大，很难重构老模块来实现。
  小飞说："**对，而且**写了新的模块之后，可以大大提高登录的速度。"
  果冻说："**对，而且**我们可以改进相关的模块，例如通过社交网络账号分享也可以简化很多。"

  …　…

- 从悲观的角度分析问题

  通过互相鼓励我们获得了很多好想法，这些想法都没有破绽么？未必，我们看到的天鹅都是白的，万一有一个黑天鹅怎么办？是否要提醒一下风险？在这个阶段，与会者的心态应该是越小心越好。常用的句式是"好，但是……"

  "这个功能可以一键分享用户的很多内容，**好，但是**这里有用户隐私泄露的风险么？"

  "重写这个模块可以抛掉以前的包袱，**好，但是**这是程序员果冻第一次用这个全新的技术，他的工程时间估计准确么？"

  "这个功能依赖于兄弟团队正在做的功能，**但是**他们不能按时交付怎么办，我们有预案么？"

- 从创意角度去分析问题

  换另一个角度看问题，有没有在目前套路之外的思路？很多人认为"创意"是一种天生的才能，或者需要大智慧才可有创意，其实不然。创意是一种可以后天获得并不断提高的技能。在大部分项目中，我们要做的不是"挟泰山以超北海"那样的天外飞仙式项目，而是有基础、有需求，可以逐步实现的项目。每个项目成员通过经验的累积、技术的提高，都可以有"资质"做创意。在会议上，我们可以要求每个与会者都带上一顶"创意大师"的帽子[17]，大家不妨都来发挥一下创造力。从乐观角度分析问题的时候需要创意，从悲观角度分析问题的时候更需要创意，所以这个"创意角度"是附属于以上两个思维阶段的。

这样会议就变成：

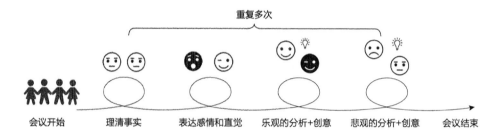

图 9-6　有序的会议

总结

平时开会讨论特别杂乱的原因是，在每个具体时段，每个人在扮演的角色不同，别人也没能理解不同人的角色和出发点。

改进的方法是：大家同时从一个角度出发分享，进行类似的思维活动，然后转到下一个角度。

设置一个"好主意停车场"，把大家临时想到的，和目前讨论主题不直接相关的，放到这个停车场中。 对于提出倡议的人，要求倡议需说明谁会来做这件事情，没有执行者，那么这个倡议也就是一个空谈。

会议的结果是什么呢：

- 一些共识 (consensus)，这些共识在项目当前里程碑结束之前就不必再讨论. 也不允许会后再悄悄改变。
- 一些行动（action items）以及行动的负责人。
- 一些好主意（side ideas）以及这些主意的负责人，把这些好主意都放在"好主意停车场"上面，以后时机成熟再启动这些想法。

9.5　PM 和风险管理

前面说过 PM 做开发和测试之外的事情，开发和测试都是专注于代码，代码之外，还有什么呢？还有很多不确定性——风险。PM 要在整个项目的生命周期管理风险。对于软件项目来说，风险是在正常软件生命周期事件之外的、可能发生的影响项目的成功的事件。

今天我们在项目中碰到的意外问题，它们就是昨天的风险。

一些 PM 说，我经常担心项目进展，夜里睡不着觉。但是，"担心项目"不等于"风险管理"。既然是不确定性，那就有很多来源，我们可以把风险分成下面的类别。

表 9-2　风险的类别和来源

风险的类别	风险的来源
人员	客户，最终用户，利益关系人，项目成员，合作伙伴
流程	项目的预算，成本，需求
技术	开发和测试工具，平台，安全性，发布产品的技术，与我们产品相关的技术
环境	法律，法规，市场竞争环境，经济情况，技术大趋势，商业模式，自然界

我们通过几个例子来分析各种情况：

- 开发人员签入的代码有一些小问题，这是风险么？这不是风险，因为代码签入带来的负面影响是软件生命周期的正常事件——是一个常态。我们并不期待每个人都永远签入完美的代码。如果有人认为所有的代码签入必须是完美的，此人将是项目的一个风险。在另一种情况下，项目组花大价钱招募某外部公司开发一个关键模块，存在的风险是：外部公司提供的模块质量可能大大低于预期。

- 在和别的团队合作的时候，双方都希望合作顺利，但是如果一方突然停止合作，怎么办？我们自己急得跳脚？请对方吃饭？还是诉诸法律？

- 开发人员在项目启动时提出，"我们怀疑，产品目前采用的技术路线可能实现不了我们的设计"，这的确是一个**技术方面的风险**。如果到了项目进展的中后期，我们才确认"产品的技术路线的确行不通"，那么风险就变成了一个危机（Crisis）。

- 某个地区是否会在将来的几年中发生地震、干旱等大范围自然灾害，导致当地的商家陷入困境而取消订单，而导致我们公司紧缩开支，本项目的预算遭到削减？这是**自然界**触发的风险。

- 国家相关法规将来可能有修改，例如，禁止非官方的互联网机顶盒，以及通过这些途径播放内容的 App，这是一个来自**法律法规**方面的风险。

应对风险有几个手段：

- 进一步研究：例如，"听说新的 HTML5 标准快要出来了，可能会极大地改进用户体验，我们目前用的原生代码很快会被淘汰！"最好的回应就是做扎实的技术研究。

- 接受：不必为团队完全掌控不了的事情而过多操心。例如，公司高层可能有人事变动，也许会影响到本项目⋯⋯

- 规避：能否改变项目的范围，躲开这个风险？例如，听说 6 个月后，监管机构会严格控制视频播放软件和机顶盒的资质，我们的项目能否避开这一领域？

- 转移：能否像击鼓传花那样，把风险交给真正有能力应对风险的团队负责？例如，如果我们的软件进军到一个新的国家，可能会受到专利方面的许多指控。那么，我们能否让公司的法务和专利团队负责此事？或者让本地合资公司负责？

- 降低：降低某个风险对团队的危害程度。例如，我们知道飞行总是有一定的风险，但是我们不能因为这种可能性而不出门。有些公司就有明确规定不能让三个或以上的副总裁搭乘同一个航班。

- 制定应急计划：下半年的预算很可能会缩减，我们不能支持所有的开发和测试人员，但是团队的目标不会有大的变化。这时候我们要准备一两套预案。

风险管理的水平有多个层次：

第一层次：啊呀！大问题（Crisis！）

由于没有风险管理，对于突发事件没有预案，只能在事发之后才开始了解情况，进行手忙脚乱的应付。

第二层次：缓和（Mitigation）并防止问题（Prevention）

对风险有一定的准备，能把问题缓和下来。更进一步，能动员团队成员、管理层、合作伙伴一起想办法防止事故发生。

事实上，对于软件开发过程中常见的风险（不断增加的新需求，随意改动的需求，时间估计不准，人员流动等），我们可以采取更好的流程来缓和或预防问题的发生，例如，规定在一个冲刺阶段任何需求都不得变动；采用快速迭代、增量改进的办法避免错误估计的影响；采用结对编程方式增进团队对代码的了解，等等。

第三层次：预计（Anticipation）

从定性的猜测进步到定量的预计（预计可以有一定的范围），从而有效地做准备。例如我们预计到保险相关业务的税费可能会有调整，团队会把相关税费的参数（以及相应的模块）设计为支持动态下载，并进行相应的测试。这样，当税费真的调整时，我们就避免了费时费力地被动应对。

第四层次：把问题变为机会（Opportunity）

从关注风险的负面影响转化为关注风险能否带来正面的机会。例如：一个开发 PC 桌面办公软件的团队，没有多少市场份额，预计到移动设备的大量发展可能会对 PC 造成冲击，自己的产品在 PC 端发展前景更不好。于是提前布局，加强针对移动设备的开发，特别是不同设备之间的同步功能。经过一段时间的努力，反而在移动端有很大收获，并且让 PC 端的产品更有竞争力。

PM 经常和人、管理流程打交道，经常处理"不确定性"，在反复多次对"不确定性"进行处理的过程中，一个团队的风格和习惯就慢慢形成了。因此，PM 对企业的文化应该有深刻的认识，并且有直接的贡献。从另一方面说，风险管理和团队已经形成的文化有关，如果团队文化鼓励奖励那些说大话的人，忽略那些指出风险的人，但无人对最后的结果负责，那么，风险管理就是一个高危的职业。

有同学会问，也许很多项目没有任何风险就做好了，我们还要学习这些和风险打交道的知识么？

没有风险，就是最大的风险。

9.6 练习与讨论

更多内容与讨论请参见：http://www.cnblogs.com/xinz/p/3855189.html

1. PM 们的故事

讲了这么多条条框框，我们还是来讲几个故事吧。

a） 是不是所有的好功能都是由 PM 主导，一步一步根据用户需求，按照用户场景设计，然后进行可用性测试等等步骤之后得来的呢？

功能本天成，妙手偶得之 —— 一个来自微软的故事

约摸在 1985 年，微软的一个叫 Steve Hazelrig 的工程师正在写 Mac Excel 版本的打印功能，那时候激光打印机很贵，而且离办公室也不近。他懒得经常跑到打印机那儿取打印纸检查打印效果，就写了一个小程序，把要输出到打印机的图像显示在屏幕上，还有一个放大镜功能可以把局部放大以检查每个像素的位置及效果。这时一个 PM 路过看到了这个小工具，说，这么酷的东西，为啥不做成一个功能呢？

所以后来微软的编辑软件都有了"打印预览"这一功能。然而，用户们并没有正式地要求这一功能。

b）PM 怎么说服聪明的同事？

在 Macintosh 研发的过程中，由于计算能力的限制，计算机的图形显示非常缓慢。一位聪明的程序员展示了他的新算法，能很快地画圆形和椭圆。当他得意地展示给 Steve Jobs 看的时候，（作为一个不懂编程技术的 PM，Steve 应该表示仰慕才对……）Steve 平静地反问 —— 你能继续改进，让圆角的矩形框显示速度加快么？程序员说：这个太难了，也没有必要。椭圆不是挺好的么？ Steve 为了说服同事，建议两人到外面散步，然后指出现实世界中的各种告示牌都是用圆角的矩形框来实现的，走了一圈，同事就被说服了。过了几天，圆角的矩形框也可以很快速地在屏幕上显示了。

c）PM 如何找到需求？

一些人常说 PM 负责提需求，Dev 管实现就好了，那需求从哪里来呢？我们用了一章的内容来说明这个问题，参见本书"第 8 章 需求分析"。

d）PM 的分析能力和韧性

能把市场、我方的优势和劣势、创新的机会讲得头头是道，也是一种能力。在"第 8 章　需求分析"中我们讲过 NABCD 方法。乔布斯在 NeXT 公司时也做过很有说服力的分析：

http://dwz.cn/1Iss5G

注意，这么厉害的 PM，分析得这么透彻，但是 NeXT 的产品还是失败了。但是乔布斯没有气馁，又投入了另一个公司的运作 —— Pixar。你有这些能力么？

2.　**我是做 PM 的料么？在校学生如何为成为 PM 做准备**

你是否觉得你的长处不在于写代码和 debug，而是协调、沟通，让一个团队或组织有效运转起来？你是否喜欢表达，善于和各种专业背景的人沟通？你是否经常思考如何改进生活中点点滴滴的小问题？你会思考这样的问题么：新浪微博、豆瓣、qq、微信都可以社交，它们的定位、产品特性、用户群、解决的需求，有什么不同？你是否对以下领域感兴趣，甚至自己找过相关的书来看：心理学、社会学、组织行为学、统计学、商业模式？

如果你的答案是 yes，那么我看好你的 PM 潜质。

在校学生可以通过下面的方式锻炼自己的 PM 能力：

- 参加多种社团并组织一些活动，最好是草根的活动，而不是由上而下规定的活动；

- 选修各种相关学科的课程

- 争取在实际的企业中实习

- 和小伙伴一起，搞点小生意、小创业

3. **生活中的三元组举例**

我们说过，大部分优秀的团队可以做到目标三元组（多，快，省）中的两个，类似的三元组还可以用来说明各种商品或活动的不同特性，例如，如果你和你的小伙伴想周末去某地旅游，交通工具的选择也可以用一个三元组来权衡（快速，灵活，便宜）。请分析各种交通工具的特性（长途汽车，包车，火车，自驾，飞机，自行车等）。

4. **带领团队剖析现有软件的问题**

http://www.cnblogs.com/xinz/p/3308608.html

公司的最高领导如何看 PM 的作用？你觉得下面的说法有道理么？

http://www.weibo.com/1657236125/BtDnHzTrs

5. **PM 和乐团指挥**

有人说，PM 既不懂开发，也不太懂测试，但是他们似乎指挥了团队的行动 —— 就像乐团的指挥一样。那么，那么乐团的指挥凭什么能让几十号人的乐团都听他的呢？他们到底懂多少乐器，他们写过音乐么？乐团指挥是怎么培训，怎么培养的呢？他凭什么就能拿一根筷子在台上指手划脚？

团队的 PM（或者所有成员）去采访一个乐团指挥，回答这些问题。

6. **PM 和风险控制**

PM 和一些小伙伴做项目，就像一个创业公司一样，但是 PM 要留意各种风险和失败的原因。下面是市场上创业公司失败的前几个原因，你的团队会遇到么？ PM 可以在项目开始之前带领团队成员想象一下："现在是项目发布后一个月，我们的项目失败了，失败的最大原因是 ＿＿＿＿＿。"这样可促使团队了解各种潜在的问题。

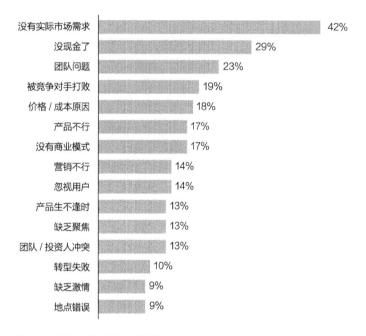

图 9-7　创业公司失败的主要原因

另外，我们现在做的具体项目也许从某些方面来说是前无古人的（例如用到了某个新语言的特性），但是，类似的项目前人已经做了很多次，并且总结了很多经验。PM 能否理解和运用这些经验，请看《快速软件开发》第三章中的典型错误。

（请在网页看链接：http://cnblogs.com/xinz/p/4470424.html）

1　参见：http://en.wikipedia.org/wiki/Charles_Simonyi

2　参见：http://en.wikipedia.org/wiki/Wysiwyg

3　参见：沃尔特·艾萨克森著. 史蒂夫·乔布斯传（*Steve Jobs*）. 魏群等译. 北京：中信出版社，2011.

4　参见：http://en.wikipedia.org/wiki/MITS_Altair_8800

5　参见：http://www.joelonsoftware.com/items/2009/03/09.html

6　参见：http://blogs.msdn.com/b/jmeier/archive/2010/07/03/what-is-a-pm-at-microsoft.aspx

7　在别的团队中，也有产品经理的职位，例如这个博客（和书）：http://iamsujie.com。但不是每个人都能成为产品经理的。

8　参见：http://iamsujie.com/0000/0013/

9　参见：本书"8.6 计划和估计"

10　参见：http://awp.diaart.org/km/index.php/intro.html 或者搜索 "Komar Melamid The Most Wanted Paintings"。

11　来源于 Donald Norman 的著作 *Emotional Design* 第三章中 Design by Committee Versus by an Individual 一节。

12　参见：http://blogs.msdn.com/b/eric_brechner/archive/2012/07/01/pm-secret-weapon-or-wasted-headcount.aspx
斯科特·伯昆（Scott Berkun）也谈到了一些 PM 的副作用：
http://www.scottberkun.com/blog/2009/the-lost-cult-of-microsoft-program-managers/

13　参见：http://v.youku.com/v_show/id_XMTEzNDA4NDg4.html

14　可以阅读很多相关博客和书籍，例如：http://scottberkun.com/making-things-happen/ 和
http://blogs.msdn.com/b/techtalk/archive/2005/12/16/504872.aspx

15　《用户体验草图设计》，作者 比尔·巴克斯顿。ISBN: 9787121155314

16　请读者自行替换为你所知道的最新技术

17　这一节讨论的几种思维方法就是在《*Six Thinking Hats*》（中译本《六顶思维帽》）中提到的几顶帽子，不巧的是，
和创意对应的是绿色的帽子，不符合中国国情。）

第 10 章　典型用户和场景

- 理论与知识点

  典型用户（Persona）和场景（Scenario），软件功能说明书（Functional Spec）和技术说明书（Design Doc），功能驱动的设计（FDD），用例（Use Case）

10.1　典型用户和典型场景

开发一个软件时，我们都知道要为用户考虑，但是用户在哪里？有同学写"图书馆管理系统" —— 说来图书馆的同学都是我的用户，但是他们有没有区别呢？有同学写"自动柜员机（ATM）系统"，那到底有多少类型的用户来到柜员机前呢？这些都是团队成员在需求分析和设计阶段要反复琢磨的问题。

有同学说，我把用户的愿望百分之百地实现了，这不就行了么？不要搞那么多分析啊、故事啊、心理啊、讨论啊、文档啊……请看下面这个笑话：

在长时间一丝不苟的实现之后，得到了和用户要求一模一样的产品！但是用户满意吗？

图 10-1　他满意了吗（译自网络漫画）

由此可见，光看用户的表面语言或行动还是不够的。我们还要找到用户语言或行动**背后的动机**！不能光根据用户的语言就匆忙做决定。

有同学会说，我只要把产品的可扩展性做得特别好，从一般用户到超级用户都能搞定就行了！且不论这能否覆盖所有用户，就是一味追求"最大的扩展性"也会有很多的副作用。

几年前某款浏览器软件有不少安全性的问题，安全专家在忙于补救各种安全漏洞之时，发现它的"网站地址栏"允许的最长输入是 4 百万个字符！ 4 百万个字符，多适合做缓冲区溢出的攻击啊！但是有哪个正常的网站或用户要输入这么长的网址呢？

10.1.1　Visual Studio 的典型用户

Visual Studio 是一个非常成功的软件开发集成环境（IDE），它支持 VB / C / C++ / C# / ASP. NET / Silverlight / UWP 等等不同的开发语言和套件，用户可以在上面写几行的 Hello World 程序，也可以写几万行的多线程软件，它还支持项目管理、测试工具，以及第三方的插件；它的用户遍布全球，说不同的语言，做各行各业的业务，属于大大小小的团队，有些是业余爱好编程，有些是老师和学生，有些是专业开发人员……很多用户对它也有很多改进意见，那我们到底为哪些用户服务呢？ 同时，VS 的微软团队也有很多开发人员，他们也是用户，只听取他们的意见是不是就够了呢？ 在开发 Visual Studio 的新版本时，如果你来主持需求分析工作，你怎么才能让上千名工程师、UI 设计师、PM 和市场推广人员在未来两年中明确地知道他们为什么样的用户而设计和开发？

下表列出的是微软在 Visual Studio 2005 设计阶段使用的几个典型用户（Persona）。

表 10-1　Visual Studio 2005 设计阶段使用的几个典型用户（Persona）

典型用户的名号和造型	特点
Mort： 	不一定是专业出身的程序员，他们有自己的主业（例如统计工作者、生物信息工作者、股票分析师），编程只是一个工具，他们的主要目的就是用工具把事情搞定就行了。他们很喜欢代码示例，也不特别关心程序效能。（例如，许多 VB 用户，偶尔用 VS 写程序处理数据的研究人员等。） 最适合的任务：通过 VB/JavaScript 等去探索，把事情做出来就好了。 做同样工作的不同视角：例如，如果要写一个用户界面的控件，这类开发人员会通过编程工具去找到一个合适的控件，简单实验后，就宣告大功告成了。 对 IDE 的最大要求：支持所见即所得的拖动，隐藏细节。
Elvis： 	以编程为生的程序员，他们大多是计算机或软件专业出身。他们至少熟知一门编程语言，比较关注算法和程序的效能、内存泄漏等。各种 IT 公司的开发人员应该是属于这一类型。 最适合的任务：写一组函数实现高效的数据存储和搜索。 做同样工作的不同视角：例如，如果要写一个用户界面的控件，这类程序员会更主动地去探究控件的各种属性、控件之间的关系，写一些额外的代码，把各个控件的行为结合起来。 对 IDE 的最大要求：支持充分自由的定制，各个技术细节要能找到详细的技术文档。
Einstein： 	在行业里战斗了很多年的程序员、架构师和非常了解技术的项目经理。他们能决定项目用什么样的技术以及发展路线。 最适合的任务：写一个脚本语言的编译器。 做同样工作的不同视角：例如，如果要写一个用户界面的控件，这类程序员会深入了解控件实现的细节，如何扩展这个控件去适应不同的需求，或者干脆自己重构一个控件。 对 IDE 的最大要求：把所有细节都展现出来，所有命令都要能支持命令行的操作。

但是我们要注意的是，这三种典型用户不是互相排斥、老死不相往来的。一个程序员有时候一天中会以不同典型用户的视角来看待问题和工作。

任何一种工程方法都有其优缺点，评论家对 Visual Studio 项目使用典型用户的做法，也有不同评论 [1]。

10.1.2　典型用户的价值

移山公司要开发一个电子商务网站 Stone，给买家和卖家提供一个在网上交易石头艺术品以及其他艺术品的环境，网站从广告和交易提成中获得收入。项目经理大牛和前端程序员小飞在讨论 Stone 网站界面时吵了起来。

大牛：这个界面对于一般用户来说太复杂了，一般人根本搞不懂。

小飞：我们这个界面是针对有很多经验的用户，就像卖石头的吴石头，他搞石头生意有那么些年了，他应该对我们用的术语比较熟悉，而且会用电脑，我们并不针对初次使用我们系统的用户，或者对奇石生意有了解，但是对电脑一窍不通的人，就像石头他爹。

大牛：不对，我们要针对的是那些对奇石生意有了解但对电脑一窍不通的人，我们有一些功能是为这些用户设计的，比如石头他爹。

小飞：不对，我们主要的用户是对石头生意很了解，并且对电脑的使用很熟悉的人。而且这也符合所谓"Persona"的要求。

大牛：我不管你的"Person-a"，我们要分析用户的需求，在把需求搞清楚之前，管他**"Person-a"**还是**"Person-b"**，都没有用。我们还是不要用这些名词忽悠我们自己。

他们俩一起来到阿超面前，把事情原委说了一遍。

阿超：所谓"Persona"，就是典型用户，吴石头 / 石头他爹就是我们系统的两个典型用户。我们的确需要了解我们软件系统的用户（不是公司的商业客户），那么，什么是典型用户？

在产品开发的过程中，我们经常需要描述一组典型的用户。以前大家通常是以一些抽象的名词来表示用户，如"家用电脑初学者"、"经验丰富的系统管理员"，现在我们建议用一个"典型用户"来代表。典型用户不再是一个抽象的概念，而应该是一个活生生的人物。

典型用户一般有哪些特性？一个典型用户往往描述了一组用户的典型技巧、能力、需要、想法、工作习惯和工作环境。

大牛：以前我们管台风叫 1 号、2 号，现在都起了名字，叫海燕、海棠、卡特丽娜、桑迪，等等，这跟我们讲的典型用户是不是一个道理？

阿超：这你得问气象部门，至少台风"海棠"比单纯的数字好记。但是我们的典型用户还包括了更多的特性，不光只是一个代号。一个典型用户描述了一组用户的典型技巧、能力、需要、想法、工作习惯和工作环境。

在别的行业中也可以用到典型用户的设计方法。我今天去银行开账户。开完账户后，服务生在窗口后低着头，过一会儿看我还坐着，就说，没事了，你可以走了。我还想了解一些其他的服务，比如信用卡 / 理财账户，等等，她好像对此没有兴趣。看起来银行只是把我的"开户"处理成一个单独的事件，开了账户就完了。如果银行分析开户的典型用户，它可能会想了解一些典型用户的典型心理，比如小企业主崔大智来开户，他就是来开个户就完了？当然不是！他有不少钱，可能还会申请信用卡、建立理财计划、贷款、联系代发工资，等等。如果银行仅仅帮他开个户就把他打发走了，那样就失去了多少商机？！

在设计软件的过程中，我们（设计 / 开发者）往往会以自己使用产品的习惯和对软件行业的熟悉程度出发设计，忘记了我们的软件是给千千万万个不那么会用电脑的人使用的。在这种情况下，搞一个"典型用户"会强迫我们在考虑问题时从用户的角度出发。

10.1.3　怎样定义典型用户

怎样才能定义典型用户呢？我们首先要定义用户的角色。正如戏剧中有正面和反面的角色，软件系统中也有受欢迎的和不受欢迎的典型用户。如果用户有不同的安全需求，切记要定义不同的角色来适应这些需求。如下面的例子：

- 受欢迎的典型用户 —— 指那些按设计者的期望使用系统的用户，如"网站的购物者"；
- 不受欢迎的典型用户 —— 指那些有不正当目的的用户，如在一个房地产业主论坛中滥发房屋中介广告的用户，这些用户也许在别的系统中（如房屋中介论坛）是受欢迎的。

典型用户的模板可以包括以下内容：

1. 名字（越自然越好）
2. 年龄和收入（不同年龄和收入的用户有不同的需求）
3. 代表的用户在市场上的比例和重要性（比例大不等同于重要性高，如付费的用户比例较少，但是影响大，所以更重要）
4. 使用这个软件的典型场景
5. 使用本软件 / 服务的环境（在办公室 / 家里 / 沙发 / 床上 / 公共汽车 / 地铁……）
6. 生活 / 工作情况
7. 知识层次和能力（教育程度，对电脑、互联网的熟悉程度）
8. 用户的动机、目的和困难（困难 = 需要解决的问题）
9. 用户的偏好

注意：我们的软件不是为所有人服务的。

问： 那这样不就是损失了大量潜在的用户，我们至少得争取一下为所有人服务，如果不行，再回到少部分用户？

答： 不妥，我们宁可从小部分人出发，要非常明确地定义谁是我们的用户。

回过头来看，Stone 网站有什么基本角色呢？大家杂曰 ——

1. **商户：** 在网站上出售货物的用户
2. **买家：** 在网站上购买货物的用户，还有越来越多的人通过手机访问
3. **浏览者：** 在网站上浏览、比较货物，并不购买
4. **广告商：** 在网上卖广告，这些角色可能不会直接使用网站的用户界面
5. **管理员：** 管理网站
6. **捣乱者：** 想入侵网站，窃取资料，在留言中发未经许可的广告，搞人身攻击等 [2]

在项目经理的带领下，大家整理出来了下面几个典型用户，如表 10-2 至表 10-7 所示。

表 10-2 吴石头 —— 下水捞石头的人

名字	吴石头
性别、年龄	男，45 岁
职业	经营石头生意
收入	10 万元 / 年
知识层次和能力	初中毕业，用电脑只会玩简单的游戏
生活 / 工作情况	通过卖石头，在王屋村有自己的房子
动机，目的，困难	结识更多买家，扩大销路，争取卖个好价钱，给孩子盖房娶媳妇。困难：不知道怎么去扩大销路
用户偏好	抽烟，晒太阳
用户比例	？
典型场景	他从河里挖出一块石头之后，要把这块石头的信息弄到网上去
典型描述	石头越捞越多，钱越赚越少

表 10-3 吴小石头 —— 让石头上了网

名字	吴小石头
性别、年龄	男，20 岁
职业	帮他爹做石头生意
收入	目前都上交给他爹
知识层次和能力	河曲村农机技校毕业，能用电脑上网、聊天、游戏
生活 / 工作情况	帮他爹做石头生意，平时在顶球网吧

续表

名字	吴小石头
动机，目的，困难	希望早日盖房，独立。困难：要扩大销路，让更多的人知道我的石头
用户偏好	上网，玩游戏，交友
用户比例	?
典型场景	回答买家问题，更新产品资料
典型描述	我不在顶球，就在去顶球的路上

表 10-4　刘兰 —— 上网捞石头的人，一般浏览及购买的用户

名字	刘兰
性别、年龄	女，永远 28 岁
职业	金融公司管理人员
收入	20 万元 / 年
知识层次和能力	大学，MBA，每天和电脑、数字打交道
生活 / 工作情况	职业有上升空间，目前享受独身乐趣
动机，目的，困难	工作累，以收集小玩意儿为乐趣。困难：很难找到真正有乡土气息的工艺品
用户偏好	看得多，买得少
用户比例	?
典型场景	浏览各种货物
典型描述	白骨精 —— 白领、骨干、精英

表 10-5　钱炎凯 —— 撒网大量收购石头的人 —— 买家、二道贩子、鉴赏家、广告商

名字	钱炎凯
性别、年龄	男，40 岁
职业	石头、古玩、工艺品经销商
收入	30 万元 / 年
知识层次和能力	大学，能用电脑上网、发邮件，不玩游戏，委托别人设计了自己的网站
生活 / 工作情况	在商店 / 外地来回跑，已婚
动机，目的，困难	要搜罗更多有独特价值的工艺品。困难：很多好东西都在深山老林里，不易发现；要让更多的人知道我自己的网站
用户偏好	下手狠，喜欢独特的货品
用户比例	?
典型场景	比较各种货物
典型描述	货比三家，我家最好

表 10-6　捣蛋鬼阿狗

名字	阿狗
性别、年龄	男，20 岁
职业	某软件学院学生
收入	无正式收入
知识层次和能力	大学
生活 / 工作情况	从小用电脑，有很多业余时间上网捣乱
动机，目的，困难	看看能否进到管理员账户
用户偏好	喜欢没有密码的用户
用户比例	?
典型场景	访问"登录"，"忘记密码"网页
典型描述	没有我黑不了的网站

表 10-7　网管阿毛

名字	阿毛
性别、年龄	男，20 岁
职业	某软件学院学生，兼职 Stone 网站网管
收入	实习生
知识层次和能力	大学
生活 / 工作情况	从小用电脑
动机，目的，困难	维护网站，最好什么乱子都没有。困难：最恨界面不统一，最恨黑客
用户偏好	喜欢简单易管理的网站
用户比例	相当少，只有 3~4 名
典型场景	删除帖子，管理用户，分析访问数据
典型描述	本网站不欢迎黑客

定义了最初的典型用户之后，是不是就可以开始写程序了？不，典型用户只是我们的设想，这些都是纸上谈兵，我们还要和这些典型用户的代表交流，理解用户，理解他们的工作方式和需要。然后再修改，细化典型用户。于是，移山公司的员工和实习生花了几天时间，做了不少用户调查，搞了不少头脑风暴，画了无数草图。

小李： （回来报告）除了进一步了解用户的需求，细化了一些功能的设想外，我们还有一个重大发现，我们的第一个典型用户，吴石头，好像不喜欢上网，他事实上不太会用电脑，也搞不懂如何上传照片。凡是和网络相关的事情，都交给了他的儿子。所以我们不得不把吴石头从典型用户中删除。

大牛：吴石头，再见了！

小李：我们花了好多时间，结果精心打造的典型用户却被取消了。伤心哪！

阿超：不必这么伤心，越早发现问题，越早解决，不是更好么？如果我们一意孤行，一直为"吴石头"设计功能，最后却发现众多的"吴石头"根本不用我们的软件，那岂不是更糟糕？

当我们完善了典型用户的定义后，就要讲一些他们的故事，进入到"创立场景"阶段 —— 创立场景就是我们深入理解用户需求的过程。

10.1.4　从典型用户到场景

有了典型用户之后，我们还得决定每一个典型用户的目标 —— 他／她使用系统想要达到什么目的（如：购物、卖产品、滥发广告……）。对于每一个目标，列出达到目标所必须经历的过程，这就是场景，也可以叫故事（Story）。注意，有些场景描述了成功的结果，有些场景描述了失败的结果。用户和系统有成百上千种可能的交互情况，写场景时要有针对性。

下面是现实生活中一个银行从业者发的一条微博，他体会了"ATM 无卡取现"功能的强大：

> 特意带上手机和令牌，不带银行卡，感受一下我行 ATM 的无卡取现，结果连自助银行的门儿都没进去，不刷卡怎么开门啊……

如果这一重要功能的设计者在做需求分析的时候就模仿用户，设计场景，实地演一次戏，很快就能发现戏演不下去了。

场景怎么写？首先针对每一个场景，设计一个场景入口（描述场景如何开始）。接着描述典型用户在这个场景中所处的内部和外部环境（内部环境指心理因素等）。然后给场景划分优先级，按优先级排序写场景，例如：

场景

工作项序号 128：商户上货，最后修改时间：2007/3/1

1.　背景

1）典型用户：吴小石头 [主要]、刘兰 [次要]。

2）用户的需求／迫切需要解决的问题

　　a．吴小石头：上货过程冗长，要反复输入相似的文字，出错之后不容易恢复。

　　　　b．**吴小石头**：上传图像文件较慢，各个图像的标定（正面、侧面、缩略图）较繁琐。

　　　　c．**吴小石头**：上货完成后，最后的商品信息展示的整体效果事先无法知道。还要手工标注哪些是新产品，哪些是老产品。

3）假设：

　　　　a．商品信息展示功能已经完成。

　　　　b．用户订阅某个商家的产品更新功能已完成。

2. 场景

关于这个场景的文字描述。.

吴小石头要把最近处理好的两个石头工艺品放到网上去卖。他先登录 Stone 网站，如果他设置了"记住我的登录信息"，Stone 网站会自动登录。

他点击"上传产品信息"，然后就进入了上传页面。页面中各个字段的布局和最终用户看到的一样，这样他在编辑时就知道效果了。

他可以选择先上传图像文件，网页可以自动开启后台程序处理图像文件的上传，这样当他处理网页其他资料时，图像也上传得差不多了。

他依次输入商品的名字、描述等。网页自动记住了他以前输入的资料，在各个字段中都有提示，他一般选中以前的输入，然后稍作修改即可。

他输入必须填写的资料后，就可以选择下面三个动作之一：

　　　　a．立即发布；

　　　　b．保存，不发布；

　　　　c．保存，继续编辑。

选项 c 的作用是让他保存好已经输入的信息，不至于因为网络连接中断等原因而丢失。选项 b 让他可以保存资料，但是不立即发布。选项 a 让他可以立即发布商品信息。

这次，吴小石头选择 a，网页会检查输入的完整性，必要时给予提示。

所有资料上传到网站后，网站会自动生成上传图像的各种缩略图（64×64、128×128、512×512 等），并将该产品标注为"新产品"。同时，系统会根据规则（每个商户只能有 10 个新产品）把以前商品中的"新产品"标注去掉。

在吴小石头完成这一操作后，如果用户刘兰订阅了商户"吴小石头"的产品更新，刘兰就会收到一封 E-mail，或者是一条短信，告知她喜欢的商家又有新产品上市了。

3. 其他资料

1）商户登录网站场景参见 TFS 任务 121。

2）商品展示场景参见 TFS 任务 122。

场景之间如何区分呢，这就要求我们要找到这个场景的特殊之处，对于共同的流程可以一笔带过，重点描述场景中特殊的因素。

把场景组织成一个故事，这样就能把一个完整的用户与系统交互的流程记录下来，以后进行产品演示或验收都可以以此为基础。

10.1.5 从场景到任务

有了场景，下面就由架构设计师和各个模块的负责人一起，沿着子系统 / 模块的所属关系把场景划分开。例如 Stone 项目的用户登录场景，就可以分为以下几项。

1. **UI 层。** 子任务为：界面设计，货物资料处理，文件上传处理，编辑控件等。

2. **逻辑层。** 子任务为：用户输入字段合法性处理，上传图像逻辑和缩略图处理，资料保存逻辑等。

3. **数据库。** 子任务为：资料读取的存储过程，图像的索引建立和维护等。

不同的任务将会把一个场景编织起来，虽然有多个开发者参与这项工作，但是应该有一个开发者对整个场景负责。得到开发任务后，我们就可以创建和分配测试任务。

开发人员小飞接到任务后，他会怎么办呢？请看本书第 11 章 "软件设计与实现"。

10.1.6 场景 / 故事 /Story 的模板

场景 / 故事 / Story

版权信息 / 版本信息 / 维护人信息 / 版本记录

1. 背景

（1）典型用户

（2）用户的需求 / 迫切需要解决的问题

（3）假设

2. 场景

关于这个场景的文字描述。

要列出这故事中出彩的地方，软件的哪些功能让用户特别满意？逻辑和界面设计要注意哪些因素？第一次使用的用户和多次使用的用户在体验上有何区别对待？

3. 其他资料

10.2　用例（Use Case）

和典型人物、典型场景的方法类似，用例（Use Case）也是很常用的需求分析工具。用例有这样一些基本元素：

- 标题：描述这个用例要达到的目标
- 角色（Actor）：和软件系统交互的角色，例如用户，其他实体，甚至时间（在描述一些和时间相关的场景时有用）
- 主要成功场景（Main Success Scenario）：一系列步骤描述角色是怎样和系统交互，从而达到目标的。
  - 步骤（Step）：描述每一步的交互（例如一套正常的 ATM 取款流程）
- 扩展场景（Extension）：描述一些扩展的交互，例如一些意外情况（例如取款时账户余额不足，或者 ATM 机器的现金不足）。

和其他软件工程的方法论一样，Use Case 也是在实践中逐步发展起来的，它最初来自于 Ivar Jacobson 在 20 世纪 70 年代的工作积累，他在之后的 20 年中发表了一系列论文和书籍，细化并推广这一方法。随着这一方法的广泛流行，一些误解和疑问也产生了。在 2011 年，他的团队发表了 Use Case 2.0 电子书 [3]，系统地介绍了使用 Use Case 的原则。

1. 通过讲简单的故事来传递信息

    讲故事是最有效的人与人交流信息的途径，通过讲故事（Use Case），团队成员能对需求有统一的了解。当我们用自然语言讲故事的时候，我们不自觉地会把复杂的系统当作一个黑盒子，把重点放在用户的愿望、行动上面，这种做法非常有利于我们找到用户的需求和软件的功能点。当然，故事要包含具体的行动（Actionable），并且是可以验证的（Testable），所以讲故事也要有技巧。

2. 保持对全系统的理解

   虽然每一个用例都是一个简单的故事，但是不要忘了它是整个系统的一部分。

3. 关注用户的价值

   别迷失在长长的功能列表中，牢记软件的价值在于给用户提供价值。

4. 逐步构建整个系统，一次完成一个用例

   Ivar 认为这是 Use Case 2.0 方法论中最重要的一个观点。一个用例的完成可能要触及整个系统的各个层面（例如，"用户在 ATM 上完成跨银行的取款"这一用例需要银行系统各个子系统协同修改，才能完成），不同模块间复杂的依赖关系对团队是一个大的考验。

5. 增量开发，逐步构建整个系统

6. 适应团队不断变化的需求

User Case 方法论的理念和敏捷、MSF 大致相仿；它对细节的要求和典型人物、场景有很多相似之处。这些方法也有其局限性：

1. 故事 / 人物 / 场景非常适合交互式的系统，但是对于其他类型的需求（算法，速度，扩展性，安全性，以及和系统技术相关的需求）则不适用。

2. 故事的粒度没有统一的标准，和每个具体项目有关。初学者比较难以掌控。

3. 如果软件的关键在于用户体验的细节，那么如何把这些 UI 的细节嵌入每个故事中，并仍然保持故事的简明性？这是一个难题。有些团队把目前的技术扩展为 Use Case Storyboard，当一个简明的故事加上很多附加说明和图画的时候，这事实上就成为了我们下面要提到的功能说明书（Functional Specification），以及下一章要提到的各种帮助建模的图形工具。

10.3 规格说明书

规格说明书（Specification）简称 Spec，分为以下两种：

1. 软件功能说明书（Functional Spec），主要用来说明软件的外部功能和用户的交互情况（把软件当作一个黑盒子）。

2. 软件技术说明书（Technical Spec），又叫设计文档（Design Doc），主要用来说明软

件内部的设计规范（把软件当作一个透明的箱子）。

10.3.1　功能说明书

功能说明书从用户的角度描述软件产品的功能、输入、输出、界面、功能的边界问题、功能的效率（对用户而言）、国际化、本地化、异常情况等，不涉及软件内部的实现细节。

谁来写 Spec？通常是项目的 PM，或者是有一定经验的开发或测试人员。谁来实现 Spec？是开发人员、UX/UI 设计人员。谁又来验证 Spec 是否全部实现了呢？是质量保障人员（QA），也可以由别的人员来实行，但是要注意必须从用户的角度出发来验证。怎么才能写好 Spec？其实也不难，就是要把一件事情描述清楚，我们用一个例子来说明。

如果你要给一个外星人描述地球人是怎么系鞋带的，同时，用英语写一份"系鞋带"的 Spec，你会怎么写？

大家可以先考虑 15 分钟，写下一些草稿。

第一，定义好相关的概念。

- What is "shoe", "shoe laces", "tied shoe laces", and "untied shoe laces"（鞋、鞋带、系鞋带、解鞋带都是什么概念）
- Benefit of this feature "tie your shoe laces"（系好鞋带的好处是什么）
- The goal of the feature（系鞋带的目标是什么），What does "success" look like（什么叫做"系好了"）

第二，规范好一些假设（Assumptions）。 例如，鞋带是已经穿好在鞋上的么？什么样的鞋属于我们要处理的（拖鞋、凉鞋、球鞋、溜冰鞋、靴子）？

第三，避免一些误解，界定一些边界条件。 例如，什么叫"鞋带绑紧了"，打了死结算成功么？要打多少个蝴蝶结才算好？打好的鞋带能拖在地上么？ Spec 的作者可以列出一些有二义性的情况，让大家讨论，形成共识。同时还要征求顾客的意见。

第四，描述主流的用户 / 软件交互步骤。
用明确的步骤说明从"没系好"到"系好"的系鞋带过程[4]。

第五，一些好的功能还会有副作用。 我们要把这些副作用明明白白地写出来。
例如：美国很多地区用节能灯（LED）代替了原来的白炽灯，装在交通灯上。这一措施虽然节能，但是 LED 发热少，下雪天不能融化灯面的积雪，导致出现交通问题。当初的 Spec 务必要把这一副作用（危险）给写出来。再如，修建高速公路对沿线的生态有影响，等等。

第六，服务质量的说明。软件团队要说清楚服务质量是什么等级，意味着什么，不然就会人云亦云，以谬传谬。例如：三峡大坝到底能防多大的洪水？

我们看一看从 2003 年到 2010 年大家对此的理解（见图 10-2）。

图 10-2　对于服务质量的错误宣传和误解

人民群众看不见具体的 Spec，只能道听途说，其实专家有细致的解释（见图 10-3）[5]。

- 三峡水利枢纽梯级调度通信中心副总工程师赵云发解释说，万年一遇、千年一遇、百年一遇分别是三峡大坝校核、自身设计以及防洪三个标准，是针对不同的情况而发布的。

- 万年一遇是三峡大坝的校核标准，指的是大坝承受超过流量为 12.23 万立方米 / 秒的流量下，容许三峡大坝的主体工程不受影响的情况下，其他设施可能出现影响。

- 千年一遇则是三峡大坝的自身设计标准，指三峡大坝在 9.88 万立方米 / 秒的流量的冲击下，三峡工程各项工程、设施不受影响，可以照常发电。

- 百年一遇的防洪标准主要是针对下游的荆江河道和洞庭湖等保护区域的防洪效果来讲的。事实上，三峡大坝修建之后，已经将荆江大堤的防洪标准从十年一遇提高到百年一遇。

图 10-3　专家过于专业的解释，未必能消除大众的误解

写好 Spec 的秘诀不多，只有下面三点：

实践，实践，再实践

Spec 的最大敌人是什么？是乏味。软件公司的大部分人都不喜欢读文档，更不要说大学生了。强迫大学生写乏味和没有人读的文档，简直就是扼杀同学们对软件工程的兴趣。怎么才能把 Spec 写得让人读了不犯困呢？

1. 用活生生的人物和故事描述用户是怎样用软件的。
2. KISS（Keep It Simple, Stupid）—— 保持简单、直接的描述。涉及 UI 的部分可以直接上图，也可以画表格，不要写长篇累牍的文字。
3. 如果是技术文档，最好把示例代码写上，单元测试也写好，让程序保证 Spec 的正确性，也让读者能够验证 Spec 的正确性。
4. 把边界条件规定清楚，理工科思维的工程师们看到这里大脑就兴奋起来了 —— 他们想找出你 Spec 的破绽！

Spec 的另一个敌人是时间。几乎在 Spec 写好的那一瞬间，Spec 就开始过时了。容颜易老，Spec 尤甚，怎么办？

1. 记录版本修订的时间和负责人 —— 这样出了问题好去找人。
2. 在 Spec 中要说明如何验证关于功能的描述，从 Spec 的描述中就能知道单元测试该怎么写，最好把测试用例也链接上。
3. 把 Spec 和测试用例、项目任务等放在一起（例如放到 TFS 上），相互链接。
4. 变化是一定会发生的，与其在 Spec 中有意忽略这一点，不如主动挑明哪些部分是容易发生变化的，提前做好预案。说明哪些部分如果发生改变，会有何种连锁反应。
5. 在做任何改动的时候，一定要事先参考 Spec，事后更新 Spec，团队领导人不应该在没有 Spec 的情况下做拍脑袋的决定。

10.3.2　功能说明书的模板

有 Spec 的模板么？很多同学问。似乎很多同学都有这样的希望，一旦搞到某文档的模板、某课程的 PPT，事情就成功了一大半。**盲目地套用最全面的模板，对项目有大的副作用。**PM 对此尤其要注意。其实，把上面正反的例子综合起来，就是一个模板。

1. Spec 的目标是什么，Spec 的目标不包括什么？

2. Spec 的用户和典型场景是什么？

3. Spec 用到了哪些术语，它们的定义是什么？

4. 用户是如何使用软件的功能的？

5. 各种边界条件是什么，软件功能应该怎样随之变化 —— 这些边界条件多了去了：用户数量的变化，输入内容的上限下限，不同国家 / 地区 / 文化 / 语言 / 硬件 / 软件版本 / 环境参数……

6. 功能有什么副作用，对于其他功能有什么显性或隐性的依赖关系？

7. 什么叫"好"，什么叫"这个功能测试完了，可以交付了"？

8. 软件发布出去之后，有哪些和项目目标相关的数据可以收集，怎么在实现阶段就能把数据收集的工作准备好？

10.3.3 技术说明书

技术说明书又叫设计文档，它用于描述开发者如何去实现某一功能，或相互联系的一组功能。软件的功能多种多样，放之四海而皆准的模板是不太实用的，但是软件的设计总是要遵循一些规律，不遵循这些规律，工程师们往往在实现后面软件的演化中吃苦头。在本书"软件工程师的成长"一章中，我们提到了不少设计原则，在设计中，这些原则就要发挥作用。设计文档应该说明工程师的设计是如何体现下列原则的。

- 抽象（Abstraction）

- 内聚 / 耦合 / 模块化（Cohesion, Coupling, Modularization）

- 信息隐藏和封装（Information Hiding, Encapsulation）

- 界面和实现的分离（Separation of Interface and Implementation）

- 如何处理错误情况（Error Handling）

- 程序模块对于运行环境、相关模块、输入输出参数有什么假设？这些假设和相关的人员验证过了？

- 应对变化的灵活性（Adapt to Change）

  例如，一个企业的流程管理软件，它能处理员工的各种请假需求，程序员会把每一种假期当作一个假期的子类（Sub Class）来处理。如果现在新增一个假期类型（例如"志愿服务者假期"），程序怎么变？有些设计要求工程师必须改源代码，添加子类，且在所有和假期相关的地方添加相应的处理，并要求所有管理软件都更新到最新版本。

另一种做法是把所有的假期类型定义为数据，这样一来，新增一种假期类型时，只是数据增多了一项，相应的逻辑（也用数据表示）有一些变动而已。而源程序仍然保持不变。

软件如何应对变化，是软件设计最重要的一个方面。

- 对大量数据的处理能力（Scalability）
  如果数据量增大，程序还能保持高效率么？

10.4 功能驱动的设计

如何才能把用户的需求变成团队成员可以直接操作的开发工作，然后源源不断地实现这些需求？功能驱动的设计（Feature Driven Design，FDD）是针对这个问题的众多方法论之一[6]。

FDD 由下面几个步骤构成：

第一步：构造总体模型（Develop an Overall Model）

  进入条件： 团队已经选好了问题领域专家、主程序员、架构师。

  任务 1： 决定建模小组成员，一般团队成员可以轮流参与。

  任务 2： 问题领域专家概要介绍问题领域知识。大家学习已有的参考资料（已有的建模文件、数据模型、功能需求、用户文档等）。

  任务 3： 以不超过 3 人的小团队构建子问题领域的模型，并在适当的时候补充总体模型。

  任务 4： 记录模型的信息并保存为文档。

  验 证： 和团队内部或外部的利益相关者验证模型以及它们对用户和业务活动的影响。

  出口条件： 总体模型已经建好；各个实体（类）的关系也已经表达清楚，各个实体的属性和函数有初步定义；数据流、事件流程等说明文档已经完备。

第二步：构造功能列表（Build a Feature List）

  进入条件： 团队已经选好了问题领域专家、主程序员、架构师。

  主要任务： 构造功能列表。

怎么表达一个"功能"？ FDD 认为，团队成员应该能在第一步工作的基础上，把问题领域描述的活动逐步细化 [7]，把大的问题领域分解为小的主题领域（Subject Area），然后描述在主题领域中出现的业务活动（Business Activities），最后细化和提炼出来的功能描述应该符合下列的三元组格式：

`<action> <result> <object>`

例如：计算 此次销售的 总额；验证 用户的密码 符合最低要求。

注：用英语表达功能时，大多数情况下 `<action><result> of <object>` 是很自然的表达方式，例如 Calculate the total of a sale, verify the password of a user. 但是，同样的意思在中文里面会表达为 < 动作 >< 实体 > 的 < 结果 >，例如：计算此次销售的总额，验证用户的密码。

同时，要注意团队成员估计一个功能所需的时间，如果时间超过两周，则需要再次细化。

验证和出口条件：此时团队应该得到

一系列主题领域

  一系列业务活动

    一系列功能，这些功能可以满足上面提到的每一个业务活动

第三步：制定开发计划（Plan by Feature）

在这一步，开发团队要根据下列因素制定开发计划：

- 各种实体和功能之间的依赖关系
- 实体和功能的复杂程度
- 高风险和高难度的功能要适当提前，这样能让大家早日看到结果
- 各位成员的忙闲程度
- 考虑对外承诺的演示 /Alpha/Beta 发布

验证和出口条件：经过这一步，团队就应该得到：

在每个里程碑中能实现的大致业务活动计划（精确到年 / 月）

主题领域完成时间（取决于最后一个功能的实现时间）

功能实现的先后次序

功能的相互依赖关系，和功能的所有者的对应关系

各个功能的复杂程度

第四步：功能设计阶段（Design by Feature）

在这个阶段，团队成员在主程序员的带领下，分析一组相关的实体及其功能，通过时序图（Sequence Diagram）和其他工具，展示各个实体和函数如何动态地结合起来实现一个功能。通过这样的活动，团队成员就开始实现具体的实体和函数（使用面向对象语言的类 / 函数，或其他程序设计元素）。主程序员根据时序图和其他信息，更新实体模型。

这一步产生的结果是：

- "这次里程碑要发布的功能"文档，及其相关文档
- 各个业务活动对应的时序图，更新的实体模型，类 / 方法 / 属性
- 各位成员知道自己的功能实现计划，精确到天

第五步：实现具体功能（Build by Feature）

具体的团队成员要实现类 / 函数，进行相关的单元测试，并在代码复审之后，把代码集成到产品构建当中。

这一步产生的结果是：一个完整的、验证过的功能。

不同的方法论有各种适用范围，我认为，FDD 适用于团队成员对于需求没有切身体会的情景，例如要实现不熟悉的行业（银行、证券、物流等）的业务系统。不过，我并未亲历过 FDD 的项目，仅从纸面上看，FDD 对单元测试之外的测试（如集成测试、压力测试、对用户界面和用户体验的测试）的讲述不足。如果软件团队在这些方面没有足够的投入，最终的系统会存在许多问题。

10.5 练习与讨论

更多内容和讨论请参见：http://www.cnblogs.com/xinz/p/3855296.html

1. 自动柜员机（ATM）操作界面有哪几类用户？

   请到银行的自动柜员机附近观察到底有多少类型的用户，他们的需求各有什么特点？

2. 游戏用户有哪些类型？

   很多同学都想写一个游戏，你知道游戏用户有哪些类型么？

   参考答案：有些公司根据玩家游戏生命周期特点来划分玩家类型：

   1）重度发烧 (hard core) 玩家，根据游戏安排日程

   2）中度发烧玩家，根据日常生活计划安排游戏时间

3）休闲玩家，只在刚好有空的时候，才考虑以游戏作为消遣

你的游戏是针对哪一种类型的用户的？

（请在网页看链接：http://cnblogs.com/xinz/p/4470424.html）

1　关于典型用户的讨论，参见：

　　http://visualstudiomagazine.com/articles/2008/06/01/a-mort-by--any-other-name.aspx 以及

　　http://blog.codinghorror.com/mort-elvis-einstein-and-you/

2　在 TFS 项目的门户网站中有定义典型用户的模板（路径一般是 < 网站名 >Requirements/Persona.doc），可资参考。

3　参见电子书：http://www.ivarjacobson.com/Use_Case2.0_ebook/

4　关于这个"系鞋带的 Spec"练习的完整说明，可以参见相关网页：

　　http://www.cnblogs.com/xinz/p/3855296.html

5　参见：http://news.163.com/10/0722/01/6C5MUM6R00014AED.html

6　参见：http://www.nebulon.com/articles/fdd/latestfdd.html 以及

　　http://en.wikipedia.org/wiki/Feature_Driven_Development

7　参见：本书"分而治之（Work Breakdown Structure）"一节

8　http://www.cnblogs.com/DOOM-scse/archive/2012/11/06/2756238.html

9　http://www.cnblogs.com/teamshit/archive/2012/11/06/2756224.html

第 11 章　软件设计与实现

- 理论和知识点

  典型的开发流程，常用的分析和设计方法：ERD，DFD，UML，开发阶段的一些管理方法：每日构建、小强地狱、构建大师，源代码管理

11.1　分析和设计方法

我们写软件就是要解决用户的需求，整个软件开发周期我们需要表达、传递和处理下面这些信息。

在"需求分析"阶段，我们要搞清楚：

- 在问题领域中的现实世界里，都有哪些实体，如何抽象出我们真正关心的属性，实体之间的关系是什么，在这个基础上，用户的需求是什么，软件如何解决用户的需求。

在"设计与实现阶段"，我们要搞清楚：

- 软件是怎么解决这些需求的？现实世界的实体和属性在软件系统中是怎么表现和交换信息的？

在"测试"和"发布"阶段，我们要搞清楚：

- 软件真的解决了这些需求了么？软件解决需求时候的效率如何？用户还有什么新需求？

软件团队的所有相关人员都需要处理、了解这些信息，如果在处理的过程中有误解和遗失，就会导致开发过程中的问题，以至最终产品不能满足用户的需求，就像 8.3 节提到的"秋千图"那

样。那么这些信息怎么表达才能更准确、更能有效地交流呢？

我们先看看两个初中水平的题目：

- 今有雉兔同笼，上有三十五头，下有九十四足，问雉兔各几何？

- 程序员果冻觉得写程序赚钱不多，他想捞外快。于是他参加了王屋村的搬砖大队，大队规定搬砖到目的地，没有破损则给运费每块砖四分钱，如果有任何破损或丢失则倒扣一毛五分钱。果冻搬到一半的时候觉得还是坐着写程序好，最后他搬了一千块砖，共得三十五块两毛五分钱。问果冻搬的砖头没有破损的有多少块？

这两个问题看似不容易，并且毫不相干，但是本书的读者应该都能毫不费力地用类似的方法来解答。我想最常见的思路是二元一次方程求解：

鸡兔同笼：

$x+y=35;$ $4*x+2*y=94$

果冻搬砖：

$x+y=1000;$ $4*x-15*y=3525$

我们还可以用二维坐标系图示的方法来得出直观的解法：

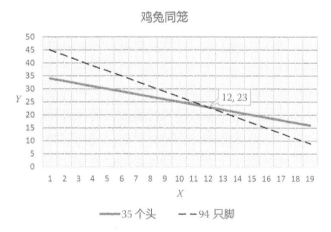

图 11-1 鸡兔同笼的图示解法

看典型解题者的解题过程，有下面的步骤：

1）理解，抽象：理解问题，过滤掉非核心信息，抽象出关键信息和它们之间的关系。（雉就是野鸡，我没看见过活的野鸡，在这个问题中它等同于家鸡，鸡长啥样？一只鸡有几个头，几只脚，兔子长啥样？……鸡头、兔头、鸡脚、兔脚要满足一些关系）

2）找到合适的数学模型：啊，这就是二元一次方程求解。

3）根据模型和解法，按部就班地解决问题：这要依赖于对数学原理（交换律，等价性……）和基本操作的掌握。

分析和设计有许多方法：

- 以文字为主的文档，如 Word、PowerPoint 文档。正如我们在需求分析和场景设计中看到的那样。
- 用图形为主构造的模型，如 Mind Map（思维导图），ERD，DFD，UML 的各种图，甚至包括 Flow Chart 流程图。
- 用数学语言的描述，如 Vienna Development Method。
- 用类自然语言 + 代码构造的描述，如 Literate Programming。
- 源代码加注释也能描述。

11.2　图形建模和分析方法

我们要给事物建造出一个"模型"，描述事物、事物的属性、事物之间的关系（静态的）以及各个事物之间的信息传递（动态的）。

下面简要介绍各种方法，详细的介绍和具体的应用可以参照专门的教科书和文献。

11.2.1　表达实体和实体之间的关系

思维导图（Mind Map）

"一图胜千言"，人们经常用图形来帮助他们了解概念，强化记忆。思维导图是其中的一个例子。思维导图没有严格的语法定义，一般来说是在画布的正中开始写下一个概念，然后按照绘图者所关心的属性扩展。几乎每个人都能马上开始画图。这个看似简单的工具其实很适合团队一起讨论和理解核心概念 —— 例如，我们的主要用户有什么特点、什么需求。

图 11-2　思维导图的例子 [1]

思维导图形式灵活，适用于很多鼓励探索、发散思维的场合（如头脑风暴会议），但是它的图形元素缺乏严格的语法和语义。

实体关系图（Entity Relationship Diagram）

如果我们着重于表达现实世界中的实体和它们之间的关系，那么实体关系图 ERD 是最自然的表达方式。下面是实体关系图的一个例子，表达了大多数读者都比较熟悉的"图书馆借书"的场景：

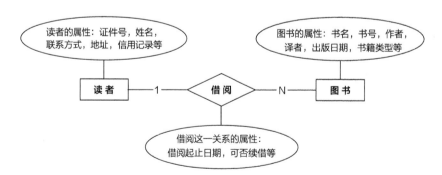

图 11-3　图书馆管理系统中读者和图书通过"借阅"这一关系相连接

在我们分析实体之间的关系时，这就是一个理解和抽象的过程，例如，我们可以通过自然语言的帮助把各种元素归类到它们在 ERD 里适当的类型中。请看下表：

表 11-1　英语语言中不同的词性和 ERD 的元素的分类

英语语言中的不同词性	ERD 中的类型
普通名词（表示一类事物，如银行、客户、书籍等）	实体类型
专有名词（表示一个特定的人或事物）	实体
及物动词（客户**取出**存款）	关系的类型
不及物动词（利息可以**升高**或**降低**）	属性的类型
形容词（这种活期账户是**无利息的**）	实体的属性
副词（信用卡账户会**临时性地**提高限额）	关系的属性

当我们要表示实体之间的静态关系时，ERD 是一个合适的工具。

Use Case Diagram（UCD）

上一章提到的用例（Use Case）也有图形化的表示。用例图主要有下列的元素：

- 参与者（Actor）：表示参与系统运作的外部因素，例如用户、管理员、外部模块、设备、来自外部的信号等。通常是一个简笔画的小人。
- 系统：通常用一个方框来表示系统的边界。有时也可以忽略。
- 用例（Use Case）：表示系统和参与者交互的一次场景。它是一组动作的集成，而不是一个单独的内部元素。
- 信息传递线：用带箭头的线用来表示参与者和系统通过相互发送信号或消息进行交互的关联关系。

用例图的元素简单，绘图简明，它的主要目的是尽快让团队成员和利益相关者（特别是对技术不熟悉的）理解系统的需求。

11.2.2　表达数据的流动（Data Flow Diagram）

当我们要关注数据在不同的实体之间依赖一定的规则流动的时候，DFD 是一个合适的工具。还是用大学图书馆管理系统为例，它有什么数据流过呢？

从下图来看，流过的数据还真不少。我们简要地列出几个例子：

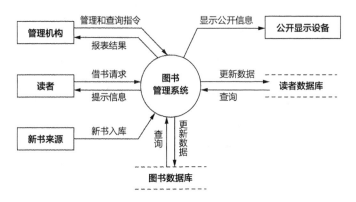

图 11-4 数据流图示例

1）和管理机构相关的数据流

管理机构可以发出指令，"改变读者借书数量的上限"，这样的信息会导致图书馆的处理规则发生变化，并且会导致相关信息出现在"公开显示设备"，例如网页或者电子公告板上。

管理机构可以查询一定时间内图书借阅情况的明细或统计信息，这些信息或者返回到管理机构（例如，借书欠款最多的读者），或者出现在"公开显示设备"上（例如，本月热门人文类书籍前十名）。

2）和读者相关的数据流

读者可以查询、预定、借出书籍。

3）和新书入库相关的数据流

新书入库的时候，书的各种属性会被录入到系统内的"图书数据库"，同时内部管理系统能触发流程，让预定某书的读者知道，他关心的书已经到货。

4）和时间相关的数据流（图上没有表示）

时间也是信息，当某个时间点到达的时候，系统内部的逻辑会触发一系列动作，导致信息的处理和流动，例如每天晚上 6 点开始统计第二天图书到期的读者，并给这些读者推送催还消息。

每一个数据的操作还可以进一步细化，形成一个新的、更低层次的 DFD。这些数据流能引导设计者全面设计系统的信息处理流程。DFD 还能帮助系统得到安全设计，设计者可以分析能影响本系统的信息都从哪里来，外部数据和内部数据的边界在哪里？如果我们盲目相信信息源发出的数据，是否会造成严重后果？敏感数据都流到哪里去了？如果数据的目的地没有合适的保护，是否会造成敏感数据的泄露[2]？等等。

如果我们再分析其他的信息管理系统（学籍管理，病历管理系统，BBS 系统，等等），就能看出这些基于信息"增删改查"系统的共性。

11.2.3　表达控制流（Flow Chart, Finite State Machine）

我们在计算机理论基础课上都学过有限状态自动机（Finite State Machine, FSM），在程序设计语言基础课上都学过基本的流程图，这里不再赘述。

11.2.4　统一的表达方式（Unified Modeling Language, UML）

这些图形建模方法各有特点，它们使用了不同的几何图形、标注规则、专有词汇和颜色。人们自然会想，能否有一个统一的表达方式？ UML 就是这样的回答。 UML 在 20 世纪 90 年代伴随面向对象的方法发展，在工业界的应用和反馈中成熟起来，2004 年发布的 UML2.0 是一个相对稳定的版本。

表 11-2　各种图示建模方法的大致特点

各种分析建模方法	从结构化数据的角度看	从面向对象的角度看	从控制的角度看
强调静态	ERD	Class Diagram	
强调动态，交互	DFD，UCD，Activity Diagram	Sequence Diagram	FSM，Flow Chart，UML State Machine

对于这些图形化的辅助工具的价值，不同的人有不同的看法。

在 *Coders at Work* [3] 这本书里面，Java 架构师，畅销书 *Effective Java* 的作者 Joshua Bloch 对于"你用过 UML 设计工具么？"的回答是：

> "没有。能把设计画成图，让别人理解当然很好。但是说实话我真的记不起来哪些模块应该是圆形，哪些是方形。"

谷歌研究院的院长 Peter Norvig 被问及同样问题的时候说：

> "我从来不喜欢 UML 类型的工具，如果你不能通过计算机语言表达（UML 要表达的东西），那

就是这种语言的弱点。"

像任何新技术一样，以 UML 为代表的图形化分析方法的确解决了不少实际问题，但是也引发了一些误解、误用、狂热和"银弹"的信仰。UML 的设计者和推动者之一 Grady Booch 说到：

在 UML 出现之前和之后，软件项目成功的关键依然是 – 智慧地使用技术、遵从一个好的软件开发过程、有经验的开发者和适当的技能组合 [4]。

能够对一个问题建立模型（建模）的确非常好，但是我们不要忘记软件开发的目的是要通过写代码解决用户的问题。软件工程方法论专家 Hans-Peter Hoffmann 有过这样的经历：

"当时他接到英国的求助电话。客户说，他们建立了一个模型，这个模型得到了客户、管理人员和开发者的共同认可。但问题是，有了这个模型，他们却不知道下一步该做什么！" [5]

11.3　其他设计方法

在计算机软件发展的过程中，科学家和工程师们还尝试了很多其他方法，它们在不同程度上解决了一些局部问题，从不同的方面推动了相关领域的发展。

形式化的方法（Formal Method）

很多软件需求（例如计算机语言的编译器）可以抽象为对符号的运算和变换，很多软件的某些核心功能需要严密地验证，保证没有问题。一些科学家一直在努力，希望用无歧义的、形式化的语言描述我们要解决的问题，然后用严密的数学推理和变换一步一步把软件实现出来，或者证明我们的实现的确完整和正确地解决了问题。在这个领域一个比较成熟和经过实践考验的方法是 Vienna Development Method（VDM）。

文学化编程（Literate Programming）

程序员在写程序的时候，要理解在文档中的需求，同时还要在程序里写相关的注释，这些不同目的的"写作"各有价值，但是一旦需求或程序发生变化，这些不同的文档很难保持同步。更不用说程序员最常见的毛病"我以后会加上注释的……"Donald Knuth 在 20 世纪 70 年代末开始尝试并提倡 Literate Programming 的思想并在自己的软件项目中身体力行。这一方法和常见的"写程序，时不时加上一些注释"相反，它是"写文档，时不时有些代码"。它使用了宏

（Macro）来进行抽象和信息隐藏。通过工具的支持，它的源代码可以提取出让计算机编译执行的部分（叫 Tangle），以及文档（叫 Weave）。

有兴趣的同学还可以探索更多的设计方法。

把这些不同方法列举在这里，一方面是要说明，有多种设计软件的方式，它们在不同的历史阶段，在各自适合的范围内能有效地发挥作用。另一方面，我们可以写很多文字，画很多图，写很多公式，还可以口若悬河地倾诉，但是最后在电脑上运行的，是代码。

回到前面提到的"鸡兔同笼"问题，人们还想出了另一解法：

假设笼子里所有的兔子都举起它们的前腿，这样，三十五个动物都有两只腿着地。那么，这个笼子里原来的"下有九十四足"就变成了"下有七十足"。兔子一共举起了二十四只前腿，每只兔子都有两只前腿，那么笼子里就有十二只兔子，进而，我们就能知道笼子里有二十三只鸡。

我们怎么用数学公式或图形来表达这一方法呢？这一方法如何能推广到"果冻搬砖"的问题中呢？

11.4　从 Spec 到实现

一个开发人员（比如小飞）拿到了设计文档（Spec）之后，他会做下面这几件事情。

1. 估计开发任务所需的时间，他会参考以前同类任务所需花费的实际时间，以及其他同事的时间估计。

2. 小飞会试着写一些快速原型的代码，看看效果会怎样。期间他发现了若干问题，与 PM 沟通后，最终达成一致意见。

3. 在看到初始效果和了解了实现的细节后，小飞开始写**设计文档**，写好之后，他可以请同事一起来复审设计文档。

4. 设计文档写好之后，小飞就会按照设计文档写代码。在实现过程中，他又发现了一些意想不到的问题，通过与同事沟通并参阅技术资料，他找到了解决方案，但是实现任务的时间推迟了。

5. 写好代码后，小飞对照设计文档和代码指南进行自我复审，重构代码。

6. 创建或更新单元测试，并进行单元测试（不仅要自己创建或更新单元测试，还要通过整个模块 / 系统的单元测试）。

7. 得到一个可以测试的版本，交给相关的测试人员测试，或者在网上进行某种公开测试，如 A/B 测试等，查看在运行时产生的 log，以及希望收集的运行数据是否正确地传回服务器。

8. 修复测试人员或用户发现的问题，等到问题都解决得差不多了，就请同事进行代码复审。

9. 根据代码复审的意见修改代码，完善单元测试和其他相关文档，然后把代码签入到代码库中。

11.4.1 把修改集（Change Set）集成到代码库中

现在开发人员手头上有不少修改，分别属于不同的具体任务，那如何将这些修改签入源代码控制系统呢？具体步骤如下：

1. 根据场景和开发任务来决定集成的次序

2. 互相依赖的任务要一起集成

3. 在测试场景时，要保证端到端的测试

4. 场景的所有者必须保证场景完全通过测试，然后把场景的状态改为"解决"

11.4.2 开发人员的标准工作流程

综上所述，我们就可以得到开发人员的标准工作流程，如图 11-5 所示。

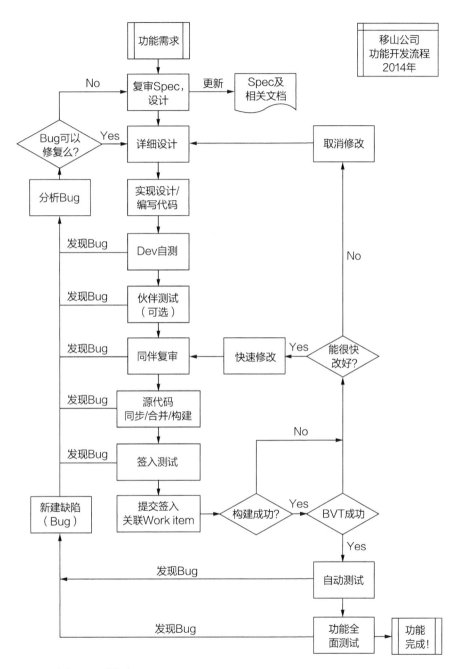

图 11-5 移山公司开发流程

11.5　开发阶段的日常管理

看看下面的情景在你的团队中是否出现过，若感到熟悉，你的团队是如何解决这些问题的？

11.5.1　闭门造车（Leave Me Alone）

小飞： 我今天真失败！在办公室里坐了 10 个小时，但是真正能花在开发工作上的时间可能只有 3 个小时，然后我的工作进展大概只有两个小时！

阿超： 那你的时间都花到哪里去了？

小飞： 每一件随机事情看起来都是挺重要的，我就放下手里的开发工作。但是好不容易做完了，刚想进入状态，又一件随机事情来了……

阿超： 你要硬着心肠，说"不"。

当场景、功能都计划好的时候，要给员工足够多的时间，让他们投入到工作中去，而不要经常打断他们。

要尽量减少非开发时间，不要动不动就开"全体会议"。团队成员们自我时间管理也很重要。不要整天被 E-mail 牵着鼻子走。在 Outlook 上设置好邮件规则，按下面的规则把邮件自动分类到不同的邮件夹中：

（1）从直接老板来的，发给你一个人的 —— 马上处理。

（2）从团队成员来的、和项目有关的事情，自动分配到一个叫"Team"的邮件夹中。

（3）和代码签入相关的状态信息，如团队的 check-in E-mail，自动分配到一个叫"Check-In"的邮件夹中。

（4）从公司其他同事来的与工作无关的消息（如笑话、大减价的消息等），自动分配到一个叫"Other"的邮件夹中。

最好每隔两三小时集中阅读和回复一下 E-mail，对于短信、微信、微博等，也建议集中处理。

（5）有些优秀团队（例如 Google 公司的一些团队）规定一周有一天不能开会[6]。

小飞： 有些公司经常把所有人拉去做"封闭开发"，这样是否就能避免干扰？

阿超：我们做开发软件，并不是让团队像被关在监狱里一样。要有大家自由交流的时间，团队成员们在无拘束的环境中，会更乐意提问和分享，这会比召开正式会议，强迫每个人分享要好得多。在"封闭开发"的情形下，领导也更有可能每小时跑来询问项目的进度，这种团队内部的干扰源，并不会因为团队搬到一个"监狱"里而消失。可还记得 MSF 的"充分的授权和信任"？

小飞：另外，我经常去看测试人员又发现了什么 Bug，有时候就花时间研究和修复它们。

阿超：可以等第二天会诊之后再看看是否值得马上修复。

小飞：这样，新建的 Bug 要等到第二天会诊之后才能给开发人员处理，是不是会影响进度？

阿超：不一定。因为——

（1）开发人员在开发阶段最重要的任务是完成规定的功能！

（2）在项目初期，可以不用集体会诊，开发/测试人员可以直接处理"缺陷"，不必等待。

（3）在任何时候，测试人员都可以把"缺陷"交给开发人员，但是只有会诊的人员才能改变会诊决定。

11.5.2　每日构建（Daily Build）

在我们的全球调查中，我们发现成功公司中有 94% 每天或至少每周完成构建，而不成功公司绝大多数每月甚至更少去做构建……当有一个能运行的系统时，即使只是一个简单的系统，（团队的）积极性也会上升[7]。

阿超：我好像有几天没有收到每日构建的报告了。

小飞：已经有一阵子没成功了。

阿超：哦？我们上课的时候不是说过"每日构建"的重要性么？

小飞：我同意在我们有时间的情况下，要做每日构建，但是工作一忙起来，我们的确没有时间去管构建的问题。

阿超：这么说还是应了那句话——在理论上，理论和实践是一回事，而在实践上，理论和实践是两回事。

阿超指着窗外，河对面的工地。

阿超：他们在建楼房吧。那，他们的脚手架自从搭好了之后，就没有垮下来过吧。

小飞：那当然不会，俺爹是干这一行的，所有的工人和材料都得运上运下，脚手架要搭得特别结实。

阿超：那你爹他们有没有因为工期紧，就凑合着搭个架子，就往上盖楼？或者脚手架倒了也不管？

小飞：那哪成！要倒下了，就要出人命了，哪还能盖楼？！

阿超：对呀，我们的软件构建，就和脚手架一样，每天都要立着，倒下来就麻烦了。

小飞：不过，我们搞开发的都有点不屑搞构建，没有写程序来劲。

阿超：不会建脚手架的小工，你爹会要么？

小飞：不会。

阿超：不会做构建的程序员，就像不会搭脚手架的小工，运球不熟练的球员。这样的程序员，我们也不要。

小飞：我明白了。

下午，阿超在喝水的时候碰到小飞来报告说每日构建正在运行中。发现的几个错误都改正了。估计晚上就可以得到一个新的版本了。

阿超：了不起，这么快就做好了。

小飞：超总，我想提一个和我职业发展有关的问题。我们接受的可都是科班的软件工程教育，我们院领导说我们毕业后都是要朝 CTO 发展的，至少是软件金领。我当然知道这是几年后的事，但是我总觉得我至少可以做一个软件白领吧，这些构建之类的事情，嘿嘿，是不是要由所谓的软件蓝领来做？

阿超望着这位将来的 CTO、软件金领，突然想抄起身边的塑料水桶，把水全都灌进小飞的白领里。他喝了一大口水，退到窗边，勉强把这个念头压了下去，看着窗外的操场——

阿超：听说你篮球打得不错？

小飞：还行，常和二柱几个玩。

阿超：你提到大学的课程，让我想起大学的篮球课。我们当时考试的科目之一是定点投篮。老师叫每个要考试的同学站在罚球线上，别的同学负责捡球，考生就站着不动，一个一个地瞄准了投，如果进了一个球，老师就开始算分。平时玩球的同学都是十个进七八个，连运动细胞不多的同学都是十个球中五个以上，皆大欢喜，好像大鲨鱼奥尼尔罚球的准确率也不过 50% 上下，大家都有 NBA 球星的感觉。另一个考试科目是两人配合上篮，当然这是在球场空荡荡的时候进行的，大家接 / 传 / 投一气呵成，颇有马龙和斯多克顿的风范，觉得篮球"技止此耳"！考试后，我们意犹未尽，和在一边玩球的同学打球赛，尽管我们"定点投篮"和"二人配合"的分数都很高，但是我们都输得很惨……

小飞：为啥？

阿超：因为我们运球、传球都不熟。这都是我们平时不屑练习的东西，即使勉强到了篮下，投篮都是在跟跑之中完成，当然没有考试时的准星。

小飞：超总，您把我绕远了，您的意思是？

阿超：我觉得大学的软件工程课，本来要教全面的技术，但是考试往往只考定点投篮和无防守情况下的配合。所以有些大学里的高材生到了实际工作中，很多基本功，比如实战中的运球、传球都不灵，他们津津乐道的定点投篮十中八九的功夫也没有发挥的机会了。我还没有见过从天而降的白领或金领。所谓的大拿们都是从蓝领摸爬滚打出来的。换句话说，我眼里没有白领或蓝领，只有"汗领"——就是大家都得出汗干活。

小飞：你是说构建就像运球、传球……好，我明白了。超总，下班后我们球场见！

11.5.3　构建大师

大家发现，最近连续几个构建都不成功，测试组都拿不到新的版本，没法进行测试。全组的同事也没法测试各项功能，因为网站根本就运行不起来。

阿超手里拿了小飞整理的"导致构建失败的错误列表"分发到每人手里，表上列举了错误的类型、导致错误的签入以及牵涉的成员。

二柱：看来拿不到新的构建版本的原因有这些 ——

（1）构建在开发人员本地机器上就不成功。

（2）构建在本地成功，在服务器上失败。

（3）构建在本地及服务器上成功，但是基本功能不能使用，导致无法进行测试。

阿超：试着对症下药，很多事情我们在培训时都讲过了 ——

（1）强调基本开发流程（注意编译要产生 Debug | Release 两个版本）。

（2）签入时，必须从服务器同步下载所有最新的版本再编译，而且个人的签入要做成一个原子操作，而不能把一次修改中的所有文件分成几次签入。

（3）这时，我们以前做的单元测试和构建验证测试（BVT）就要发挥作用了，每一个开发人员在签入前都要运行所有的单元测试和构建验证测试，确保没有问题后，才能签入。

我们要让团队中做事不仔细的人慢下来，这样能减少他们的危害。将欲取之，必先予之。阿超进而建议 ——

对于下一个导致构建失败的成员，授予"构建大师"（Build Master）称号，构建大师做下面的事。

1. 负责管理构建服务器。

2. 调试构建，负责找错，并分析出错的原因。

3. 负责把"构建大师"称号和责任交给下一个导致构建失败的成员。

4. "构建大师"同时向团队的"构建之法基金"存入 50 元，以供大家将来团队构建之用。

11.5.4　宽严皆误

上次头碰头会议后，各个小组都进一步强化了单元测试和 BVT。

下午，果冻发了一封 E-mail，标题是"我受不了啦！"内容如下 ——

我的签入流程：

1. 代码写好，本地测试通过，代码复审通过。可以签入了。

2. 同步服务器上最近更新，编译 Debug | Release，解决版本冲突（半小时）。

3. 安装最新版本，运行本地单元测试，BVT（一个小时）。

4. 提交到服务器上，发现有版本合并冲突，因为在第 2、3 步时，有人签入了与我的代码有关的新修改。

5. 如果我简单地合并版本，并且签入，很有可能会导致 TFS 上编译失败。但是如果我为了保证质量，在合并后，本地编译并运行各种测试，这相当于重复了第 2、3 步。当我再次提交签入（重复第 4 步）时，有可能碰到新的版本冲突。这样循环往复，以至无穷……

二柱发了 E-mail，第一句话就是：

在理论上，理论和实践是一回事，而在实践上，理论和实践是两回事。

然后也抱怨了类似的问题，似乎大部分时间都花在了没有价值的"同步 / 编译 / 验证 / 再同步……"的循环中。

小飞：似乎应该在签出一个文件时，加上一个"防止别人签出"的锁，这样就没有冲突了。

果冻：但是如果你锁住了 file1，要签出 file2；与此同时，我锁住了 file2，要签出 file1，这样我们都进入了死锁……

小飞：我刚刚同步，然后编译就不成功了。我在一台全新的机器上重新试了一次，也不行。这至少证明不是我引起的问题。现在我已经没法工作，只好到"顶球"喝两杯去了。谁把错误修好了，就给我发短信，我就回来上班。

阿超：除了构建大师，所有开发人员都可以到"顶球"去玩。

构建大师：我已经连续三天错过了午饭时间，谁能帮我从顶球带两个烧饼回来？另外，能不能不要在午饭前安排构建？要不然铁打的胃也受不了。

经过一个多小时的忙碌，构建终于成功了，但是构建大师问阿超，现在构建成功了，明天呢？

阿超：团队有两条路可以实行。

（1）严格的规则和流程控制，这样会保证很高的签入成功率，如果一个人根据流程来做，几乎肯定能成功。这样构建质量高，但是团队的进展会受到限制。极端情况下，整个团队的进展被序列化为一系列个人串行签入操作。

（2）宽松的规则和流程，每个人随时可以签出签入，签入时的成本很低，但是签入成功率不高，构建质量低，极端情况下，所有人都可以签入、同步，但是没有人能正常工作。

不审势即宽严皆误。

那么，什么是我们这个团队目前的"势"呢？阿超根据每一个步骤，宽、严各是什么做法和当前团队的情况（势），列出了一个"宽"或"严"表，如表 11-3 所示。当团队成员的行为只是影响到个人时，就尽量放松，让个人根据自己的情况处理；当其行为影响到整个团队时，就尽量严格，因为整个团队都有可能会受影响。同时，我们要提高可预见性 —— 明确构建大师的职责，公开显示固定的构建时间。

表 11-3　构建宽严表

步骤	宽	严	势
签出	自由签出	签出时，将文件上锁	很多人都会同时编辑同一文件
本地单元测试	不要求	要求	每个模块都要求写单元测试
本地签入测试	不要求	要求	BVT 还没有完成
签入时间	任何时候	每天固定时间开放	目前签入情况很混乱
签入冲突处理	合并后即可签入	合并后，再重新编译，测试，再提交	重新测试会花费比较多的时间
签入必须经过代码复审	随意	必须	开发人员有一半是新员工，必须通过代码复审建立良好规范
签入时必须运行代码分析工具	不要求	要求	代码分析工具尚未配置好
签入时单元测试必须同时签入	不要求	要求	每个模块都要求写单元测试
签入时多个相关文件必须同时签入	不要求，可以签入单个文件	要求	保证每一个签入都不会导致构建失败
签入必须和一个工作项关联	不要求	要求	所有的工作必须有工作项跟踪
设定专用服务，自动处理提交的签入、构建、BVT，然后签入代码	不要求	设置	需要很多人力来设计并维护

综上所述，移山团队目前的开发流程如表 11-4 所示。

表 11-4　具体开发流程

时间	总体	项目经理	开发	构建大师	测试
8am—10am	开发人员可以同步代码，这时只有非常要紧的签入才能经过批准，签入服务器	9am——每日例会，Bug 会诊，分配 Bug	同步代码，构建，根据自己的任务、Bug 情况决定今天的工作		测试新版本，新建 Bug
10am—12am	代码签入时间，经过正常代码复审及其他流程后，代码（连同单元测试）才能签入	程序经理组织必要的会议	单元测试 代码复审 同步／解决代码冲突 签入代码	准备构建服务器	
12am—1pm	午饭时间				
1pm—3pm	构建／安装／基本测试／宣布版本质量（见后）		待命，随时准备攻克问题	全程监督执行，负责(找人)修复导致构建失败的缺陷并签入修改	运行基本测试
3pm—6pm	开发／测试人员继续工作			运行 BVT 后，宣布此次构建质量（失败／可测／可用）	聪明的测试人员此时就开始测试并报告缺陷
6pm	晚饭及机动时间		安装最新版本(可选)		

阿超： 我特地把紧张的构建及待命阶段安排在午饭之后，这样大家至少可以安心吃饭了。

11.5.5 小强地狱（Bug Hell）

会议上，负责测试工作的大牛发飙了。

大牛：开发的同志们，你们手里有那
么多小强，为什么都揣着掖着，
不舍得修复，让测试人员有事
情可做？测试人员反映因为现
有的小强没有被修复，有越来
越多的小功能点不能进行测试，
他们都要没事做了。

项目经理小李：我们的开发任务很重，
必须先把新功能全部实现后，
再修复旧的小强。

大牛：这是不对的，我们有些小强在
你们手头很久了，看似举手之
劳，为什么不尽快修复，让我
们测试组能继续完成测试？

图 11-6　小强地狱——让 Bug 多的队员专心修复 Bug，不要开发新功能

小李：我们都是按优先级来进行的，开发新功能的优先级远大于修复小强。

大牛：但是有些开发人员手里头有二三十个小强，难道数量不是一个考虑因素？

阿超：我同意，随着项目的深入，每个人同时既要开发新的功能，也要修复以前的缺陷。
由于没有明确的优先次序，一般人都愿意把时间花在开发新功能上。但是我们的确
需要平衡进度和质量。有这样的一种方法：**小强地狱（Bug Hell）**。

如果开发人员的小强（Bug）数量超过一规定值，则此君被送入"小强地狱"，在
地狱中，他唯一能做的就是修复小强，直到小强数量低于此阈值。这一阈值由团队
根据实际情况来确定，要注意：开发人员同时"入狱"的人数应在全体成员的 5%—
30% 之间，若比例太高，则要考虑阈值或小强数量的计算方式是否合理（是否只包
括某一严重程度以上的 Bug）。在项目过程中，阈值不宜频繁调整，最好事先宣布阈
值。然后每天早上每日例会宣布入狱／出狱名单。

大牛：其实先把所有的功能写完也不错，至少我可以告诉客户"功能写完了"，让他们高

兴高兴。

小李: 大牛,这不就是咱们以前项目的情况么?你一直问"功能都写完了,为什么还不能用"?我们一直说"还有一些小问题",然后小问题总是不能解决,因为要真正解决这些"小问题"的话,我们还得重写一些功能。

阿超: 对,很多问题,甚至是大问题,都隐藏在目前的小强后面,如果一味赶所谓的"进度",到时候有些小强就变成了大怪物,因为我们已经在错误的基础上搭建了很多新的逻辑和功能,这时再来处理一些历久弥新的小强,就有投鼠忌器的麻烦。我们要分析小强,看看这是一个小问题,解决了就万事大吉呢?还是冰山的一角,解决后也许会发现更多、更棘手的问题。有时看似不经意的一个小强会让很多人加班重新实现功能 —— 这就成了设计变更需求 —— DCR。

11.6　实战中的源代码管理

软件学院的学生果冻在移山公司实习,他问阿超:为啥需要源代码管理?我自己写代码多爽,别人要,就用 QQ 传过去好了。为啥要看老的代码?我的最新代码是质量最高的,有质量最高的代码还不够么?

阿超: 古早的古早以前,原始人怎么建房子?

果冻: 或者找一个洞,或者自己挖一个洞,上面搭个棚子挡雨……

阿超: 现代人怎么建房子?

果冻: 那就要有设计,当然还要搭脚手架,还要升降机,起重机,水电工程等等工具和工程。

阿超: 如果原始人穿越到现在,要盖房,是否可以不要脚手架,大家直接搬砖从一楼砌墙,然后站在一楼砌二楼,然后站在二楼砌三楼……砌到十楼么?

果冻: 这有很多问题:

- 人力搬砖效率低下,人的体力有限,必须有工具帮忙。
- 如果墙砌歪了,没有人来看,砌到五楼才发现从二楼开始就歪了,怎么办?
- 现代房屋有各种成型的模块(门框,窗框,各种预制板,各种管道线路),没有工具,光凭人力根本搞不定。

阿超: 对,我们需要脚手架、升降机、起重机、水泥搅拌车、各种检测工具来保证一个大楼能顺利建好。我们说过:

$$软件 = 程序 + 软件工程$$

$$软件_{的质量} = 程序_{的质量} + 软件工程_{的质量}$$

软件工程的质量要靠软件工具和软件流程来保证，正在建设中的高楼，半完工的楼顶上矗立着巨大的塔吊，周围有密密麻麻的脚手架。塔吊和脚手架不是用户需求的一部分（用户希望完工的楼房上面没有塔吊和脚手架！）但这是建筑工程上不可缺少的环节，那么怎么把塔吊顺利地安装上，随着楼房的增高而增高[8]，让塔吊高质量地工作，怎么做安全检查，防止它倒下来？这就是工程的要求。

软件工程中，也有类似脚手架、塔吊这样的工程系统、工具和流程。软件的源代码管理工具加上构建系统，能保证一个复杂软件在多个角色、多个团队的合作下，按时以合适的质量发布。如果你写一个 Hello World 程序，当然不需要这些工具，就像你用儿童积木搭房子过家家那样，但这不是建筑工程。

代码有版本管理，其他文档也需要类似的管理，对吧？道理都同意，但是在实际中，很多团队都是小和尚念经——有口无心。嘴上说重要，但是实际上还是通过 QQ 传递源代码，从这一点看，这些团队的软件工程质量都在原始人阶段。下面我们通过实践中的场景来考察：

0. 新员工上手问题

移山公司来了一个面试合格的新工程师，团队是否有一个文档，只要设置了相应的权限，她就可以根据文档，从头开始搭建环境，并成功地把最新、最稳定版本的软件编译出来，同时运行必要的单元测试。在这一过程中，她不需要和老队员做任何交流。

1. 你的团队的源代码控制用的是什么系统？如何处理文件的锁定问题？

程序员果冻正在对几个文件进行修改，实现一个大的功能，这时候，程序员小飞也要改其中一个文件，快速修复一个问题。一个代码文件被签出 (check out) 之后，另一个团队成员可以签出这个文件，并修改，然后签入么？

有几种设计，各有什么优缺点？你的团队是选择哪一种，为什么？

例如，签出文件后，此文件就加锁，别人无法签出；或者，所有人都可以自由签出文件。

2. 如何看到这个文件和之前版本的差异？如何看到代码修改和工作项、缺陷修复的关系。

程序员果冻看到某个文件的版本更新了，他怎么看到这个文件在最近的修改究竟改了哪些地方[9]？

程序员果冻看到某个文件在最新版本被改动了 100 多行，那么和这修改相配合的其他修改在什么文件中呢？ 这个修改是为了解决哪些问题呢？ 那些问题有工作项（Work item，Issue，或者 Bug）来跟踪么？

3. 如果某个文件在你签出之后已经被别人修改，并且签入了，那么你在签入你的修改的时候，如何合并不同的修改（merge）？ 如果的确有不能简单解决的冲突怎么办？

   果冻刚刚完成修改几个重要的函数，但是发现别人也修改了类似的地方，有些修改是在同一行，怎么保证签入的代码能完整体现果冻的思路，同时也不会导致影响别人先前改动的思路？

4. 有多个文件都是关于同一个功能的修改，你要如何保证这些文件都**同时签入成功**，或者同时签入不成功（修改的原子性）？

   果冻要签入 20 个文件，他一个一个地签入，在签入完 5 个 .h 文件之后，他发现一些 .cpp 文件和最新的版本有冲突，他正在花时间琢磨如何合并……这时候，程序员小飞从客户端同步了所有最新代码，开始编译，但是编译不成功，因为有不同步的 .h 文件和 .cpp 文件！ 这时候，别的程序员也来抱怨同样的问题，果冻应该怎么办？

5. 如何在有很多本地修改的电脑上快速获得一个干净的代码环境？

   果冻的电脑上有关于两个功能的修改，但是都没有完成，有很多文件处于半完工的状态，这时他要紧急修改一个新的 bug，修改的地方也在这些文件中，他只有这一台 PC。如何把本地修改放一边，保证在干净的环境中修改这个 bug，编译，并成功地签入你的修改 [10]？

6. 规范操作和自动化

   移山公司规定开发者签入的时候要做这些事情：

   - 运行单元测试，相关的代码质量测试 [11]。
   - 代码复审，有参加复审的员工的名字。
   - 和这次签入相关的 issue，任务 /task，缺陷 /bug 编号，等等，以备查询。

   请问你的团队有这样的自动化工具让开发者方便地一次性填入所有信息然后提交么？ 或者，代码提交之后，相关 bug 的状态会改动为 "fixed"，并且有链接指向这次签入 [12]。

7. 如何给你的源代码建立分支，并在分支中传递代码？

   果冻需要做一个演示，所以在演示版本的分支中对一些代码做了一个临时的修改，同时，主要的分支还按照原来的计划开发。这是怎么做到的？在演示之后，演示版本的有些修改应该合并到主分支中，有些则不用，这又是怎么做到的？

   软件发布了，逐渐有很多用户。一天，一个用户报告了一个问题，但是他们是用某个老版本，而且没有条件更新到最新版本。这时候，果冻如何在本地构建一个老版本的软件，并试图重现那个问题？

8. 一个源文件，如何知道它的每一行都是什么时候签入的，为了什么目的签入的（解决了哪个任务，或者哪个 bug）？

   一个重要的软件历经几年，几个团队的开发和维护，忽然出现了在某个条件下崩溃的事故，荔荔经过各种 debug 手段，发现某一个文件中有一行代码显然出了问题，但是这个模块被很多其他模块调用，这行代码是什么时候，为了什么目的，经过谁签入的呢？如果贸然修改，会不会导致其他问题呢？ 怎么办？

9. 如何给一个系统的所有源文件都打上**标签**，这样别人可以同步所有有这个标签的文件版本？

   项目的代码每天都在变，有时质量变好，有时变差。我们需要一个 Last Known Good（最后稳定的好版本，LKG）版本，这样新员工就可以同步这个版本，我们如果需要发布一些内部测试版，也是从这个版本开始。那么如何标记这个 LKG 版本呢？

10. 你的项目的**源代码和测试**这些代码的单元测试，以及其他测试脚本都是放在一起的么？ 修改源代码会确保相应的测试也更新么？你的团队是否能部署自动构建的任务？

    在签入之前，程序员能否自动在自己的机器上运行自动测试，以保证本地修改不会影响整个软件的质量？在程序员提交签入之后，服务器上是否有自动测试程序，完成编译，测试，如果成功，就签入，否则，就取消入？团队是否配置了服务器，它自动同步所有文件，自动构建，自动运行相关的单元测试，碰到错误能自动发邮件给团队？

11. 对多语言版本的支持

    移山公司的 App 很受欢迎，现在要出日文、英文、法文、德文版本。不同语言的说明文字不一样，另外有些图标和图像也要根据国家的不同而有所不同，这些文字和图像数据都是由负责国际化的人员来签入，但是代码还是一套代码。那么，怎么设计源代码控制的结构，让不同的人都可以高效地签入代码和数据呢？

11.7 代码完成（Code Complete）

代码完成就是指工程师认为所有应该写的代码都写了，所有应该实现的功能都实现了（但未必没有问题）。那么在这一状态的软件就是可以发布的吗？

不，还不行。代码虽然都写了，但是代码中可能会有很多 Bug，各个模块之间的合作还有很多问题。Beta 用户看到产品后，说不定要提不少修改意见。软件的其他工作（如各种类型的测试 / 国际化 / 本土化 / 给用户的文档）都没有完成。但是，软件团队毕竟是把"我们认为所有应该写的代码都写了，应该实现的功能都实现了"。这是一个了不起的事件。一个团队经过几个月的努力，从无到有，从简到繁，把几个月前的远景变成了可以运行的软件，也许还有许多问题，但这无疑是很值得庆祝的！

如果项目管理有两个主要的工作项类型：Task，Bug，就是所有的代码任务（Task）都完成了。也许我们现在还有许多缺陷（Bug），还有一些与测试相关的任务。这些要留到以后稳定阶段才能全部解决。

11.8 练习与讨论

更多内容与讨论请参见：http://www.cnblogs.com/xinz/p/3855460.html

1. 每周进度报告 —— 还有多少事没做完？

小飞： 我们每天都在签入新的代码，每人都很忙，但是我总觉得不太对劲。感觉事情越做越多，我们离最终目标到底是更接近了，还是更远了呢？

阿超： 这时我们可以看看各种报表，TFS 的"Remaining Work"，或者敏捷流程的"燃尽图"。如果你看到每个人每天花费的时间在不断增加，但是真正需要解决的任务（Task）和缺陷（Bug）都没有变化，甚至缓慢增加，这意味着团队离最后目标越来越远了。

2. 如何避免诧异的反应？

问： 每次里程碑结束后，我们向客户汇报的时候，客户总是会惊讶地说，某某功能不是我们当初商量的那样啊，而 PM 却也同样一脸诧异地说，不对啊，当时咱们就是这么说好的啊，有文档为证。客户不干了，威胁不加 / 不改 xx 功能就如何如何，这时 PM 该怎么办？

阿超： 我们在合同里要写明到底我们要交付的是什么，这就要看 PM 的分析和说明能力了。有时要对客户说"不"。同时，我们在需求说明中也要从用户的角度去描述问题和解决方案，这样用户才能了解他们最终会得到什么，另一个方面是，当你给用户演示一些界面的时候，要说明哪些界面只是示例而已，哪些界面是大家同意的最终设计。敏捷的开发流程鼓励用户经常参与设计和计划，如果有条件这么做，那当然很好。

问： 项目开发中后期，开发人员用工具一统计，乖乖，足足 xx 万行代码，xx 千个存储过程，可是每到给客户演示时，却不时出现程序的各个功能相互不配合、不能自圆其说的尴尬场景，开发人员很郁闷，想想自己可是没少加班啊，代码量也够多，可是问题究竟出在什么方面呢？

阿超： 一个原因是每个人都沉浸在"我要写出最强大的某某类或某某模块"中，不停地优化一些没有人用的功能，但是真正能够为其他模块使用的功能却未能实现。他们忘了他们写的代码是给别人用的，而且是为了解决用户问题的。所以这个时候我们要想想"用场景驱动"的方法，保证典型的用户场景能够实现。如果从"场景"出发，各个模块的互相集成就能得到充分的测试，按照场景演示起来就更有保障了。

问： 在项目开始之前，有很多队员还没有接触过编程语言（例如 C#），导致 PM 在分配任务时很难用时间来衡量，就拿写一个 Web Service 这一模块来说，一个熟练的程序员可能只需要两个小时，而对于初学者来说，就得先花两天来理解 Web Service 的实现机制和原理。在有限时间的催促下，导致一些紧急的任务不断向高手集中，而初学者的任务越来越少。这时应该怎么办？

阿超： 一个商业项目，请不要让连开发语言都没有接触过的队员进行开发工作。并不是非得"写"程序才是对项目有贡献，有时不写也有很好的贡献。如果他们有热情，就从测试开始学习吧。请参看前面提到的"大马哈鱼洄游模型"。

3. **在这个时候是否碰到"团队成员不给力"的问题？请看别的同学的吐槽：**

http://www.cnblogs.com/xinz/archive/2010/11/27/1889935.html

4. **我们是在写代码解决问题呢，还是在搭建宏伟的架构？**

请看：http://ourjs.com/detail/53dbb5292ee109090700000c

英文版：http://nsainsbury.svbtle.com/java-developers

5. **好的修改 / 重构是什么样的？请看几个例子：**

http://world.kankanews.com/w/2014-11-22/0015946771.shtml

http://www.cnblogs.com/marvin/p/TalkFromReflactingCode3000To15.html

（请在网页看链接：http://cnblogs.com/xinz/p/4470424.html）

1　　图片来源于 http://commons.wikimedia.org/wiki/File:MindMapGuidlines.svg

2　　请参考网上关于安全设计、威胁模式分析（Threat Modeling）的文章，例如：
　　　https://msdn.microsoft.com/en-us/magazine/cc163519.aspx

3　　参见：*Coders at Work: Reflections on the Craft of Programming*.作者：Peter Seibel, ISBN 978-1430219484

4　　参见 文章 Death by UML Fever 作者 ALEX E. BELL 和 Grady Booch 在文章后的评论。
　　　http://queue.acm.org/detail.cfm?id=984495

5　　程序员杂志，文章《建模是一柄双刃剑》刘洪洁 2008 年 9 月刊 第 30 页

6　　参见：《进化：从孤胆极客到高效团队》原著：Brian Fitzpatrick, Ben Collins-Sussman;翻译：金迎.人民邮电出
　　　版社，ISBN：9787115434180

7　　参见：《软件业的成功奥秘：全球 100 家软件公司的管理之道》原著：Detlev Hoch, 等,翻译：逸庐，博政，上海
　　　远东出版社，2001 年，ISBN: 9787806611234

8　　请看迪拜塔的建设 https://www.youtube.com/watch?v=KVEhTZvAf2w 以及相关资料：
　　　http://www.wuji8.com/meta/565085646.html

9　　参见：https://msdn.microsoft.com/zh-cn/library/bb385990.aspx

10　　搜索 changeset management 或者 changelist management 看进一步技术资料.

11　　参见：https://msdn.microsoft.com/en-us/library/dd264897.aspx

12　　请搜索 "Check in rules TFS"

第12章　用户体验

有些同学认为用户界面设计是充满创意和非常潇洒的工作，另一些同学（特别是有一定实际项目经验的）也许会抱怨，"用户界面的工作就是打打补丁，让界面好看一些罢了。"其实，计算机软件的用户界面（User Interface，UI）和用户体验（User eXperience，UX）是一个有着丰富内容的学术领域，软件工程师们在长期工作中也积累了很多相关的经验。这一章会简要介绍与具体应用相关的几个话题。

无论软件还是硬件，都有很多功能部件，各个部件还要有机地结合起来，才能满足用户的需求。在用户体验领域中，一个著名的用户体验的例子是茶壶。

茶壶有什么功能部件呢？

茶壶盖，茶壶体，茶壶把，茶壶嘴

下面的茶壶中，这些部件都有，但是它们都满足了用户的需求了么？或者我们可以按照时髦的分类，叫它们｛普通茶壶、文艺茶壶或 213 茶壶｝？

图 12-1 啊哈,如此茶壶 [1]

当一个软件团队的成员忙着完成自己的"部件"时,他/她是否想到了用户将如何了解这些部件?如何使用这些部件完成用户的任务?

12.1 用户体验的要素

12.1.1 用户的第一印象

用户安装软件之后,软件第一次启动,软件设计者要给用户什么样的第一印象?用户头一回来访问你的网站,你要给他们什么样的第一印象?

很多软件设计者把用户界面等同于给领导汇报的工作成绩单,所有的功能都争先恐后地出现在用户面前,唯恐用户没有注意到。但是用户往往会被繁乱的界面弄得晕了头,无所适从。现在电视的遥控器大多数就是这样设计的。

还有的软件把自己当成一个毫无感情的工具,早期的一些字处理软件就是这样。用户启动软件后,看到屏幕上部出现了一行菜单,紧接着好几行小按钮,下面就是全白的屏幕。

有更好的设计么?

我们至少可以考虑以下两点。

1. 谁会是我们的目标用户?他们是什么样的人?他们的使用方式是什么样的?用户是从哪里进入到这个软件或网站?他们知道这个产品是做什么的吗?用户想达到什么目的?怎样让他们尽快找到相应的功能入口,完成任务?我们的软件可能比较难用(学习曲线较陡),怎样才能让用户尽快掌握基本功能?

2. 用户和软件的第一次使用,很大程度上决定了用户对软件的评价。怎样让用户在第一次使用的时候,少花时间(或者不花时间)在对用户没有价值的部分(如配置软件的基本设置、登录、填写用户的各种属性等），而把大部分时间花在有实际价值的功能（如完成任务、消费内容、创建内容）上？

大家平时都说要向某某大师或某某产品学习，把最重要的功能做好交给用户，把那些无关紧要的功能藏起来，做减法……但是程序员们还是会想着把高级功能"秀"出来。我们都用过各种电视 /DVD 播放器的遥控器，功能很强，按钮很多吧？你有没有注意到老人家使用遥控器时的困难？

图 12-2 的"设计"大胆地做了减法，解决了老年人使用的难题 [2]，请问，这是一个好的设计么？

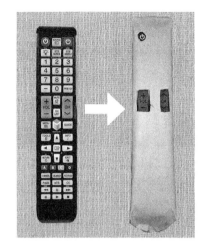

图 12-2　大胆的"减法"

我们可以用 5W1H 的方法来判断。

Who ：　谁是你的目标用户？

When ：　他们会在什么时间使用你的产品？比如一个邮件应用，用户在起床时可能更偏向于快速查看，而在工作时间会发生更多的输入操作。

Where ：　目标用户会在哪里和你的产品交互？是晃动的公交车上或阳光耀眼的室外？还是在沙发上？

What ：　你的产品是什么？而用户的期待是什么？

Why ：　用户为什么要使用你的产品？他们的动机是什么？还有，在众多竞争产品中，用户为什么会选择你的产品？

How ：　用户是如何与你的产品发生交互的？他们怎么用？在使用过程中出现了什么问题吗？

12.1.2　从用户的角度考虑问题

我们常说做产品要从用户的角度考虑问题，这需要有"同理心"。软件团队的设计师和软件工程师有"同理心"（Empathy）么 [3]？

什么是同理心？就是理解别人的处境、心理、动机的能力。西方谚语 Put yourself in other people's shoes. 正是此意。设计不同于传统的数学题，是没有唯一的标准答案的。有一颗为用户着想的"同理心"，是好的产品设计的出发点。

从用户的角度考虑。

图 12-3 某银行反假币电子邮箱的超长地址（图片来自
网络）

曾有网友爆料，福建某银行公布的反假币电子邮箱地址长度超过 70 个字符。该银行工作人员解释称，该地址在内部使用时是中文，和外网衔接时会变成一长串代码。有网友根据 GBK 编码翻译出部分代码对应的汉字为"出纳与现金管理"。

我们试着猜测一下事情的经过，以及技术人员是怎么想的。

领导 / 项目经理： 要公布一个电子邮箱地址，让人民群众能发邮件投诉假币和其他事情！

技术人员： 好，内网地址搞好了，工具自动转成外网的地址。搞定！

测试人员： 把邮件地址复制 / 粘贴到电子邮件的地址栏，发送一个邮件试试看，收到了么？收到了。好，通过！

项目经理： 好，把邮件地址印成提示牌，搬到各地的营业处去！

有同理心的软件工程人员是怎么想的呢？他们会想到：

> 我们的客户是什么文化水平，平时在哪种情况下会发现假币，他们发现后会怎样发邮件报告？他们会在办公室里，一边喝茶（用前面的三种茶壶之一），一边用鼠标和键盘复制 / 粘贴邮件地址，然后发邮件？

> 不会，那他们会怎么做，我们的产品经理和设计人员设身处地自己做一下看看？手动敲入 70 个字母和数字组合的地址？

这不是 Bug —— 如果你输入中文就没问题了。

我在工作中时不时要重装电脑，我一般装英文的操作系统。装好电脑之后，第一件事情就是装中文输入法。系统自带了几个，我觉得都不够好，所以我想直接装最新的微软拼音中文输入法。于是我用我司推荐的搜索引擎，输入 [Microsoft Chinese pinyin IME]，搜索结果中居然都没有最新版本的链接。于是我就发邮件给相关项目组的同事提意见。几经 E-mail 反复转发 / 问答之后，有一个同事回答：

> 如果你输入中文"微软拼音中文输入法"。搜索结果的第一条就是正确的链接！

拜托，我之所以要搜索这个东西，就是因为我的机器**不能输入中文**！

用户需要帮助，但是用户没有那么笨。

微软必应搜索[4]有一个"实时显示英语解释"的功能，但是这个功能把鼠标所在的所有英语单词都解释一下，包括小学生都懂的"a, of, at, on, and, the, he, she, …"，用户的鼠标常常会无意地停留在这些词语上面，你就会看到这个"英语翻译"功能自作多情地告诉你"a"是什么意思，顺便把页面的其他文字给遮住了：

图 12-4　用户没有那么笨

软件团队在设计 / 实现 / 测试这个功能的时候想过**目标用户的英文水平是什么样的么**？他们需要哪种程度的英文解释？如果他们连"a"都不懂，他们能来到你这个网页搜索含有英文的结果么？！

光吃狗食也不够。

微软公司有"吃狗食"（Dogfood）的传统，团队成员都尽可能在实际工作和生活中使用自己开发的产品（从内部测试版开始），从而发现问题。我在 Outlook 团队做开发的 6 年中，大部分时间都使用非正式的测试版本，有些是前一天刚构建好的产品。这种传统保证了开发人员能了解软件功能的实际表现，是非常有道理的。对于自己的产品，如果我们的员工经常"吃狗食"，上面提到的问题就不会出现——除非微软员工连"a"都需要解释……

但是，这种优秀的传统也有一个副作用，由于我们十分了解自己写的软件，而我们的心理、技术能力和一般用户有很大差别（参见下文提到的"认知阻力"），所以也会出现问题。有一次，一个同在微软的朋友给我打电话，问电子邮件软件 Outlook 的一个怪问题如何解决。我说，你到菜单上 Tools | Option | Advanced … 然后把某一个选择框勾选掉就可以了。

他说——我哪敢啊，这还是高级选项（Advanced Option），万一搞错了怎么办？

很多程序员都没有意识到，用户对那些选项对话框中的种种选择会有很大的畏难情绪，而程序员则觉得自己开发的功能必须有几个高级选项，才显得有水平。

12.1.3 软件服务始终都要记住用户的选择

作者以前所在的研究院经常有外国的学生来实习，或是外国的学者来做短期交流。为了工作和生活的需要，他们大多在某大型国有银行注册账号，下面的事情我碰到过好几回。

1. 用户上了银行的门户网站，**把语言改成 English**，开始注册，虽然界面不是那么好用，但是经过反复尝试，好歹也做完了。

2. 网站要向用户的手机发短信告知密码（这些来访者一般买一个神州行 SIM 卡放到他们自己的国外手机里）。

3. 悲剧：**短信是中文的**，在这些人的手机上显示为乱码。

4. 这些人通常会拿着手机向周围的人请教，这时通常有两个出路：

    1）把 SIM 卡放到中国同事的手机中，然后请求银行再发一次密码。但是，让别人知道密码，总是不爽的事情。

    2）看这些乱码中有没有连续 6 位的数字。然后用这个数字来当密码。但是这样做猜错的后果比较严重。

用户使用任何软件来解决问题，软件从头到尾的各个部件要结合起来把用户的问题给解决了。用户在第一步已经告诉系统 —— 我要用英文！负责"发短信"的模块知道这一点么？这样的问题，可以通过"基于场景的设计"来强化团队成员对用户体验连贯性的理解。

长期使用之后，软件会更好用么？

在设计软件界面时，我们的设计师经常会画新功能的 UI 设计图，来征求大家的意见。我注意到大部分设计都假设用户是头一次使用产品，所以没有任何积累的文件、照片、处理过的图像、曾经做过的选择等数据。我同意第一印象很重要，但是当用户已经是第 N 次使用你的产品时，你的 UI 能否为这些用户提供方便呢？你的产品是下面的哪一种：

    a．软件用得越多，一样难用

    b．软件用得越多，越发难用

    c．软件用得越多，越来越好用

这本书的大部分文字都发表在博客上，我在写博客的时候，就被一个 a 类型的用户体验折磨了（如图 12-5）。

像其他编辑软件一样，Windows Live Writer 可以让用户选择字体，上图是选择字体的界面，用户可以看到所有字体都是按照字母顺序排列，要选"雅黑"字体，怎么办呢？就滚动菜单，仔细找到 Microsoft … 开头的字体，然后选 Microsoft YaHei。对于第一次使用这个软件的用户，这没什么可说的。软件没法预计用户会用什么字体，用户得自己从所有的字体中选择（它还可以做得更好，例如从统计数据中得出这一地区的用户最喜欢用的字体，并推荐给用户）。

但是我已经用这个软件在同一台电脑上写了十几篇博客，我常用的就是两三种英文字体和两三种中文字体。为什么这个软件记不住，我每次都得从长长的下拉框中选择已经选过 N 次的字体？

随着电脑上字体的增多，这个设计还可能恶化为 **b . 用得越多，越发难用**。

微软的 Word 软件就有一个更好的设计，它把字体划分为三个档次，由上而下地显示出来：

1. 当前 Word 模板的主题字体
2. 最近使用的字体
3. 所有字体

把软件做成这样，很难么？

图 12-5　软件用得越多，一样难用

图 12-6　软件用得越多，越来越好用

12.1.4　短期刺激和长期影响

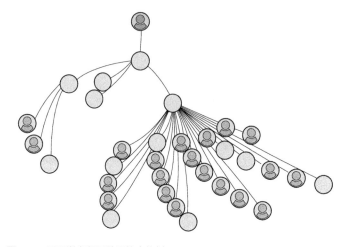

图 12-7　展现学者师承关系的家族树

微软亚洲研究院曾做过一个微软学术搜索项目。2010 年，一些实习生依托这个系统做一些新功能，例如展现学者师承关系的家族树（Genealogy / Family Tree）。经过长时间的努力，他们终于拿出了第一版。

当同学们看到某个学者的老师、学生、学生的学生……通过动画一个接着一个蹦出来的时候，大家感觉的确很酷！于是大家把链接发给别人欣赏……非常好……但是，有人问：如果我第二天又来到这个界面，看到的东西会有变化么？怎么知道那些信息是新的呢？同学们回答：看不到，但是这个动画多酷啊！

问：那用户会每天都来看这个酷的动画么？

答：……

大家都知道电影里经常有用户用手势就可以控制电脑的场景，汤姆·克鲁斯（Tom Cruise）主演的《少数派报告》（*Minority Report*）就是一例。

图 12-8　阿汤哥也受不了啦

阿汤哥看起来是挺潇洒的，伸伸胳膊，做个手势，就可以把大屏幕上面的资料搬来搬去，不亦乐乎。不过，据了解拍摄过程的人士说，拍摄期间，要反复拍多组镜头，汤姆同学反复地伸胳膊，挥手，挥手，挥手……终于受不了了，胳膊都抬不起来了。后来剧组只好用细钢丝线把他的手臂吊起来，才完成了那些动作的拍摄。

如果你要在电脑前工作两分钟，你用什么控制电脑：

1. 鼠标键盘
2. 用手指在屏幕上操作
3. 带上专用手套，启动摄像头，用手势操作
4. 语音

如果你要在电脑前工作 8 小时呢？

在别的行业也有类似的情况。很久以前，百事可乐和可口可乐在市场上竞争很激烈，有一次，百事宣布其新型饮料在用户试验中大获好评，测试用户"尝了都说好"，可口可乐公司立马买了对方的饮料，在自己的实验室也做用户实验。不料结果真的像竞争对手说的那样，大部分用户都很喜欢百事公司的新饮料。这下可口可乐公司里的一些人士开始着急了，纷纷寻找对策。但是过了几个月，市场数据显示这个在实验室里很受欢迎的饮料并没有产生巨大的销量，这是怎么回事？是投放市场不对，还是供货跟不上，又或者是实验室里的用户撒谎？后来大家才知道在实验室里喝几口饮料和在消费者家里喝是很不一样的[5]。

在实验室里：大家心里想着，我要品尝饮料啦！漱口之后，品尝几口或一听饮料。反馈是：新产品甜味较大，口感很好，我喜欢！

在家里：美国消费者一次买一箱（24 听），随意坐在沙发里，一边看电视一边喝。反馈是：新产品甜味较大，喝多了太腻味，喝不下去，再也不买了！

12.1.5　不让用户犯简单的错误

例 1　飞机上的遥控器

大家坐飞机时，都会看到座位前有一个小遥控器，它能控制座位上方的小电视、阅读灯，还能呼叫空乘人员。这个高科技的设备有哪些用户体验上的问题和好的设计呢？

首先，怎么把这个遥控器拿出来就是一个问题（遥控器反面还有许多按钮，要拿出来才能用）。你会注意到遥控器的周围，尤其是右上角有不少硬物撬动的痕迹，看来一些乘客不得其门而入，干脆来硬的。

据说，空姐和空哥们对此类遥控系统一个最大的抱怨，就是乘客会无意中按到"呼叫空乘人员"那个按钮——等乘务员放下手中工作跑过去的时候，乘客会一脸无辜地说——啊，我没有叫你啊……如果空姐还没有太疲惫，她们会教育乘客哪个键是做什么用的，然后悻悻而去。

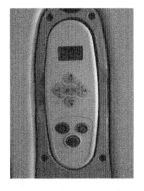

图 12-9　飞机上的小遥控器　　　图 12-10　啊，我没有叫你啊

我们看一下这几个键，左上角：呼叫乘务员，右上角：取消呼叫，下方：阅读灯。可以想象，在长途飞行、照明不足的情况下，乘客很容易按错。据报道[6]，很多乘客为了避免误按 [呼叫] 按钮，干脆连阅读灯也不想开了。原来的设计被很多人抱怨过 —— 还上了 baddesign 的网站[7]。

如果我们是设计人员，有什么好办法呢？大家拍拍脑袋，就有不少想法：

1. 用不同的颜色来表示

2. 用不同的声音做反馈

3. 提供多国文字的说明

4. 在按钮里面装灯

5. 要用户再确认一次

这些想法都很有意思，但未必能真正解决问题，也许还会带来新的问题。因为：

1. 多种颜色在较暗的光线下未必分得清，用户还是会乱按

2. 声音的反馈发生在按键之后，错误已经发生

3. 看说明再操作的用户不多

4. 装灯多费电啊，而且看过去所有座位前面都有几个小灯在闪烁，有些乘客也许很不爽

5. 如何实现"再确认一次"呢？用户会高兴么

图 12-11　遥控器的侧面

这个遥控器本身也体现了设计的改进。从侧面看，你会注意到 [**呼叫**] 按钮特意做得不太突出（不是乘客按了太多次的缘故），[**取消呼叫**] 按钮则特别突出，[**阅读灯**] 按钮则是正常高度。

这一貌似简单的改进据说也花了很多年的时间。新型的
737 飞机内部设计终于把 [呼叫] 按钮和 [阅读灯] 按钮
分开老远放置，同时用不同的颜色区分。

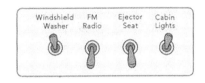

图 12-12　脑残设计中的战斗机[9]

既然说到飞机，我就再举一个搞笑的例子[8]，大家知道，
战斗机有 [紧急弹射座椅] 这一功能，在紧急情况时，它
能帮助飞行员逃生。这个按钮不应该藏得很隐蔽，不然飞行员在碰到紧急情况时半天找不到这
个按钮。如果我们把 [紧急弹射座椅] 这一按钮放在战斗机控制面板上的这些常用按钮之中：

[喷水刷窗] [FM 电台] [弹射座椅] [机舱灯]

可以想象有不少悲剧会发生，飞行员想打开调频电台，啊……这一设计也可以称为 ——“脑残
设计中的战斗机”。

例 2　人命关天的改进

在医院手术室里，麻醉师在给病人实施麻醉的过程中会用到不同的输液药品，有两个管子一模
一样，但用途截然不同，这成为不少医疗事故的问题根源所在。

怎么改进？大家有很多建议：

1. 加强培训
2. 在两个管子上加明显的标记
3. 增加人手，确认步骤，每次操作前多人确认
4. 加重对此类事故的处罚力度
5. 把两个管子的接口做得完全不一样，让犯错误变得不可能

你选择哪一个选项？

医院里选择了第 5 个选项。实施了这个改进之后，手术室里因为此类麻醉失误而导致的死亡数
量减少了 95%[10]。

例 3　简单的提交按钮设计

用户在网上提交信息，通常会看到两个相邻的按钮，[提交] [取消]，这样简单的设计仍有很
多可以改进的地方，例如有下面的建议[11]。

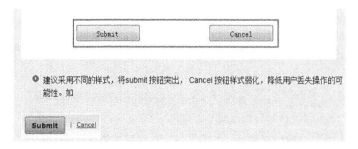

图 12-13　两个按钮采取不同的样式，降低用户误操作的可能性

还有一个例子，大家每天都会用 USB 接头连接手机、电脑、鼠标、U 盘、移动电源等，目前常见的 USB-Type-A，USB-Type-B 类型插头都是有方向的。如果不仔细观察插口和插头的形状，很难一次就能正确地插入，有些情况下很难观察清楚（例如，放在办公桌下角落里的电脑，或者用户在移动中，在黑暗中），用户需要摸索两三次才能正确地把接头插进去。新型的 Type-C 插头就没有这个麻烦。它不管什么方向都可以插进去。这样的设计减少了用户的认知阻力，避免了用户"强力插入"而造成的设备损坏，从而减少了用户的烦恼，替用户省钱 [12]。

"不让用户犯简单的错误"（Fool Proof）的原则当然是大多数人都同意的，高明的设计能让操作者**不需要花费额外注意力，也不需要经验与专业知识即可凭直觉**完成正确的操作 [13]。

12.1.6　用户体验和质量

好的用户体验当然是所有人都想要的，如果它和产品的质量有冲突，怎么办？牺牲质量去追求用户体验么，用户能接受么？

GE 公司的总裁杰克·韦尔奇讲过这个故事 [14]：

> 20 世纪 90 年代，韦尔奇注意到核磁共振机的通道特别狭窄，在长达几十分钟的检查过程中，病人常常有得了幽闭恐惧症的感觉。韦尔奇做过类似的检查，深有体会。他问专家，能不能把通道做得宽一些？专家说那样会降低扫描成像的质量。他又问，对于那些不需要太高精度的检查，能否牺牲一些成像质量，换取用户的良好体验呢？专家说，他们会考虑的……然后就没有下文了。不久，竞争对手推出了宽通道的扫描设备，并夺取了大量的市场份额。GE 被动迎战，花了两年时间才赶上对方。

12.1.7　情感设计

设计是一门科学，很多方面可以进行数字化的衡量，但是设计也有很多层面。

在个人电脑发展的初期，大部分显示器都是黑白的（有大约 256 种灰度等级），当彩色显示器刚出现的时候，设计师唐纳德·诺尔曼（Don Norman）借了一台给自己用，他发现彩色显示器并没有增加可分辨的价值，但是实验结束后，他自己却很不愿意把彩色显示器还回去。他说：

> My reasoning told me that color was unimportant, but my emotional reaction told me otherwise.[15]

诺尔曼进一步阐明了设计的三个层次，以及对应的产品特性：

本能（Visceral）层次的设计 —— 外形

行为（Behavior）层次的设计 —— 使用的乐趣和效率

反思（Reflective）层次的设计 —— 自我形象、个人满足感、回忆

三个层次的因素相互交织，共同影响了用户体验。大部分软件工程师主要关心的是"使用的效率"，这只是用户体验设计的很小的一部分。那我们要在什么阶段，以什么方式来关注其他方面的设计呢？

12.2　用户体验设计的步骤和目标

用户体验和用户界面设计的目的是什么？有哪些步骤呢？一些没有经验的工程师觉得，"我先把代码写好，然后有一些会画图的人来把界面改一改就好了……"，这种想法是非常幼稚和有害的。另一方面，如果认为工程师只能等着设计师的线框图才能开始工作，这也是同样幼稚的。

在上一节提到的三种设计层次之外，用户体验设计的一个重要目的就是要降低用户的认知阻力（Cognitive Friction）[16]，即用户对于软件界面的认知（想象某事应该怎么做，想象某操作应该产生什么结果）和实际结果的差异。我们来看一个具体的例子，如果用户（一个生活在中国二线城市，有大学文化水平，有基本计算机基础的成年人）要在一个文稿中写居中的一句话，在下表所列的各种工具中，用户是怎么才能做到的。

表 12-1　用各种工具实现"在文稿中写居中的一句话"

白纸和笔	早期版本的 Word 软件	2007 之后的 Word 软件	LaTex 编辑器
估计大致位置，然后开始写	先写文字，然后在工具栏或菜单中选择"居中对齐"的功能；也可以先选择功能，再写文字；有些用户敲好些空格，然后开始打字，这并不是最正确的做法，但结果大致可以接受	左边的方法同样适用，也可以在文档正中双击鼠标，再开始写文字	先写好文字，然后在合适的文字前后加上 \begin{center} 和 \end{center} 的标签
认知阻力：小；用户行为和结果都能非常自然地感知	认知阻力：稍大；用户需要了解"居中"是一个格式的操作；先敲很多空格的做法符合用户对电脑操作的认知，在英文打字机上也是如此操作	认知阻力：小；几乎跟白纸和笔的操作一样，但是这个功能比较难发现	认知阻力：大；用户需要理解 LaTex 处理文字的各种规定和标签；用户还要了解 —— 有些文字不是正文，而是格式的标记。而且结果不是所见即所得的。不经过一段时间的培训和练习，用户无法完成这一简单的任务

倘若认知阻力大，学习曲线就会比较陡；但是经过学习和练习，如果用户适应了新的认知模式，工作效率便会有较大的提高。

如果用户用的是 VI（或者 Vim 等变种），如何完成这一任务？这个编辑器的认知阻力有多大？一般用户对于 VI 这种强大编辑器的抱怨是，它有好几种模式（Mode），同样地敲键盘，有时候是输入文字，有时候是控制，我们常见的"纸和笔"没有这些不明显的"模式"。

需要指出的是，软件工程师往往以熟练掌握认知阻力大的工具而自豪（例如命令行操作、VI、Emacs 等编辑器），这对于工程师的工作是有帮助的；但是大多数用户的心理是要躲避认知阻力。IT 产品的用户，有些是喜欢高科技的，喜欢尝试新的交互方式和体验；大部分还是依赖于传统和系统提供的指令来交互，他们希望 IT 系统升级之后，还是熟悉的界面，东西还是在老地方。当 UX 设计师决定把亿万用户熟悉的交互方式（例如 PC 的"开始"按钮）颠覆的时候，他们为这些用户考虑了么？技术团队的成员大多是熟悉科技的男性，而产品的用户则男女老少、各行各业都有，如何为广大用户设计呢 [17]？

用户体验设计有哪些步骤呢？一个成熟和常用的方法是分阶段进行设计和探讨（下表由左至右不断迭代细化）。

当软件团队没有确立这些设计阶段时，他们就会出现设计时机不当、本末倒置的错误 [18]。正如前面所说，这是一个迭代的过程，整个团队要在用户反馈的基础上再次进行调研、分析、设计和实现。

表 12-2　用户体验设计的步骤

概要设计 Conceptual Design	行为（交互）设计 Behavioral Design	界面设计 Interface Design
用户要解决的痛苦是什么，如何给用户提供价值？在此之前，可以做用户调研	通过一系列用户和软件系统的互动，帮助用户解决问题	通过读取用户的输入，以及创造和改进交互的媒介（输入输出设备上的文字、图像、声音、振动等）帮助用户进行交互
例子：数据报表功能 用户的痛苦是在众多数据中找到关键业务指标变动的趋势；用户并不关心报表是如何生成的；或者 SQL 语言的精妙之处	设计一系列的操作，让用户能实现他 / 她的目的。 这一阶段具体的结果包括：信息架构图，使用流程图，线框图等。这些交互设计产品可以帮助团队更好地理解设计方案，开启更具体的产品开发的工作	对数据的展现方式进行设计，确定图标、行列的大小；行列边界的颜色；各种参数的呈现方式；对于关键数据，是否采用特殊方式显示，等等
相当于生命周期的需求分析阶段	相当于生命周期的场景设计阶段	相当于生命周期的具体实现阶段

1.　眼动跟踪研究（Eye Tracking）

软件团队发布了内容丰富的互联网应用，或者大幅度更新了网站的用户界面，但是很多用户反映软件更难用了，怎么办？大部分的软件都向用户展现了很多信息，怎样才能让用户容易找到设计人员想让他们看到的信息，找到自己想用的功能？用户浏览网页上的众多内容通常是什么样的规律？一些研究发现了 F 模式 [19]。

用户通常浏览通栏标题，然后目光沿着左侧下行，再平行浏览下面的子标题。如果你有重要内容希望用户知道，应该放在什么地方呢？

2.　快速原型调研（Quick Prototype）

等软件做好了再去找用户做调查，未免太费时，并且修改的成本很高。能否快速地取得用户的反馈？这时不妨拿一些纸张模型，让用户去使用，得到反馈。这也是用户参与式设计

图 12-14　眼动跟踪研究

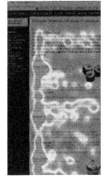

图 12-15　F 模式

（Participatory Design[20]）的一个例子。另外，模型不一定要用纸，用其他材料，例如小木头块也行——Palm Pilot 的创始人杰夫·霍金（Jeff Hawkins）[21] 就用一块小木板照着设计做了一个实物，把它放在上衣口袋中，时不时拿出来写写画画……最后发布的 Palm Pilot 及其系列产品开创了 PDA 这样一个新产业。这是否有 MVP 的影子？

3. A/B 测试（A/B Test）

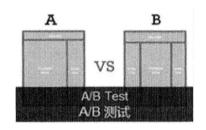

图 12-16　A/B 测试

如果你的产品已经有一些用户在用，你想对用户界面做一些改进，但是又不知道到底有多少用户会喜欢新的界面，怎么办？

例如，你的网站是两栏的布局，但又很想试一下三栏的布局方式，就像图 12-16 那样。

例如，你想用弹窗来促使用户对某个重要信息作出反应，是把弹窗放在右下角呢，还是放在屏幕中央？

这时候，你是找新的用户去做一对一的深入调研，还是跑到大街上去发调查问卷？为什么不能让你现有的用户告诉你哪一种设计比较好呢？这时候不妨考虑 A/B 测试。

A/B 测试看起来很简单：

- 决定试验哪两种不同的 UI，以及衡量标准、数据收集流程、试验运行时间、人数；
- 在技术上实现 A/B 测试（通常在 5%－10% 的用户上运行试验）；
- 收集数据，分析数据，形成结论。

很多互联网公司都在用 A/B 测试，研究员们也在用这个方法做研究，你去访问它们的网站时，有可能就是给它们做了试验，可以看看亚马逊（Amazon）和微软公司的例子 [22]（论文 [23]）。Esty 也有一些实际的例子 [24]。《连线》（Wired）杂志上发表过一篇关于 A/B 测试的文章——用奥巴马竞选作为例子，很值得一读 [25]。

A/B 测试当然也有弱点：

- 运行成本随着时间的推移而变大，增加网站运维的复杂度，对网站数据收集和数据挖掘的能力也是一个考验；
- 用户的情绪反应你看不到，你只看到交互的行为，但是交互的行为不是用户的全部反馈（例如，如果把网页的广告弹窗定位到屏幕中央，你会看到用户点击屏幕中央的广告更多，但是一定有更多的用户咒骂屏幕中央的广告）；

- 要分清各种因素的关系，例如，网站"改版三列布局"和"用户在网站停留时间"之间存在以下哪种关系？
    - 不相关，当前收集到的两者的数据没有任何直接关系。
    - 相关，但不是决定因素。
    - 因果关系。
- 用网站当前的用户做实验，万一引起巨大的反感，用户就真的流失了。

12.3　评价标准

上面我们提到了这么多抱怨，那么对于一个软件的用户界面，我们有没有什么评价标准呢？可以参考费茨法则（Fitts law）[26]、Nielsen 启发式评估十条原则以及其他经验 [27]。

下面是作者在自身实践的基础上总结的一些原则：

1.　尽快提供可感触的反馈

系统状态要有反馈，等待时间要合适。现在程序发生了什么，应该在某一个统一的地方清晰地标示出来。一个目标用户能够只靠软件的主要反馈来完成基本的操作，而不用事先学习使用手册。系统的反馈可以是视觉的、听觉的、触觉的（例如手机振动）。但是要避免简单重复的提示。

2.　系统界面符合用户的现实惯例（Familiarity，Avoid Surprise）

与用户沟通，软件系统要使用用户语言而不是开发者语言，所用的概念要贴近生活实际，而不是用学术概念或开发者的概念。我们说的生活实际，最好是目标用户的实际生活体验。例如，给病人使用的网络挂号系统，就不宜使用只有医务工作者才熟悉的术语和界面（最坏的结果是使用软件工程师才熟悉的术语和界面，而医护人员和病人对此很不熟悉）。软件的反馈要避免带给用户惊奇——例如，在用户没有期待对话框的时候，软件从奇怪的角度弹出对话框，或者给用户提示"找不到对象"。

识别胜于回忆，要给用户提供必要的信息提示（可视 & 易懂），减少用户的记忆负担，从而减少认知阻力。

3.　用户有控制权

操作失误可回退，要让用户可以退出软件（很多软件都没有退出菜单，这是导致用户反感的一大原因）。用户可以定制显示信息的多少，还可以定制常用的设置。

4. 一致性和标准化

在软件中，对同一事物和同类操作的表示用语，各处要保持一致。例如，某词典软件有"帮助用户收集生词并且背诵生词"的功能。这个功能要有明确一致的称呼，不能混杂着叫"单词本"、"生词本"、"Word List"、"Word Book"、"单词文件"……等等。

5. 适合各种类型的用户

我们的软件要为新手和专家提供可定制化的设计。一些操作方式，如快捷操作，用户可以自行调整。我们还应该为存在某些障碍的用户（色弱、色盲、盲人、听力有缺陷的用户、操作键盘鼠标不方便的用户等）提供一定程度的便利。对于长期使用某个软件的用户，软件应该能适应用户的使用习惯，让用户越用越顺手，最后产生感情上的好感和忠诚度。

我们没有必要为了将就初学者，把操作都摆到 UI 最显眼的位置。交互设计的一个原则是：如果某个看似不明显的交互操作解释过一次之后，就很容易理解，那么这就是一个好设计。

6. 帮助用户识别、诊断并修复错误

软件的关键操作要有确认提示，以便帮助用户及早消除误操作。要注意使用朴素的语言来表述错误信息。错误信息需要给出下一步操作提示（我现在出错了，那下一步怎么办）。必要时提供详细的帮助信息，并协助用户方便地从错误中恢复工作。

让所有的用户都可以通过电子邮件或者表单来提交反馈意见。有些程序用一对简单的笑脸 / 哭脸符号来鼓励用户提交反馈，这也是很好的办法。

7. 有必要的提示和帮助文档

不需要文档，用户就能使用自如，当然更好，必要时还可以提供在线帮助。如果软件和用户的工作相关（而不是简单的游戏），那么基本的提示和帮助文档还是很有必要的，而且也要提供便利的检索功能。文档要从用户的角度出发描述具体步骤，并且不要太冗长。

有些软件在首次启动时会通过图示或动画展现某些新功能的用法，或引导用户进行一些基本的设置（例如第一次使用输入法时，让用户选择候选词的个数、字体大小，等等）。这些都是不错的方法。在 PC 桌面软件时代，软件团队总是要等到项目的稳定阶段才开始写"帮助文档"，因为之前的软件界面和功能还有很多变化，然后要很快写好，才能和软件一起发布。在互联网时代，离线的帮助文档进步到"联机帮助"网页；在大量带宽和活跃的用户社区帮助下，我们可以看到用户创造的如何高效使用各种软件的视频。这应该给软件团队很多启发 —— 如何能用好各种形式的"帮助文件"。

12.4 贯穿多种设备的用户体验

在 PC 应用和 PC 上的网页应用大行其道的时候，设计师大多假设人机交互是在一个 PC 屏幕进行的，键盘鼠标就是最主要的输入方式。从 21 世纪开始，人机交互方式出现了一个急剧繁荣的阶段。下面的图表以"和人眼的距离"为轴线，展现了各种智能设备的交互特点和挑战。如何争取让你的软件能在各种设备上以最适合的方式交互，但是同一个产品在各种设备上有一致的体验？

表 12-3 以"和人眼的距离"为轴线，各种智能设备的交互特点与挑战

典型场景中设备和人眼的距离	0.01 – 0.03 米	0.3 米	0.6 米	3 米	和人眼距离关系不大
设备	眼镜设备（如 Google Glass）头戴的 VR/AR 设备如 Hololens）	智能手表；手机、小型物联网终端	笔记本，平板设备，PC	智能电视；游戏终端（如 Xbox+Kinect）；大屏幕 PC（如 Surface Hub）	语音驱动的智能设备（如 Amazon 的智能助手 Echo）
交互的挑战	如何更方便地输入信息？	如何有效地在超小型屏幕上显示关键信息？	屏幕多点触控，键盘，鼠标，触控板，笔，语音，摄像头……在众多交互方式中如何提高交互效率？	专用设备（电视遥控器，游戏操纵杆）无法提供更细粒度的交互？体感交互方式是否还有新的发展？	语音是主要的交互手段，如何提高识别率？如何做多轮次的交互？

12.5 练习与讨论

更多内容与讨论请参见：http://www.cnblogs.com/xinz/p/3855531.html

1. **什么是用户体验，什么时候开始考虑用户体验**

   究竟什么是用户体验呢？请看：

   http://www.infoq.com/articles/aaron-sanders-user-experience

   （中文版）http://kb.cnblogs.com/page/508097/

   既然用户体验和用户界面对一个项目这么重要，但是负责这类工作的设计师并不是软件工程师，设计师们什么时候加入进来为好呢？不同的人有不同的看法。

   - 最先："你要从用户体验开始，然后反过来寻求技术的解决方案"[28]。
   - 最后：代码写得差不多了，请设计师（或者美工）来美化一下，画个图标，对齐一下文字。

   你认为应该如何根据项目和用户的类型来决定设计师与工程师的交互方式？

2. 个人电脑界面的演变

参考下面的资料，联系自己使用软件的经历，讨论个人电脑界面的演变，以及影响这些演变的各种因素。

http://toastytech.com/guis/guitimeline.html

Windows File Explorer 的界面的演化：

http://blogs.msdn.com/b/b8/archive/2011/08/29/improvements-in-windows-explorer.aspx

3. 产品设计的细节 —— 确定 / 取消

产品设计开发一个很有趣的环节，就是钻研细节的界面设计。例如，网页、PC 软件和手机软件有许多地方都会出现下面的两个按钮，

[确定] | [取消]

或者

OK ｜ Cancel

同学们估计对此已经非常习惯了，但是这两个小小的按钮也大有文章：[确定] 按钮是放在左边还是右边？哪一个按钮是处于预先选择的状态（按回车键的时候就自动选择）？哪一种设计更符合人类习惯？你觉得这个问题重要么？你怎么设计统一的规范？请读这篇文章：

http://reynold.cn/archives/1314.html

你觉得是用 OK/Cancel 的按钮选择好呢？还是在按钮上标明动作如 [退出] / [保存]？请读这篇文章，并谈你的看法：

http://dwz.cn/1HFlu9

4. 产品设计的细节 - 静音按钮要同时关闭闹钟铃声么

2012 年 1 月的一天晚上，纽约交响乐团的管弦乐演出被一个 iPhone 闹钟铃声无礼地打断了：

http://www.digitaljournal.com/article/317856

http://daringfireball.net/2012/01/iphone_mute_switch_design

可怜的 iPhone 用户解释说，他已经按下了静音的按钮，他以为这样就能让 iPhone 安静下来了。但是 iPhone 的闹钟还是按时响起……

那么，按下手机的 "静音"（Mute）按钮是否应该把声音全部关掉呢？万一用户抱怨他的闹钟没响，是因为他前一天睡觉前无意按了 mute 键，怎么办？

你的见解是什么？

更多有关这些微小的设计，请看这本书 *Microinteraction*：

http://book.douban.com/subject/21336456/

5. **产品设计的细节——汉堡包**

一些历史：http://www.ui.cn/project.php?id=31286

它真的是普遍适用么？

http://www.guimobile.net/avoid-using-menu-hamburger.html

你怎么看，在什么场景需要这个图标，什么时候要避免？

6. **那些看似古怪的用户界面，都是有来历和理由的**

请看 VI 编辑工具的设计是怎么来的：

http://www.catonmat.net/blog/why-vim-uses-hjkl-as-arrow-keys/

http://blog.jobbole.com/18650/

7. **关于动画设计**

很多网页和手机的 App 都有动画，设计动画有什么要点呢？

来自谷歌公司的建议是：

> **快**　不要延误操作
>
> **流畅**　卡顿会让动画的效果毁于一旦，打断人机之间的交互
>
> **自然**　让动画也遵守自然法则，例如重力和惯性
>
> **简单**　让动画有意义，有目的性，易于理解

来源：Saffer, Dan (2013-04-30). Microinteractions: Designing with Details (p. 99). O'Reilly Media. Kindle Edition.

请点评一下你常用网站或手机 App 的动画效果，它们满足上述的原则么，你觉得它们有多少价值？

8. **评价手头软件的用户体验**

良好的用户界面和体验能让用户在使用软件的过程中感到愉悦；机械的、脑残的用户体验设计会让用户浪费时间，增加学习成本，犯本可避免的错误，心情沮丧，甚至出事故。

光读博客不动脑是不行的，我们不妨来做一个练习，评价一下大家手头正在使用的软件产品。(例如：必应词典，打车软件，等等)

9. **A/B 测试和道德**

技术的发展必然会波及到社会的其它方面，例如道德。一个网站能用 A/B 测试来影响用户的情绪么？如果是为了"科学实验"的目的呢？

请看下面事件并讨论：

http://techcrunch.cn/2014/07/02/ethics-in-a-data-driven-world/

10. 你懂得太多，会假设用户也懂很多，但是……

果冻： 我觉得我们团队成员最懂这个软件和需求，应该由我们来主导用户界面的设计，把我们软件的使用方法告诉用户。而不是一味地做各种实验或采访去问用户。

阿超： 懂得最多的人，未必能做最好的交流。我们可以做下面的实验：

在一个团队或班级中，随意选出一个代表（A），她到站到大家前面，心里想一个大家应该都知道的歌曲，然后心里唱（不要出声），拍手把节奏打出来。

问： 全体成员有百分之多少能猜出 A 心里唱的是什么曲子？

大家可以在班级里做这个实验，看看大家事先估计的猜中百分率，和实际的百分率差多少。

这个时候，再回头看我们团队成员，对软件开发和技术问题应该是非常了解的，但是这些有丰富知识的人，往往在以为别人（用户）也有这么丰富的知识，打打拍子，用户就能知道我们心里唱什么歌曲……但是用户实际上往往在我们软件的界面上得到了很少的信息（很多程序员觉得足够了），他们无法根据这些信息正确地使用软件。

（请在网页看链接：http://cnblogs.com/xinz/p/4470424.html）

1　参见：http://www.amazon.com/Design-Everyday-Things-Donald-Norman/dp/0465067107

2　参见：http://photo.weibo.com/1993715557/wbphotos/large/photo_id/3497141001110677

3　参见：http://dict.bing.com.cn/#empathy

4　参见：http://cn.bing.com

5　参见：Malcolm Gladwell. *Blink*（ISBN 9780316172325）. Back Bay Books, 2007.

6　参见：http://www.reuters.com/article/2011/06/21/us-airshow-button-idUSTRE75K1XR20110621

7　参见：http://www.baddesigns.com/call-button.html

8　参见：http://www.codinghorror.com/blog/2010/03/the-opposite-of-fitts-law.html

9　图片来源：http://www.amazon.com/dp/0470084111/ref=rdr_ext_tmb

10　参见：Kerry Patterson. *Influencer: The Power to Change Anything*（ISBN 007148499X）. McGraw-Hill，2007.

11　参见：http://blog.xiqiao.info/2010/12/21/917

12　新型的 USB Type-C 就只有好处，没有缺点么？这个技术文章分析了这种设计对工程师的挑战：
http://www.techdesignforums.com/practice/technique/usb-type-c-easier-for-users-harder-for-designers/

13　参见 "防呆" 条目：http://zh.wikipedia.org/wiki/%E9%98%B2%E5%91%86

14　参见：杰克·韦尔奇. 苏茜·韦尔奇著. 赢（*Winning*）. ISBN: 9787508617824. 余江译. 北京：中信出版社，2005.

15　Norman, Don (2007-03-20). *Emotional Design: Why We Love (or Hate) Everyday Things*

16　Congnitive Friction, 参见：Alan Cooper. *The Inmates Are Running the Asylum: Why High Tech Products Drive Us Crazy and How to Restore the Sanity*（ISBN 0672326140）. Pearson Education，2004.

要注意的是，有些事情做起来难，并不一定是因为认知阻力比较大，例如拉小提琴，很难拉好，但是它的认知阻力并不大，我们可以毫不费力地看出动作和结果的关系，只不过我们很难调整我们的动作，让结果符合大众对"优美的小提琴声音"的预期。

17　参见：http://gendermag.org/ 网站，了解学术界在这方面的进展

18　在我经历的一个英语单词软件项目中，在一次设计会议上，有人设计了一个界面，让用户可以设置存储多少条历史查询记录（50 条 / 100 条 / 200 条）。大家似乎都没有意见。但是我们可以回头来想，用户使用英语单词软件的目的是什么？用户和软件的交互是否需要"设置多少历史查询记录"？这些 50/100/200 的设置对用户实现自己的目标有什么好处？

19　参见：http://www.zdnet.com/blog/btl/eye-tracking-web-usability/2776

20　参见：http://en.wikipedia.org/wiki/Participatory_design

21　参见：http://en.wikipedia.org/wiki/Palm_(PDA)

22　参见：http://glinden.blogspot.com/2007/06/ab-testing-at-amazon-and-microsoft.html

23　参见：http://exp-platform.com/Documents/GuideControlledExperiments.pdf

24　参见：http://codeascraft.com/2014/04/03/web-experimentation-with-new-visitors/

25　参见：http://www.wired.com/business/2012/04/ff_abtesting/all/

26　参见：http://en.wikipedia.org/wiki/Fitts_law

27　参见：http://en.wikipedia.org/wiki/Heuristic_evaluation

28　参见：http://www.imore.com/steve-jobs-you-have-start-customer-experience-and-work-backwards-technology

第 13 章　软件测试

- 理论和知识点
  各种测试方法和测试的设计方法

在学习讨论之前——

小飞： 我有一个闷在心里好久的问题—— Bug 到底翻译成什么最好？

杂曰： 臭虫、缺陷、错误、地雷、应用程序异常，就用 Bug 好了，大家都理解！

忽然有声音说—— 小强！小强！

大家回头一看。

小飞： （红着脸）我们宿舍里有不少小强，每晚自习回去都要打小强……

　　　　（众大笑）

阿超： 我倒是不反对用"小强"。VSTS 也支持改工作项的名字。就怕我们以后招进来名字中有"强"的员工。

阿超： 我们以后就把"小强"当作 Bug 的同义词。

小飞： 那我们怎么翻译"Bug Fix"？翻译成"针对缺陷的修改"也太绕口了。我们是用拖鞋来打小强，所以不妨称之为"拖鞋"。（众大笑）

果冻： 软件工程的术语生活化是利大于弊还是弊大于利？

阿超： 说到测试，大家肯定有不少了解，也保不准有一些误解，我们这个讨论就是要去伪存真，把大家的理解统一到一个水平上。大家知道的"测试方法"有多少？

杂曰： Black Box Test、White Box Test、Code Coverage Test、Unit Test、Functional Test、Structural Test、System Test、Performance Test、Stress Test、Load Test、Acceptance Test、Regression Test、Ad hoc Test、Integration Test、Alpha/Beta Test、Localization/Globalization Test、Security Test、Accessibility Test、Scenario Test、Usability Test、Buddy Test、Smoke Test。

小飞： 这么多！把我都忽悠得有点晕了。看来我国软件测试人才真是大有用武之地了。这么多名词是得学几年的，写程序的方法怎么没有这么多花头？有"冒烟测试"（Smoke Test），那有没有"冒烟开发方法"？

阿超： 咱们还是一个一个来吧。这么多名词只不过是从各个方面描述了软件测试，并不是说有这么多独立的测试方法，只要分类处理，也就不觉得有多难了。比如这样来分类：

1. 各种测试理论和方法。
2. 测试工具介绍。
3. 实战中的测试。

13.1　基本名词解释及分类

团队统一思想要从基本名词解释开始。

- Bug：软件的缺陷
- Test Case：测试用例
  测试用例描述了一个完整的测试过程，包括测试环境、输入、期望的结果等。
- Test Suite：测试用例集
  即一组相关的测试用例[1]。

Bug 可以分解为：症状（Symptom）、程序错误（Fault）、根本原因（Root Cause）。

1）症状： 即从用户的角度看，软件出了什么问题。
   例如，输入（3211）时，程序出错退出。

2）程序错误： 即从代码的角度看，代码的什么错误导致了软件的问题。
   例如，代码在输入为某种情况下访问了非法的内存地址 —— 0X0000000C。

3）根本原因： 错误根源，即导致代码错误的根本原因。
   例如，代码对于 `id1==id2` 的情况没有做正确判断，从而引用了未赋初值的变量，出现了以上的情况。

下面是一个关于 Bug 的完整例子。

1）症状：用户报告，一个 Windows 应用程序有时会在启动时报错，继而不能运行。

2）程序错误：有时候一个子窗口的 handle 为空，导致程序访问了非法内存地址，此为代码错误。

3）根本原因：代码并没有确保创建子窗口（在 CreateSubWindow() 内部才做）发生在调用子窗口之前（在 OnDraw() 时调用），因此子窗口的 handle 变量有时会在访问时处于未赋值状态（为空），导致出现上面提到的代码错误。

13.1.1　按测试设计的方法分类

测试设计有两类方法：黑箱（Black Box）和白箱（White Box）。

这是每个接触过软件测试的人都会给出的答案，但这只是整个软件测试的入门知识。所谓黑箱 / 白箱，是指软件测试设计的方法，不是软件测试的方法！注意"设计"二字。

黑箱：指的是在设计测试的过程中，把软件系统当作一个"黑箱"，无法了解或使用系统的内部结构及知识。一个更准确的说法是行为测试设计（Behavioral Test Design），即从软件的行为，而不是从内部结构出发来设计测试。

白箱：指的是在设计测试的过程中，设计者可以"看到"软件系统的内部结构，并使用软件的内部结构和知识来选择测试数据及具体的测试方法。"白箱"并不是一个精确的说法，因为把箱子涂成白色，同样也看不见箱子里的东西。有人建议用"玻璃箱"来表示。

在实际工作中，我们不应画地为牢，严格只用某一种测试设计方法。我们对系统的了解当然是越多越好。所谓"灰箱"的提法，正反映了这一点。有些测试专家甚至希望我们忘记全部的"箱子"及其颜色。

进一步说，我们并不是要禁止懂得程序内部结构的人员来进行黑箱测试设计，只不过是在设计时有意不考虑软件的内部结构。例如，在测试程序内部基本模块时（单元测试），通常要求由对程序结构非常了解的程序员来设计，这是因为内部模块的"行为"和程序的外部功能并没有直接的关系，而且对内部基本模块的"行为"通常没有明确的定义。另一个例子是软件的"易用性测试"，在设计此类测试时，没必要纠缠于程序的内部结构，而是应着重于软件的界面和行为。但是软件易用性测试也需要很多专业知识。这也从一个侧面表明"黑箱"和"白箱"没有简单的难度高低之分。

问：有人说"黑箱"，有人说"黑盒"，到底是"箱子"还是"盒子"？

答：在网上搜索了一下，"黑箱测试"有超过 100 万个记录，"黑盒测试"只有 70 多万。所以"箱子"赢了。

问：但是我听小飞说他刚进公司实习时只能做"黑箱测试"，这是什么意思？

小飞：我刚进公司实习的时候，两眼一抹黑，看到啥都是"黑箱"，即使测试用例是由懂得程序结构的开发人员写出来的，我也还是只会机械地运行。我是知其然，不知其所以然，箱子当然是黑的。后来了解了程序的结构和算法，箱子的颜色就变浅了，好像能看到箱子里的东西一样。

13.1.2 按测试的目的分类

1. 功能测试

表 13-1 所列的测试类别中，测试的范围由小到大，测试者也由内到外 —— 从程序开发人员（单元测试）到测试人员，到一般用户（Alpha/Beta 测试）。

表 13-1 功能测试

测试名称	测试内容
Unit Test	单元测试 —— 在最基本的功能 / 参数上验证程序的正确性
Functional Test	功能测试 —— 验证模块的功能
Integration Test	集成测试 —— 验证几个互相有依赖关系的模块的功能
Scenario Test	场景测试 —— 验证几个模块能否完成一个用户场景
System Test	系统测试 —— 对于整个系统功能的测试
Alpha/Beta Test	外部软件测试人员（Alpha/Beta 测试员）在实际用户环境中对软件进行全面的测试

2. 非功能测试

一个软件除了基本功能之外，还有很多功能之外的特性，这些叫非功能需求（Non-functional Requirement），或者服务质量需求（Quality of Service Requirement）。然而，若没有软件的基本功能，这些特性都将无从表现出来，因此，我们要在软件开发的适当阶段 —— 基本功能完成后再来做这些非功能测试，如表 13-2 所示。

表 13-2 非功能测试

测试名称	测试内容
Stress/Load Test	压力测试 —— 测试软件在负载情况下能否正常工作
Performance Test	效能测试 —— 测试软件的效能
Accessibility Test	可访问性测试 —— 测试软件是否向残疾用户提供了足够的辅助功能
Localization/Globalization Test	本地化 / 全球化测试
Compatibility Test	兼容性测试
Configuration Test	配置测试 —— 测试软件在各种配置下能否正常工作
Usability Test	易用性测试 —— 测试软件是否好用
Security Test	软件安全性测试

13.1.3 按测试的时机和作用分类

在开发软件的过程中，不少测试起着"烽火台"的作用，它们告诉我们软件开发的流程是否顺畅，这些测试如表 13-3 所示。

表 13-3 测试"烽火台"

测试名称	测试内容
Smoke Test	冒烟测试 —— 测试不通过，则不能进行下一步工作
Build Verification Test	验证构建是否通过基本测试
Acceptance Test	验收测试 —— 全面考核某方面的功能 / 特性

另一些测试名称，则是说明不同的测试方法，如表 13-4 所示。

表 13-4 不同的测试方法

测试名称	测试内容
Regression Test	"回归"测试 —— 对一个新的版本，重新运行以往的测试用例，确认新版本相比已知版本有无"退化"（Regression）
Ad hoc (Exploratory) Test	随机进行的、探索性的测试
Bug Bash	Bug 大扫荡 —— 全体成员参加的找"小强"活动
Buddy Test	伙伴测试 —— 开发人员（伙伴）作为测试人员测试特定模块

13.2　各种测试方法

13.2.1　单元测试（Unit Test）和代码覆盖率测试（Code Coverage Analysis）

请参看本书第 2 章相关章节。

13.2.2　构建验证测试（Build Verification Test，BVT）

顾名思义，构建验证测试是指在一个构建完成之后，构建系统会自动运行一套测试，验证系统的基本功能。在大多数情况下，这些验证的步骤都是在自动构建成功后自动运行的，有些情况下也会手工运行，但是由于构建是自动生成的，我们也要努力让 BVT 自动运行。

问：一个系统有这么多功能点，什么是基本的功能，什么不是基本的功能？

答：基本功能的特点是：第一，必须能安装；第二，必须能够实现一组核心场景。例如，对于字处理软件来说，其基本功能是必须能打开 / 编辑 / 保存一个文档文件，但是它的一些高级功能，如文本自动纠错，则不在其中；又如，对于网站系统，其基本功能是用户可以注册 / 上传 / 下载信息，但是一些高级功能，如删除用户、列出用户参与的所有讨论，则不在其中。

在运行 BVT 之前，可以运行所有的单元测试，以保证系统的单元测试和程序员的单元测试版本一致。因为在不少情况下，开发人员修改了程序和单元测试，却忘了将修改过的单元测试同时签入源代码库中。

通过 BVT 的构建可以称为可测（Testable），意思是说团队可以用这一版本进行各种测试，因为它的基本功能都是可用的。反之，通不过 BVT 的构建称为"失败的构建"（Failed，Rejected）。

如果构建验证测试不能通过，那么自动测试框架会针对每一个失败的测试自动生成一个 Bug（小强）。一般来说，这些 Bug 都有最高优先级，开发人员要首先处理。大家知道，维持每日构建，并产生一个可测的版本是软件开发过程中质量控制的基础。对于导致问题的小强，我们该怎么办？答案是——

1. 找到导致失败的原因，如果原因很简单，程序员可以立即修改并直接提交。

2. 找到导致失败的修改集，把此修改集剔出此版本（程序员必须修正 Bug 后再重新把代码提交到源代码库中）。

3. 程序员必须在下一个构建开始前修正该 Bug。

方法 1 和 2 都可以使今天的构建成为"可测的",但是有时各方面的修改互相依赖,不能在短时间内解决所有问题,那就只能采用方法 3 了。

问:有人提到一种"冒烟测试",是怎么回事?

答:事实上这是一种基本验证测试,据说是从硬件设计行业流传过来的说法。当年设计电路板的时候,很多情况下,新的电路板一插上电源就冒起白烟,烧坏了。如果插上电源后没有冒烟,那就是通过了"冒烟测试",可以进一步测试电路板的功能了。我们正在讨论的 BVT 也是一种冒烟测试。

13.2.3　验收测试（Acceptance Test）

测试团队拿到一个"可测"的构建之后,就会按照测试计划,测试各自负责的模块和功能,这个过程可能会产生总共 10 来个甚至 100 个以上的 Bug,那么如何才能有效地测试软件,同时在这一阶段该怎样衡量构建的质量?

在 MSF 敏捷模式中,我们建议还是采用场景来规划测试工作。

在"基本场景"的基础上,把系统在理论上目前支持的所有场景都列出来,然后按功能分类测试,如果测试成功,就在此场景中标明"成功",否则,就标明"失败",并且用一个或几个"小强"/Bug 来表示失败的情况。

当所有的测试人员都完成了对场景的测试后,我们自然就得出了表 13-5。

表 13-5　场景测试报告

场景 ID	场景名	测试结果	Bug/ 小强 ID
3024	用户登录	成功	
3026	用户按价格排序	失败	5032
3027	用户按名字搜索	失败	5033
……	……	……	……

这样就能很快地报告"功能测试 56% 通过"等。如果所有场景都能通过（有些情况下可以将该标准从 100% 降至 90% 左右）,则这个构建的质量是"可用"的,这就意味着这一个版本可以给用户使用了。在这种情况下,客户、合作伙伴可以得到这样的版本,这也是所谓"技术预览版"或"社区预览版"的由来。

但是，有一个重要的问题要提请大家注意："可用"，并不是指软件的所有功能都没有问题，而是指在目前的用户场景中，按照场景的要求进行操作，都能得到预期的效果。注意以下两种情况：

1. 在目前还没有定义的用户场景中，程序质量如何，还不得而知。

   例如：场景中没有考虑到多种语言设置。

2. 对不按照场景的要求进行的操作，结果如何，还不得而知。

   例如：在某一场景中，场景规定用户可以在最后付款前取消操作，回到上一步，如果一个测试人员发现在多次反复提交 / 取消同一访问后，网页出现问题，但这并不能说明用户场景失败，当然，对于这个极端的 Bug，也必须找出原因并适时修正。

这种测试有时也称为验收测试（Acceptance Test），因为如果构建通过了这样的测试，这一个构建就被测试团队"接受了"。同时，还有对系统各个方面进行的"验收"测试，如系统的全球化验收测试，或者针对某一语言环境、某一个平台做的验收测试。

13.2.4　"探索式"的测试（Ad hoc Test）

"Ad hoc"原意是指"特定的，一次性的"。这样的测试也可以叫 Exploratory Test。

什么叫"特定的"测试或者"探索式"的测试？

就是指为了某一个特定目的而进行的测试，且就这一次，以后一般也不会重复测试。在软件工程的实践中，"Ad hoc"大多是指随机进行的、探索性的测试。

比如：测试人员小飞拿到了一个新的版本，按计划是进行模块 A 的功能测试，但是他灵机一动，想看看另一个功能 B 做得如何，或者想看看模块 A 在某种边界条件下会出现什么问题，于是他就"Ad hoc"一把，结果还真在这一功能模块中发现了不少小强。

"Ad hoc"也意味着测试是尝试性的，"我来试试，在这个对话框中一通乱按，然后随意改变窗口大小，看看会出什么问题……"，如果没问题，那么以后也不会再这么做了。

问：我听说有人是"Ad hoc"测试的高手，这是什么意思？

答：有很多测试人员会按部就班地进行测试，但是还有一些人头脑比较灵活，喜欢另辟蹊径，测试一些一般人不会想到的场景，这些人往往会发现更多的小强。开发人员对这样的"Ad hoc"高手是又爱又恨。

问： 看问题要分两方面，有些"Ad hoc"发现的小强在正常使用软件时几乎不会出现，我们要不要花时间"Ad hoc"？

答： 现在一些成功的通用软件的用户以百万计，按部就班的测试计划很难涵盖很多实际的场景，这时，探索式测试能够发现重要的问题；另外，一些风险很大的领域，例如安全性，一旦出了问题，威胁就会相当大，这时要多鼓励一些探索式测试，以弥补普通测试的不足。从这个意义上说，探索式测试可以用来衡量当前测试用例的完备性，如果你探索了半天，都没有发现什么在现有测试用例之外的问题，那就说明现有的测试用例是比较完备的。

探索式测试的测试流程是不可重复的，因为它的测试都是"特定"测试，没法重复。这一原因，使得探索式测试不能自动化，就这一点而言，还达不到 CMMI 二级 —— 可重复级。

作为管理人员来说，如果太多的小强是在探索式测试中找出来的，那我们就要看看测试计划是否基于实际的场景，开发人员的代码逻辑是否完善，等等。同时，要善于把看似探索式的测试用例抽象出来，囊括到以后的测试计划中。因此，探索式测试太多是团队管理不佳的一个标志，因为探索式测试是指那些一时想到要做但以后并不打算经常重复的测试。

13.2.5 回归测试（Regression Test）

请看本书第 2 章"回归测试"一节的介绍。要说明的是，回归测试不仅仅包括单元测试，也包括其他类型的测试，只要能够建立起基准线（Baseline）的测试，都可以通过回归测试的方式保证软件的功能不差于基准线。

13.2.6 场景 / 集成 / 系统测试（Scenario/ Integration / System Test）

在软件开发的一定阶段，我们要对一个软件进行全面和系统的测试，以保证软件的各个模块都能共同工作，各方面均能满足用户的要求。这类测试叫系统 / 集成测试。

问： 有一种测试叫场景测试，是什么意思？

答： 就是指以场景为驱动的集成测试，关于"场景"，大家可以看本书第 10 章"典型用户和典型场景"一节，里面有对场景专门的介绍。这一方法的核心思想是：当用户使用一个软件时，他 / 她并不会独立使用各个模块，而是把软件作为一个整体来使用。我们在做场景测试的时候，就需要考虑在现实环境中用户使用软件的流程是怎样的，然后模拟这个流程，看看软件能不能满足用户的需求。这样，才能使软件符合用户的实际需求。

以一个图像编辑软件为例，这个软件的各个模块都是独立开发的，可是用户有一定的典型流程，如果这个流程走得不好，哪怕某个模块的质量再高，用户也不会满意。用户的典型流程是：

1. 把照相机的存储卡插入电脑；

2. 程序会弹出窗口提示用户导入照片；

3. 根据提示导入照片；

4. 对照片进行快速编辑；

5. 调整颜色、亮度、对比度；

6. 修改照片中人物的形象（红眼、美白、美颜等）；

7. 选择其中几幅照片，用 E-mail 发送给朋友，或分享到社交网站上。

其中任何一步出现问题，都会影响用户对这一产品的使用。如果这里面各个模块的用户界面不一致（即使是"确认"和"取消"按钮的次序不同），用户使用起来也会很不方便。这些问题都是在单独模块的测试中不容易发现的。

问：应该什么时候做集成测试？是不是越早越好？

答：原则上是当一个模块稳定的时候，就可以把它集成到系统中，和整个系统一起进行测试。在模块本身稳定之前就提早做集成测试，可能会报告出很多 Bug，但是这些由于提早测试而发现的 Bug，有点像汽车司机在等待绿灯时不耐烦而拼命地按喇叭——也就是说，有点像噪音。我们还是要等到适当的时机再开始进行集成测试。

问：但是开发人员也想早日发现并修复所有的 Bug，软件工程的目标不就是要早发现并修正问题么？总是要等待，听起来好像没有多少效率。

答：对，这就要提到在微软内部流行的另一种测试——伙伴测试。

13.2.7　伙伴测试（Buddy Test）

如上所述，在一个复杂系统的开发过程中，当一个新的模块（或者旧模块的新版本）加入系统中时，往往会出现下列情况。

1. 导致整个系统稳定性下降。不光影响自己的模块，更麻烦的是阻碍团队其他人员的工作。

2. 产生很多 Bug。这些 Bug 都要录入到数据库中，经过层层会诊（Triage），然后交给开发人员，然后再经历一系列 Bug 的旅行，才能最后修复，这样成本就变得很高。

如何改进呢？一个办法当然是写好单元测试，或者运用重构技术以保证稳定性等。我们这里要讲的伙伴测试是指开发人员可以找一个测试人员作为伙伴（Buddy），在签入新代码之前，开发人员做一个包含新模块的私人构建（Private Build），测试人员在本地做必要的回归 / 功能 / 集成 / 探索测试，发现问题直接与开发人员沟通。通过伙伴测试把重大问题都解决了之后，开发人员再正式签入代码。

在项目后期，签入代码的门槛会变得越来越高，大部分团队都要求缺陷修正（Bug Fix）必须经伙伴测试的验证才能签入代码库。

13.2.8 效能测试（Performance Test）

用户使用软件，不光是希望软件能够提供一定的服务，而且还要求服务的质量要达到一定的水平。软件的效能是这些"非功能需求"或者"服务质量需求"的一部分。

效能测试要验证的问题是：软件在设计负载内能否提供令用户满意的服务质量。这里涉及如下两个概念。

设计负载

首先要定义什么是正常的设计负载。从需求说明出发，可得出系统正常的设计负载。例如，一个购物网站，客户认为正常的设计负载是每秒钟承受 20 次客户请求。

令用户满意的服务质量

其次要定义什么样的质量是令用户满意的。比如，同一个购物网站，用户满意的服务质量可以定义为：每个用户的请求都能在 2 秒钟内返回结果。针对以上两点还可以逐步细化。

设计负载的细化

上面我们只提到"承受 20 次客户请求"，那么这些客户的请求到底是什么，可以按请求发生的频率来分类。

1）用户登录（10%）。

2）用户查看某商品详情（50%）。

3）用户比较两种商品（10%）。

4）用户查看关于商品的反馈（20%）。

5）用户购买商品，订单操作（5%）。

6）所有其他请求（5%）。

服务质量的细化

有些请求，是要对数据进行"写"操作，可以要求慢一些，比如"用户下订单，购买商品"，对这一服务质量，请求可以放宽为 5 秒钟，甚至更长。除了用户体验到的"2 秒钟页面刷新"目标外，效能测试还要测试软件内部各模块的效能，这要求软件的模块能报告自身的各种效能指标，通过 Perfmon 或其他测试工具表现出来。和别的测试不同，效能测试对硬件要有固定的要求，而且每次测试需要在相同的机器和网络环境中进行，这样才能避免外部随机因素的干扰，得到精准的效能数据。

问：我们以前做效能测试的时候，服务器上都没有任何负载，数据库里也没有几条记录，所以效能都很不错，可是当系统真的运行起来时就不行了。这些效能测试是自欺欺人的，对么？

答：在做效能测试的时候，的确要避免在不现实的环境中测试，例如要避免在没有任何用户、商品记录的系统上做测试；但是也没有必要为了追求真实而过分模拟随机的环境。

简单地说，现实的环境有如下两方面。

1.　现实的静态数据

比如上面提到的数据库的各种记录，如果要模拟一个实际运行的商业网站，除了一定数量的用户和商品记录外，还得模拟在运行一段时间后产生的交易记录。

2.　现实的动态数据

这就是负载，现实中总会有一些人在同时使用这一个系统。效能测试中要考虑到"负载"，可以分为：

　　1）零负载，即只有静态数据，在这种情况下测试的结果应该是稳定的，可以不断地收集数据进行回归测试；

　　2）加上负载，根据具体情况可以分负载等级进行测试。

同时，客户会问，"如果我的系统慢了，怎么办，我是增加机器的数量，还是提高每个机器的处理能力？"这是我们要回答的问题。效能测试的结果应该成为"用户发布指南"的一部分，为用户发布和改进系统提供参考。在 VSTS 中如何进行效能测试，本章后面还会详细讲解。

在进行效能测试的过程中，可以得到系统效能和负载的一个对应关系，这时，就可以看到能维持系统正常功能的最大负载是多少。如果负载足够大，或者过分大，那就成了下一个测试的目

标 —— 压力测试。

13.2.9 压力测试（Stress Test）

压力测试严格地说不属于效能测试。压力测试要验证的问题是：软件在超过设计负载的情况下是否仍能返回正常结果，没有产生严重的副作用或崩溃。

问：为啥不要求软件在这种情况下仍然在 2—3 秒钟内返回结果？

答：因为我们做不到。

提示：我们在这一部分要求返回"正常结果"，啥叫"正常"？我们也要就此与客户达成一致。比如，同一个购物网站，所有请求都能在网络返回"超时"错误前返回，就可以认为是"正常"。或者网站返回"系统忙，请稍候"，也是正常结果。但是，如果用户提交的请求一部分执行，另一部分没有执行，或者出现用户信息丢失，这些都是不正常的结果，应该避免。

那我们怎样增加负载呢？对于网络服务软件来说，主要考虑以下两个方面。

1. 沿着用户轴延长

以刚才的购物网站为例，正常的负载是 20 个请求 / 秒钟，如果有更多的用户登录，怎么办？那么负载就会变成 30、40、100 个请求 / 秒钟，或更高。

2. 沿着时间轴延长

做过网络服务的都知道，网络的负载有时间性，负载压力的波峰和波谷相差很大，那么如果每时每刻负载都处于峰值，程序会不会垮掉？这就是我们要做的第二点：沿着时间轴延长。一般要模拟 48 小时的高负载才能认为系统通过测试。

与此同时，可以减少系统可用的资源来增加压力。

注意，压力测试的重点是验证程序不崩溃或产生副作用。即看看在超负载的情况下，我们的程序是否仍能正确地运行，而不会死机。在给程序加压的过程中，程序中的很多"小"问题就会被放大，暴露出来。最常见的问题是：

- 内存 / 资源泄漏，在压力下这会导致程序可用的资源枯竭，最后崩溃。
- 一些平时认为"足够好"的算法实现会出现问题。比如，Windows Platform SDK 有一个 GetTickCount() 函数，它返回自系统启动后所经过的毫秒数，用 DWORD 来表示。

经过 47.9 天之后 DWORD 会溢出，GetTickCount() 会从 0 开始重新计数，你的程序如果用了不同的 TickCount 来计算时间，不要假设后来的 TickCount 一定会比先前的 TickCount 大，也许系统在运行一段时间后会出现莫名其妙的错误，但是系统重新启动后，又找不到原因。

- 进程／线程的同步死锁问题，在压力下一些小概率事件会发生，看似完备的程序逻辑也会出现问题。

在 VSTS 中如何进行压力测试，本章后面部分会有详细讲解。

13.2.10 内部／外部公开测试（Alpha/Beta Test）

在开发软件的过程中，开发团队希望让用户直接接触到最新版本的软件，以便从用户那里收集反馈，这时开发团队会让特定的用户（Alpha/Beta 用户）使用正处于开发过程中的版本，用户会通过特定的反馈渠道（E-mail、BBS、微博等）与开发者讨论使用中发现的问题，等等。这种做法成功地让部分用户心甘情愿地替开发团队测试产品并提出反馈。

按惯例来说，Alpha Test 一般指在团队之外、公司内部进行的测试；Beta Test 指把软件交给公司外部的用户进行测试，与之对应地，软件就有 Alpha、Beta1、Beta2 版本。在网络普及之前，做 Beta Test 费时费力，成本较高，现在由于网络的传播速度很快，与外部用户的联系渠道很畅通，很多外部用户都想先睹为快。因此，现在开发团队增加了反馈的密度，不必再局限于 Alpha 或者 Beta 发布，而是不断地把一些中间版本发布出去以收集反馈。

13.2.11 易用性测试（Usability Test）

问： 作为测试人员，我们是不是也要做易用性测试？

答： 测试人员，以及其他的团队成员都可以对软件的可用性提出意见，包括以 Bug 的形式放在 TFS 中。软件的可用性并不神秘，就是让软件更好用，让用户更有效地完成工作。

但是我觉得"易用性测试"似乎更多地用来描述一套测试软件可用性的过程，这个过程一般不是由测试人员来主导的，而是由对软件设计和软件可用性有大量研究的"可用性设计师"来实行。可以参考本书相关章节和网络的相关文章。

为了弄清楚软件的可用性，并了解用户的需求，移山公司的员工特地做了一次易用性测试——

小飞学了很酷的"WPF/ 我佩服"Web 界面技术，然后做了一个小游戏 —— 3D 挖雷。大家用了之后，都觉得不错，用鼠标单击 / 双击，左键 / 右键都可以进行各种不同的操作。于是他们迫不及待地想找一个"典型用户"来做易用性测试。

王屋村的村民石头他爹刚好路过，就被移山公司的小伙子们拉了进来，成为第一个"典型用户"。

大家七嘴八舌地介绍了游戏的功能，就让石头他爹试一试。石头他爹看到鼠标，说，这个怎么和俺家里的不一样？小飞说：这是无线的光电鼠标，好用得很！

三分钟过去了，游戏还没有开始；五分钟、十分钟过去了，游戏还是没有进展。

阿超走过去看看到底是怎么回事 ——

原来，石头他爹手指不灵活，按鼠标时鼠标会稍稍移动，导致程序无法捕捉鼠标双击事件。问题是小飞设计的游戏支持鼠标单击、双击操作，而且分别对应不同的功能。此外，有些功能还只能通过右键弹出菜单来执行。

石头他爹看起来很迷惑。这时，小飞说：左键 / 右键 / 单击 / 双击都可以。

从此之后，石头他爹对每一个操作都问：是按左键还是按右键？是按一下还是两下？

小飞露出了不耐烦的表情。

半个小时后，大家送走了石头他爹，同时送他一个鼠标垫作为礼物。

阿超：（目送石头他爹的背影）幸好……

小飞：幸好啥？

阿超：幸好你还没有介绍你那超级功能，要按住 Ctrl 键，同时拖动鼠标才能使用。否则我们还要花半个小时陪石头他爹一起学习玩这个游戏。

苹果公司的 Macintosh 团队在发布革命性的 Mac 电脑之后，收到了不少用户的反馈，说用鼠标拖拽文件进行拷贝时，总是要反复操作很多次才能成功，团队内部反复试验，都不能重现这个问题。后来才发现，出现这个 Bug 的关键是拖拽时手指松开鼠标按钮一会儿，然后重新拖拽。一般用户都是第一次使用这一革命性的设备（鼠标），所以经常会犯错（手指不自觉地松开按钮）；但是 Mac 团队的成员使用鼠标都已经非常熟练，所以没有人会犯这个错误，也就不能重现这个问题。

13.2.12　"小强"大扫荡（Bug Bash）

问：我们已经讲了太多的测试了，好像微软还有一个叫"Bug Bash"的活动，是啥意思？

答：Bug Bash，或者叫 Bug Hunt，简而言之，就是大家一起来找小强的活动 —— 小强大扫荡。一般是安排出一段时间（如一天），这段时间里所有测试人员（有时也加入其他角色）都放下手里的事情，专心找某种类型的小强。然后结束时，统计并奖励找到最多和最厉害的小强的员工。

问：这是不是可以看做是"全体动员探索式测试"？

答：一般情况下是的，但是并不是全体人员用键盘鼠标一通乱敲乱点就可以搞定，大扫荡的内容也应该事先安排好。

这种活动，如果运用得当，会带来这样的功效：

- 鼓励大家做探索式的测试，开阔思路
- 鼓励测试队伍学习并应用新的测试方法，例如在做完"软件安全性测试"培训后，立马针对"安全性"做一次小强大扫荡，或者为"全球化 / 本地化测试"做一次小强大扫荡也是很常见的
- 找到很多小强，让开发人员忙一阵子

当然，小强大扫荡也有一些副作用：

- 扰乱正常的测试工作
- 如果过分重视奖励，会导致一些数量至上、滥竽充数的做法

因此，这里有必要提醒两个细节：

1. 一定要让"小强大扫荡"有明确的目标、明了的技术支持。
2. 一定要让表现突出的个人介绍经验，让其他成员学习。

要记住，**最好的测试，是能够防止小强的出现。**

13.3　实战中的测试

实战中的测试是在项目的稳定阶段执行的。团队在这一阶段的核心任务是：在满足最低接受条件的前提下，提高各个部分的质量。

13.3.1 似是而非的测试观念

虽然大家学习了很多理论，可阿超发现大家对"测试"这一工作还是有很多误解，于是阿超特地列出并纠正了几个似是而非的观点。

1. 测试在项目的最后进行就可以了。

阿超： 这是远远不够的。如果你在项目后期发现了问题，可问题的根源却往往是项目早期的一些决定和设计，这时候，再要对其进行修改就比较困难了。因此，测试人员从项目开始就要积极介入，从源头防止问题的发生。有人会说，我是一个小小的测试人员，项目开始的时候我能做什么？这就是小小测试人员努力的方向。

2. 测试就得根据规格说明书（Spec）来测，所以是很机械的。

阿超： 那不一定，即使你的软件产品功能 100% 符合 Spec 的要求，用户也可能非常恨你的软件。这时，就说明测试人员没有尽到责任，因为测试人员要从用户的角度出发来测试软件。

3. 测试人员当然也写代码，但是质量不一定要很高。

阿超： 开发人员的代码没写好，可以依赖于测试人员来发现问题。但是如果测试人员的代码没写好，我们依赖谁来测试和改错呢？这就要求我们测试人员的代码质量特别高，因为测试人员是最后一道防线，如果我们的代码和测试工作有漏洞，那么 Bug 就会跑到用户那里去。

4. 测试的时候尽量用 Debug 版本，便于发现 Bug。

阿超： 如果你的目的是尽快让问题显现，尽快找到问题，那我建议用 Debug 版本，"尽快发现问题"在软件开发周期的早期特别重要。如果你的目的是尽可能测试用户所看到的软件，则用 Release 版本，这在软件开发的后期特别是执行效能和压力测试时很有价值。

5. 如果所有的人都关心质量，还有必要有独立的测试团队么？请看 13.5.2 和 14.3 的讨论。

13.3.2 测试工作中的文档

问： 测试工作是不是有很多文档要写？

答： 各类人员都有文档要写，但是，我们要坚决避免为了写文档而写文档。要写真正有用的、重要的文档。

在计划阶段，我们就要制定测试计划（Test Plan），特别是测试总纲。然后还要写测试设计说明书（TDS）、测试用例（Test Case）、程序错误报告（Bug Report）和测试报告（Test Report）。它们之间的关系如图 13-1 所示。

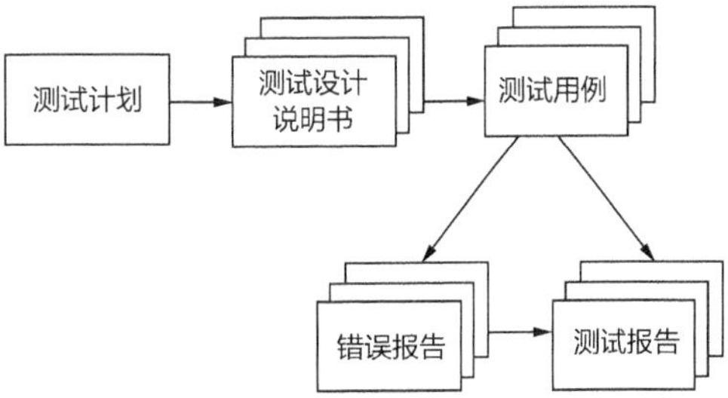

图 13-1　测试工作中的文档

测试计划和测试总纲主要说明产品是什么，要做什么样的测试，时间安排如何，谁负责什么方面，各种资源在哪里，等等。

我们不是为了写文档而写文档，写文档的目的是要解决问题。然而，到底这些文档会解决什么问题呢？

1. 测试设计说明书（TDS）

正如开发人员有功能设计说明书，测试人员也要有测试设计说明书，告诉测试人员要如何设计测试。

小飞：我们在哪里可以找到模板？有了模板就好办了。

阿超：我们不要一味地依赖于模板，不要被模板淹没了。

对于一个功能，或者相关联的一组功能，TDS 主要要描述这些重要的内容：

1）功能是什么。

2）需要测试哪些方面？有没有预期的 Bug 比较多的地方（对于测试矩阵有没有需要修改的地方）？

3）如何去测试（采用什么具体方法，如何做测试自动化，准备什么样的测试数据等）？

4）功能如何与系统集成，如何测试这一方面？

5）什么才叫测试好了（Exit Criteria）？

小飞：有些功能还没有写好，我怎么能知道这些功能的具体情况？

阿超：功能实现之前，应该就要根据功能的 Spec 写好 TDS，并通过同事的复审[2]。

2. 测试用例（Test Case）

有了 TDS，我们就可以按照 TDS 的描述，对每一个功能点进行实际的测试了。具体地说，测试用例描述了如何设置测试前的环境，如何操作，预期的结果是什么。一个功能的所有测试用例合称为这个功能的测试用例集（Test Suite）。

九条： 对于一个功能，用户可能的输入千差万别，我是不是得写成千上万个测试用例？

阿超： 没必要，我们可以把纷繁的情况归纳到几个类型中。例如，用户登录时的情况，我们可以将其归为以下几类。

1）正确输入（用户输入了合法并正确的用户名和密码），预期结果是用户能够正常登录

　　a．用户名又有多种情况（数字、字母、中文）

　　b．用户登录"记得我的账户和密码（Remember Me）"功能可以正常使用

　　c．用户的密码是否隐式显示，或者在不同模块中转送（明文密码会导致诸多安全性问题）

2）错误输入，预期结果是系统能给出相应的提示

　　a．用户名不存在

　　b．用户名含有不符合规定的字符（控制字符、脚本语句等）

　　c．用户名存在，但密码错误（具体测试时，可以输入空、超长字符串、大小写错误等）

一个软件有很多可能的输入和环境参数，我们没有能力穷举所有的可能，也没有必要。我们可以运用不同的设计测试用例的方法，有效地生成测试用例。下面简介几种主要方法，完整资料建议参考专门的著作[3]。

a．等价类划分

不同的测试数据，如果只是重复触发了同样的处理逻辑，或者可能的错误，那么这些测试数据是等价的，它们属于同一等价类。我们要产生出不同等价类的输入，来有效地覆盖程序的各种可能出现问题的地方。

b．边界值分析

程序经常在处理数据的边界时出错，如果我们能产生测试数据，触发各种边界条件，就能有效地验证程序在这些地方是否正确。例如，如果程序期待一个"日期"类型，那我们可以构造包含下面各种边界条件的数据：一年的第一天，最后一天，平年的 2 月 28 日，闰年的 2 月 29 日，或者它们的前后一天，等等。

c． 决策表、因果图和功能图方法

如果我们可以知道出输入和输出的对应关系，那么我们就可以通过优化组合，合并重复的
测试用例。

d． Pair-wise 和正交实验设计方法

在一个 Bug 发生的时候，有很多外界因素（例如：操作系统版本，语言，浏览器版本，屏
幕分辨率），这些因素有多个可能的值。如果把这些所有因素都完全组合，那将是巨大的
数值。经验告诉我们，众多因素中，通常只有两个因素对某个 Bug 的发生起关键作用，那
么，如果能把所有因素的两两组合（Pair）都覆盖了，就能以比全组合少很多的测试用例
数量达到几乎同样的效果。 这就是 Pair-wise 测试方法。我们也可以根据各种因素的权值
加权筛选，根据正交性挑选出有代表性的因素组合进行测试。

e． 常见错误

根据经验推测程序通常容易出错的地方，从而更有效地设计测试用例，例如空文件名，在
期望数字的字段填入文字，等等。

3. 错误报告（Bug Report）

软件项目管理工具通常支持多种类型的记录，前文说过，要做的事情 = 任务（Task）；意外发
生的故障 = 缺陷（Bug）。当软件工程师完成了预定的任务，达到"代码完成"之后，团队的成
员主要用 Bug 这种类型的记录来交流。在一定规模的软件项目中，一份好的错误报告，至少要
满足以下几点。

1） Bug 的标题，要能简要说明问题

2） Bug 的内容要写在描述中，包括：

    a． 测试的环境和准备工作

    b． 测试的步骤，清楚地列出每一步做了什么

    c． 实际发生的结果

    d． （根据 Spec 和用户的期望）应该发生的结果

3） 如有其他补充材料，例如相关联的 Bug、输出文件、日志文件、调用堆栈的列表、截屏等，
应保存在 Bug 对应的附件或链接中

4） 还可以设置 Bug 的严重程度（Severity）、功能区域等，这些都可以记录在不同的字段中

下面是九条创建的一个 Bug：

标题: 挂了

内容: 我今天在玩移山购物网的时候，发现移山网站挂了。

这个 Bug 对问题的描述太过笼统，开发人员根本无从下手。小飞拿到这个 Bug，也是哭笑不得，试了试移山网站的各个页面，好像也都正常。他于是把这个 Bug 又推给九条，"哪里挂了？"

过了一会儿，九条回复"在我的机器上挂了"。

小飞跑到九条的座位上，想看看"犯罪现场"。

九条: 我刚重启了机器……

两人等到启动完毕，打开网页，发现一切正常。

九条:（纳闷了）昨天晚上的确是挂了。网页上还有一些错误信息。我当时正在干什么来着，好像是在留言或在论坛上发帖子，我现在也记不清了。让我再玩玩，等碰到了再叫你。

阿超: 这样九条浪费了两个人各一个小时的时间，最后什么进展也没有。一个好的 Bug 报告应该是这样的：

标题: 购物网站的某个具体页面（URL），在回复中提交大于 100KB 的文字时会出错

内容有以下几点:

环境: 在 Windows 10 下，使用 IE11，允许 Cookie。购物网的版本是 1.2.40。

重现步骤:

（1）用 [用户名，密码] 登录。这一用户在系统中是一般用户。

（2）到某一产品页面（链接为：……）。

（3）选中一个帖子，例如：帖子号为 579。

（4）回复帖子，在内容中粘贴 100KB 的文字内容（文本内容见附件）。

结果:

网站出错，错误信息为:[略]

预期结果:

网站能完成操作，或者提示用户文本内容过大。

[在附件中加入 100KB 的文本文件]。

测试人员还可以附上其他分析，团队应该鼓励测试人员追根溯源。如果看到测试人员发来这样的 Bug 报告，那么开发人员就能够很快地重现这一问题，从而有效地分析和解决问题。

4. 测试修复，关闭缺陷报告 (Resolve, Test and Close a Bug)

当开发人员修复了一个缺陷并签入代码后，一个新的构建就会包含这一个修复（Bug Fix）。测试人员所要做的就是验证修复，并且搜寻有无类似的缺陷，验证修复会不会导致其他问题（回归，退化），了解修复的影响（只是修改一个简单的显示文字，还是动了内部算法），并且检查系统的一致性是否受到影响（例如：修改了默认的 / 是 / 否 / 取消 / 选择次序，要检查整个产品中其他的对话框是否遵循同一模式）。

在完成测试之后，测试人员可以关闭缺陷报告，同时在"历史（History）"一栏内说明验证是怎么做的。

当测试人员验证了一个 Bug 被正确修复了之后，还要考虑是否将这个 Bug 变成一个测试用例，保证以后的测试活动中会包括这个 Bug 描述的情况。这点非常重要。

5. 测试报告（Test Report）

在一个阶段的测试结束之后，我们要报告各个功能测试的结果，这就是测试报告。移山公司不喜欢过多的文档，我们就不必洋洋万言了，只需简单地列出一些数字即可，例如：

对于某一功能，我们要收集下列数据。

1）有多少测试用例通过？

2）有多少测试用例失败？

3）有多少测试用例未完成？

4）发现多少测试用例之外的 Bug ？

所有功能的测试报告相加，就能得到整个项目的测试统计信息。这样的信息能帮助我们从宏观上了解还有多少事情没办完，各个功能相对的质量如何。

13.4 运用测试工具

前面说了这么多理论和规定，我们看看实际的测试工作如何进行。VSTS 既然是一套软件工具，肯定提供了一些测试辅助工具。在 Visual Studio 2005-2012 的众多套件中，有一款是：Visual Studio Team Edition for Software Testers。这里简单介绍基本工具的使用。

13.4.1　运用工具记录手工测试

不管有多少人写了多少文章来描述"测试自动化"及其前景，可这些自动化的东西最初还是得有人"手动"地进行。下面的步骤演示了如何创建手工测试。

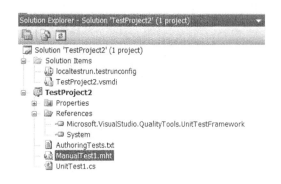

1. 在 VSTS（有 Team Edition for Software Testers 套件）中，新建一个项目，在 Visual C# 或其他类型中，选中 Test。填入适当的项目名字和解决方案的名字，可以把它加入到源代码控制中。我们会看到新的项目新建了不少文件，如图 13-2 所示，其中有我们之前提到过的 UnitTest1.cs，另一个文件是 ManualTest1.mht。

图 13-2　创建新的测试项目

2. 打开 ManualTest1.mht，你会看到它是模板（又一个模板），在这个文件中，你可以填入下面的内容：

　1）测试的标题（Test Title）—— 简明的标题。

　2）测试的详情（Test Details）—— 测什么。

　3）测试的对象（Test Target）—— 测试什么功能。

　4）测试的步骤（Test Steps）—— 提供详细的测试步骤和每一步期望的结果。

　5）修改的记录（Revision History）—— 对这一测试进行修改的历史记录。

九条： 不就是这样一个简单的文件么，我自己不用写也可以记住。

阿超： 好记性不如烂笔头，当测试矩阵有上百个可能的设置，产品又日趋复杂的时候，我们需要把一些手工测试结果记下来。另外，如果来了个新手接班，项目要移交给他／她，怎么办？

13.4.2　运用工具记录自动测试

对于网络程序，对网页的访问和操作可以像录音一样录下来，"录音"主要是指记录 HTTP 请求的 URL，以及 header 和 body 中的各个参数。记录是否成功取决于服务器返回的状态码。当然，我们也可以自己定义 Pass/Fail 的条件，这样后续测试只要重新"放录音带"即可。

操作：鼠标右键选中测试项目，选择 Add | Web Test...（如图 13-3 所示）。

于是，IE 浏览器就会打开，同时 Web Test Recorder 也会激活，测试人员就可以按照场景测试网站的各项功能了，可以注意到 Web Test Recorder 会记录每一个网页的地址，以及可能的参数。

测试人员可以进一步增加测试的内容（如图 13-4 所示）。

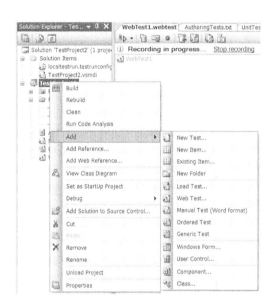

图 13-3　增加一个 Web Test

图 13-4　进一步增加 Web Test 的功能

其中值得一提的是，测试人员可以选中"Generate Code…"，生成测试脚本，可以在脚本一级开发测试。测试人员可以用脚本建立循环测试，或者根据某一步测试的结果选择不同的测试分支（Path），这更加灵活。另外，我们还可以用 C# 作为测试代码的语言，这比其他通用工具的脚本强大许多，这也是用 VSTS 做测试的好处之一。

不同的测试可以把不同的次序结合起来运行，测试人员可以用"Ordered Test"来管理这样的测试集合。Ordered Test 的创建方法与 Web Test 类似。

13.4.3　如何测试效能

除了功能方面的测试外，我们还要测试那些"服务质量"。如效能测试、负载测试、压力测试。我们在本章前面讲到了这三种测试。在 Stone 项目中，以产品搜索为例，这三种测试的区别如下：

效能测试：在 100 个用户的情况下，产品搜索必须在 3 秒钟内返回结果 [4]。

负载测试：在 2000 个用户的情况下，产品搜索必须在 5 秒钟内返回结果。

压力测试：在高峰压力（4000 个用户）持续 48 小时的情况下，产品搜索的返回时间必须保持稳定。系统不至于崩溃。

我们可以举一个现实生活中旅客乘坐列车的例子来做对比。

效能测试：在 80% 上座率的情况下，期望：列车按时到达，并且乘客享受到优质服务。乘务员不要太累。

负载测试：在 100% 上座率的情况下，期望：列车大部分按时到达，乘客享受到基本服务。乘务员的疲劳在可恢复范围内。

压力测试：在高峰压力是 200% 上座率，全国铁路系统增加 20% 的列车，持续 15 天的情况下，期望：列车能到站，乘客能活着下车，系统不至于崩溃。乘务员也能活着下车。

说一句题外话，飞机如何做压力测试？波音公司在早期是用沙袋或铅块压在飞机机翼上的不同部位，来模拟飞机在各种激烈运动中各个部位的受力，受力的上限一般是平常水平飞行受力的 7 倍 [5]。当然，现在的飞机设计公司都有一系列完备的模拟和测试工具（如风洞和计算机模拟工具等）。

效能、负载、压力这些方面的测试会产生很多数据，这些数据最好保存在数据库中，以便于日后跟踪分析。这些数据将为以后做网站容量规划（Capacity Planning，又称能力规划）提供重要的依据。

在 VSTS 中，效能和压力测试都可以用"Load Test"来实现，Load Test 牵涉到许多因素，因此我们需要按部就班地设置。

负载测试的一个核心概念是"场景"，这与软件设计的场景有所区别，它主要包含负载测试的各种参数。

1. 停顿时间（Think Time）：在每次请求之间和一批测试之间的停顿。

2. 负载模型（Load Pattern）：模拟的用户量是恒定在一个数值的（如：总是 30 个用户），或者是分级进行的（如：开始是 5 个用户，每分钟增加 10 个用户，直到最高 50 个用户）。

3. 测试混合模型（Test Mix）：此次负载测试要运行多少种测试，每种测试所占的比例是多少。

4. 浏览器混合模型（Browser Mix）：各种浏览器的选择及比例。

5. 网络混合模型（Network Mix）：各种带宽的网络及比例。

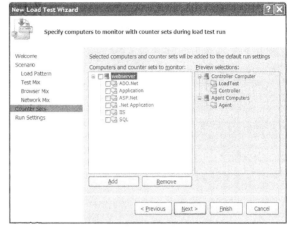

设置好场景后，下一步要决定我们收集什么样的效能数据（Performance Counter），这时，我们可以收集代理机器（Agent，模拟的服务请求从这里发出）和控制机器（Controller）的效能数据，更重要的是收集网络服务器的效能数据（如图 13-5 所示）[6]。

图 13-5　收集效能数据

这些效能数据会反映在负载测试中。

最后一步是设置运行负载测试中的各种参数。

网络应用的负载测试比较复杂，要下一番苦功才能掌握。一般来说，我们会将所有数据都保存到数据库中，以便将来做分析。至于这次测试的目标：确认网络服务器能否在规定时间内处理用户的请求，服务器上有没有出现错误。这两种数据都能立即得到。

13.5　练习与讨论

更多内容与讨论请参见：http://www.cnblogs.com/xinz/p/3856332.html

图 13-6　十八般兵器

小飞：　我的脑袋好像装不下了！听了这么多，我感觉像是身上扛着十八般兵器，它们互相碰撞，叮叮当当。我累得半死，但是不知道什么时候，对哪一种敌人使用哪一种兵器，能不能总结一下！

阿超：　好，我们用软件开发的生命周期来说明一下不同的测试在不同阶段的使用。

1.　远景和计划阶段

此时，测试只是处于计划阶段，我们要讨论测试计划和测试设计说明书，同时要收集用户对于软件非功能性的需求，如效能、可用性、国际化等。另外，还可以初步安排一些"小强大扫荡"类型的测试工作。

2.　开发阶段

开发人员要写单元测试，测试人员要写 BVT。

对于每一个成功的构建，测试人员要运行功能测试 / 场景测试，同时建立回归测试基准，以便开始回归测试。各类测试人员要进行探索式测试以求尽早发现问题。

随着软件功能的逐步完善，测试人员要进行集成测试。这时，团队可以开展对程序非功能性特性的测试，如效能 / 压力测试、国际化 / 本地化测试、安全性测试、可用性、适用性测试等。另外，可以考虑分析各个模块的代码覆盖率，以增加测试的有效性。根据计划，以适当的频率开展各种"小强大扫荡"。

3.　稳定阶段

到了一个开发阶段的尾声，这时测试团队就可以依据以前制定的验收标准，对软件逐项进行验收测试。按照测试计划，各个方面的测试都会宣布"测试完成"——所有想到的测试都做了，所有问题都发现了。在此阶段，团队也可以把软件发布给外部进行 Alpha/Beta 测试。

这时，伙伴测试会用于保证新代码签入前能得到足够的检测。

一般情况下，测试团队要把迄今为止发现的所有小强都重新测试一遍，确保它们都在最后的版本中被清除了，没有出现"回归"。

4.　发布阶段

测试队伍要把尽可能多的测试用例自动化，并为下一个版本的测试工作做好准备。

13.5.1　有错不改

果冻：　微软的产品经过这么多版本的不断完善，应该是把所有问题都搞定，"止于至善"了吧？

阿超：　那也不一定，在非常有名的电子表格软件 Excel 中，就有这样一个 Bug：Excel 的日期计算功能认为1900 年是一个闰年，这是不对的，但是它愣是一直没有改正这个错误。

众人：　真的？为什么屡教不改呢？

阿超：　故事是这样的，当时这类电子表格软件的市场领头羊是 Lotus 1-2-3 这一款软件。它的日期计算功能有一个 Bug，就是把 1900 年当作闰年。这类软件在内部把日期保存为"从 1900/1/1 到当前日期的天数"这样的一个整数。Excel 作为后来者，要支持 Lotus 1-2-3 的数据文件格式，这样才能正确处理别的软件产生的格式文件。于是，这个 Bug 就这么延续下来了，每一版本都有人报告，但是都没有改正。我们可以在 Excel 中试试看：

在任意格子（Cell）中输入"=DATE(1900,2,28)"，并且定义这个格子的格式为数字。大家可以看到数值变为 59。表明 1900/2/28 是 1900/1/1 开始后的第 59 天。

输入"=DATE(1900,2,29)"，可以看到 60！这是一个不存在的日期!

输入"=DATE(1900,3,1)"，数值是 61，事实上，这应该是 60。从这一天开始的所有日期都错了一天。

果冻：　还是可以抓住机遇，促成飞跃，在某一个版本彻底改好，不就是一个数字嘛。

阿超：　改这个问题，技术上一点问题都没有。但是在现实中会出现下列问题：

1）几乎所有现存文件的日期数据都要减少一天，所有依赖于日期的 Excel 公式也要做检查和修改。这在现实生活中是很难办到的。

2）Excel 的日期问题解决了，但是其他软件还是有这个 Bug，数据文件在不同软件中使用，就会有很头痛的兼容性问题。

总之，这个问题就这样一直留下来了。中间也有人想改过，你要注意看 Excel 的 Options 设置，就会发现有这样一个设置——使用 1904 年开始的日期计算系统（use 1904 date system）（如图 13-7 所示），但是一般的用户谁没事在这里打一个勾？

图 13-7　Excel 的 Options 设置

计算机程序在处理闰年这个问题上出现过很多 Bug，请看相关的博客：

http://www.cnblogs.com/xinz/archive/2011/11/29/2267022.html

13.5.2　侵官之害甚于寒

昔者韩昭侯醉而寝，典冠者见君之寒也，故加衣于君之上，觉寝而说，问左右曰："谁加衣者？"左右对曰："典冠。"君因兼罪典衣与典冠。其罪典衣，以为失其事也；其罪典冠，以为越其职也。非不恶寒也，以为侵官之害甚于寒。

——《韩非子·二柄第七》

荔荔：（来找阿超）我最近新建了不少 Bug，今天发现它们的状态都变成了 closed，本来要测试的 Bug 都变成了关闭状态，我还用测试么？

阿超：是别的测试人员替你测试了么？

荔荔：没有，从记录上看是果冻修改了这些缺陷，然后把状态变成 resolved，过了两天他又把状态变成 closed，但是我还没有运行验证测试呢。

他们把果冻找来了。

果冻：我是看着我的 Bug 老是没有关闭，心里很着急，然后昨天我就认真地把所有 Bug 都验证了一遍，确信没有问题后，就把它们顺手关闭了。

荔荔：是不是你的领导在统计你的 Bug 数目了？呵呵。

阿超：不同的角色在开发过程中有相互合作、相互制约的作用，不能替代。测试人员在做验证测试时，需要做多方面、多平台的测试，这些工作量，也许远远超过了开发人员的能力范围。因此，必须要由测试人员来验证并处理已经修理好的 Bug。

　　侵官之害甚于寒 —— 我们不是不鼓励开发人员主动帮助测试，我们是要避免导致职责不清的越界行为。

果冻：韩昭候真过分！我很好心地帮助别的同事，没有功劳也有苦劳，他怎么能说"甚于寒"？这样我的心都寒了。

阿超：果冻，你不是有"各司其职"的笔记么，好好看看。

荔荔：果冻，谢谢你的帮助，你如果急需验证某些问题，可以告诉我，我会安排尽量早日完成。

阿超：一个功能由几个开发者设计并实现，那么这一系列动作的效果不能只由这几个开发者验证，而应该有另一个独立的系统来验证这个效果，这个独立的系统，可以是测试人员，可以是数据分析师，甚至可以是另一组开发人员。这并不是对开发者道德的不信任，而是要避免利益冲突。

果冻：这好像扯上了一些政治因素啊。

阿超：对，政治学中早就描述了此类公理[7]。

13.5.3　测试经验交流

测试进行了一段时间后，大家发现小飞报告的 Bug 比较多，九条其次，荔荔最少。阿超让测试人员交流一下各自的经验。

小飞：我的原则是"如果问题看起来像一个 Bug，那我就要报告这个 Bug"。宁可多报一千，也不放过一个。这个原则也导致了我的 Bug 有不少被归为"As Design"。

阿超："As Design"也不是什么坏事，至少我们明确了 Design 是什么。这样以后就有依据了。

荔荔： 我发现了一个问题，都是先跑去找开发人员商量是什么情况。或者自己研究，想找到问题的根源，有时自己想到如何修复，之后再报告 Bug。

九条： 荔荔的做法，似乎越界到了开发人员的职责范围了。我们的职责就是找到足够多的 Bug，让开发人员有事可干。

阿超： 可以选定一个典型用户（Persona），然后按照典型人物的思路和看问题的角度，把整个系统的各项功能都经历一遍。如果有什么你觉得典型用户不满意的，那就可以考虑开一个 Bug。我有时知道这个功能的设计想法，但是在测试的时候没必要替别人考虑太多，要把自己当成用户，而不是设计者。

小飞： 测试的时候，要各个角度都试试看，一些犄角旮旯也得用一些随机的数据去捣捣乱。黑箱、白箱都可以换着玩。就像对软件一窍不通的用户在使用软件一样。

阿超： 小飞的这一个经验，用正式的语言描述就是——保证测试方法的多样化。

九条： 我拿到一个测试任务，就想——这个功能最可能出问题的会是在什么地方？然后就集中火力，在容易出问题的地方测试。比如，如果一个产品的标题长度规定是 32 个字符，那我就测试 31、32、33 个字符，看看在这种边界条件下是否会出问题。

小飞： 测试的时候还要举一反三，看到产品标题字段出了问题，我就会检查一下别的字段有没有类似的问题。

阿超： 对，我们要注重从产品的风险出发进行测试。还有，我们要根据当前的产品特性来决定测试的策略，不必强求一律，举一反三很重要。

小飞： 有时候我测试自己负责的功能比较多了，就想和别人换一换，有点新鲜感。不料荔荔拒绝了我的交换请求，说是没经过领导批准，是侵官之害。我只好和九条交换。

阿超： 我批准这样的交换，关键是找到 Bug。我们都是同一类工作人员，在事先通知和安排好的情况下，不存在"侵官之害"的问题。

小飞： 我发现随着 Bug 的增多，我既要验证以前的 Bug，又要发现新的 Bug，工作量越来越大，你们都是怎么做到的？

九条： 我一般都把一些比较稳定的测试写成自动测试，这样就减轻了我手工测试的压力。

13.5.4　练习——学习和使用多个平台上的测试工具

在本章中，我们介绍了不少 VSTS 的软件测试工具，请使用一些其他平台上的测试工具，并写博客介绍如何在你的项目中具体使用。

13.5.5　历史上的 20 大 Bug

http://www.devtopics.com/20-famous-software-disasters/

http://www.devtopics.com/20-famous-software-disasters-part-2/

http://www.devtopics.com/20-famous-software-disasters-part-3/

http://www.devtopics.com/20-famous-software-disasters-part-4/

如果你在这些项目中负责测试工作，你要设计什么样的测试用例才能发现这些 Bug？还有什么样的改进能避免 Bug 的发生？

丰田公司是一个世界著名的汽车公司，汽车上有不少软件，有些软件对行车安全起着至关重要的作用，这些软件有 Bug 么？请看这个报道：

http://dwz.cn/VOvZI

技术分析：

http://dwz.cn/1Fcocs

13.5.6　历史悠久的 Bug

这是什么样的 Bug？要过 37 年才修复？

http://dwz.cn/1hmq0K

http://dwz.cn/1hms0U

http://dwz.cn/1hmsfu

源代码作者是 Bill Joy，他最初写这个程序的时候犯错误了么？还是因为外界的变化使得原来没有 Bug 的程序产生了 Bug？

1　　提示：Suite 发音念作"sweet"，不是念作"suit"，多数学生都会念错。

2　　TDS 应该在设计阶段完成，为便于描述，作者把大部分与测试相关的内容放到这一章。

3　　参见《全程软件测试》作者：朱少民，电子工业出版社，ISBN 978-7-121-21903-0

4　　要注意，有些项目定义的"时限"是服务器处理的时间，不包括数据在网络传输和客户端浏览器（如：IE）显示内容的时间。

5　　信息来自美国西雅图波音公司的航空博物馆的介绍。

6　　Controller 和 Agent 要安装 VSTS 的特定组件后才能使用。

7　　请看：http://opinion.caixin.com/2015-12-07/100882641.html。

第 14 章　质量保障

- 理论和知识点

  软件的质量包括哪些方面，QA 和 Test 的区别和联系，如何衡量软件工程的质量，CMMI

14.1　软件的质量

从浪漫的角度看软件开发，人们不禁想象软件团队一开始就理解了用户的需求，完美的分析文档如高屋建瓴般流出，软件工程师在此基础上开发了各种完美的功能，按时交付给用户；用户一用就觉得特别符合自己的需求，皆大欢喜！然而所有的软件都没有这么浪漫。读者可以问一下周围的亲朋好友，大家使用的软件质量如何？相信回答绝不是"浪漫"。

什么是软件的质量（Software Quality）？

这个词应用非常广泛，在不同的语境中有不同的定义。下面是国际标准组织最近的定义[1]：

"Capability of software product to satisfy stated and implied needs under specified conditions."

还有：

"The degree to which a software product meets established requirements; however, quality depends upon the degree to which those established requirements accurately represent stakeholder needs, wants, and expectations."

这两个定义都强调了软件要符合用户以及利益相关者的需求。

有多种方式可以用来剖析软件的质量，关于这方面的学术论文也不少。在本书中，我们知道：

$$软件 = 程序 + 软件工程$$

那么我们可以套用这个公式，看看"程序的质量"和"软件工程的质量"如何影响软件的质量。就像下面这个公式：

$$软件_{质量} = 程序_{质量} + 软件工程_{质量}$$

14.1.1　程序的质量

程序的质量体现在软件外在功能的质量。衡量软件的功能，基本的判断可以用"是 | 否"来判定，例如，一个字处理软件能否通过拷贝 / 粘贴与其他软件传递信息。进一步，可以用复杂的多维度特性的综合指标来衡量，例如，衡量一个搜索引擎的质量，业界通常用准确度（Precision）和覆盖率（Recall）的综合指标 [2] 来表示。各种功能还有很多特性需要衡量，例如，网站显示查询结果的速度；订票网站能并发处理业务的吞吐量；支持同时在线用户的数量。程序的质量还有其他方面，例如用户体验的质量、国际化的质量和安全性的质量。我们还可以用其他数值来表示质量，例如第 16 章提到的 NPS。

14.1.2　软件工程的质量

软件的开发过程有三个主要的特性："好"、"快"、"便宜"。通俗的理解是"软件在功能、成本、时间三方面满足利益相关者的需求"。前面提到功能方面的质量与具体的程序相关，那么软件工程方面的质量就与"快"、"便宜"比较相关。一个团队也许可以靠一些特殊的办法来提高程序的质量（例如在交付之前通宵加班 [3]，或者在软件发布后，长期加班修复用户提出的问题），但是软件工程的质量需要长期的过程来提高。

软件工程的质量体现在以下方面。

- **软件开发过程的可见性（Visibility）**

  我们看这个项目开发过程中的场景：

  领导：进度如何？

  答：　可能快了。

  问：　能看看演示么？

  答：　嗯，不知道。可能到了项目的最后一天才能看……

上面的对话不能说明软件的功能如何（也许最后发现功能非常惊艳），项目的可见性是非常差的。不但是小规模、业余项目会出现这样的情况，大规模的专业团队也是如此。请看 8.6.1 节巴斯克的故事。

- **软件开发过程的风险控制（Risk Management）**

  软件开发过程中有种种依赖关系，有些项目的进展经常被这些因素打断，例如：①有个模块由其他公司提供，但是没有交付，我们也无能为力；②哦，这个平台的开发难度远超预期，我们也没有办法，只有延长开发时间；③程序改变架构之后，突然出现了许多问题，我们只好延长开发时间；④项目组有个成员离职了，他负责的模块别人都不懂，只好重新招人培养，并推迟交付日期；⑤服务器突发故障，所有源代码都丢失了，也找不到完整的备份，只好大大推迟交付日期。本书第 9 章有专门篇幅详谈风险管理。

- **软件内部模块，项目中间阶段的交付质量，项目管理工具的因素**

  软件团队开发的内部模块都不会交付给用户，但也要注意这些因素对最终软件质量的影响，例如：① 内部模块经常崩溃，延误开发；② 项目内部的里程碑实现质量太差，导致最终产品未能达到预期质量标准；③ 项目管理工具太难用，太繁琐，速度慢；④ 工具体现的软件工程流程与团队实际运作不符合；⑤ 并不是所有人都使用项目管理工具（例如很多人不想用规定的工具来跟踪 Bug）。

- **软件开发成本的控制（Cost Control）**

  成本包括时间和金钱等，例如团队眼看完不成预定任务，只好花钱请第三方帮助完成工作，从而付出巨大成本，影响团队的业绩。

- **内部质量指标的完成情况（Internal Benchmarks）**

  团队会在项目启动时制定一些内部质量指标，例如测试用例的数量、测试自动化的程度、每日构建的速度、自动部署系统的效率、代码覆盖率、文档的质量，等等。事情一多起来，很多都顾不上了。低劣的内部质量，会对产品的外部质量产生深远的负面影响。

14.1.3　软件工程的质量如何衡量

既然软件工程的质量对最终软件的质量有举足轻重的意义，人们当然希望衡量一下各个机构的软件工程质量究竟如何，其中一套比较成熟的理论是 CMMI（全称 Capacity Maturity Model Integrated，能力成熟度模型集成）。资料显示，运用 CMMI 模型管理项目，不仅降低了项目的成本，而且提高了项目的质量和按期完成率。因此，美国在国防工程项目中全面地推广 CMMI，规定在国防工程项目的招标中，达到 CMMI 一定等级的公司才有资格参加竞标。CMMI 虽然源于美国，但在世界各地都得到了推广，并被广泛采纳。一些以外包为主要业务的公司非常重视 CMMI 的考核工作。

实施 CMMI 的意义

CMMI 的实施能够提高企业的管理水平，降低企业的成本。CMMI 有以下几个等级。

CMMI 一级，初始级。在这一水平上，企业项目的目标得以实现。但是由于任务的完成带有很大的偶然性，企业无法保证在实施同类项目时仍能完成任务。企业在这一级上的项目实施对实施人员有很大的依赖性。

CMMI 二级，管理级。在企业管理级水平的项目实施上能够遵守既定的计划和流程，有资源准备，权责到人，对相关的项目实施人员有相应的培训，对整个流程有监测与控制，并联合上级单位对项目与流程进行审查。企业在二级水平上体现了对项目的一系列管理程序。这一系列的管理手段排除了完成任务质量的随机性，保证了企业的所有同类项目实施都会得到成功。

CMMI 三级，明确（定义）级。在定义级水平上，企业不仅能够对项目的实施有一整套的管理措施，并保障项目的完成，还能根据自身的特殊情况以及标准流程，将这套管理体系与流程予以制度化。这样，企业不仅能够在同类项目上成功地实施 CMMI，在不同类的项目上也一样能够成功地实施。

CMMI 四级，量化管理级。在量化管理级水平上，企业的项目管理不仅形成了一种制度，而且要实现数字化的管理。通过量化技术来实现流程的稳定性，实现管理的精度，降低项目实施在质量上的波动。

CMMI 五级，优化级。在优化级水平上，企业的项目管理达到了最高境界。企业不仅能够通过信息化和数字化来实现对项目的管理，而且能够充分利用信息资料，对项目实施过程中可能出现的次品加以预防。企业能够主动改善流程，运用新技术，实现流程的优化。

由上述 5 个级别可以看出，每一个级别都是更高一级的基石，要上高层台阶必须先踏上较低一层台阶。

CMMI 有两种不同的实施方法，其级别表示不同的内容。

1. **连续式**：主要是衡量一个企业在某一项目中的管理能力。它仅仅表示企业在该项目或类似项目中的管理能力达到了某一级别。

2. **阶段式**：主要是衡量一个企业的成熟度。也就是说处于某一阶段的企业，实施大部分项目都要达到某一要求。一般地讲，一个企业要想在阶段性评估中达到三级，则其内部的大部分项目都要达到三级，小部分项目可以在二级，但绝不能只有一级。

CMMI 在传统软件企业中取得了不少成效，但是在以互联网业务为主的中小企业里，它的效果还有待观察。

14.1.4　质量的成本

要达到一定的软件质量，是要付出成本的。戴明环（Plan-Do-Check-Act/Adjust）也有一个专门的 Adjust 部分。这些成本有被动响应的（例如应付各种故障），也有主动行动的（例如投资于学习或预防）。SWEBOK 特别定义了软件质量成本（Cost of Software Quality，CoSQ）的组成部分 [4]，其中包括预防、评审、内部故障、外部故障这四个方面，作者认为还要加上流程分析改进、投资改进等各种成本。

- 预防（Prevention）
  为了防止事故的发生，软件团队要在改进软件流程、质量检测的基本建设和工具（例如投入人力物力设计和实现测试框架、测试用例、测试工具等等）进行投资，为了预防团队因人员变动而导致无人能理解老的程序，软件团队要在培训、审核等活动上投入一定的时间。

- 评审（Appraisal）
  团队要投入人力物力做复审（需求文档复审、代码复审、测试用例复审），以及软件测试工作，有些时候还要评价外部公司提交的软件模块的质量。

- 内部故障（Internal Failure）
  在评审过程中发现的所有问题，都需要处理，这些处理的过程（改进文档、改进代码、改进测试用例等）都需要时间。

- 外部故障（External Failure）
  软件发布到用户手里，或多或少会出现各种问题，处理这些问题的流程也需要成本 [5]。

- 流程分析改进（Process Enhancement）

  一个项目里程碑结束后，团队成员要分析过去各个阶段的优缺点，并提出改进意见。团队经过讨论后决定实施合适的改进意见。详见"15.3 发布之后 —— 事后诸葛亮会议"一节。

- 提高职业技能（Enhance Professional Skills）

  见本书 3.1 节中提到的"软件工程师的职业技能"，这些技能有别于"技术技能"。

- 技术投资（Invest in Technology）

  开发、购买、定制、完善用于软件开发和软件工程管理的工具，并学习这些工具，争取发挥工具最大的效能。自学或参加培训、交流，学习新的技术，如新的语言、框架、人工智能的新发展等等。

举一个例子，移山公司的软件工程师果冻说他只有 20% 的时间用来写新功能的代码，其他时间都耗在软件质量成本上了：

- 预防：参加培训，学习和应用新的测试框架。
- 评审：给同事做需求文档复审、Spec 复审、代码复审，检查外包公司提交的软件模块的质量。
- 内部故障：忙着修复测试人员发现的代码错误。
- 外部故障：忙着调查和修复用户报告的错误。
- 流程分析改进：分析众多 Bug 产生的原因，忙着和队友讨论如何改进流程。参加敏捷流程的培训。
- 提高职业技能：参加一些学习班和讨论，琢磨如何提高自我管理能力。
- 学习新的技术：安装、试用新的开发工具，分析利弊。并和团队讨论是否立即采用这些新工具。

磨刀不误砍柴工，每个软件团队都希望看到在"磨刀"上的投资能在"砍柴"上尽快得到回报。

每一个工程师都愿意写新的功能，但也必须投入时间和精力去修复软件已有功能的质量问题。那么怎样才能提高程序的质量呢？这当然要设计师、项目经理、工程师以及测试人员一起努力才能做到。

14.2　软件的质量保障工作

从上面的叙述中不难看出，软件的质量保障（QA）和软件测试（Test）是有很大区别的。然而，当前 IT 业界经常混用 QA 和 Test 这两个名词，很多团队的 QA/Test 工作是在较低水平上重复。这引发了一些相关的讨论。

1. 测试的角色（Test）要独立出来么？
2. 独立出来的测试角色怎么才能发挥作用？
3. 有些成功人士或公司认为独立的测试角色不应该存在，你怎么看？

一位曾在微软和雅虎工作过的程序员，有这么一个论断：大多数的开发团队并不需要一个独立的测试角色[6]。这引起了中国 IT 业界的热烈讨论，其中一篇影响较大的文章是"我们需要专职的 QA 吗？"http://coolshell.cn/articles/6994.html

首先，要明确两个概念，在"现代软件工程"的上下文中我们一直使用下面的定义。

软件测试（Test）：运用一定的流程和工具，验证软件能实现预先设计的功能和特性，工作的流程和结果通常是可量化的。例如，测试用例、Bug、代码覆盖率、MTTF、软件效能的参数，等等。正因为流程和结果是明确定义的、可量化的，所以很多测试工作可以自动化。

软件质量保障工作（Quality Assurance）：软件团队为了让软件达到事先定义的质量标准而进行的所有活动，包括测试工作。

14.2.1　测试的角色（Test）要独立出来么

首先，有分工是好事，软件团队中应该有独立的测试角色。所有人都可以参与 QA 的工作（报告 Bug 什么的），但是最后要有一个角色对 QA 这件事负责。不但角色要独立，而且在最后软件发布时，必须得到此角色的签字保证（Sign Off）。分工是社会和行业进化的结果，开发和测试其实是软件工程的两个分支，对于不同的软件 / 服务，测试的方式和程度都有所区别。独立的测试角色从用户的角度出发验证产品质量。独立专业的测试等同于代表客户对产品进行认证。

亚当·斯密[7]认为，分工的起源是由于人的才能具有自然差异……

> 假定个人乐于专业化及提高生产力，经由剩余产品之交换行为，促使个人增加财富，此等过程
> 将扩大社会生产，促进社会繁荣，并达私利与公益之调和。

他列举制针业来说明。

> "如果他们各自独立工作，不专习一种特殊业务，那么他们不论是谁，绝对不能一日制造二十枚针，说不定一天连一枚也制造不出来。他们不但不能制出今日由适当分工合作而制成的数量的二百四十分之一，就连这数量的四千八百分之一，恐怕也制造不出来。"

> 分工促进劳动生产力提升的原因有三：第一，劳动者的技巧因专业而日进；第二，由一种工作转到另一种工作，通常要损失不少时间，有了分工，就可以免除这种损失；第三，许多简化劳动和缩减劳动时间的机械发明，只有在分工的基础上方才可能。

我们看团队形式的职业体育比赛，各个位置的分工都很明确，拿足球来说，有专注进攻的，有专注防守的，那些伟大的前锋大多数只管一件事——进攻。

当然，一些球赛有时候也没有分工，原因有好几个：

- 事太小，几个小孩踢个半场。
- 无知，小孩们刚开始玩球。
- 人手不够，一对一打篮球，你要参与防守么？沙滩排球，两人都是全攻全守。

如果你的软件团队做的事情和上面的情况类似，那当然不必分工。你们做的很可能不是商用软件，你的软件团队大概也不用受什么软件工程规律的束缚。正如本书前面提到的，也许还处在"做纸飞机"那种幼稚而无忧无虑的阶段。但是，任何产业成熟到一定阶段，独立的质量保障角色都是不可避免的。团队内部有 QA 角色，团队外部也有独立的 QA 角色。以药品和食品为例，除了生产厂家自己的检测之外，这些产品还要接受行业主管部门相关机构的检测和认可（药品检验，食品检验），才能上市。出现争议时，还要由第三方机构来进行测试或认证。

也许有人这样建议：

> 这些药品都是药厂同一批工人一边制造一边测试出来的，特别有保证！不用再请第三方测了，赶紧吃了吧！

也许还有人这样建议：

> 这个十字坡夫妻店的农家饭都是他们自己亲手做的，很可信，咱们今晚就去吃饭，顺便住一宿吧！

我们经常使用的电子产品，从大彩电到电源插座，都经历了很多团队内部的和外部的测试。随手拿来一个电器，你会在背面看到密密麻麻的小字，其中肯定有下列标记之一：

图 14-1　各式各样的正规质量保障标记

没有这些标记的电子产品，市面上很少看到。我们也看到过新闻报道，说某消费者买了路边无质量认证的充电器给手机充电，结果发生爆炸的事情。

在软件和互联网产业，目前没有这些认证，相反的，倒是有"人肉认证"。

你想申请某个著名专业网站的账户或者邮箱，但是又担心这个网站对用户信息的保护程度不够。有人说，没关系的，这个网站的创始人也在用，CTO、总监什么的还经常发安全相关的微博，账户一定是非常安全的！这里不存在独立的质量认证，只能通过人肉（创始人 /CTO/ 总监）来认证产品的质量。

另外一种安全的幻想是，"我想别人都用过了这个模块，而且它又是开源的，一定有很多人检查过了，所以它一定是安全的。"开源运动的推动者也提出 "given enough eyeballs, all bugs are shallow" [8] 这一口号，但是软件工程的专家们并没有找到证据，说明发现 Bug 的容易程度会一直线性地随着看过代码的人数而提高。

其实这种"人肉认证"和幻想未必安全。从 2011 年开始，我们就看到下列这些报道。

- 2011 年 12 月，CSDN 等国内知名技术网站上百万名用户的登录名、密码及邮箱泄露，原因之一是使用明文密码 [9]。

- 搜狐邮箱用户存在密码被重置的危险，原因之一是设计缺陷，申诉页面的源代码里存储了提示问题和问题答案 [10]。

- 开源工具库 OpenSSL 出现两个严重的安全问题：

  - 1998 年 OpenSSL 首次发布以来就一直存在一个安全漏洞，直到 2014 年才发现 [11]。

  - Heartbleed（"心脏流血"）漏洞是在 2011 年新年 OpenSSL 进行升级时引入的，2014 年才发现，影响全球约五十万个网站，可能导致数以亿计的用户密码信息被泄露 [12]。

- 2014 年 9 月，专家发现目前广泛使用的 Unix/Linux 操作系统上的 Bash 软件存在一个严重的安全漏洞，这个漏洞从 1989 年起就存在了 [13]。
- 2015 年 9 月，安全专家发现很多中国开发团队为了方便，采用了在网上流传的 XCode 开发环境，而不是去官网下载正式版。导致用这个环境开发的 iOS App 留有后门。这样的后门会导致产品和用户的各种运行数据泄露。谁会想到开发环境也有人搞鬼啊！这进一步说明：软件工程的每个环节都需要考虑质量，而不只是"测试环节"而已 [14]。

登录一个网站时，如果网站有第三方的认证**"此网站对用户信息的保护程度是 X 级，我们认证它不会用明文存储用户密码……"**，我就放心了。在第三方认证出现之前，我希望团队内部至少有独立的 QA 角色，来确保软件的质量。否则我是不乐意使用这些软件或服务的。互联网服务的各种认证也在发展，例如 Verisign 公司 [15] 提供的各种认证。

14.2.2 和测试角色相关的问题

有了独立的测试角色之后，是不是就万事大吉了？未必，分工意味着一件事要分给别人去工作。让别人做事，并且依赖别人做出的结果，这会出现一些问题。

问题 1 既然有专人负责，那我就不用负责了！

生活中有一个常见的歪理：既然有清洁工，那我乱扔点儿垃圾算什么，这才是他们的工作啊！

尽管有专人负责测试工作，但是保证质量仍然是所有成员的职责。软件团队中的一些人往往在有意无意中忘记这一点。最常见的现象是开发人员写好一个功能之后，迫不及待地宣布成功，然后希望测试人员去发现所有问题。如果问题在发布后才被发现，开发人员会说——测试人员怎么搞的，这种 Bug 都没找出来！？

曾经，我主管的某项目有重要的改进，这个改进经过研究员的研究、开发人员的设计、美工的美化、两个开发人员的配合实现、项目管理人员的督促、测试人员的测试，最后所有人都号称做好了，上线了！为此，我约了某个目标用户给他做实地展示。开始进行的不错，马上最重要的杀手级功能（Killer Feature）就会出来了……嗳，预想的效果怎么还没出现呢？再试试，还没有？各相关人员面面相觑，大家小声说：

"我不是把那个新模块给你了么？"

"我就是照着那个接口实现的啊……"

"我不是已经交给那啥……"

"所有的 Bug 不是已经都搞定了么……"

演示在尴尬中胜利结束了。

后来查问题的根源，这个复杂的功能由于两个模块的接口在最后没有同步，某重要的参数被忽略了，这个功能中最出彩的部分压根就不可能工作！那负责测试的角色怎么解释"所有测试用例通过，同意发布"呢？

这还是开发人员引以自豪的"杀手级功能"，那其他普通的功能是什么命运呢？

回过头来，我们可以问：

- 这件事真的要通过这么多环节么？
- 测试人员真的知道最最关键的地方如何测试么？
- 在系统上线之后，所有为这个功能感到自豪的人是否去实地测试过呢？

一个开发人员应该负责下面"开发功能"右边的几个圆圈呢？

图 14-2　开发人员应该负责多少事情

问题 2　盲目信任"专业人士"扮演的角色。

每个角色的水平不一样，水平最差的角色往往对软件质量的影响最大。有一年，我们团队要为自己开发的软件写一段英语介绍。团队成员都是通过四六级英语考试的牛人，可他们都很谦虚，非要请一个专业人士来写不可。于是找了一个专业人士，求了好几次（专业人士很忙的），在软件上市之前才拿到专业的文案，于是，几个人把文稿复制 / 粘贴几次之后，软件就向全世界发布了。

这个文案第一句就是热情洋溢的设问句："Have you ever think about …"随后还有几处非常明显的语法错误。这个软件吸引了不少评论文章，有旁观者说，从介绍文字的几处典型中国式语法错误（Have … think）来看，这个软件是在中国搞出来的……

回头来看，我们可以问两个问题：

- 这件事真的要专业人士来做么？
- 专业人士做完之后，谁来负责测试？

即使有专业人士扮演各种角色，还得有专人独立地检查验证质量。

问题 3 为了自己的角色而做绩效优化。

分工之后，每个角色为了自己的绩效而优化，会出现局部最优而全局未必最优的情况。

我们团队的另一个移动应用也要发布，这次专业人士又出手了，写了 175 个英语单词的介绍，极尽溢美之词，而且找不到明显的语法问题！这的确是一种局部最优了。但是专业人士完全没考虑到用户在小小的手机屏幕上有多少耐心读完那么多形容词和状语从句。经过简化，我们把它减少到 78 个词，勉强能放进手机的两个屏幕。

如果要以"产出"来评价某个角色的绩效，可以看看这个包装设计的视频：

http://dwz.cn/1Fdr4V

回头来看，不妨问问：

- 这些事真的要让与项目无关的专业人士来做？
- 向专业人士描述需求时，是否花了足够的时间让对方理解我们要的是什么？
- 专业人士做完之后，我们要做什么样的 QA？光保证没有明显的语法错误就够了？

很多年前，我曾在一个软件团队里负责测试工作，职责之一是编写各种测试用例，以保证系统的代码覆盖率达到 80% 以上。做过实际项目的工程师都知道，程序里的很多语句是用来处理种种异常情况的，这些情况大多都不会发生。但是若这些语句未被覆盖的话，这个模块的覆盖率就会下降，我就达不到 80% 的目标。所以我花了很多时间构造各种奇怪的测试数据，把程序中的那些犄角旮旯都尽可能覆盖掉。至于这些犄角旮旯在实际中是否会发生，对用户的影响如何，程序是否应该这样设计，我都不太关心。只要覆盖率达到 80%，老子的活就干完了！

问题 4 画地为牢的分工。

在一个长期而复杂的项目中，我要求所有新来的成员，包括外包公司的新成员，在加入团队时，找到系统当前 100 个数据方面的问题，并用内部工具修复。我认为这能有效地让新人了解系统的复杂性、弱点和维护的流程。外包公司的员工很爽快地答应了，但是我们的一些专家反而有不同意见。专家认为，外包公司的人是来做**测试用例的设计**，所以不必做其他事情，我们期望他们一上手就能**设计出高质量的测试用例**，不应该给他们那些**低级的手工操作任务**……

理论上这都是非常有道理，但是如果这些人没有亲力亲为地在这个项目中做一些具体的事情，他们怎么能"设计"出高质量、有实际意义的测试用例呢？

有时分工导致链条过长，信息丢失。一个开发者对自己写的程序有什么潜在问题还是很有感觉的，有些问题可以用文字表述出来（如果开发人员有耐心的话），有些问题是一些预感……现在都交给别人测试了，那好，让他们测吧，我也懒得说了。

分工还可能会导致一个软件的灵魂被切碎分给各个"角色"，每个功能都做得很卖力，但是整体就是不太行，明显看出来是费了老大的劲给强行"集成"起来的。

问题 5　无明确责任的分工。

在我写第一本书的时候，编辑部告诉我他们会对书稿进行初审、二审、三审等，每个环节要花几天时间。作为出版界的外行，我理解这些都是 QA 的阶段，等过了二审的时间，我就发信去问，负责二审的专业人士找到了什么问题了？回答语焉不详……一个问题都没找到？但是从编辑部的回答来看，二审不二审，似乎没什么影响。其实这本书的小问题还很多，在出版之后，都被读者发现了。

我们对二审这个角色有什么可以量化、可以核查的责任要求？

我们对"一本书的质量是 X"的信心是 Y，刚开始组稿的时候，X 的取值范围非常大（烂书…一般…好书…年度大卖…永恒经典），信心也比较低。经过每一个 QA 环节，我们都应该把 X 的范围缩小，把信心值 Y 提高。

例如：二审之后，找到了 20 个严重问题，100 个小问题，因此我们有更大的信心认定这本书是一本烂书（如果不做改进的话）。

再如：二审之后，找到了 10 个小问题，确信没有更严重的问题了。因此我们有更大的信心认定这本书是一本好书。

……

把"书"换成"软件"，"二审"换成"测试"，同样道理。

从上面举的例子可以看到，分工之后，的确会产生很多问题。但是解决的方案是什么呢？是取消分工，让开发人员顺手做测试人员的事情，顺便把项目管理、美工、市场推广、客服都干了？显然不是。

请注意我们提到了"角色"，角色是由人来扮演的，如果一人扮演了"开发"的角色，又能扮演"测试"的独立角色，这当然很好。但条件是他要以"独立"的心态测试，而不是想："这代码就是我写的，哪会有什么错……"便草草了事。

那么独立的测试角色怎么才能发挥最大作用？从上面的坏现象中，我们不难总结出来。其实MSF 原则都讲到了。

- 充分授权和信任（Empower team members）
- 各司其职，对项目共同负责（Establish clear accountability and shared responsibility）

有些成功人士和成功的公司号称没必要设置独立的测试角色（Test），你怎么看？

我猜想和踢足球类似，还是那几个原因：

- 人太牛：不世出的天才，例如高德纳写书的时候发现排版软件不好用，就自己写了一个。也没听说他为这个软件项目请了什么独立测试人员。对了，他不读 Email 已经很多年，有秘书帮他处理这些事 —— 这也是一种分工！
- 事太小："我写了个小类库，全部自己测试。"这当然不错。为了玩得爽，不妨打破束缚，诸法皆空，挺好。参见"写了再改"的开发模式。但如果顺水推舟，推广到所有情况，从而得出"程序员就应该自己测试，独立测试不必要"这样的普适结论，那就过头了。
- 人不够：那就自己动手多做一些事情，也挺好。就像前面提到的，一个人扮演多个角色，只要能入戏就行。
- 条件特殊：近年来，软件产业百舸争流，鱼龙混杂，在海里裸泳的弄潮儿也不少。在有些情况下（例如一窝蜂模式，主治医师模式），强力的 Dev 是可以搞定很多事情。运用之妙，存乎一心。

引起网上讨论的两篇文章在这里：

http://www.aqee.net/on-testers-and-testing/,

http://www.quora.com/Is-it-true-that-Facebook-has-no-testers

其中第二篇文章中打分最高的回答来自 Facebook 前雇员埃文·普里斯特利（Evan Priestley），

他总结了这家公司为什么貌似没有全职测试人员：

a） 全公司人员经常使用自己的软件产品！（如果你开发的软件是航天飞行某控制模块，你怎么能经常使用呢？）

b） 使用日志（log）来分析问题可能出在哪里。（我们的一些程序员写程序都没有日志，那大家看什么呢？）

c） 利用用户的反馈和实时状态分析（比较过去一小时和上周同一时间的数据来判断是否有 Bug）

d） 应用开发商给 Facebook 报 Bug。（开发商其实比较不爽，但是 Facebook 有时就是毫无预警地修改 API，你除了赶紧报 Bug，还能怎么着？）

e） 很多人自愿给 Facebook 报 Bug，这位贴主自称每月给他的前雇主报 13,000 个问题。（没错，是每月一万三千个！）

f） 最后这位前雇员还加了一句：还有一个原因是，Facebook 大体上也不需要搞出太高水平的软件。

当你的公司也能有 a）到 e）这样的文化、流程、开发商和给力的前员工，而且你的软件"大体上也不要求太高质量"，你的确不需要什么全职测试人员！另外要说明的是，随着 Facebook 公司的发展，它的工程师们要做越来越多的单元测试、浏览器自动化测试和手工测试。

微软是怎么做的呢？就像 MSF 原则讲的那样，有分工，有合作。微软开发测试主要有三种角色：

- SDE：Software Design Engineer，开发工程师，简称 Dev
- SDE/T：Software Design Engineer in Testing，也写代码，但是重点在测试
- STE：Software Test Engineer，测试工程师

对于如何更有效地开发互联网应用，微软的很多团队都做过不少探索。例如一些团队尝试把 SDE 和 SDE/T 合成一体，每个人都负责开发 / 测试 / 发布这一整套流程。根据我的观察，这么做，有好处，也有额外的成本。在这方面，还是那句话，"No Silver Bullet"。

一个工程师的确可以兼顾其他角色的工作，如果取代所有角色的工作，就是一个"全栈工程师"（Full Stack Engineer），这样的能力值得钦佩，但是实际效果呢？你见过一个乐团的优秀小提琴手在交响乐演出的时候在台上跑来跑去，搞定其他所有乐器的么？

总结

分工是社会和行业进化的结果。开发和测试其实是软件工程的两个分支。不同的软件和服务需要不同方式和程度的测试。独立专业的测试角色等同于第三方代表对产品质量进行检测和认证。

那么，一个团队应该如何培养和安排各个角色呢？我认为：

- 在初始阶段（新项目，团队进入一个新领域，人员刚进入一个项目），每个团队成员都要尽量打通各个环节，多负责，把所有事情都搞懂，培养通才。
- 当项目/产业发展到一定阶段（进入阵地战的时候），要大力提倡分工合作，培养专才。
- 做好自己项目的架构和流程，让所有人都能比较轻松地开展质量保障工作。
- 培养"大家都要做 QA，专人负责量化的测试，有条件多做测试自动化"的文化。
- 弄清楚自己项目的特点，人员的特点，产业特点。避免简单照搬别人的做法。不要听说某某伟大的系统的开发/测试比例是多少，就哭着喊着也要同样的比例……

14.3　练习与讨论

更多内容和讨论请参见：http://www.cnblogs.com/xinz/p/3857368.html

1.　如何衡量软件工程的质量

在本书开头我们讲了如何证明自己做好了软件工程：

- 研发出符合用户需求的软件
- 通过一定的软件流程，在预计的时间内发布"足够好"的软件
- 并通过数据和其他方式展现所开发的软件是可以维护和继续发展的

我们能否量化上面提到的这些要点呢？小组的同学可以想出一些指标，也可以从文献中查到学术界的论述，还可以通过实践来总结。

下面是一些常用的量化指标：

1）软件 CC 后 DCR 的数量

2）用户的好评/差评（例如 AppStore 的 5 星级评价）

3）在 CC 后发现的 Bug 的数量

4）文档的完备性和准确性（用百分率表示）

5）修复 Bug 所需的平均时间

6）单位开发量（人 * 月）出现的重大 Bug 的数量

7）测试用例的覆盖率

8）模块的复杂程度 （用工具检测并有量化结果）

9）代码的行数

10） 文档的数量和复杂程度

11） 有多少代码被重用了

12） 平均每天构建失败的次数

13） 软件实现了多少功能点

14） 软件能运行多久， 平均初次错误时间（Mean Time To Failure）平均无故障时间（Mean Time Between Failure）……

团队可以选取 7 个指标（包括自己想出的指标），然后在项目中计算这些指标并跟踪。

2. 测试人员的职业发展

经过细致的分工之后，每人负责一小块东西，怎么才能体现出个人独特而巨大的价值呢？例如，你刚到一个软件公司，领导让你做“测试”这份工作，你怎么才能展现出你独特的价值呢？

请找到几个软件测试工程师（例如，软件学院的测试专业早几年毕业的师兄师姐，测试论坛上活跃的用户，软件公司的测试人员），向他们了解并探讨测试这门专业的特点和发展前景。

3. 独立测试团队的价值

果冻： 我听说有一个大型团队开发客户端软件，他们进行了改革，去掉了测试（Test）这个角色，原来测试的人员或者离职，或者做收集用户数据的工作。领导设计了下面的“更好的计划”：

所有开发人员都做测试

一个新功能从开发的各个发布圈子到外部，有严格的使用时间 /bug 标准，达不到标准，就不能发到下一个版本。

所有的功能都有一个“开关”，新功能只有在“开”的情况下才有。默认一个新功能是“关”的，开发一个新的工具去管理这个渐进发布的开关在各级发布圈子的开关情况。

阿超： 这个改革我也听说了，愿望是良好的，但是在实践中有下面问题：

1）没有测试，就没有人给第一时间的反馈，特别是各种非主流配置下的非主流使用场景。例如，我们想测试各个模块如何处理闰年的 2 月 29 号（闰年的最后一天），我们要等到实际闰年的时候，才能让用户帮我们测试么？

2）严格的时间标准听起来很好，但是这个时间是某个版本在某个目标用户手上的时间，这些目标用户都有自己的日常工作要求，不会像测试人员那样去全面和深入测试，更没有任何动力去整天测试。

3）如果有专职测试，他们就可以在较短时间内完整测试，给出有信心的"go/no go"判断。而不是要等一帮 dogfood 用户 N 天的使用。这个规定比较僵化，不能处理一些比较紧急的情况，例如，需要 3 周就上线，但是规定要求必须走两个环，每个环要强制 4 周的使用时间。

4）用户报告的 Bug 很多，很多开发人员在自己的机器上试了一试，发现无法重现，于是就标上"无法重现"(not reproducible)，就把这个 Bug 关闭了。岂不知这个在用户的环境中是的确发生了的！但是没有专业测试团队试图重现这个环境，开发人员只有有限的配置（而且从处理器，内存，网速，都是高端，干净的配置），也没有精力和动力去找到如何能重现这个 Bug 的环境。

"快速重现用户报过的 Bug"这是专业测试人员的价值所在。没有测试人员之后，开发人员并没有负责这个新的任务，他们的主要目标还是"快速开发功能"。

5）针对这些 Bug 的修复也要一级一级地发出去，增加很多成本。

6）质量控制的核心是：尽早，高效地找到 Bug，一个专职的测试团队就能做到这些。全部依赖于社区，会出现很多副作用。还是那句话，没有责任，就没有质量。

果冻： 但是这样的安排，如果每一个环节都正确发挥作用，那是多美妙啊！

阿超： 当然，项目管理要讲究风险管理，这么多环节中，如果有一个环节是不受这个团队控制的，这个环节可能会给产品质量带来很大的破坏，那还不如自己来控制。

自己控制：

开发团队 <--> 测试团队（测试团队可以马上提供反馈）

不受控制：

开发团队 --> 发布团队 --> 普通用户 --> 在实际使用中送回反馈 --> 数据团队收集，展现 --> 开发团队（时间延迟太久，不受自己控制的环节太多）

（请在网页看链接：http://cnblogs.com/xinz/p/4470424.html）

1　ISO/IEC 25010:2011 Systems and Software Engineering—Systems and Software Quality Requirements and Evaluation (SQuaRE)—Systems and Software Quality Models, ISO/IEC, 2011. 和 IEEE P730/D8 Draft Standard for Software Quality Assurance Processes, IEEE, 2012.

2　参见：http://en.wikipedia.org/wiki/Precision_and_recall

3　大学里做软件工程大作业的时候是不是这样？

4　参见：IEEE Computer Society. Guide to the Software Engineering Body of Knowledge (SWEBOK(R)): Version 3.0. IEEE Computer Society Press，2014.

5　作者 1997－2003 年在微软 Office 团队工作时，除了开发将要发布的产品，还要抽时间给前一个版本打补丁（Service Pack 1，SP1），为更早版本打第二次补丁 SP2。

6　参见：http://www.aqee.net/on-testers-and-testing/

7　参见：http://baike.baidu.com/view/7167245.htm

8 来自于《*The Cathedral and the Bazaar*》作者：Eric S Raymond，ISBN: 978-0-596-00108-7

9 参见：http://www.wooyun.org/bugs/wooyun-2010-04728

10 参见：http://baike.baidu.com/view/53445.htm

11 参见：http://tech.sina.com.cn/i/2014-06-06/08029421207.shtml

12 参见：http://en.wikipedia.org/wiki/Heartbleed

13 参见：http://en.wikipedia.org/wiki/Shellshock_(software_bug) 和 http://coolshell.cn/articles/11973.html

14 参见：http://finance.sina.com.cn/chanjing/gsnews/20150921/122023304367.shtml 和网上的讨论。

15 参见：www.verisign.com

第 15 章　稳定和发布阶段

- 理论和知识点

  软件项目的会诊（Triage），软件按时发布的招数：Alpha Release、Beta Release、DCR、ZBB，项目的总结和回顾

15.1　从代码完成到发布

一个团队经历了计划 / 设计 / 开发等阶段，达成代码完成（Code Complete）这一目标，似乎后面的事情就水到渠成了。其实不然，软件生命周期的最后阶段往往是最考验团队的，不但考验团队项目管理水平、应变能力，也考验团队的"血型"。原计划的软件发布时间快到了，但是软件还是有各种问题，怎么办？优秀的软件团队会发布有已知缺陷的软件么？在我看来，与人类的血型类似，软件团队也有"血型"，也可以分为 4 种。

A 型：他们知道优秀的软件公司会发布有已知缺陷的软件

B 型：他们不相信这一点

O 型：他们不知道这一点，因此嘴巴惊讶成 O 型

AB 型：他们对于自己开发的软件是 A 型，对于别人开发的软件是 B 型

B 型人士会发现搞软件开发是很痛苦的事。要说明的一点是，所有软件公司都希望在修正所有缺陷之后才发布软件。但是，第一，什么叫"缺陷"？如果只是一些无关大局的问题，用户可以绕过去的，我们非得马上解决么？第二，什么叫"改正"？如果修正方案中又有"缺陷"怎么办？做商用软件的人都在为此苦恼，只有优秀的软件公司能找到一个平衡点，**及时发布能够**

解决用户问题的软件，并且能**及时**修改软件中的问题——注意，这两个"及时"并不一定是同一时间。做"大作业"的软件（比如为了演示、交作业）可以不用管这两个及时，交了卷，就万事大吉了。

说到"质量"，我们不提"全面质量管理"，因为大家都讲"全面质量管理"，往往意味着我们的质量管理没有抓到点子上。而且有些庸人往往会以"高质量"为由，阻碍正常的工作进程。而那些口口声声要求"高质量"的人士，往往是出于下列原因：

1. 缺乏对用户、行业、软件开发的洞察力，对于"高质量"并没有具体的定义。

2. 没有具体的招数让软件达到所谓的"高质量"。

3. 害怕真实世界的反馈，因此不发布软件，能拖一天是一天。

有人会举出世界著名的公司为了"完美"而不惜推迟发布时间的例子，例如苹果公司的一些产品，著名的游戏"永远的毁灭公爵"，等等……请问：iPhone 的第一个版本是完美的么？它连复制 / 粘贴的功能都没有[1]，但它还是发布了。

那么，从软件的代码完成（Code Complete）到最后发布，我们要经历哪些步骤，有哪些招数让我们能以比较大的共识、比较小的痛苦走完这段流程？需要什么样血型的团队才能按时推出优秀软件？

我们先来看看一些常用的名词。

Alpha：指集成了主要功能的第一个试用版本。在这个版本中有些小功能并未实现。事实上很多软件的 Alpha 版本只是在内部使用。给外部用户使用的 Alpha 版本会起一个比较美妙的名字，例如，技术预览版（Technical Preview）。

Beta：功能基本完备，稳定性较 Alpha 版本高，用户可以在实际工作中小范围使用，可以有 Beta1、Beta2、Beta3[2]……

ZBB（Zero Bug Build）：某天的版本要把在之前（例如 48 小时前）记录的 Bug 都解决掉。

RC（Release Candidate）：发布候选版本，RC1、RC2……直到 RTM 为止，版本间隔时间较短。

RTM（Release To Manufacturer）：最终发布版本。如果某一个 RC 版本没有很大的问题，那么这一 RC 就会成为最终的版本，通常情况下，软件公司会把最终的版本和相关的文件及其他资料交给另一个团队（Manufacturer）去包装、刻制光盘。在 App Store/Marketplace 的年代，我们有相应的 RTM（Release To Market）。

RTW（Release To Web）：和 RTM 类似，对于网络应用来说，我们无须依赖"Manufacturer/

Market" 制作软件的光盘或者管理软件的发布渠道，但是要依赖 "Web" 来发布我们的最终版本。如果软件产品是一个网站服务，则一般会交给网站运营团队（Operation Team）去管理，这样的发布也可以叫做 RTO（Release To Operation），运营团队和研发团队一起决定什么时候系统上线（Go Live）。把软件提交到各个应用商店则可以称为 Release To Store。

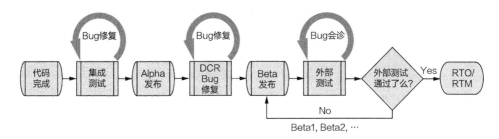

图 15-1   从代码完成到最终发布软件

15.1.1   会诊小组（Triage Team）

软件团队的各个角色代表（PM/Dev/Test/UX 等）组成了会诊小组，处理每一个影响产品发布的问题。打个比方，就像医院的门诊或急诊室（Triage Room），一下子涌入很多病人，但是医院里人手和设备有限，值班的医生护士要根据病人的情况安排不同的处理方法。大家的血型和勇气在这一次次的会诊中得到了展现。下面的招数都是在会诊小组的领导下进行的。

对于每一个 Bug，会诊小组要决定采取下面哪一种行动：

- 修复（Fix）。小组同意修复这一问题。
- 设计本来如此（As Designed）。用户或测试人员可能对功能有误解，或者功能的解释不完备。
- 不修复（Won't Fix）。这是一个问题，但是这个软件版本不打算修复。
- 推迟（Postpone）。如果我们的软件是真正解决用户问题的，是有价值的，那它一定会有下一个版本。

在大型复杂项目中，软件团队还会做更多方面的考虑。

15.1.2   复杂项目的会诊

在稳定阶段的初期，团队只要决定需要修复哪些缺陷，然后团队成员就会进行必要的设计、实现、测试工作，并签入代码修改。但是，随着项目进展和发布日期的临近，团队还要保证修改方案不会给产品带来负面的影响。这时，会诊会议也会有更高的要求，包括以下三个方面：

第一步：开发者提交参加会诊的 Bug 和修改方案。

第二步：会议决定是否同意修改方案。

第三步：执行。

详细说明如下：

第一步：开发者提交参加会诊的 Bug 和修改方案，以及伙伴测试结果。

开发者必须向与会者报告的是：

1. Bug 是什么；

2. 危害是什么，如果不修复，有何后果；

3. 用户会有什么变通办法；

4. 是否经过代码复审，是否经过伙伴测试。

第二步：会议决定是否同意修改方案。

决定哪些缺陷必须现在就进行修复，哪些可以推迟到下一个里程碑。会诊应该对每一个修复选择下列处理方式。

1. Must —— 必须修复，缺陷很严重，修复方案可行，相关的测试都通过。

2. More Info —— 需要更多的信息，可能的原因有：

   1）缺陷的影响不明确，例如，这个缺陷是在任何情况下都发生，还是只在某一特定情况下才出现？后果如何？因此不能马上做出决定；

   2）相关的测试不完备；

   3）解决方案有缺陷（会诊会议成员可以复审解决方案和代码的改动）。

3. No —— 不能接受，可能是推到下一个里程碑，可能是提出的解决方案不符合要求。

4. Like —— 可能，不一定必须修复，但是解决方案相对比较安全。在更复杂的项目中，可以考虑引入这一个中间的状态"Like"（在相对简单的系统中，这个选项可以不用）。如果在今天的会诊中有"Must"，那么处于待命状态的"Like"修复就可以一起集成到代码库中。如果没有"Must"级别的修复，那么"Like"级别的修复就只能处于"待命"状态，直到以后出现了"Must"级别的修复为止。

如果再也没有 "Must" 的修复，咋办？这些 "Like" 的修复只好等到下一个里程碑了。这样做的好处是最终发布的版本不会因为一些小的修复而不断地更新，消耗过多的测试资源。

对于管理团队来说，重要的是要通过每天的会诊让团队了解 Must/No 的标准，帮助团队的成员了解整个项目的现状。举例说明，在每一次会诊之后，列出下面的两个极端情况：

1. 刚超过门槛的修复（The lowest "Must"）—— 意味着这个修复可以集成到 Release 代码库中。

2. 刚好达不到门槛的修复（The hardest "No"）—— 意味着这个修复不能集成到 Release 代码库中。

项目接近尾声时，要确保门槛越来越高。今天的 "Must"（超过门槛的修复）必须比昨天及以前的 "No" 严重性要高，这样才能不断提高系统的稳定性。

小飞：这个 "Bug bar" 越来越高，事实上是说有更多的 Bug 会留在软件中，这是不是意味着在最后关头忽略质量？

阿超：提升 Bug bar 是放走一些无伤大雅的 Bug，换取项目能如期完成。其指导思想是抓大放小，既然没法全解决，就集中精力解决最重要的 Bug。避免频繁地到处改动代码而引入新的 Bug，是以谓之 "稳定"。但是，我们还是会研究 "为什么在产品后期才发现这样的 Bug？早干什么去了。" 这些问题会成为我们 "事后诸葛亮" 会议的议题。

小飞：但是我们好不容易准备了充足的材料，然后会诊说 "no"，我们的努力就白费了？

阿超：你做的所有这些准备工作，都是必要的，只不过是在最后阶段比较关键，要求提供完整的材料，并不是说以前就可以随意签入修改。另外，有些修改，可以签入到另外的源代码分支中。比如我们有 beta-release 分支，有 main 分支，一个修改可能没必要签入到 beta-release 中，但是可以签入到 main 分支中。

15.1.3 招数：设计变更（Design Change Request）

经过 Alpha/Beta 阶段，移山团队收到了不少用户的反馈，有些是意料之中的，有些是意料之外的。大家都看到，原来的设计也有不少要改进的地方。有了用户反馈，大家也能够取得比较一致的意见。另外，大家也有了很多新想法。一时间，众说纷纭，很多人都嚷嚷着 —— DCR，DCR！

重写或重构

小飞：我们的某某模块真是太烂了，我觉得必须重写，而且现在又有了新的技术叫"我佩服"（WPF）[或插入任一最近时髦的技术]，它能做很酷的效果，为什么不呢？

二柱：我们先要看看，原来烂到什么程度，现在是否能完成功能？你所说的问题有多严重？是功能不能实现？或者界面有问题？或者不能扩展（例如：不能支持更多用户）？

大栓：另外，是重构，还是重写？

　　　重构——在尽量保持原有界面的基础上优化部分代码。

　　　重写——重新实现原有功能，同时，要分清是全部重写原有功能，还是偷偷加上许多新的功能（Feature Sneak）？

小飞：咱们找领导去，超总，看看我新写的功能。

阿超：你不是在修复这个模块的 Bug 么？怎么开始写新的功能了？

小飞：对，不过你是不是觉得我加的这个新功能很酷，嗯……现在是有点慢，但是如果数据库再做一些对应的修改，比如增加缓冲之类的，那就更好了。

阿超：用户提到了这个功能么？这和我们项目的远景有什么关系？数据库修改后，原来的用户数据要如何迁移到新的 Schema 下面？

小飞：嗯，但是用户如果看到了，就会喜欢的。

阿超：很多程序员都有这样的冲动，在做修改的同时，想到自己还能做更多的事，有一个"东西"一直想做，但是提出几次都没人重视，那现在有机会，就"加进去"算了。或者还有很多灵机一动的想法。打个比方——本来是要修厨房顶上一个有时漏水的水管，结果修理工来了，修好了水管，同时灵机一动，加了一个带淋浴的豪华卫生间。

小飞：但这毕竟是新的想法，我以为你会喜欢的。

阿超：记住！项目的当前阶段是一个阻尼振荡的过程，要收敛和稳定。等到下一个版本开始的时候再进行发散的思考吧。如果你觉得目前的设计有问题，我们要用 DCR 来管理。

怎么做 DCR？阿超给大家列出了 DCR 的要点：

1.　如何提出 DCR？

　　在 DCR 的描述文字中，说明：

　　　a．问题在哪里，问题的影响；

　　b．如果不修改，会有什么后果？

　　c．几种修改方案，各种方案的优缺点和成本。

2. 如何决定 DCR 的执行次序？

　　1） 会诊所有 DCR。

　　2） 按照影响、成本排序，得到一个自上而下的名单，根据现有资源，按照名单执行。

另外，适合在 Beta 分支实现的修改并不一定适用于主分支（Main Branch），我们要做好源代码管理。

15.1.4　招数：ZBB

团队要有把 Bug 都搞定的执行力。ZBB = Zero Bug Build，即这一版本的构建把所有已知的 Bug 都解决掉了。

ZBB 还有另外一个名字，叫 Zero Bug Bounce。通常当团队修复了所有的 Bug，那么下一个版本（Build）发布之后，测试人员和用户会有很多机会使用到一些新的功能和场景，这时候，Bug 数目往往会以惊人的速度反弹，故称 Bounce。系统要经历几次反弹，像阻尼振荡一样，Bug 的数目在反弹了几次之后，最后固定在（或者无限逼近于）0。

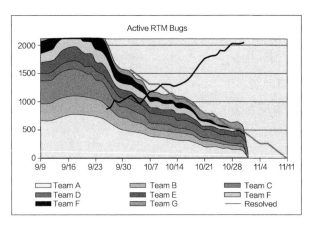

图 15-2　200 人团队的"预想 ZBB 进军图"来自于实际项目

团队在 Bug 数量上上下下的过程中，要注意消灭老的问题，让老的 Bug 的数量到 0，以防止一些问题拖而未决，有些 Bug 长期拖而未决，有可能掩盖了深层次的设计问题，要尽早把这些问题暴露出来，一个招数是，划定一个时间期限，一定要解决在此之前发现的 Bug。

右图是一个 200 人团队的"预想 ZBB 进军图"。每个小组的 Bug 数量累加起来，就是团队的 Bug 总量。右图中的黑线表示已修复的 Bug 总量。

小飞： 我注意到这一条预想变化线（到 11/11 为 0）不是一条直线，好像中间断断续续有一些平缓的阶段。

阿超： 看起来是每星期的周末，理论上周末两天没有人上班，因此团队也没有期望周末 Bug 数量会自动下降。

小飞： 还是比较人性化。

大牛： 我有一个问题，测试人员每天都有新的 Bug 要报告，开发人员修复一个缺陷需要走一天左右的流程，等到第二天，又会有新的 Bug 产生，所以这个"零"只是一个瞬间的状态，或者根本不能实现？

阿超： 这里有一个技术细节，大部分的团队都是这样定义的：在这一时刻，我们系统内没有 N 天以前创建并且正在处理的 Bug。N 一般是 2 天。

项目 ZBB 意味着此次构建中所有两天（48 小时）以前报告的缺陷都已经处理。

移山公司的例子：

第一个 ZBB 达到了，同时产生了一个 ZBB 的构建，由于这个构建质量很好，因此测试团队铆足了劲把各个部分都测试了一遍。同时也测试了复杂的场景，进行了效能和压力测试。结果报出不少新问题。因此 ZBB 之后的 Bounce 就跳得特别高。第二次 ZBB 后，由于各个模块质量的提高，这一次的反弹就低很多，随着每次 ZBB 过程中质量的加强，Bug 的数目会越来越少。同时也有几个功能被砍掉，这些功能的 Bug 也就不计入总数。下面 ZBB 的趋势图显示了 Bug 经过几次反弹，逐渐到 0 的情况。

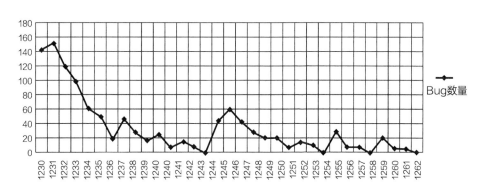

图 15-3　Bug ZBB 趋势图，横坐标是构建的版本号

15.1.5 招数：最后回归测试

项目临近结束时，所有人员（开发、管理、测试）都要回归测试所有的 Bug。每个人都要帮助团队确保这些 Bug 的确是被修复了，而且别的更改没有导致功能的"回归"。为便于管理，我们可以考虑新增一个字段，标记某个 Bug 已做过回归测试。在复杂的项目中，团队的 PM 会对各自负责的模块从用户的角度进行场景测试，并且报告结果。这个时候，还要测试软件在实际运行的环境中是否能正确发回统计数据（用户数量，程序崩溃信息，以及其他程序相关的遥测信息等），这对于互联网应用是非常关键的。

15.1.6 招数：砍掉功能

有一个模块看来不能实现预期的设计需求，时间快到了，怎么办？

砍！

小飞： 可是我们花了很多心血才把设计做到目前的地步，好像再努一把力，就可以成功了。现在撤退，我真是不忍心呀，这不是浪费以前的投入么？

果冻： 对呀，我们可能只需要多加三天时间，不，只要再加三个通宵就可以了。再说我们可以以后接着修复任何新问题。

阿超： 这些话好像有理，但是细一想，都没道理。为某个功能已经花费的成本，可以叫作"沉没成本"（Sunk Cost）。不能因为以前花了成本，就要求以后一定要完成这个任务。

我们再回顾一下功能 / 资源 / 时间的平衡图（图 9-2），我们水平不高的小团队只能满足三个愿望中的两个（见右图），你要哪两个？

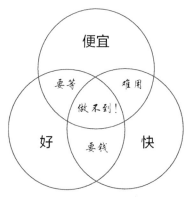

图 15-4 三个愿望只能满足两个，怎么办

15.1.7 招数：修复 Bug 的门槛逐渐提高

在 Beta 期间，修复 Bug 的门槛要逐渐提高，昨天修复了同类的 Bug，今天如果还找到了类似的问题，团队未必要修复。在 RC 阶段，只有影响巨大的 Bug 才能修复。其他优先级较低的 Bug 就只好在一边等着。如果有严重的 Bug 要修复，那么这些不严重的 Bug 也许有机会跟着一起修复。

在 Alpha 阶段，如果开发人员拿到一个 Bug，那他 / 她就可以马上去修复，只是在签入之后告诉大家做了什么样的修改。这在某些团队中，叫作 Tell Mode，意思是，你只要告知别人你的修改就好了。

在 Beta 阶段，在新代码签入之前，就要告诉会诊小组这个修改潜在的风险是什么，如何应对，等等。这个做法名为 Ask Mode，意思是，你要请求别人同意你修改代码，在没有得到明确的同意之前，不能动代码。

在 RC 阶段，开发人员在拿到 Bug 进行修复工作之前，就要和会诊小组沟通，看看这个 Bug 是否值得花时间。

15.1.8 招数：逐步冻结

随着程序功能的完善，我们要让程序的各个方面有次序地"冻结"，这样才能把稳定的软件交付给用户。一般来说，程序的人机交互界面最先开始"冻结"，不能再随意修改，因为很多项目的文字信息要被本地化成多种语言，只有人机界面所用的文字和布局固定后，我们才能把这些文字交给负责本地化的部门。随着时间的推移，一些功能也可以"冻结"，这些功能都经过全面测试，所有的 Bug 都解决了，功能进入稳定状态，在下一个版本前不要再碰与此功能相关的代码。如果有新的功能要加怎么办？那就在当前源代码的基础上创建分支，让当前版本和将来版本的工作分开进行。

15.2 渐进发布和 DevOps

上文提到的 Alpha、Beta、Beta1、Beta2 等发布方式，发布的间隔是一个月以上，一般来说，后一个发布是前一个版本的升级，发布的目标人群也类似。 在互联网时代，出现了一个产品同时对不同的目标用户用不同的频率来发布的情况，例如中国小米公司的 MIUI 软件[3]：

> 外界一直觉得 MIUI 每周更新的频率很好，但是这个节奏并不适合每个企业。事实上 MIUI 的更新频率对不同的用户组是不一样的。MIUI 有三个更新频率，一天一更新，面对的用户大概是几千个，这个用户组我们叫荣誉内测组；一周一更新，面对几百万用户，这个组叫开发组；一个月一更新，面对的是 90% 的普通用户，有几千万，推出的版本叫稳定版。

又如微软公司在 Windows 10 的发布过程中，同样采用了不同目标人群 + 不同发布频率的方式[4]：

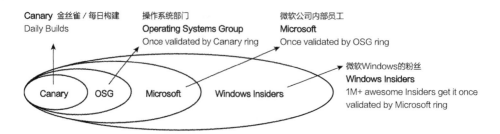

图 15-5　Windows 10 的渐进发布

从图中可以看出，Windows 系统的试用版本是从每日构建开始的，每日构建的测试用户群叫
Canary（金丝雀）。据说金丝雀对瓦斯特别敏感，以前的矿工们会提着一个装有金丝雀的鸟笼
下到矿井中，如果金丝雀昏倒，那么矿工就知道有瓦斯泄露而可以及时撤离。如果"金丝雀用
户"（这里面当然还包括了许多自动测试用例）能认定当前的 Windows 版本通过了基本测试，
那么这个版本就能推向更大的用户群。每一级的用户群都有专门的快速渠道发反馈，如果当前
的用户群没有发现巨大的问题，那么这个版本的 Windows 就会在适当的时间点推送到更大一
级的用户群，逐步到达百万级的微软 Windows 粉丝的机器上。

如果有千万行代码的 Windows 系统，以及只有几年历史的小米公司都能成功地运行这样的分
级分频率的发布系统，那么世界上大部分软件公司都应该能做到。

最初的软件产品有着明确的交付时间点。交付之后，开发团队和用户仿佛童话中的结局那样，
各自过着幸福的生活。开发团队一心开发更新的产品，用户一心享受当前版本。

近些年来，随着"软件即服务（Software As A Service）"模式的兴起，开发团队、运营团队和
用户，彼此之间有了更紧密的联系，我们要管理不同频率和覆盖范围的发布以及反馈流程，同
时，开发人员也要考虑运营团队的需求，例如在代码中加入遥测（Telemetry）的代码，收集
产品运行时的数据。不同种类用户的反馈也会进入产品团队的雷达，迫使他们立即做出响应
（例如网站的某个功能访问不了了），或影响产品后续的开发计划（例如越来越多的用户希望
网站提供某个急需的新功能）。整个产品的生态系统是在持续集成、持续发布、持续收集反馈
中进行的。如果产品的价值是通过网页、http 协议的形式来体现，那么，网站的持续运行就是
一个极其重要的需求。2003 年，谷歌公司成立了专门的团队来保证其互联网服务的流畅、高
效运行。这些工程师面对的挑战是：把一系列相互依赖的服务发布到远程数据中心，并开发各
种工具和流程来保证这些服务高效顺畅地运行。和开发桌面软件相比，他们工作的环境是全新
的，由大到小大致有：远程的数据中心（Data Center）、集群（Cluster）、机架（Rack）、机
器（Machine，也可能是虚拟机 Virtual Machine）、软件服务（Service）。这些独特的需求触发

了一个新的工程行业 —— Site Reliability Engineering（SRE）。SRE 的工程师工作的一半时间是处于随时待命状态（On-Call），要处理突发问题，甚至要手动在数据中心的某个服务器上修复问题；他们的另外一半时间用于分析服务运营中的各种问题（但并不是某个功能本身，或和最终用户交互的问题），开发提高服务稳定性和可扩展性的各种功能、工具或自动化服务。随着技能的提高和服务的扩展，SRE 工程师应该花更多的时间在这上面。

在往后的几年中，由服务稳定性和效率推动的各种开发工作被归纳为一种新的开发模式：Development-Operations (DevOps)。如下图所示：

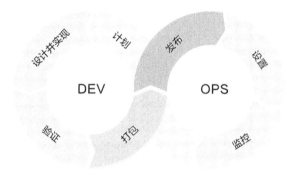

图 15-6　DevOps 流程 [5]

读者可以注意到，这个图实际上就是 5.3.6 中的渐进交付流程图的扩展。一方面，与发布、运营相关的工作被明确地提了出来；另一方面，系统在运行时的监控数据为下一版本的计划阶段提供了素材。

15.3　发布之后 —— 事后诸葛亮会议

一个里程碑结束了，接下来怎么办？团队有什么经验教训？产品怎么才能做得更好？我们常说"软件的生命周期" —— 这个软件开发的周期结束了，生命也结束了。我们能不能像医学的**尸体解剖**一样，把这个软件开发的流程解剖一下？解剖的过程可以叫：**Postmortem，Retrospective[6]，Review，事后诸葛亮会议**，等等……大多数学校里的软件工程项目结束后大家一哄而散，一些诺言像"我一定会补上文档的"、"我们还会继续开发的"……成了撤退时的疑兵之计，等烟尘散去，同学们早跑没影了。

产品发布了，大家松了一口气。阿超建议大家开一个总结会议，就是事后诸葛亮会议。会议请公司的秘书小芳主持并作记录。为了让大家能畅所欲言，阿超和大牛没有参加会议。为了活跃气氛，小芳还买了零食、饮料、河曲啤酒等。

阿超给小芳一个讨论的模板，同时也嘱咐小芳不一定要拘泥于模板，要见机行事，根据会议的进展灵活地变动计划。要牢记会议的核心问题："如果你可以重新来过，什么方面可以做得更好？"另外，在问"为什么"的时候，要多问几次，层层推进，找到问题的根源。

例如：软件发布后用户报告了一个大问题。"**为什么？**"

因为程序没有考虑某种边界条件。"**为什么**在测试阶段没有测出来？"

因为这个代码是测试的最后阶段才加进去的。"**为什么**不通知 PM/Test？"

因为 Dev 认为没有问题的，是很简单的修改。"**为什么**不通知别人？"

因为 Dev 认为那些都是软件工程无聊的规定……Dev 是大牛人，不必遵守的。"**为什么？！**"

问到这个层次，就把问题根源暴露出来了。

这种分析方法也叫 5WHY（五问法），其关键在于，从现象和结果入手，不管面子问题（"这样问下去果冻脸上会挂不住啊"），不管小团队的边界（"这是他们团队的事，我不清楚"），沿着因果关系链条，打破砂锅问到底，直至找出原有问题的根本原因。如果针对一个问题能从各个方面深入探究，我们很可能得到一颗树状图，根部就是问题，各个枝干是分类，各个叶节点就是具体的原因。这种图也叫"因果图"、"鱼骨图"（Ishikawa Diagram）。对于重要问题的分析可以像下图那样，列出各类因素中主要和次要的原因，并可以讨论改进的方法。

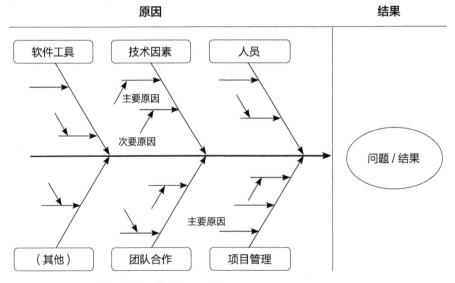

图 15-7　用鱼骨头来表示各方面的主次因果关系

现代软件工程　项目回顾（Postmortem）模板

设想和目标

1.　我们的软件要解决什么问题？是否定义得很清楚？是否对典型用户和典型场景有清晰的描述？

2.　是否有充足的时间来做计划？

3.　团队在计划阶段是如何解决同事们对于计划的不同意见的？

用户量、用户对重要功能的接受程度和我们事先的预想一致么？我们离目标更近了么？

有什么经验教训？如果历史重来一遍，我们会做什么改进？

计划

1.　你原计划的工作是否最后都做完了？如果有没做完的，为什么？

2.　有没有发现你做了一些事后看来没必要或没多大价值的事？

3.　是否每一项任务都有清楚定义和衡量的交付件？

4.　是否项目的整个过程都按照计划进行？

5.　在计划中有没有留下缓冲区，缓冲区有作用么？

6.　将来的计划会做什么修改？（例如：缓冲区的定义，加班。）

我们学到了什么？如果历史重来一遍，我们会做什么改进？

资源

1.　我们有足够的资源来完成各项任务么？

2.　各项任务所需的时间和其他资源是如何估计的，精度如何？

3.　测试的时间、人力和软件 / 硬件资源是否足够？对于那些不需要编程的资源（美工设计 / 文案）是否低估难度？

4.　你有没有感到你做的事情可以让别人来做（更有效率）？

有什么经验教训？如果历史重来一遍，我们会做什么改进？

变更管理

1.　每个相关的员工都及时知道了变更的消息吗？

2.　我们采用了什么办法决定"推迟"和"必须实现"的功能？

3.　项目的出口条件（Exit Criteria —— 什么叫"做好了"）有清晰的定义么？

4.　对于可能的变更是否能制定应急计划？

5.　员工是否能够有效地处理意料之外的工作请求？

我们学到了什么？如果历史重来一遍，我们会做什么改进？

设计 / 实现

1. 设计工作在什么时候，由谁来完成？是合适的时间，合适的人么？

2. 设计工作有没有碰到模棱两可的情况，团队是如何解决的？

3. 团队是否运用单元测试（Unit Test）、测试驱动的开发（TDD）、UML 或者其他工具来帮助设计和实现？这些工具有效么？

4. 什么功能产生的 Bug 最多，为什么？在发布之后发现了什么重要的 Bug？为什么我们在设计 / 开发时没有想到这些情况？

5. 代码复审（Code Review）是如何进行的，是否严格执行了代码规范？

我们学到了什么？如果历史重来一遍，我们会做什么改进？

测试 / 发布

1. 团队有没有测试计划？为什么没有？

2. 有没有做过正式的验收测试？

3. 团队是否有测试工具来帮助测试？

4. 团队是如何测量并跟踪软件的效能的？从软件实际运行的结果来看，这些测试工作有用么？应该有哪些改进？

5. 在发布的过程中发现了哪些意外问题？

我们学到了什么？如果历史重来一遍，我们会做什么改进？

总结：

团队的角色，管理，合作

1. 团队的每个角色是如何确定的，是不是人尽其才？

2. 团队成员之间有互相帮助么？

3. 当出现项目管理、合作方面的问题时，团队成员如何解决问题？

每个成员明确公开地表示对别人帮助的感谢：

我感谢 _____＜姓名＞_____ 对我的帮助，因为某个具体的事情：_____。

每个成员的软件工程水平有什么提高？有什么数据证明这些提高（例如 PSP 收集的数据）？

你觉得团队目前的状态属于 CMMI 中的哪个级别？你觉得团队目前处于萌芽 / 磨合 / 规范 / 创造阶段的哪一个阶段？你觉得团队在这个里程碑相比前一个里程碑有什么改进？对比本书 5.3.7 TSP 的原则或者敏捷流程的原则，你觉得目前最需要改进的一个方面是什么？

怎么开好一个 Postmortem 会议：

1. 保持会议轻松愉快的氛围，可以考虑换一个开会的环境，如有饮料、零食、音乐相伴就更好了。

2. 当 [大官] 的最好不要出现，让大家畅所欲言。（即使出现，也要夹着尾巴，不要为自己以前的行为辩护，当个好听众。）

3. 坚持对事不对人的原创，强调—— 如果再有一次机会，会如何改进？而不是挖历史旧账。

4. 照顾到模板提及的各个领域，可以深入团队最感兴趣的部分。

5. 让所有人都有充分发言的机会。

6. 有人记录发言要点，最后列出所有改进意见。

7. 最后大家可以投票，如果我只有三票，投给哪些改进意见？

8. 大官们保证要采取行动，执行票数最高的一些改进意见。

小芳：最后要交一个什么样的文件呢？是不是给出所有问题的列表就可以了？

阿超：列出问题，只是一个部分，重要的是让所有人了解问题的存在之后，开始讨论解决方案，要提出一个解决问题的草案。解决方案要注意一点，怎样防止人走政息，怎样保证这个改进措施不会随着时间和人事的变动而消失？

本章相应的"练习与讨论"博客记录了一个 Postmortem 的例子。

很多团队在一个大型里程碑发布之后，会计划一个 "Milestone of Quality"，就是花一定的时间，把前面留下的一些软件构建环境的问题和流程问题解决了。例如，可以考虑完善单元测试，改进自动测试的平台，把编译环境升级，升级项目管理系统，或者对员工进行相关的培训，等等。

15.4 练习与讨论

更多内容和讨论请参见：http://www.cnblogs.com/xinz/p/3857424.html

1. **传说中的拐点**

小飞：我听说在软件项目中，有这样一个拐点存在——在这一点之前，新的 Bug 产生的数量大于 Bug 解决的数量；在这一点之后，Bug 的解决数量大于新的 Bug 产生的数量。这样 Bug 的曲线就向下移动。我们移山项目的拐点到了么？

阿超：　我也听说过，不过这是在大型复杂项目中，测试人员和开发人员全部通过一个系统管理 Bug
才会出现的现象。我们不能等待拐点的到来，对于我们这样的日期驱动型的小项目，拐点必
须在发布日之前的若干时间发生，如果我们的 Bug 数量还是继续向上攀升，则无法保证以后
曲线会像悬崖一样掉下来。我们就得主动让拐点发生，例如推迟一些 Bug，砍掉一些功能，
慢慢升高 "必须修复的小强" 这个标杆，等等。

2.　**反动分子阿超**

在最后的稳定阶段，阿超不断地把事情推到下一个版本，二柱和果冻都不耐烦了 —— 为什么不拼一
下，在第一版搞定所有事情？

阿超：　有两种做法 ——

1. 根据事情的轻重缓急，安排大部分事情在下一个版本做。正因为我们对项目、团队、商业
模式有信心，才会把很多事情安排在以后的版本中去做。

2. 拼一下，把所有事情搞定，后果是大家都累得够呛，然后人也走了，没有人有兴趣做下一
个版本。

二柱：　我记得当年我们公社组织修水库的时候，大家都拼了老命，有几个前辈都牺牲了，才把水库
修好……难道这些不是有价值的么？

果冻：　对！我记得山坡上还用巨石刻了一些标语，有两个前辈就是牺牲在炸开巨石刻字的时候。

阿超：　是啊，现在看起来，那些刻在山上的标语是属于可 "cut" 的功能。至少我们可以把它推迟到
下一个版本。到今天，我们大家都意识到刻巨大的 "人定胜天" 标语不是特别重要的 "功能"，
对么？这样岂不更好？当年我们的叔叔伯伯们的确没有必要 "誓死完成" 所有的任务。

二柱：　要在以前，你就是反动分子。

阿超：　我们写商业软件，是要赚钱养家，如果自己都做得疲惫不堪，精神不振，那拿钱来养啥？如
果还要刻字，我建议在山坡上刻 "以人为本" 几个大字。

3.　**银弹之战**

银弹：　为了避免项目成员为了一些问题争执不休，移山公司发明了银弹（Silver Bullet）这一工具。
简而言之，就是每个角色的代表（Dev/Test/PM）在项目过程中可以使用有限次的 "停止争论，按我
说的办" 的武器 —— 银弹。银弹一出，大家就要听话。当然，银弹用一个少一个，下次有争论的时
候，别人就更有机会使用这个手段了。

讨论：　银弹真的有用么？

4.　**扁鹊三兄弟**

果冻：　我听说了萝卜和白菜的故事，其实类似的事儿古代早已有之，请看一段关于 "扁鹊三兄弟"
的古文：

王独不闻魏文王之问扁鹊耶？曰：'子昆弟三人其孰最善为医？'扁鹊曰：'长兄最善，中兄次之，扁鹊最为下。'魏文侯曰：'可得闻邪？'扁鹊曰：'长兄于病视神，未有形而除之，故名不出于家。中兄治病，其在毫毛，故名不出于闾。若扁鹊者，镵血脉，投毒药，副肌肤，闲而名出闻于诸侯。（《鹖冠子·卷下·世贤第十六》）

扁鹊是这么说的："俺大哥治病是看病人的神色，病还没有表现出来他就把病给治了，所以他的名声不出家门。俺二哥治病是在病人稍有不适的时候，就把他们搞定，所以他的名声不出巷子。而我扁鹊看病用的是疏通血脉的针、有毒副作用的汤汁、埋入肌肤之内的草药。所以我的名声反倒传遍了各个诸侯国。"

二柱： 这个跟王屋河的防洪是一个道理，上游搞得好，不发洪水没人知道，下游要决堤了，一堆人上去堵，死伤几个，就出名了。我们最善于搞末端治理。

在软件开发上，如果项目早期就发现并解决了问题，除了"家里人"，没人知道；项目中期发现问题并解决，项目的许多相关人员都知道了；项目后期出了问题，我们要加班、重写代码，hack 原来的设计，开一些后门来解决问题（下一些副作用很大的猛药），总算把项目给救活了，这时候全公司的人都知道了。

阿超： 我记得小学六年级学过"曲突徙薪"的故事，也讲了类似的道理。我们往往奖励末端治理的英雄，但是最初提建议的人未必得到奖励，移山公司会不会也是这样？

5. **分析一些著名的失败项目 —— 例如，电脑控制的丹佛机场行李系统。**

   如果你们小组要给这个项目做 Postmortem，你会怎么总结呢？

   http://dwz.cn/1hrkds

   http://dwz.cn/1hrkJm

   http://dwz.cn/1hrmot

（请在网页看链接：http://cnblogs.com/xinz/p/4470424.html）

1　参见：http://www.engadget.com/2009/03/17/iphone-finally-gets-copy-and-paste/

2　20 世纪 60 年代，IBM 把硬件生产的流程分为（A、B、C）三个阶段，代表概念设计、整机、测试完毕。IBM 的软件工程师借用了这些术语，Alpha、Beta 这些名词沿用至今。

　　参见：《软件故事》第三章，作者：Steve Lohr；译者：张沛玄. 人民邮电出版社，ISBN: 978-7-115-35508-9

3　参见：采访《对话洪锋：小米米柚 (MIUI) 如何迭代开发》

　　http://www.managershare.com/post/141581

4　参见微软官方博客：http://blogs.windows.com/bloggingwindows/2014/10/21/were-rolling-out-our-first-new-build-to-the-windows-insider-program/

5　原图来自：https://commons.wikimedia.org/w/index.php?curid=51215412 作者是 Kharnagy。

6　参见：http://en.wikipedia.org/wiki/Retrospective#Software_development

第 16 章　IT 行业的创新

- 理论和知识点 [1]

  关于创新，有哪些似是而非的论断？WIIFM（What's In It for Me）？创新者的困境，创新的时机，创新路上的鸿沟（Chasm），先发优势和后发优势，改良式的创新和颠覆式的创新，效能过剩，NPS，CAC，用户留存率

16.1　创新的迷思

最近几年，我们整个社会似乎对创新都很感兴趣，媒体上充斥着创新型的人才、创新型的学校、创新型的公司、创新型的城市、创新型的社会等名词。有些城市还把"创新"当作城市的精神之一，还有城市要批量生产上千名顶级创新人才 [2]。IT 行业也充斥了很多创新的新闻和掌故。对于创新，有一些似是而非的观点和传说（Myth，迷思），下面一一讨论 [3]。

16.1.1　迷思之一：灵光一闪现，伟大的创新就紧随其后

一提到发明创造，很多人都会想起传说中聪明人顿悟（Epiphany）的故事，灵光闪现，其中有两个例子广为人知：

> 阿基米德在洗浴城里泡澡，忽然跳出浴池，跑到大街上，大喊"Eureka"—— 他老人家发现了浮力定律。

> 牛顿同学当年没事坐在苹果树下，忽然一颗苹果砸到他头上 —— 他也灵机一动，揭示了万有引力等理论。

这些故事很有意思，但是它们没有提到这些科学巨人在顿悟之前已经在相关学科打下了深厚的基础，同时他们也为这些问题进行了长时间的思考，那些看似神奇的时刻才会光顾他们。这些故事的另一引申是 —— 他们都是独立工作，没有一个阿基米德团队或者"牛之队"在背后支持。近代以来，很少能有人独立推出前无古人的发明创造。以我们手里的手机为例，它集成了几代理论的发现、发明和技术工程上的创新 ——

> 通信技术（无线的和有线的），集成电路技术，显示技术，计算机系统技术，应用程序开发技术……

让我们穿越回到牛顿的时代，想象我们把这些技术的原理、设计图纸都向牛顿头上砸去。他会顿悟么？

在我们熟悉的计算机和 IT 领域，所有我们看到的"酷"的东西，都是几代人、许多团队前赴后继持续创新的结果。就像拼图一样，很多聪明人都模糊地看出了最终图像，都在一块一块地拼接，往往拼好最后一块的人得到了最大的荣誉。但是没有前人的积累，没有自身扎实的功力，就没有"最后一块"等着大家去拼。

另一个推论是 —— 不要一开始就想着找到并拼对所有的拼图块，以为能够打造一个巨大的创新。

彼得·德鲁克（Peter Drucker）说过：

> Those entrepreneurs who start out with the idea that they'll make it big – and in a hurry – can be guaranteed failure.

在"现代软件工程"课上，许多同学也提出了不少宏大的创新想法，但是到了课程结束时，什么也没做成，只剩下一个空的构想[4]。

16.1.2　迷思之二：大家都喜欢创新

谁不喜欢创新呢？然而细细想来，创新就是做和以前不一样的事，并不是所有的人都喜欢"不一样"。当你提出一个创新的想法时，你会得到什么回答呢？下面是一些号称"支持创新"的人士对创新想法的反馈：

这从来就行不通　/　没有人需要这些方案　/　在实际中根本行不通

大众不会理解这个创新　/　你的创新要解决的根本就不是一个问题

你的创新要解决的是一个问题，但是没人关心这个问题　/　这个问题早就被完全解决了

你的创新解决了问题，但是没有人会为此付钱的　/　我们已经试过这个办法了，不行

这个事情属于别人管　/　我们从来没有这么做过　/　我们这里不允许这么做事情

我们没有预算来做这些创新　/　我们没有时间来搞这些事儿　/　领导不会同意这么做

我们当前的产品计划里没有这个任务，我也不知道什么时候会有

你只不过是手里碰巧有一个锤子，然后到处找钉子罢了

这是我听到的最愚蠢的想法　/　当你闭嘴的时候，你看起来比较聪明一些　/　滚！

为什么我辛辛苦苦想出来的点子得不到领导或同事的赞赏？这里面有好几个原因：

- 个人自负 / 嫉妒：这个想法居然被你想出来了，老子不能接受。

- 面子或政治因素：这个东西要是搞成了，我很没面子。

- 优先级：我已经有 10 个创新的点子，没有时间和资源去处理新的想法。

- 安全：不创新，我没有风险；要创新，我可能要失去一些东西。

- 习惯：这不是我们做事的习惯，不符合我们一贯的原则。

- 动机：我能从中得到什么？（What's In It For Me?）我为什么要帮你？

不但大众不喜欢创新，甚至连创新者自己都不例外，有些创新者甚至恨创新。我们设想一下：

假设你发明了电报，创办了电报公司，并花费毕生精力建起了覆盖全国的电报网。这时有个年轻的发明家上门推销他的创新 —— 电话。

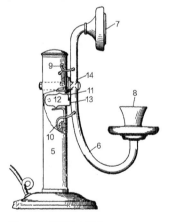

图 16-1　早期的电话 [5]

这个早期的电话看起来其貌不扬，后面还拖着一条尾巴。可是你敏锐地看到，这个创新将会颠覆目前的电报产业，它预示着你辛辛苦苦建立起来的电报公司将会失去市场，这时你会怎么想呢？会不会恨这个新发明？

如果这位年轻人提的想法是改进电报技术，一定会受到欢迎，这一类创新是改良式的（Incremental Innovation），但是，有些创新是颠覆式的（Disruptive Innovation），这些想法一旦出现，便会引起现有技术拥有者的极大不安，我们看看工业革命时期颠覆式创新的故事 [6]：

雅卡尔（Joseph Marie Jacquard）1752 年出生于里昂，一成年便在丝绸工坊打工，并且很快成为一个有创意的、技艺娴熟的工匠。他的改革计划在法国大革命期间多次中断，但 1805 年一大批改革后改进后的半自动织机最终在法国运转了起来。新织机不但缩短了产品的成型时间，更重要的是减轻了劳动量，减少了工作人数。这必然引起大批工人的恐慌和随之而来的抵制及破坏，因为使用雅卡尔织布机后，原来需要六名工人完成的工作现在只需一名，这就意味着大批工人的失业。雅卡尔多次受到人身攻击，甚至有人对他以死相逼，更严重的是，工坊里的新型织机不断被损坏和焚烧。尽管如此，革新的成果还是迅速遍及全国。1812 年，整个法国已装置了一万一千多台雅卡尔自动织布机。

现在大众认为钻石很值钱，买的人也不少。钻石和石墨都是由碳原子组成的，我们大胆设想一下，如果有人发明了一种在常温常压下能把石墨变成钻石的方法，可以廉价地生产大量的钻石，那么目前钻石产业链上的公司和从业人员，以及已经购买、储存了钻石的人们会有什么反应？他们会非常喜欢这个创新么？

不但一般民众不喜欢创新，有时候，连 IT 行业的技术人员都不喜欢新东西。现在绝大部分的软件工程师都认为高级语言比汇编语言要灵活和有效率得多，但是，FORTRAN 语言刚被介绍给 IBM 的软件工程师时，却遇到了很大的阻力。"程序员都坚信，没有一门高级语言能像汇编语言那样完美地完成工作。"类似的例子还有，互联网的先驱伯蒂姆·伯纳斯 - 李（Tim Berners-Lee）到史蒂夫·乔布斯的 NeXT 公司推销他的 HTML 和互联网远景。但是以乔布斯为首的技术精英们也没有认识到这个创新的价值——"我们就像当时的其他人那样，错过了它[7]。"

无独有偶，肩负鼓励创新责任的科学期刊审稿人都未必真的鼓励创新。下面是图灵奖获得者、数据库专家吉姆·格雷（Jim Gray）给同事的邮件，评论他们的论文投稿被拒的事[8]。

From: Jim Gray

To: Jim Larus

well, the <omitted> paper is in good company (and for the same reason).

The B-tree paper was rejected at first.

The Transaction paper was rejected at first.

The data cube paper was rejected at first.

The five minute rule paper was rejected at first.

But linear extensions of previous work get accepted.

So, resumitt! PLEASE!!!

可以看出，在算法和数据库领域，创新的想法一开始往往不被接受，而那些建立在前人基础上的"线性扩展"则往往有着更好的命运。而这些决定还是很有经验的期刊审稿人做出来的。

16.1.3　迷思之三：好的想法会赢

理工科的同学都比较理性，大多会认为，好的想法当然会赢啦。就像解数学题一样，好的解法当然会得高分啦。但是在现实中，好的主意不一定赢。

看看我们日常使用的电脑键盘，作者打赌 99.9% 的键盘都是这样的布局（QWERTY）：

图 16-2　QWERTY 键盘

但是很多研究者认为下面的键盘布局（Dvorak）更有效率：

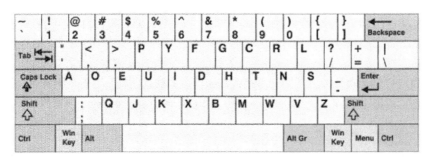

图 16-3　Dvorak 键盘

数据显示，如果使用 QWERTY 键盘，那么只有 10% 的英语单词能在手指不离开键盘中间行（Home Row，即 ASDFG 那一排）的情况下敲出来。但是如果使用 Dvorak 键盘布局，你可以在键盘中间行打出 60% 的常用单词（所有的元音和常用辅音都在那里）！这样会减轻手指和相关肌肉的负担，减少劳损，同时加快打字速度[9]。

那么，这么好的键盘为什么这么少见，为什么大家都不用更好的键盘布局呢？这要从键盘的早期历史说起，键盘最早出现在机械打字机上面。机械打字机的原理是，用户用手按下一个键，机械臂会将相应的字符举起，打到色带上，从而把色带上的颜色印到纸面上。

机械打字机的打字臂由于在狭小的空间快速移动而容易互相碰撞，因此要把经常一起出现的字符分开，这样才能减少碰撞的几率，QWERTY 键盘的设计便源于此。但是后来打字机都抛弃了机械打字臂的设计，演变为球形字模打字，到了后来的电子打字，就更没有任何"机械碰撞"的可能性。因此，原始布局设计的优点反而变成了弱点。但是，长期以来，人们已经习惯了 QWERTY 键盘，所谓先入为主。

另一个例子是国际标准衡量制度（米 / 千克）和英制衡量制度（英尺 / 磅）的对比。后者只有美国（大概还有两个经济落后的小国家）还在使用。事实上美国国会早在两百年前就通过了法案，要推广国际标准衡量制度，却迟迟没有行动。一个很重要的原因是，和行动相关的各个方面都在考虑：我能从中得到什么？（WIIFM）这个问题没有搞清楚，那再多的好想法都只会停留在口头。

那怎么样才能让别人喜欢（至少不痛恨）你的创新呢？提出一个创新的想法时，我们应该考虑这么几点：

- 对利益相关人要讲清楚"你能从中得到什么"。
- 创新的想法和目前流行的做法相比，有什么**相对优势**，能让别人清楚地看到这个区别，并能够尝试。
- 创新和目前大众习惯、已有系统是否**兼容**。
- 避免过度描述**复杂**的技术。

你能否用很简明的方式把你的创新描述出来？不妨实践一下本书第 8 章"需求分析"里讲过的 NABCD 方法。

16.1.4　迷思之四：创新者都是一马当先

大家听了很多创新者的故事，有些人想，他们真了不起，第一个想出了这些美妙的想法，要是我早生几十年，也第一个实现那些想法就好了。

其实，大部分成功的创新者都不是先行者，例如搜索引擎，Google 是很晚才进入这个领域的。又如 Apple 的音乐播放器 iPod，发布于 2001 年 10 月 23 日，在它之前市面上已经有很多同类产品了：

- 1997：第一台 PAD（个人音频播放器）发布
- 1998：Rio 播放器发布
- 1999：PJB-100 第一台带硬盘（4.8GB）的播放器 [10]
- 创新科技（Creative Labs）等众多厂商开始竞争
- 2001：苹果公司发布 iPod（5GB）
- 2002：爱可视（Archos）发布音视频播放器，支持视频播放

苹果公司推出 iPod，并通过 iTunes 提供高质量的音乐内容，打破了常规的商业模式（单曲低至 0.99 美元），构建了新的商业生态，借助这些综合手段，iPod 后来居上。

另外，Gmail、Google Calendar 都不是第一个产品，Gmail 发布时，世界上大部分使用 E-mail 服务的用户都至少有两个免费的 E-mail/ 日历服务了（Yahoo Mail、Hotmail），谁还会需要第三个免费的账户？但是，作为后来者的 Gmail 却在很短的时间内赶上并超越了先行者。

论及市场竞争时，人们喜欢用下面这样一些词汇：

- 先行者（First Mover），先发优势（First Mover Advantage，FMA）
- 后起者（Second Mover），后发优势（Second Mover Advantage，SMA）

下面是一些 IT 行业的先行者和后来的市场领导者：

- 个人电脑
  - 先行者：Altair（1975）
  - 领导者：Dell（2006），HP（2010），Lenovo（2014）
- 字处理软件
  - 先行者：WordStar（1979）
  - 领导者：微软 Word（2006）
- Web 浏览器
  - 先行者：Mosaic（1992）
  - 领导者：微软 IE 浏览器（2006），但是自 2006 年以来，出现了很多强有力的竞争者。
- 互联网搜索引擎
  - 先行者：Excite（1993）
  - 领导者：Google（2010）

- 在线书店
  - 先行者：Books.com（多好的域名，可惜这第一家网站没能成功）
  - 领导者：Amazon.com（第 2 个竞争者）
- 个人财务软件
  - 先行者：不详
  - 领导者：Intuit（第 47 个竞争者）

这里要特别提一下 Intuit 这家公司，它在创办阶段分析了市场上所有个人财务软件的情况，发现市场上已存在 46 家公司，公司创始人自嘲说他们有 47th Mover Advantage. ☺ 结果就是这第 47 个竞争者最后成为市场的老大，打败了包括微软公司在内的诸多对手——微软在 2009 年宣布停止其个人财务软件 Money 项目，退出这个市场 [11]。

16.1.5　迷思之五：要成为领域的专家，才能创新

这个想法看起来没什么错，我们不就是为了成为某个领域的专家，才来上学，拿学位，希望拿到学位之后成为专家，然后再开始这个领域的创新？

但是统计数据表明，70% 的创新者说，他们最成功的创新，是在他们的拿手领域之外发现的。

蒂姆·伯纳斯 - 李是一个物理学家，他在 1989 年 3 月提议，想利用超文本（HyperText）实现方便的信息共享和更新。他的老板看了之后，说 "Vague, but exciting." 一年后，他和同事们实现了通过互联网的 HTTP 协议通信，WWW 就这样诞生了。

这个现在看起来这么顺理成章的想法，为什么是由一个物理学家，而不是计算机学家实现出来的？事实上在 WWW/HyperText 协议刚出现时，一些计算机专家非常看不起这个玩意（根据我看到的 2001 年资料），专家们认为，一个文本文件上有一些文字，有些是蓝色的，用鼠标一点，就能打开另一个文件，网页上都不记录状态，这算什么难度，这又是什么创新呢？这能在什么地方发表论文呢？当时计算机科学家在搞 COM、DCOM、远程过程调用（Remote Procedure Call，RPC）这样一些高难度的东西。

事实上，正是这种看似简单的无状态（Stateless）的网页，改变了世界。

在中国甚至全世界，B2B 网站做得最好的是阿里巴巴，它的创始人是学计算机、互联网专业的么？

诺基亚（Nokia）公司在芬兰有很长的历史，它的产品线覆盖了木材相关产品（纸浆，卫生纸）、橡胶（轮胎，雨靴）、电力产品、电脑、军事产品，等等。芬兰全国人口只有 500 万，能用多少卫生纸和雨靴？在 20 世纪的 80 年代末至 90 年代初，公司遭遇了严重的经济困难。公司领导决定在通信领域创新，卖掉所有和通信不相关的产品线，自然地，这个举动被世界各地的通信专家所不理解，不关心。作为一个新手，诺基亚用了 15 年时间成为了世界上最大的手机和通信企业。然而，当诺基亚成了行业领头羊，成了专家之后，也碰到了自己的问题。在 2011 年，它不得不从自己着火的平台（Burning Platform）[12] 跳进冰冷的海水里……

另一个例子是索尼公司的"单放机"（Walkman）。索尼公司在大型收录机领域取得成功之后，其创始人盛田昭夫想进一步让所有人都能随时听到音乐，有了"随身听"的想法。但是这个想法在公司内部遭到很多阻力。公司的专家们认为市场的认知是 ——"收录机，收录机，就要能收能录"，随身听没有市场，他们还做了多次市场调查，来证明大众不会喜欢"只能放音乐，不能录音乐的小玩意"。盛田基于自己对电子消费品的趋势的洞察和对未来的直觉，坚持推动研发，甚至以自己辞职相要挟。最后产品快要上市时，大家要给它取名字，Walkman 是最后的候选名字之一。公司请教了语言专家，语言专家语重心长地指出，Walkman 是不符合语法的！动词不能修饰名词，改成 Walking Man 才是正解！

值得庆幸的是，盛田昭夫没有听专家的建议。Walkman（而不是 Walking Man）上市了，经过一段时间的努力，Walkman 终于吸引了众多的消费者。在 Walkman 的生命周期（1979—2010）中，它卖出了 2.2 亿台，开辟了一个市场，引起许多厂商的效仿。这是许多专家当初想不到的。

为什么领域的专家有时候没有领域外的创新者那么有创意？这也是一个很有意思的话题 [13]。

16.1.6 迷思之六：技术的创新是关键

图 16-4 手机发展历史

这个想法对理工科的同学们来说更是自然不过，很多同学孜孜不倦地跟踪某技术各个版本的细节，津津乐道其中奥秘。一些同学的想法大约是 —— 学习各种科学技术，从本科到硕士、博士、博士后，然后创新，齐家治国平天下。例如，我们看看手机的发展历史，哪一次进步不是技术的进步带来的呢？

这当然不错，上面这张图并未列出最有技术含量的手机，即图
16-5：

你看那天线，那么粗，里面都是技术啊！

这就是著名的铱星计划（Iridium）的手机，它的确凝聚了多种
先进的技术，看似简明的想法—— 我只用往天上发 66 颗卫星，
把地球全覆盖了，大家就可以随时随地打电话了。这比在地面
上每隔几十公里就建造一个移动通信基站要好不知道多少倍。
对吧？

不幸的是，这个服务于 1998 年开始运营，不到一年的时间就
申请破产保护了。在事后诸葛亮看来，铱星的想法有许多不靠
谱的地方。

图 16-5　铱星计划的手机

- 铱星的独特价值是在荒无人烟的地方也可以打电话，"荒无人烟"的定义是，几乎没人
  的地方！它在为最不常见的条件做优化。这项新技术的第一批重要用户在哪里？他们
  大多呆在大城市里，在室内打电话。但是，在室内反而打不了铱星电话。它的说明书
  上有这样一段："当你在室内感觉通话效果较差时，请走到室外，将手机天线指向卫星
  所在的方位。"但是用户哪里知道你的卫星是在哪一片天空中飞呢？
- 由于使用了卫星通讯技术，铱星的带宽、延时都比不上普通手机。
- 铱星有用户么？当然有，那些登山运动员，在南极进行科学考察的人士，想只身驾船
  周游世界的孤胆英雄们，他们希望有一部这样的电话。但是这样的用户在全世界有多
  少呢？铱星电话现在变成了一项租赁业务，为这些几千、几万的用户提供短期服务。
  与此同时，全世界的手机用户早已突破了 10 亿。

我们在这里看到，除了技术的创新，还有很多方面的创新：

- 商业模式的创新
  - 在网上交易图书和其他商品
  - 网络竞拍
  - 网络小额交易和支付
- 用户体验的创新
  - www.hao123.com 有什么技术上的创新么？

- iPod 在用户界面上的创新
- 生态系统的创新
  - Apple 的 App Store 实现了"便捷安全地从网上购买／安装／评价软件和服务",这是一个很大的创新。
  - iPhone/iPod/iTunes 客户端软件 /iTunes 网站在音乐购买／同步／播放整个流程中整合的创新。如果单独将 Apple 的产品与同类产品比较,各有千秋,但是把各个环节整合得如此流畅,打造成一个盈利的生态系统,Apple 公司远远领先其他竞争者。

大众通常把科研和创新等同起来,这也是不准确的。以发明即时贴(Post-It)闻名世界的 3M 公司的杰弗里·尼科尔森(Geoffrey Nicholson)对两者做了明确的区分,他认为"科研是将金钱转换为知识的过程",而"创新则是将知识转换为金钱的过程"[14]。简单地说,科研人员在科研经费的支持下,进行科学研究,拓展人类对自然和社会中万事万物的认识,丰富了人类的知识库,这是金钱 → 知识。 创新人士在掌握了先进的知识之后,运用一系列手段,创造出新的产品,新的服务,在服务社会的同时,获得了金钱的回报,这是知识 → 金钱。

IT 界的人士有时候会把"功能的增加"和"技术的创新"等同起来。但是功能的整合被很多人忽视了。例如,茶壶的组成部分包括:茶壶盖、茶壶体、茶壶把、茶壶嘴。各个功能还要有机结合起来,满足用户的需求。请看"用户体验"一节中的三个茶壶,最特别的茶壶满足用户需求了么?

16.1.7　迷思之七:成功的团队更能创新

这难道不对么?这些企业因为创新而成功,创新是它们的企业基因,它们当然会继续创新下去。感情上是这样,这种感情驱使了很多求职者想"加入一个伟大的公司"。但是在实际中,你会发现很多成功的企业进入了一个创新者的困境(Innovator's Dilemma)。

当成功的企业步入中年,它们当年发迹的市场成熟了,当年赖以成功的创新技术成了主流的成熟技术,又叫"维持性的技术",在成熟的市场和维持性的技术环境中,技术的创新并不是影响企业成败的主要因素。然而,颠覆性的创新会带来产品和市场的巨大风险,这些企业中的流程、价值观和文化会排斥颠覆性的创新。那些没有成功包袱的小公司反而能把颠覆性的创新带到市场,挑战成熟企业的霸主地位。

这一纠结的两难表现为:如果公司不断满足已有用户需求,则产品在趋于饱和的市场缓慢发展，在产品的生命周期结束后，不免会被新的颠覆性创新淘汰；如果公司主动寻找颠覆性创新，则遭到公司内部流程、价值观和文化的排斥。

这个两难有下面的一些症候群，它们都以"成功的企业……"开头。

1. 成功的企业要满足股东们巨大的期望值

有人说，这些企业干脆就坚持既有方向，平稳增长算了！但是，这些成熟企业的股东并不满足于渐进式的增长。以微软公司为例，它近年的平均年收入大约是 700 亿美元出头。作为股东，你希望公司以多少速度增长呢？大多数股东希望增长率在 10% 以上，最好是 15% 以上。这么说，微软公司每年除了维持上一年的收入，还要找到至少 70 亿美元（700 亿美元的 10%）的新收入。这相当于每周要新增 1.5 亿美元的收入。光靠已有产品渐进式的改良，也许找不到这么大的增长点，那么，股东和股民们就不会看好这支股票。

怎样才能每周让顾客们多交 1.5 亿美元呢？这时候你发现，小的市场已经满足不了大公司的胃口。有趣的是，所有颠覆性的技术在开始的时候市场都不大。有些大公司就会扮演后发制人的角色，等着一帮先行者在市场萌芽阶段拼杀，时机成熟时，采用收购、入股、投资、快速跟进等方式，切入新兴市场。但是，等到时机成熟，那些先行者要价一般都很高（再加上一些泡沫的作用），花了大价钱买入，往往事倍功半。或者新兴市场发展太快，赢者通吃，后来者很难赶上。

在这里我们看到了对技术的分类，维持性的技术和颠覆性的技术。

- 维持性的技术（Sustaining Technology）
  - 公司了解（甚至拥有）核心技术
  - 公司了解用户和竞争对手
  - 市场趋于成熟，并且发展速度大致符合预期
  - 要在这个市场上赢，一个公司需要详尽的计划，坚决的执行力，和用户有良好的沟通
- 颠覆性的技术（Disruptive Technology）
  - 这是一门新技术，很不稳定，经济效益也未必确定（例如：在社交网络刚刚兴起的时候，没有人知道这项新技术能带来什么经济上的收益。）
  - 有很多未知因素：市场有多大，用户在哪里，有哪些竞争对手，成熟的商业模式是什么
  - 专家对于颠覆性技术的估计大多数都是错误的

- 要在这个市场上赢，一个团队当然也需要计划，但是这个计划的目的是发现用户（做出一个产品，看看什么样的用户会来），市场营销的目的是发现新的机会，而不是赚回投资

当一个团队拥有成熟的市场、成熟的技术、稳定的客户时，团队已经知道用户想要什么，也不想引入太多变数，只要保证这些用户继续使用产品，并继续升级就好了。这时候，团队需要细致地了解需求，坚决去执行产品计划，然后按时发布软件，就像成熟时期的微软 Office 软件那样。

但是对于颠覆性的技术来说，就不同了，目前市场的客户尚且不知道颠覆性技术，例如，我们想象 —— 在汽车工业发展的早期，亨利·福特去做市场调查，他问马车夫们有什么需求，马车夫们会跟他描述"噢，福特先生，我觉得如果有一个四个轮子的，烧汽油的，还有一个方向盘的就好了……"吗？我想这一幕不会出现，马车夫们会说 —— 我需要更快的马！

对于颠覆性的技术，我们需要计划，但这个计划的目的是为了找到新技术的合理使用场景，我们也需要做市场，但是新技术的市场有多大，我们完全不知道。

如果你是一个独立的创新者，觉得某个技术有戏，你找几个同伴在车库里就开始干起来了（当然失败的几率很大）。但是成功的企业则不同，它们有钱，要对钱负责，它们想确定它们对未来打的赌是对的 —— 所以它们花大钱请人预测未来。调查显示，在过去的几十年中，专家们对于颠覆性技术的预测往往是错误的 —— 因为颠覆性技术的市场还不存在！例如，专家们在手机出现前预测的手机市场规模与后来实际市场的规模相差一百倍。

2. 成功的公司有价值观 —— 追逐利润

数字设备公司（Digital Equipment Corporation，DEC）[15] 曾经制造出多款优秀的小型计算机，它作为一个颠覆者，成功地从市场巨头 IBM 手里夺走了很大一部分市场份额。它在成功的道路上形成了自己的价值观，公司认为，只有利润率超过 50% 以上的产品才值得去做，利润率低于 40% 的产品则不值得投入。在 20 世纪 80 年代 PC 时代开始的时候，PC 的利润率是 10% 左右。虽然 DEC 的领头人都认为 PC 是未来，但是 PC 的低利润率导致它在公司各个环节都处于劣势地位。试想一下，你可以卖两种东西，一个是成熟的产品，利润率是 50%；另一个是新产品，要开拓全新的市场，而且利润率是 10%，你更愿意做哪一种？

通用公司的杰克·韦尔奇也谈到过类似的例子，已有的销售团队往往不愿意推广颠覆性的新产品，因为市场没打开，利润率低。韦尔奇往往通过组建新的团队来推销，或者单独核算这些团队的利润，让它不受成熟产品的负面影响。

3.　成功的公司有流程

当公司成功之后，会出现"流程"、"产品周期"这些词汇，这些都是成功经验的总结。但是如果把这些成功经验不加区别地运用到新的市场上，往往会适得其反。

还是 DEC，当年它研制一款新的小型机需要 2—3 年时间，这已经快于行业平均值，也被证明是符合市场规律的。当它进入 PC 市场后，它的产品周期也自然是 2—3 年，但是与此同时，其他新兴 PC 厂商（Acer、Compaq、Dell 等）的产品周期是半年到一年。在这种情况下，新陈代谢快的企业更有可能因势而动，推出用户满意的产品。

微软公司的中文输入法产品曾经是 Office 软件的一部分，在 20 世纪 90 年代到 21 世纪的前 10 年，Office 多长时间发布一次呢？平均 18 个月到两年。中文输入法呢？也自然一样（中间可能有一两次发布补丁的机会）。自 2005 年开始，一些新的挑战者开始做中文输入法，它们的更新频率是多少？是一个月，甚至半个月。那么谁更有机会做出适合用户的改变，谁更有希望赢呢？

4.　成功的公司重视用户

公司成功之后，公司领导发现成功的原因是我们认真听取了用户的需求，因此我们在成功之后，更要听取用户的声音。但是绝大部分用户都不会告诉公司"颠覆性的需求"，就像马车夫那样，他们会希望"马更快一些就好了"。很少有用户会说 —— 我希望你们把 Office 的 UI 重新设计一遍。（Office 2007/2010 的 Ribbon UI 在设计的过程中受到了很多来自内部和外部的阻力。）

另外，公司的用户也在成长中，在过去的 30 年中，使用 Windows/Office 软件的用户规模也在变大，变得更成功，它们更倾向于渐进式的改进。

5.　成功的团队有老大的心理

另外，还有一个心理因素，当你已经是本领域最大、最好的公司时，你还要搞颠覆性的创新么？你是不是想做一些渐进式、维持性的创新就够了？为什么要再搞颠覆性的创新？我能从中得到什么？（What's In It For Me?）颠覆式的创新最大的特点，就是它失败的几率非常大，一个员工身处一个成功的大公司（也许你自身的团队未必很成功），他可以从事颠覆式的创新而失败，也可以坐而论道，在 PowerPoint 和电子邮件中谈论和鼓励创新，但是并不亲身参与，一般员工会挑选哪一个方式呢？

作者从 2007 年起在一些国内的高校讲课，也感觉到了这样一些困难。要知道，这些高校都是喊着培养创新人才、创新型大学的口号和企业合作的。当合作开始之后，别谈颠覆性，就连渐进式的创新都做不了。在一个有着悠久历史的稳定单位（例如大学）中，它固有的流程、价值观、文化都在自觉或不自觉地反对改变，反对创新。

例如：软件工程课的老师想增加软件界面设计方面的内容，想让工业设计系 / 美院的同学也来上课，这样，他们有实际的项目可以锻炼设计能力；而计算机专业的学生可以学习如何跟 UX 方面的人才合作。但是计算机系和软件学院不同意，说是没有这样的先例。老师想增加助教的数量，加强软件工程课的实践部分，校方说，"我们支持改革，但是这事情以前从来没有做过，所以不能做。"

当企业成功很久以后，就会有"文化"，就像历史悠久的大学、民族那样，有些事情，你的前辈就是这么过来的，你的前辈的前辈也是这么过来的。大家都习以为常，甚至以这样的文化（或者是惰性）、祖宗之法为自豪。商鞅变法，胡服骑射，都是古代创新的例子，这两个例子都有最上层支持，但是如果自下而上搞创新，"文化"未必会喜欢你，说不定会出人命的。

那么已经成功的公司还能创新么？答案是肯定的。

16.1.8　迷思之八：创新者就是冒险家

讲了这么多创新，读者一定会问，我要怎么做，才能成为一个创新人士呢？很多人不自觉地把"创新"和"冒险"等同起来，其实根据研究，创新人士的关键特点不是喜欢冒险，也不是躲避风险，而是从错误中恢复并继续努力，就像文言文说的"屡败屡战"。下面是创新成功的人士（而不是旁观创新的人士）归纳的几点创新者和团队的特点：

- 不是喜欢冒险，而是能够从多次失败中恢复并继续努力

  在《愤怒的小鸟》游戏成功之前，Rovio 公司已经制作过 51 款不同的游戏，成绩平平。这款游戏本身也经历了数千次的修改才问世。如果这个团队因为害怕失败而过早退出，那么世界上就少了一个很有趣的游戏，多了一个无趣的公司 [16]。

- 有强烈的好奇心

  创新人士不满足于"就是这样"，而是探究背后的道理"为何会这样，如果换一个方式会怎么样？"一个设计公司，为了研究用户如何使用传统的拖把，花了几个月的时间去观察、录像，并反复琢磨那几百小时的录像——看人们怎么拖地、洗拖把。在很多专业团队打退堂鼓之后，他们仍在探索，最后研发出全新的拖地板产品。3 年之后，新产品创造了 5 亿美元的销售额 [17]。

- 自学、动手能力强，能不断地做出新东西

  有自学能力和动手能力的人很多，把这样的特性推到极致，会是什么样呢？网景公司的 CEO Jim Barksdale 用"蛇的三条规则 [18]"来鼓励萌芽期的创业团队奋力前进：

  当你看到一条蛇的时候，不要向什么委员会报告，不要把你的小伙伴都叫来，也不要召开会议讨论，就立马杀了它。（看到问题，能解决就马上解决）

  杀了之后，就不要再玩死蛇；我们没有时间去回顾和琢磨过去的决定。（一直往前寻找新的机会，别停留在过去）

  很多机会看上去都是蛇，所以很多问题都是机会。（如果连问题都没有，也就没有了新的机会）

  读者可以比较这种思路和 9.3 节讲的"委员会主导的设计"。

- 不太在乎面子，而在乎自己能否进步

  乔布斯说过：

  假如你找到真的很棒的人才，他们知道自己真的很棒，你不需要悉心呵护他们的自尊心，真正重要的是工作表现 [19]。

  面子谁都喜欢，谁也不想老被别人批评。但是，如果批评得有道理，有利于自己进步呢？能放下面子去接受意见么？

- 价值观坚定

  大家是否发现，那些最后创新成功的产品，尽管各式各样，但是它们的质量都很好，比平均水平，甚至比第二名都明显好很多。也可以这么说，团队抓住了一个长期用户需求，把需求满足得好于竞争对手 10 倍以上，长期坚持下去，就能赢。要这么长期地坚持，没有坚定的价值观是不行的。产品和思路当然可以变，但是变不是目的，只是手段，目的还是"好"。苹果公司的 Jonathan Ive 说过：

  做得不一样很容易，做得更好才是非常困难的

  （it's very easy to be different, but very difficult to be better）

看了这些特点，有读者会问，这好像也没啥秘诀啊？对，坚持很多年，把这些貌似不太像秘诀的事情做好，团队就会成功，你就会得到"创新家"或者其他时髦称号。

16.2 创新的时机

我在不少场合提到这个黄金点游戏 [20]:

> N 个同学（N 通常大于 10），每人写一个 0~100 之间的有理数（不包括 0 或 100），交给裁判，裁判算出所有数字的平均值，然后乘以 0.618（所谓黄金分割常数），得到 G 值。提交的数字最靠近 G（取绝对值）的同学得到 N 分，离 G 最远的同学得到 − 2 分，其他同学得 0 分。

玩了几天以后，大家发现了一些很有意思的现象，比如黄金点在逐渐地往下移动。

如果你和其他 20 个聪明人玩这个游戏，你会选择什么数字呢？

> [现在请记下你的数字，以后不能改]

你会想，如果大家随机报数的话，0—100 的平均数是 50，50 × 0.618 = 31，那我就来个 31。

但是其他人也不是傻子，他们肯定也想到了这一点。如果大家都选 31 附近的数，那我得选 31 × 0.618 = 19。

但是这些人肯定也想到了这一点，那我要选 19 × 0.618 = 12……然后 12 × 0.618 = 8 ……

最后干脆选 0.0001 好了！

0.0001 是正确答案么？这取决于参与游戏的所有成员。

根据我多次观察，第一次游戏的获胜数字一般离这个数字不远：

17

看得出来同学们进行了平均两次的（0.618）迭代。如果继续玩下去，这个数字会变么？虽然说两次游戏之间没有任何联系，是概率中的独立事件，但是前一次游戏的 G-number 给了所有参与者一个强大的暗示，以后游戏的 G-number 一定会向下走。下面是我在清华大学 2008 年秋季学期为连续 12 次游戏做的记录，从趋势看，数值会逼近 0，但是变化也不是一帆风顺的，每次触底之后，就会小小反弹一下。

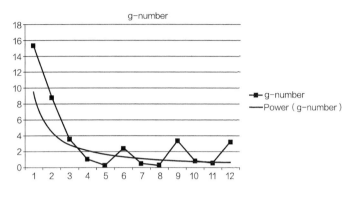

图 16-6　黄金点游戏连续 12 次的记录

对于这个游戏，不同的人有不同的领悟。我也贡献几点心得：

赢者通吃

这个游戏规定第一名得到全部的分数，第二名（不管多接近）到倒数第二名都是 0 分，最后一名还要倒扣分。软件行业就是一个赢者通吃的环境，最后一名还要把自己的身家倒贴进去。

螳臂当车

在游戏中，经常有一两个同学逆历史潮流，提交一个 99.999 之类的分数。但是从大趋势来看，这些捣乱分子对大局影响不大。我经常看到几个同学面带微笑小声商量，一起提交几个最高分来搅局，但是 G-number 还是由大多数人决定。另外，不是所有口头同意搅局的同学最后都"守约"提交了大数字……这也是"囚徒的困境"的一种。

只先一步

参加游戏的都是中国一流大学的大学生，或者 IT 从业人员，数学足够好，都是聪明人。我把题目公布之后，一些人马上就说——这肯定收敛到 0 啦！他们交上来一个（0.00001）的答案（提交的数字必须大于 0）。遗憾的是，一起玩游戏的其他人不这么想。一个小团体，或者一个小社会的社会共识（Consensus）从来不是最激进的，它的进步是缓慢的，有时还倒退一下。如果只看微博上的发言，你会觉得德先生和赛先生早已是国人的共识；如果只参加最前沿的科技沙龙，你会觉得明天大家都会用人体嵌入智能芯片同时会同步电子书邮件微博 SNS 再加 GPS 外加云计算，不推出相应产品就会被淘汰……但是社会作为一个整体还没有进步得这么快。

那些成功的企业只是比大众的平均值先走了一小步（平均值 × 0.618），就是这一小步，让大部分人看到了产品的"相对优势"，从而接受产品。关于技术创新，一些趋势（例如社交网

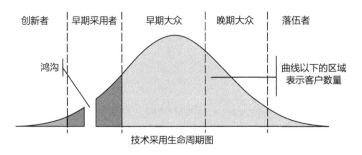

图 16-7 大众对新技术接受的曲线

络）大家早就看到了，也有一些产品推出，但是往往最后成功的产品成功在时机上。《跨越鸿沟》（*Cross The Chasm*）一书描述了大众对新技术接受的曲线，曲线下面的面积大致对应人数。大众平均值再往前一步就是"早期采用者"（Early Adopter）那个区间，有时一个崭新的技术，推出的时机太早（它的值比 G-number 小一点），它就跨不过那道沟（Chasm）。

做前沿研究的人，可以早于其他人很多年提出新想法，但是这些想法一般都是在"创新者"（Innovator）那个圈子里有影响，这些想法要等若干年后才能由一个或多个企业看准时机推向大众市场。成功人士的故事读多了，很容易让人产生误解，认为技术的创新就是一条连续的曲线：

- 先写论文从理论上论证其可能性（创新者阶段）
- 然后做出原型供先行者尝鲜（早期采用者阶段）
- 随后广大人民群众中觉悟高的开始接受新技术（早期大众阶段）
- 再传播到晚期大众（Late Majority）
- 最后落伍者（Laggards）都开始使用这个新技术了

但是很多新技术都掉到沟里去了，新技术带来的好处未能吸引大众，是一个重要原因。

技术成熟度曲线

说到时机，任何新技术都有自身发展的规律，Gartner 的杰克·芬恩（Jackie Fenn）总结了技术成熟度曲线（Technology Hype Cycle）[21]。

随着一个新技术经历不同的阶段，公众对它的期望值、炒作值也有很大的差别。

1. 技术触发期（技术走出实验室，天使投资，第一轮产品出现，尝鲜者试用）。
2. 期望膨胀期（社交网络 / 媒体炒作，泡沫达到最大，大众开始跟进，负面报道出现）。
3. 迷茫期（开始整合，第二 / 三轮融资，但是只有 5% 的目标用户正式使用产品，第二版产品出现）。

4. **低调发展期**（漫长的低调发展期，最佳的方法和实践开始出现，第三代产品出现，易
   用性增强，与其他产品的整合更好）。

5. **主流发展期**（成为成熟的技术，市场以 20%—30% 的速度成长）。

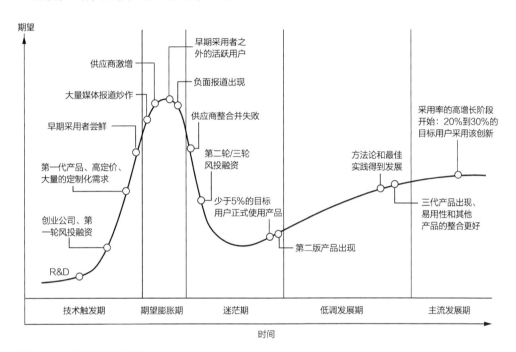

图 16-8　高科技被炒作的规律

很多大家正在使用的"新颖"产品，往往是经历了迷茫期之后的二代产品，那些在泡沫最大的
时候匆忙出现的第一代产品大多数都没有等到这一天（电子书、平板电脑、社交网络等）。

现在技术圈子里大家都在吹的那些技术，如 SoLoMo、智能硬件、人工智能、云（Cloud）等
等，它们处于哪一个阶段？你应该贸然出手么？

和上图相对应的是一幅大众对热门股票的认知和股价变化图，炒股在短期内是一个群体在
估计下一个数字的游戏。从图中你可以看到抛售（Sell Off）、媒体关注（Media）、热情
（Enthusiasm）、贪婪（Greed）、担心（Fear）、绝望（Despair）等种种因素在起作用，耳语效应、
从众效应都在推波助澜，根据这幅图，你心仪的公司处于哪一个阶段？你要买入还是抛售？

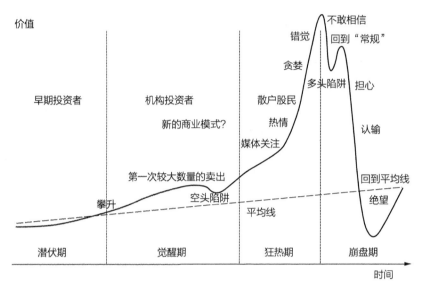

图 16-9　股票泡沫的几个阶段（Jean-Paul Rodrigue）[22]

对于学习 IT 行业创新的同学来说，这幅图给我们最大的启示应该是 —— 当你听到某个新兴公司的股票非常火爆时，要问问自己，这支股票目前处于哪个阶段？大众看到了创新，还是看到了投机？

16.3　创新的招数

一个团队的产品（或者产品群）和众多竞争对手在各个市场上竞争，谁都想赢，但是在竞争的环境中有很多的因素需要考虑，一个团队的资源总是有限的，不可能什么都做，每天要做很多具体的决定，哪些决定更利于创新，哪些决定在某种程度上阻碍了创新？应该用什么样的战略原则来指导我们做决定？这一节会列出各种因素、各种原则，帮助大家分析问题的各种框架，并逐一讨论。

16.3.1　SWOT 分析框架

任何公司的产品都不是十全十美，被用户永远追捧。产品在市场上和别人竞争，有很多因素要考虑，SWOT 表格是一个简单有效的分析工具。表中的"机会"可以是小的、暂时的机会（如不久会有一个手机游戏大奖赛，我们可以为之定制游戏，争取获奖以提高知名度）；也可以是大的、长期的机会（如整个用户群体从 PC 桌面向手机迁移，我们原来的桌面文字处理软件可以争取在手机上获得先发优势）；还可以是和政策相关的机会（如监管政策放宽对私人信贷的监管，或对于游戏产业有新规定等）。

表 16-1　SWOT 分析

	有利因素	不利因素
内部因素	Strengths (S) 强项	Weaknesses (W) 弱项
外部因素	Opportunities (O) 机会	Threats (T) 威胁

16.3.2　动量（Momentum）和加速度（Acceleration）

一列火车拖着几十节车厢在行驶，引擎已经停止提供动力，它会越来越慢，它的动能还很大，但是加速度为负值。一架飞机在跑道上缓缓启动，速度较慢，但是加速度很大，常识告诉我们它将会以很大的动量起飞。

在 IT 行业也有这样的现象，例如一个公司维护着有很长历史的 PC 桌面版软件，它每年都能带来大量的收入，虽然逐渐在减少，但是依然可观。公司还开发了一个移动端软件，它历史短，还没有赚钱，但是用户量上升很快，但是绝对数目还是远小于 PC 端。我们应当如何平衡这两种产品的投入？

16.3.3　技术产品的发展周期

从之前的讨论可知，各类技术产品的发展，都有自己的周期。

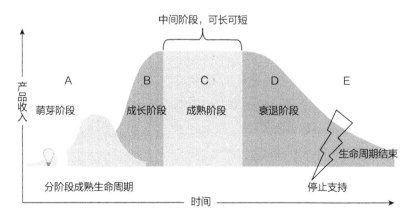

图 16-10　技术产品发展周期

对上图的解释：

1. 纵坐标是产品收入，横坐标是时间。

2. 左下角是技术发展的生命周期，描述了一门新技术的发展周期（创新的想法 | 早期尝鲜者 | 早期大众 | 晚期大众 | 落伍者），大家注意到那个"鸿沟"还在（对比图 16-3）。在这一阶段，产品处于"新兴市场"，变化很剧烈。此时这种技术处于颠覆阶段。

3. 当一个新技术被早期大众接受时，使用这个颠覆式技术的产品就进入了成长期，这时候产品的收入急剧增长。对于最新进入这个市场的公司来说，这是一个"蓝海"。

4. 然后产品就进入了一个成熟稳定期，这时候对于这项技术的研究已经从开始的"颠覆性"转化为"改良性"，各个竞争者在纷纷改进技术，增加功能，提高效率，降低售价，这个时期可长可短。对于在这个行业竞争的公司来说，这是一个"红海"。另外，不同的产品会由于产品特点和用户特性展现自身销量特点，例如 MP3 播放器在节假日期间销量会很高，每到考试之前，英语单词相关的软件使用率会大幅提高，等等。很多产品成为了市场研究所谓的大路货、大宗商品（Commodity）。

5. 最后，产品不可避免地进入了衰退期，虽然还是有很多用户和很大的市场（说不定还有很多周边市场），但是这个市场的加速度是负数。

6. 再然后，就是生命周期的末期，公司宣布对产品停止服务，或者法规不允许此类产品在市场流通，等等。有些商品的早期版本会成为收藏家搜索的目标。

16.3.4　效能过剩和竞争的各个阶段

我们说了两种技术：维持性的技术和颠覆性的技术，但是没有一种技术生来就是维持性的技术，那么如何判断一种技术已经到了维持性的阶段呢？一个重要的特性就是效能过剩（Performance Oversupply）。例如，在 2013 年：

- 卖电脑的还会宣传 CPU 的速度么？还有显示器的尺寸、分辨率？
- 数码相机能照多少兆的相片？ USB 盘的容量？（2013 年，作者想去买一个 2GB 的 U 盘，却发现所有 U 盘都是 4GB 以上的了。）
- 还有，桌面字处理软件中功能的数量？

这些技术都到了效能过剩阶段。

一个产品在其生命周期有不同的阶段，每个阶段有不同的关注点，适时适当的功能点创新，就能改变竞争的局面；而不合时宜的创新，则往往隔靴搔痒，事倍功半。

表 16-2　产品生命周期的不同阶段

产品的阶段	新兴市场	成长期	成熟期	衰落期	终结期
竞争的重点	技术的突破	新功能；新的使用场景；集成到其他产品中	生态系统；易用性；效率；带动其他产品的成长	以低成本维护产品；把用户导向新的产品	找到对产品还有需求的小市场
目标用户	早期尝鲜用户	早期大量用户	所有用户	少量用户	少量特殊用户

16.3.5　影响产品竞争的各种因素

影响产品竞争力的因素多种多样，下面就是一些主要因素。

- 产品行业的因素

  这是影响产品发展的最重要的因素，2012 年流传着 —— "站在风口上，连猪都可以飞起来"，就是说明产业发展的成长期（竞争产品少，市场空间大，用户容忍度强）能给产品提供巨大的助力。相反，如果是在一个产业的衰落期进入这个产业（例如，在 2008 年做小灵通手机业务，在 2013 年进军网络团购市场，等等），那么就会面临巨大的发展阻力。

- 公司和市场因素

  公司在目前目标用户中的品牌号召力如何？公司的现有市场能力如何？现有的市场能力能帮助打开新的领域么？从传统的产品开发角度来看，"市场"总是在产品之后才出现，而且和"产品开发"似乎没有直接的联系。但是从长期来看，产品的质量就是最有效的市场能力，产品经理往往对市场拓展直接负责。

- 团队执行因素

  根据产品特性的不同（基础软件、企业管理软件、行业通用软件、办公软件、互联网服务软件、移动应用软件等），商业模式不同，团队的战略也会不一样。在正确的时间，有正确的产品，却执行了错误的策略，或者不能做出决定，那么产品也会失败。一些团队对市场展现的机会往往陷入过度的分析和评价，力争要弄清所有情况再动手，最后的结果是动不了手。这是"分析麻痹"（Analysis Paralysis）。执行力的一个有效衡量标准是一个决定需要多少次会议才能达成。作者曾经工作过的一个互联网团队，几个高层领导曾在半年内，在每周例会中反复讨论同一问题，收集了很多资料，并且研究各种细节，但是仍然不能决定一个小产品的发展方向，没下决心大力发展，也没决定放弃此产品。虽然产品本身有很好的价值，但是未能抓住机会获得较大的回报。在互联网相关的产业中，执行力的另一个衡量标准是团队能否持续而快速地进行"发布 / 收集数据 / 分析改进 / 再发布"这一流程。团队能否把这个流程的时间从一年缩短到一个季度，一个月，甚至一星期，一天[23]？

团队的执行力来自什么方面？很重要的一点是团队领导是否"Hungry" —— 是否全身心投入，是猪，是鸡，还是鹦鹉（参见第 17 章）？一个创业者介绍经验说，如果真的是对项目全身心投入，那就不要搞例行公事那样的"每周例会"来讨论，而是几个负责人持续讨论一个问题，没有结果不散会。

- 产品的价值因素

  产品给用户带来什么价值，这是和"软件工程"最相关的内容。考虑新产品或产品的新功能时，团队要问：

  - 我们给用户带来了什么价值，这个产品是提供了独家的价值，还是"人有我也有"的价值？
  - 这个价值足以让本产品和目前市场上已有的产品区分开么？
  - 我们怎么能进一步放大产品差异性？让我们越来越领先，或者让用户觉得我们很领先？

  我们是否在非差异化功能上花费了太多时间和资源？

16.3.6　四个象限划分产品

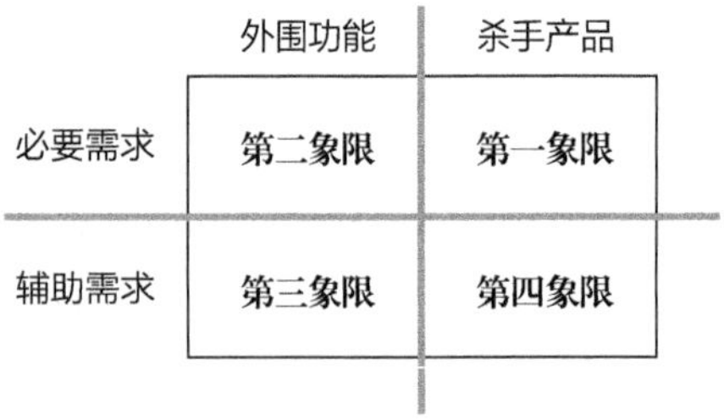

	外围功能	杀手产品
必要需求	第二象限	第一象限
辅助需求	第三象限	第四象限

图 16-11　对产品进行四象限分类

我们在第 8 章"需求分析"中已经讲过如何通过四个象限对一个产品的各种功能进行分类。我们也可以通过这四个象限对一个团队的多个产品进行分类，帮助团队实施正确的产品开发策略。

四种处理方式

有了产品的四象限分类后，一个团队可以采取各种手段，各种投入方式开发各种产品，下面是一些常规手段：

- 维持，用最低的成本保持功能，不至于落后太多
- 抵消，填补自身产品的短板，用最短的时间做到"足够好"

- 优化，花大力气，长时间优化产品最核心的、竞争最激烈的功能
- 差异化，创造一个数量级以上的优势，或者独特的价值

但是对于各个产品，不能平均投资，要在第一象限投入足够的力量。

- **第一象限**（解决用户的刚需，同时又是自身的杀手功能）

  建议采取"差异化"的办法，全力以赴投资在这个领域。

- **第二象限**（解决用户的刚需，但提供的是外围功能，大家都能做到）

  建议采取"抵消"的办法，快速地达到"和别人差不多"，对于大家都特别看重的功能，采取"优化"的办法，达到行业最佳。

- **第三象限**（不是用户的刚需，而是辅助功能，而且是大家都能做到的）

  建议采取"维持"的办法，以最低代价维持此功能。

- **第四象限**（不是用户的刚需，而是辅助功能，但是我们有独特的办法做得更好）

  建议采取"维持"的办法，或者现在"不做"，等待好的时机。

16.3.7　打出组合拳和套路

有这么多招数，怎么用呢？不同的产业需要不同的组合拳，最好是一个完整的套路，对于最近几年比较火热的互联网产业来说，可以参考下面的建议。

第一步，了解团队能力、产品方向和大环境的趋势

- 了解我们大致要做的软件产品处于**技术产品发展周期**的哪一阶段。
- 分析团队和产品的 SWOT，**产业 / 公司 / 市场 / 产品价值 / 团队执行**等因素，找出我们的优势和劣势。
- 如果我们有多个产品竞争资源，就要看它们的**动量和加速度**，决定如何投资不同的产品。
- 用四个象限的方法分析产品的功能或一组产品，决定怎样投资，才能从竞争中脱颖而出。

第二步，选择合适的细分市场

这个市场适合发挥团队产品的核心竞争力，这个市场大到足以产生影响，但是又小到让产品足以在其中领跑。这个细分市场还可以是以后扩张的基地。

第三步，对于针对互联网消费者的产品，按下面的次序进行 [24]：

1. 针对细分市场，投放满足这个市场用户的刚性需求的产品。获得了初始的用户，就大功告成了么？未必，正如软件有生命周期一样，用户使用一个产品也不是永久的，我们要了解，用户使用产品的时间有多长，在这么长的时间里，我们能从用户那里获得的回报价值多少？例如，某公司开发了一个学英语软件，特别突出了帮助用户通过英语 4/6 级考试的功能。那么典型用户使用产品的时间是多长呢？通常是 4/6 级考试前四周到考试前一天！如果这个软件特别突出帮助用户通过每天阅读提高英语的功能，那么典型用户使用产品的时间是多长呢？我想肯定比四个星期多，但是用户使用的愿望强烈么？

   在用户使用软件的过程中的回报（Life Time Value, LTV）也和产品销售的方式有关。如果是一次性付款购买（像传统的 PC 桌面软件那样），这容易计算；如果是免费的移动应用，但是通过广告挣钱，就稍复杂；如果产品是战略性的免费，希望用户进一步使用其他收费的高级功能或服务（Freemium 模式），这个计算就更复杂了。

2. 吸引更多用户，跟踪用户的使用率（Daily Active User）和留存率（Retention Rate），并且注意，大量新用户进来之后，需求维度增多，用户的整体需求会发生变化，要继续发掘用户的痛点，改进产品。在这一阶段，还可以计算获取新用户的成本（Cost to Acquire Customers，CAC）。

3. 在用户中招募粉丝，让粉丝有参与感并整合到市场推广中。在这一阶段，要首先培养用户的忠诚度 [25]，然后再考虑品牌的知名度。要注意，忠诚度不仅仅是"留存率"，忠诚体现在① 用户对产品的价值和发展方向有共鸣，并得到产品团队的正面反馈；② 用户对产品团队（或产品的精神领袖）的认同 [26]。③ 用户热情地向他人推荐此产品。例如，占领中国最大市场份额的搜索引擎的确有很大的使用率和留存率，但是对照上面三点，用户的忠诚度如何？

   衡量忠诚度的一个标准是 Net Promoter Score（NPS[27]），其实就是一个简单的问题：

   你乐意向别人推荐这个产品么？（请回答 0–10，0 表示最不可能推荐，10 表示最乐意推荐）

   用户的回答会落入三个区间：

   粉丝：9–10 的回答，意味着用户是你产品的忠诚粉丝，他们会帮你推广产品。

   中性：7–8 意味着用户对产品满意，但是还不至于推广。

产品黑：0–6 是对产品不爽的，很多人不得不用你的产品解决一个问题，没有什么好感。其中还有很多用户会**告诫别人不要用你的产品**。

当你对一群用户做调查的时候，就会得到三类用户所占的百分比，用"粉丝"的百分比减去"产品黑"的百分比，就得到了 NPS。根据 21 世纪前 10 年的经验，NPS 在 50 分的属于优秀产品。

4. 重复 1–3，把产品推向引爆点（Tipping Point）

在产品达到引爆点之前，不宜过早考虑变现（Monetization），同时，不宜受产品现有变现模式的束缚，而要把重点放在用户满意度和用户增长率上。

当产品经过引爆点，进入平稳发展时期的时候，项目团队就可以算每月的支出和收入了。

支出：人力成本，开发新产品的成本，运营成本，获取新用户的费用（CAC）

影响因素：产品使用频率，留存率，NPS

收入：用户的 LTV 折算到本月的收入

16.4　魔方的创新

图 16-12　王屋村软件学院的同学们在指点江山

王屋村原来没有人玩过魔方。有一年开学，一个叫果冻的同学从爪哇国带了这个新奇玩意到学校。他口里念念有词，转来转去，居然能把魔方从凌乱的颜色组合还原成整齐的六面。哇，太神奇了！班上的同学都很好奇，课间休息时都看他表演。一些同学托果冻代购魔方，求果冻教他们玩，果冻采取"口传心授，不立文字"的方式教育，很快获得了魔方大师的称号，并且成了魔方的唯一代理。

有创新当然很好，但是怎么保护创新呢？ 就像你的城堡一样，有护城河（Moat）来保护么？果冻是学校里第一个学会了魔方口诀的，在学校这个小范围里姑且算一种创新，但是你的竞争力有护城河么 —— 你能否保持只有你会背这个口诀？如果没有，那有可能大家都来学，然后人手一个魔方，很快就有人超过你了。对于后来者，一个赶上的办法就是把别人的优势变为大路货，怎么办呢？

另一个同学小飞花钱复印了一百份魔方口诀表，只要通过他购买魔方，他白送口诀。不想买魔方的，他也先赠送口诀。这样魔方口诀就成了大路货，大家就不用求果冻传授口诀了，有些人就买小飞的魔方。

有意思的是，同学发现小飞的口诀（号称 C# 方法）和果冻的"秘诀"（号称爪哇秘诀）有很大的不同，虽然它们都能最后达到六面，但是小飞的口诀是一层一层地实现六面；而果冻的秘诀是先把每一面中间的十字做成同一颜色，然后再解决四角的问题。小飞为此和果冻在《王屋村学报》、《移山新技术论坛》上展开了持久的论战，争执孰优孰劣。与此同时，一旦口诀成了大路货，大家就都知道了魔方的玩法，各人能差异化的，就是执行力 —— 就是看谁扭得快。

课间休息时，一些同学都在咔嚓咔嚓地转魔方，激烈的竞争让有些同学玩魔方手都酸了，退出了竞争。大家通过实践发现，无论是小飞的方法还是果冻的秘诀都不是关键，手劲巧，魔方转得快，加上一些运气，就玩得快。而且，围观玩魔方的女同学渐渐少了。

竞争分几个阶段，当大家都拥有类似的技术，大家都能够搭云梯越过别人的护城河，攻入城堡，短兵相接时，竞争便进入了白热化，大家比的就是执行力。

这时候，竞争者有好几个选择。

1. 进入一个封闭的天地去卖魔方，例如一个用 GFW 高墙围起来的神奇小学，那里的同学不知道外面的世界。
2. 依赖自己别的优势或垄断，把魔方绑定在优势项目上销售，例如，团支书要求团员必须去团支部购买魔方。
3. 开发有差异化的新东西，体现独特的价值。

这时另一个同学大牛出现了。大牛同学虽然不是第一个玩魔方的，但是他热爱魔方，精通两种方法，练得比果冻、小飞还要好，但是他俩的名声已经在那里了，怎么办？大牛经过思考，决定要"Change the Game"，改变游戏规则！他开始琢磨一些花样，经过刻苦练习，他可以把两手放到屁股后面翻魔方，还能把一面给还原了。大牛的典型场景是这样的，他跟同学说，看我表演魔方吧！然后就转过身去，两手在屁股后面翻魔方，这一创新也吸引了不少同学。

当市场处于饱和状态，这时的后来者（Second Mover）要赶上领先者，必须要花很多心思改变游戏规则。

这个场景的滑稽在于 —— 大牛这么努力，但是他却看不到同学的脸部表情，同学们渐渐对他的屁股也没兴趣了。悲剧的结局发生在一天中午，大牛碰到隔壁班的女孩小芳，他激动地想对小芳演示这一绝招，但是事先没解释清楚，就撅着屁股开始玩。小芳大叫一声：耍流氓！路过的老师把大牛拉到教导处训了一通，没收了魔方。大牛的"屁股魔方"渐渐成了一个传说，一般人也看不到了。大牛很失落，原来还可以跟小芳搭上一两句话，现在小芳走路都绕着他……他意识到小芳其实就是他玩魔方的目标用户。

竞争力还有一种是"对用户的了解"，你现在会背口诀了，魔方玩得也不错，你甚至还可以玩各种花样，但是你发现只有男生在围观，你的目标用户 —— 女生并没有感兴趣。你努力的方向和目标并无交集。你的网站非常极客（Geeky），但是你很失落。

过了不多久，班上看似木讷的二柱同学回收魔方，把六种颜色的塑料片挖掉，换成各种小公主的塑料片，再卖给同学们。同时，二柱还体贴地赠送一张口诀表。嘿，居然一半的小女生都跑到二柱那里去订购他的新型公主魔方，当然这样的魔方不便宜，但是小女生们似乎不在乎钱，她们只要一个自己觉得独特的魔方！每天二柱一到班上，就有几个女生主动和他打招呼，问她们定制的魔方怎么样了，有些小姑娘还娇嗔地要求二柱先满足她们的要求，隔壁班的同学们也闻讯赶来，成为二柱的粉丝，小芳也在其中……

图 16-13　公主魔方

几个旁观的男生不相信自己的眼睛。

"我靠！"果冻愤愤不平地抱怨，"我果冻才是第一个会玩魔方的！"

小飞也气炸了，"那些口诀都是我花钱复印，免费发给大家的！免费，侬晓得伐……"

大牛更不屑，"搞什么搞，二位别生气了……二柱这玩意技术含量太低了，这小子压根还不会玩六面呢！"

很多同学热衷于技术和技术的创新，但是当大家在埋头搞技术时，是否注意到自己是在用屁股对着目标用户？

16.5 创新和作坊

"作坊"这个词和软件行业正式联系起来大概源自这则 2004 年 11 月的报道 [28]：

标题：信产部副部长娄勤俭：中国软件业还在手工作坊阶段

日前，信息产业部副部长娄勤俭在出席中国软件产业生态链高层论坛时表示，中国软件产业的规模还比较小，软件企业的实力较弱，很多企业还处于手工式的开发生产阶段，缺乏核心技术，长期处于产业链的低端，发展方向受制于人，出口能力较差，为此今后信产部将从四大方面大力发展我国软件产业。

……

作坊，英语叫 Workshop，好多学术论文也发表在各种 Workshop 中，大家也觉得挺有面子的。美国好多家里的车库（Garage）、地下室都兼作主人的小作坊。在中国的上下文提到"作坊"，大家会想到什么？我想到：

- 自己手工劳动，做出产品。
- 人不多，师傅带徒弟，或家传手艺。
- 只做某种行业，不太改行，商业技巧不多。
- 不太做广告，主要靠口口相传，容易被技术进步淘汰。
- 和顾客很熟悉，可以赊账……

这些好像都不是缺点吧？为什么要着急走出去？我们一条一条地细说。

1. 自己手工劳动，做出产品

现在一些旅游城市也有小店铺号称作坊，但是仔细一看，他们的东西都不是自己做的，今天批发来一些左旋的海藻，明天卖一些右旋的肉碱，下个月就改卖俄罗斯套娃或者檀香木雕刻……或者是那些游离于北京地铁站附近的"正宗臭豆腐"摊位，这种"作坊"不在我们讨论范围之内。

一些人士批评"很多企业还处于手工式的开发生产阶段",我不知道软件除了用手工,还可以用什么别的来写。也许有人说,是不是那些 CASE（Computer Aided Software Engineering）工具,或者是代码向导（Code Wizard）,用右键一点,然后继续点 [下一步]、[下一步] 就可以产生出很多很多代码?这些固然好,但是你可以点一下产生很多代码,另一个公司也可以点一下产生很多同样的代码。你的核心技术在哪里呢?

本文之后提到的各种编程牛人做的有价值的软件,都是自己动手写代码,而不是用什么代码生成器搞出来的。

2.　人不多,师傅带徒弟,或家传手艺

觉得作坊小?阵容不够强大?各人没有 VP、总监的头衔?会被世界先进生产力的代表鄙视?软件界有各式各样的生产力、生产方式,我们不妨从规模最小的生产方式讲起:

1）一个人单打独斗的作坊 —— Micro-ISV

2004 年,SourceGear 的创始人埃里克·辛克（Eric Sink）发表了一系列的博客,讲一个人如何开发软件盈利,并且把这种方式叫 Micro-ISV（微型独立软件开发商）[29]。埃里克为了实践这一方式,在工作之余,自己单打独斗开发并销售一个软件（改进 Windows 自带的翻牌游戏）。

- 2004 年 11 月,中国软件界纷纷传说作坊不好。
- 2005 年初,中文 MSDN 网站还翻译了埃里克的文章,分享了许多小作坊如何开始的经验[30]。
- 2006 年,埃里克·辛克把一系列软件创业和经营的想法都综合在这本书里了: *Eric Sink on the Business of Software*。

另外,还有成千上万的共享软件（Shareware）的作者,他们开的就是小作坊。有很多成功的例子[31],当然也有更多失败的例子。我们想象一下,这些失败的小作坊主,如果加入了那些庞大的软件生产线,或者混迹于各种商业技巧中,他们会更高兴么?

2）两个人的作坊

如果觉得一个人太少,那两个人的作坊最好。2012 年前后,有很多领导提到乔布斯,有些领导还要大量复制他[32]。他的创新是在一个小作坊 —— 他父母的车库里进行的,主要合作伙伴是另一个年轻人斯蒂夫·沃兹尼亚克（Steve Woz）,再加上几个帮忙的伙伴。这么说来,领导要复制成百上千个乔布斯,我们还得把未来的乔布斯送进作坊里。

乔布斯不是例外，看看他们 ——

- 威廉·休利特（William Hewlett）和戴维·帕卡德（David Packard）创业的车库，小作坊 [33]。HP 公司曾是硅谷工程师文化的代表，众多创新的摇篮。
- 比尔·盖茨和保罗·艾伦最初创业时，连车库也没有，比尔同学驻扎在学校的机房写程序。
- Google 的两个创始人开始也是用一些简单的机器和网络，搭起了一个搜索的小作坊。

······

即使没那么有名的作坊，例如 Winternals（已被微软收购）的马克·拉希诺维奇（Mark Russinovich）[34] 和布赖斯·科格斯韦尔（Bryce Cogswell），他们写了一些在 Windows 操作系统上很好用的小工具，也很成功。

两三个专注于某一领域的匠人，用非大规模制造技术打造出来的东西还有价值么？ IT 历史告诉我们，有很多成功的产品都是从小作坊开始的。

3）小即是美 —— 杰克·马

看了上面两个例子之后，如果还觉得自己小，不好意思出来混的读者可以看看一个大公司（阿里巴巴）的大老板在大报纸（《纽约时报》）和其他大场合上发表意见 "小即是美"（Small is Beautiful）[35]。马云指出有三个潮流支持小作坊的成长，① 互联网让小作坊和跨国企业同时能用上最新的工具和技术；② 产品的选择权，由原来大公司设计主导，变为用户主导，用户觉得产品好，他们就会持续购买，这对于高质量，灵活的小作坊很有利；③ 投资资本已经触及所有领域，小作坊也能获得以前只有大公司专有的投资。

大公司里面，是不是团队越大越好？ 众多研究和经验表明，最有效的团队大小，是 8-12 人。这在一些公司里叫做 "两个比萨饼" 规则，就是团队小到两张比萨饼就能喂饱。还有管理专家建议，在工作需要的人数基础再减掉一位，这才是最优的数字。这样能让剩下的团队成员更有空间做事情，更有创意，也更能帮助别人 [36]。

3. 只做某种行业，不太改行，商业技巧比较缺乏

这不一定都是劣势，有些 "商业技巧" 不要也罢。好的作坊不会让顾客先交钱成为 VIP，办一张金卡，然后过了几个月作坊就突然消失了。

我大学毕业时，满腔热血地加入了某高科技公司，隶属某大学科技开发部，是校办软件企业，当然不是作坊。事实上我们的大老板（大学教授兼职开公司）想把公司办成特高档、特专

业，特有那种，那种……那种不是作坊风格的公司。公司墙上贴了"高科技，高……高……高……"的标语。我们都自称"四高公司"。公司开始做 Unix 汉化，办公自动化，地理信息系统，出国跟日本和美国合作（当时还没有外包这一说法），搞了一阵子，没有一个方向有显著的发展。地理信息系统倒是常有人来看，但是每次演示都会死机几次，顾客也没说要买……后来大家也不知道要干啥，一些程序员闲下来就开始搞一点外面的【作坊】常干的事。

例如：一天早上大家都在闲着，我在看电脑报，同事小孔接了个长途电话：

"对……对……我们卖大型地理信息系统，Unix 上的……绘图仪吗，什么型号？……我们也经营的，上个月还出过几台……我到库里去看看有没有现货……"

小孔走过来一把抓过我手里的《电脑报》，翻到报价版面，在绘图仪价目表上来回看了几遍，然后拿起电话：

"你好，我去 [库里] 看了，有现货，起价是……大家都不容易……对……您什么时候来取货？"

第二天傍晚，一台绘图仪被搬进了公司，我们装好并试用了一下，过了把瘾。

第三天上午，绘图仪出手了。

后来大家都离开了"四高公司"，但是，这样的商业技巧还在很多公司流传……

4.　不太做广告，主要靠口口相传，容易被技术进步淘汰

这的确是传统的作坊的一个劣势，现如今有互联网、App Store、SNS，如果你的产品真的好，不想让别人知道也挺不容易的。

作坊会被技术进步抛下？以前看到一个电视节目采访一位修钢笔的小作坊，那位师傅能把铱金笔尖的那一点小"铱金"给点上去。这个技艺连同那小作坊据说已经快失传了。但是没关系，有很多大型的企业，也会被技术进步抛下的。就像小说《神鞭》讲到的，如果落后的绝技没有太多用处了，那就练点新的绝技，人又不笨，小作坊掉头快，好办。

有一种意见认为作坊只能独立存在，和其他机构都合不来。其实不然，在庞大的企业内部，也有一些人构建了一个小作坊，自己做主，做自己感兴趣的事，例如：肯·汤普逊（Ken Thompson）和丹尼斯·里奇（Dennis Ritchie）在贝尔实验室决定自己做一个新的操作系统 Unix，两个人找了一两台旧机器就开始做了。

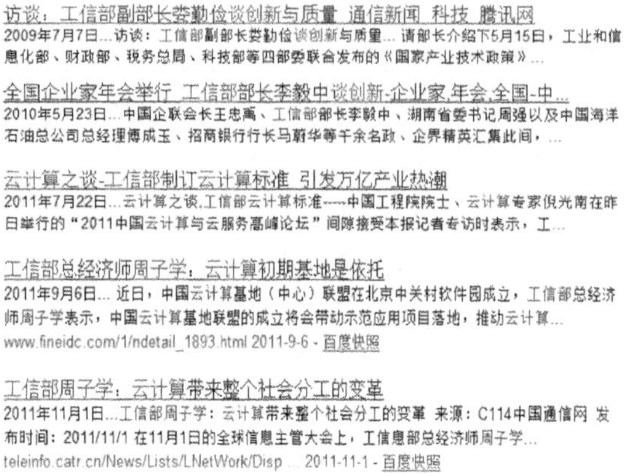

访谈：工信部副部长娄勤俭谈创新与质量 通信新闻 科技 腾讯网
2009年7月7日...访谈：工信部副部长娄勤俭谈创新与质量...请部长介绍下5月15日，工业和信息化部、财政部、税务总局、科技部等四部委联合发布的《国家产业技术政策》...

全国企业家年会举行 工信部部长李毅中谈创新-企业家,年会,全国-中...
2010年5月23日...中国企联会长王忠禹、工信部部长李毅中、湖南省委书记周强以及中国海洋石油总公司总经理傅成玉、招商银行行长马蔚华等千余名政、企界精英汇集此间，...

云计算之谈-工信部制订云计算标准 引发万亿产业热潮
2011年7月22日...云计算之谈，工信部云计算标准----中国工程院院士、云计算专家倪光南在昨日举行的"2011中国云计算与云服务高峰论坛"间隙接受本报记者专访时表示，工...

工信部总经济师周子学：云计算初期基地是依托
2011年9月6日...近日，中国云计算基地（中心）联盟在北京中关村软件园成立，工信部总经济师周子学表示，中国云计算基地联盟的成立将会带动示范应用项目落地，推动云计算...
www.fineidc.com/1/ndetail_1893.html 2011-9-6 - 百度快照

工信部周子学：云计算带来整个社会分工的变革
2011年11月1日...工信部周子学：云计算带来整个社会分工的变革 来源：C114中国通信网 发布时间：2011/11/1 在11月1日的全球信息主管大会上，工信部总经济师周子学...
teleinfo.catr.cn/News/Lists/LNetWork/Disp... 2011-11-1 - 百度快照

图 16-14 有影响力的人云云

这些对"小作坊"睁一只眼闭一只眼的经理，值得表扬。

这些好的作坊，都有这些核心特性：**从小事做起，重质量，讲信用，对产品负责，对工作自豪。**

作坊这么好，那中国的许多作坊为什么不能兴旺？大家经常提到的一个原因，就是"环境对知识产权的尊重和保护不够"，其实哪里都有盗版，哪里都有抄袭，哪里都有竞争。有能力的作坊，往往能找到合适的渠道和空间，实现自己的价值。

那些想开作坊的人，你们对知识产权又是如何尊重和保护的呢？你心里"热爱技术"么？你是否发现了自家作坊的独特价值？你能放弃貌似免费的看热闹的机会，在网上斗嘴的爽快，倒卖绘图仪的短期收益，吹嘘自己要写一个平台的风光，先练好内功？

作坊就在那里，你是装作路过没看见，还是走进去？在走进去之前，先看看你喜不喜欢下面的事：

1）专注于你真正想做的的事，也许比较寂寞，因为它不是网上热捧的"高科技"。

2）如果你觉得解决普天下大众的问题很难，能否从解决自己的问题、身边的问题开始？

3）真正做好服务，不管用户有多少。保护用户的数据和隐私，就像你希望别人保护你的隐私一样，不要找借口。

4）有胸怀去找至少一个伙伴，一起成长。

5）能自我管理，按照自己的节奏来分享体会和成果。

6）享受你的工作和生活，当别人询问你的工作职位时，能够情绪稳定地说：我自己干。

几年前各级人士评价"作坊"之后，他们不谈"作坊"了，最近"云"、"大数据"、"人工智能"和"创新"成为讨论的热点。

创新的出路到底在哪里？不能在各种峰会上发言的 IT 人士，不妨走进各自的小作坊。

16.6　练习与讨论

更多内容与讨论请参见：http://www.cnblogs.com/xinz/p/3857550.html

1.　VCD 的创新

阅读和讨论 VCD 在中国创新和衰退的故事，谈谈先行者如何把技术的领先转变为持久的市场领先，并结合技术产品的周期图，谈谈如果你当时也是一个竞争者，你应该怎样竞争？

材料：http://www.cnblogs.com/xinz/archive/2011/07/09/2102027.html

2.　BBS 的创新

很多 IT 人士都喜欢上技术类的 BBS 和论坛，BBS 已经出现很多年了，很多 BBS 此起彼伏，目前最有名的 BBS 是哪一个？是一个 2008 年才开始的后来者：www.stackoverflow.com 为什么它能后来居上？

3.　练习创新的招数

同学们自选一个市场上的产品，或者某一大家熟知的公司及其产品，为其出谋划策，看看如何能够创新。

4.　软件工程的技术和实践如何帮助创新

软件工程中有没有一些做法是帮助创新的呢？当然有很多，例如：快速原型，持续重构，在每一个里程碑之后做总结，等等。请同学们讨论如何在自己的软件工程项目中创新。

5.　科研和创新

参看李凯教授的文章：促进中国高科技科研创新的想法

http://www.ccf.org.cn/resources/1190201776262/2014/06/11/1.pdf

结合你们学校的实际情况，畅谈你心目中理想的科研和创新。

6.　创业 —— 坚持目前的方向 vs. 尝试更多新的想法

你在创业，但是市面上和你的朋友圈又流传更 cool 的想法和创新，你怎么办？

http://dwz.cn/1IRe4k

http://dwz.cn/1IReAs

7.　Xerox Parc 的成功技术创新和推向市场的失败

阅读下面关于 Xerox Parc 的文献，了解这个充满创新突破的实验室为何没有取得市场的成功？

http://research.microsoft.com/en-us/um/people/blampson/Slides/AltoAtPARCIn1970s_files/frame.htm

http://research.microsoft.com/en-us/um/people/blampson/38-AltoSoftware/WebPage.html

http://research.microsoft.com/en-us/um/people/blampson/38-AltoSoftware/ThackerAltoHardware.pdf

- Michael A. Hiltzik, *Dealers of Lightning: Xerox PARC and the Dawn of the Computer Age* ISBN 0-88730-989-5

- Douglas K. Smith, Robert C. Alexander, *Fumbling the Future: How Xerox Invented, Then Ignored, the First Personal Computer* ISBN 1-58348-266-0

- M. Mitchell Waldrop, *The Dream Machine: J.C.R. Licklider and the Revolution That Made Computing Personal* ISBN 0-670-89976-3

- Howard Rheingold, *Tools for Thought* ISBN 0-262-68115-3

（请在网页看链接：http://cnblogs.com/xinz/p/4470424.html）

1　这一章的许多内容参考了下列书籍：

Scott Berkun. *The Myths of Innovation*. O'Reilly Media，2010.

Clayton M. Christensen. *The Innovator's Dilemma*. HarperBusiness，2011.

Clayton M. Christensen, Michael E. Raynor. *The Innovator's Solution*. Harvard Business Review Press，2013.

Geoffrey A. Moore . *Crossing the Chasm*. HarperBusiness，2014.

Geoffrey A. Moore . *Escape Velocity*. HarperBusiness，2011.

2　请搜索：宁波培养千名乔布斯

3　限于篇幅，更多内容参见：

http://www.cnblogs.com/xinz/archive/2011/07/09/2102052.html

4　参见：http://www.cnblogs.com/codingcrazy/archive/2010/12/15/1906600.html

5　参见：http://etc.usf.edu/clipart/77900/77913/77913_telephone.htm

6　参见：http://tran.httpcn.com/Html/1301/94428122124.shtml

7　这两段故事参见：史蒂夫·洛尔著 . 软件故事 (*Go To:The Story of the March Majors,Bridge Players,Engineers,Chess Wizards,Maverick Scientist,Iconoclasts —— the Programmers Who Created the Software Revolution*). 张沛玄译 . 北京：人民邮电出版社，2014.

8　参见：http://research.microsoft.com/en-us/people/larus/quotes.aspx

Armando Fox，David Patterson. *Engineering Software as a Service*. Strawberry Canyon LLC，2013. 第三章也有记录

9　参见：http://workawesome.com/productivity/dvorak-keyboard-layout/

10　参见：http://en.wikipedia.org/wiki/Personal_Jukebox

11　参见：http://support.microsoft.com/kb/2118008

12　参见 2011 年 2 月诺基亚总裁 Stephen Elop 给公司员工的邮件。

13　参见《像外行一样思考，像专家一样实践》 http://book.douban.com/subject/26340523/

14　参见：http://www.jeremyhouchens.com/blog/what-is-innovation-geoff-nicholson-explains
　　另外参见 "促进中国高科技科研创新的想法" 作者 李凯
　　http://www.ccf.org.cn/resources/1190201776262/2014/06/11/1.pdf

15　参见：http://en.wikipedia.org/wiki/Digital_Equipment_Corporation

16　参见 Wired 杂志的文章：http://www.wired.co.uk/article/how-rovio-made-angry-birds-a-winner

17　参见书籍 Imagine: How Creativity Works 关于 Swiffer 创新的描述，作者 Jonah Lehrer， ISBN: 9780547386072

18　参见网景公司员工的回忆　https://gigaom.com/2008/01/03/3-bites-of-wisdom-from-barksdale/　以及哈佛商业
　　评论杂志的采访　https://hbr.org/2014/06/dont-play-with-dead-snakes-and-other-management-advice

19　参见《遗失的乔布斯 1995 访谈》：中文翻译：https://www.douban.com/group/topic/70550625/

20　参见 Superforecasting: The Art and Science of Prediction, 第三章，作者： Philip E. Tetlock, Dan Gardner，这个游戏
　　是经济学家 Richard Thaler 构思的，1997 年伦敦金融时报进行了一个公开竞猜活动，他们用的系数是 2/3，所有人
　　的平均值是 18.91。2006 年，我是在清华软件学院的一个培训班上第一次玩这个游戏。后来这个游戏成了我演讲
　　和讲课的固定节目，在不少大学的计算机系都玩过。

21　参见：http://www.gartner.com/it/content/1395400/1395423/august_4_whats_hot_hype_2010_jfenn.pdf

22　参见：http://people.hofstra.edu/geotrans/eng/ch7en/conc7en/stages_in_a_bubble.html

23　传统行业也有这方面的尝试，例如海尔集团。
　　参见：http://weibo.com/p/23041849643c8f0102vny8

24　下面的次序参考了这本书的介绍：Crossing the Chasm: Marketing and Selling High-Tech Products to Mainstream
　　Customers [Kindle Edition] Appendix 2. Geoffrey A. Moore (Author).

25　参见《参与感》，中信出版社，作者 黎万强，ISBN 978-7-5086-4513-1

26　研究领导力和创新的专家 Simon Sinek 认为，创新团队的初始目标是要吸引那些认同你的信念的人。

27　Frederick Reichheld 首先明确提出了 NPS 的概念：
　　https://hbr.org/2003/12/the-one-number-you-need-to-grow/ar/1

28　参见：http://news.pconline.com.cn/hy/0411/487081.html

29　参见：http://www.ericsink.com/bos/Micro_ISV.html

30　参见：http://www.microsoft.com/china/MSDN/library/enterprisedevelopment/softwaredev/
　　ussoftware12142004.mspx?mfr=true

31　成功的例子看周奕的故事：http://tech.sina.com.cn/path/2000-11-17/517.shtml

32　搜索 "宁波市 乔布斯" 就可以看到相关新闻

33　图片来源：http://www.bing.com/images/search?q=hewlett+packard+garage&go=&qs=n&form=QBIR&pq=he
　　wlett+packard+garage&sc=0-0&sp=-1&sk

34　参见：http://blogs.technet.com/markrussinovich/about.aspx

35　参见：http://www.nytimes.com/2009/10/27/opinion/27iht-edma.html 如果访问有困难可以搜索 Jack MA, Small
　　is Beautiful.

36　这个建议来自管理专家 Tom Peters, 根据 Richard Karlgaard 的书： The Soft Edge, ISBN 978-1-118-82942-4

第 17 章　人，绩效和职业道德

- 理论和知识点

  领导力的要素，绩效管理的几种办法，RASCI 模型，能力和动力模型，团队成长的几个阶段，团队解决分歧的办法，IEEE 软件工程师的道德规范

17.1　领导力

在软件开发过程中，有许多平等合作，但是也有上下之分的领导 / 被领导关系，即使都是平级的员工之间，也有老师傅 / 新人、某领域的专家 / 新手之间的指导关系。在口语中，大家通常认为领导就是管人的，名称大概是经理。很多技术人员在展望将来的职业发展时，会说"我以后想做管人的"。其实，领导（Leader）和经理（Manager）是有区别的，计算机行业的先驱 Grace Hopper 说过：

> You manage things, you lead people. We went overboard on management and forgot about leadership.
>
> 你管理事务，你领导团队。我们过分重视了"管理能力"而忘记了"领导能力"。

请看看你身边的那些"管人的领导"，他们擅长的是把人当作东西来管理，还是领导大家达成团队的目标？

除了在一个机构中的领导之外，还有别的类型的"领导"：

- Leadership in a project：在一个项目中是领导
- Thought leadership：思想的上领先

- Technical leadership：技术上的领先和指导

一个人也可以是自己的领导：一个有雄心壮志、有紧迫感、有纪律的 "我"，领导一个三心二意、有拖延症、得过且过的 "我"。每年、每学期、每天的开始，有人似乎展现很多对自己的 "领导" 特性，但是随着时光流逝，领导力在慢慢丧失，直到下一次觉醒。

在软件团队的语境中，领导力有几个要素：

- 设定目标
- 知人善任
- 带领团队成长
- 绩效管理

设定目标这个要素在其他章节有不少描述。简要地说，好的目标有下面的特点 SMART：

Specific：具体的，无二义性的，能描述 "成功" 是什么样的。

Motivating：能激发团队成员对目标的兴趣么？实现目标对团队成员来说意味着什么？他们会为之自豪么？

Achievable：能做到么？是挟泰山以超北海？还是把墙角一堆砖头搬走？

Relevant：和大团队的方向、目标吻合。

Trackable：能衡量进度的，和有些资料提到的 Measurable 相似。

下面的章节分别讲述其他的要素。

17.2　领导力 —— 知人善任

我们在前面谈了很多个人技能的成长，两人如何合作，各个角色如何协作，等等。团队中还有领导 / 被领导的关系，处于领导地位的人，如何吸引合适的人才加入团队，如何让成员成长？领导者的最基本能力，就是要能知人。

世界上能够加入你的团队的人成千上万，你怎么找到最合适的人呢？我们先把人分类，希望能分而知之，用之。分类的方法也有很多种，例如有从人的生日和星座、血型来分类；也有根据人的性格、认识世界的方法、做决定的方法来分类，例如 MBTI。根据作者本人的观察，MBTI 的一个子类型 INTJ（心理偏于内向 - Introvert，认识世界的方法偏于直觉 - INtuition，做决定的方式偏于理性 - Thinking，处事态度偏于有序 - Judging) 在软件工程师中所占的比例远远大于在普通人群中所占的比例。 另外还有其他理论，比如用各种颜色来表示不同类型的偏好组合（例如：温暖型的黄色，冷静分析的蓝色，大地一样包容的绿色和火热的红色），一个具体的人会有处于主导地位的特征和处于次要地位的特征 [1]。流行的众多分类方法各有不同程度的科学性。对于职业人士来说，这些分类少了这样的信息：这个人的技能如何？

例如，你看上了一个人，他的 MBTI 是你最喜欢的，他性格特点的主流颜色也是你最中意的，那他能帮你重新设计你的网页么？这要看他有没有相关的技能。你喜欢一个医生护士团队，他们细致，对病人负责，富有合作精神，能坚持学习，但是他们能马上开发一个手机 App 么？

一个新人能加入一个团队，团队领导看重他什么呢？首先是知识。

知识是有用的，它能帮助我们了解事物，但是要解决实际问题，我们需要技能。一个人对于某个领域可能有知识，但是未必有技能。一个大学生，从来没有骑过摩托车，看了《禅与摩托车维修艺术》这本书，对于禅和摩托车维修都获得了一定的知识，但是要到一个摩托车修理厂工作，他的知识是远远不够的，他也没有任何相关的技能。小说《天龙八部》里的人物王语嫣对于武功的知识了解得非常多，但是实战的武功技能也几乎没有。有知识但无技能的人，是否一定是"行走的书橱"，没有大用？倒也未必。20 世纪的传奇游泳教练谢尔蒙·查威尔（Sherm Chavoor）培养出了一批世界级的优秀游泳选手，他的运动员一共获得了 31 枚奥运奖牌。他的"竞技游泳知识"应该是非常多，但是大家几乎没有看到过他下水游泳。传说他不会游泳，队员们在庆祝胜利的时候把他抛下游泳池，结果发现他在池中挣扎…… 这么说，他的"竞技游泳技能"和"基本游泳技能"是很低的，但是这并没有妨碍他领导他的游泳队取得世界级的成功，因为他的"教练技能"是世界一流的。

领导看重新人的另一点，是专业技能和职业技能。每一个进入职场的人士都有一些专业技能，即和所处专业密切相关的技能，如大家在学校里的各种专业中学到的（医疗，法律，数据库技术，软件开发等）。职业技能指的是职业人士通用的软技能，如交流能力、自我管理能力、快速学习能力、处理复杂问题的能力，等等。一个项目需要的是"可用的专业技能"，比如一个有着丰富的金融业经历的人士，在上一个银行相关的数据库项目中发挥了她的专业技能，但是在下一个社交网络 App 项目 中，她在项目中的"可用专业技能"并不多。但是她的职业技能还可以继续发挥作用，并且会帮助她迅速提升可用的专业技能。

领导看重的还有一点，是投入程度。招来一个新人，但是她不喜欢目前的项目，兴趣不高，不想学习，也不打算在团队呆很久，怎么办？无论她能力如何，这样的人加入团队有好处么？

总结一下，领导需要了解一个人的：

- 知识，专业技能，职业技能，这三者合起来可以称为"能力"（Competence）
- 投入程度，热情，对团队目标的承诺，这可以称为"动力"（Motivation），动力低的人，不管能力高低，他们对团队的贡献是非常有限的。本书 3.3 节也讲了几种不同等级的职业心态。

我们可以根据这二者的高和低，把团队成员分为四个象限：

高能力	象限 II	象限 I
低能力	象限 III	象限 IV
	低动力	高动力

图 17-1　能力和动力组成的四个象限

举个例子，团队新来了四位新成员，小飞、果冻、荔荔和九条，他们都是从移山软件学院毕业的，雄心勃勃地要在移山公司大干一场，改变世界。他们都从（低能力，高动力）的象限出发了。我们可以看到几种轨迹：

- 果冻在学校只写了几百行代码就毕业了，他兴致勃勃地参加了第一个项目，由于能力太差，加上项目工期比较赶，他一直没有得到什么独立工作的锻炼机会。于是他又参加了第二个项目，做了一段时间后，项目取消了，他负责的模块也没有发布。他在找下一个项目，但是各个项目的领导都表示没有什么合适的地方。领导建议他从测试入手，他不太乐意，他不理解测试工作的意义，也不想理解。果冻觉得这个公司不适合他，抱怨了几次公司的方向不对，流程不符合软件工程的原理之后，他走了。

- 九条和果冻类似，但是他经常加班学习，终于在项目中掌握了一定的行业知识和软件开发技能，成为这个项目的技术能手。但是他渐渐不太看好这类项目，想去做更加主流的项目，可他不知道怎样才能离开这个旧项目，领导觉得他就应该好好呆在这个项目中，继续工作。后来九条找了一个机会跳槽到别的公司了。

- 荔荔刚开始工作时碰到许多难题，每天都要问人，每天回到宿舍都很晚，刚来团队时候的心气渐渐没了。经过几个月的努力她才站住脚，能独立完成份内的工作，后来她接手了两个离职同事的项目，慢慢琢磨出门道，逐渐对整个系统都有了解，都能完成任务。一年后，她就开始带新来的员工了。新员工向她请教的时候都是羡慕崇拜的样子，像螺旋发展的轨迹，她经历了四、三、二、一象限，又到了一个新层次的第四象限（低能力，高动力）象限，她感觉能力不足，觉得自己不懂的太多了，每天忙着给自己充电，但是更自信，动力更足了。

下面的三个轨迹勾勒了三个人的不同发展路径：

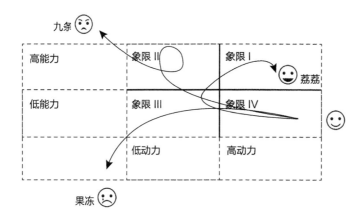

图 17-2　在能力·动力体系中不同的发展轨迹

当然还有其他的轨迹，例如小飞，他在学校就做了很多项目，也在公司实习过，所以上手很快，搞定了第一个项目，他又参加了新的项目并且也得心应手。

处于不同象限的人，心理不一样，贡献不一样，对领导的期望也不一样，领导不能千篇一律地跟他们说"请加油吧"，或者"和大家打成一片"就指望能解决问题。领导还有自己的工作，也不可能全程陪伴所有人，要选择合适的时机，对不同的人施以不同的引导。

第四象限：积极的初学者

- 能力：对于这个任务不太了解；没有经验；"我都不知道我不知道啥"。
- 动力：很想学习，充满好奇心，热情，对于自己的可转化技能充满信心，觉得学习新技能也不是太难，处于一种无知的乐观（Uninformed Optimism）状态。

领导应该做的：

- 能力方面的帮助：肯定他们带来的可转化技能。要替他们设置 SMART 目标、优先级和检查点，循序渐进的学习计划；要定义他们在团队中的角色和范围，限制自主性发挥；提供资料让他们学习，例如：展现实际的例子和模板、已有的解决方案；提供练习机会，或者做一对一的指导（Mentor）。
- 动力方面的帮助：帮他们在心理上为即将到来的困难做准备。
- 检查和反馈：经常检查，给予大量的反馈。

第三象限：迷惑的学习者

- 能力：有一定的知识和技能，但是没有达到胜任这一地步，不知道如何前进；表现和进步并不是一贯优秀。
- 动力：有受挫感，有放弃的念头；任务太多处理不过来，没有动力；害怕犯错误，迷惑、担心。可以说处于知情的悲观 (Informed Pessimism) 状态。

领导应该做的：

- 能力方面的帮助：更加明确的目标 / 角色的定义；需要提供机会能学习和提高技能，理解工作中的"为什么"。
- 动力方面的帮助：倾听他们的忧虑，分析他们的处境（"处于这个状态，并不是你的错"）和前因后果。
- 检查和反馈：用当初的 SMART 目标衡量员工已经取得的进步；认可员工的工作，保证不放弃员工，鼓励他们不要放弃自己。

第二象限：不爽的贡献者

- 能力：有经验，通过实际成果证明了能力，给项目做出了实际的贡献。
- 动力：有时犹豫不决，并不是非常自信，有时觉得工作无聊或者对工作无任何感情。在这个时候，如果没有适当的指导，会出现价值危机（Crisis of Meaning）：我在这个团队的价值是什么？我为何这么辛苦地干活？

领导应该做的：

- 能力方面的帮助：让他们在拿手的领域发挥更多作用，让他们在拿手的领域做得更完善，并增加交流的机会（代码复审，设计复审）。

- 动力方面的帮助：倾听员工的看法和担忧，需要认可成绩；同时要让目标更有挑战性一些；鼓励他们在拿手的领域自主发挥。
- 检查和反馈：员工自己可以定义 SMART 目标，和领导商定检查的节奏。

第一象限：自立，取得成就的人

- 能力：一段时间以来不断取得成绩，是某领域公认的专家。
- 动力：自立自主，有充分的理由展现自信，同时能激励其他同事。达到了知情的乐观（Informed Optimism）状态。

领导应该做的：

- 能力方面的帮助：要求他们在相关领域做更多的学习和创新。
- 动力方面的帮助：认可并重视他们的贡献，放手让他们发挥。
- 需要：信任和自主权；需要得到成长的机会，需要有展现自己创造性的机会，能指导别人的机会；需要更多的资源，来发挥更大作用。
- 检查和反馈：阶段性的检查，看重结果。

不光是初学者会经历这些阶段，一个团队开展一个新项目，一个有成就的领导空降到一个机构，也会经历这些阶段，如果没有自我意识和领导的点拨，结果未必都是圆满的。

17.3 领导力 —— 带领团队成长

与本书 4.6 节提到的"两人合作的不同阶段和技巧"一样，团队合作也有类似的阶段。平时大家似乎相安无事，但是一旦出现催化剂（软件未能按时发布，项目受挫，绩效评估结果公布，团队接受新的任务，等等），团队合作的状态就会出现剧烈变化。变好或者变坏，还要看团队成员，特别是领导者的智慧了。我们这里说的"领导"，除了有明确领导职责的人员之外，还包括技术带头人、产品经理等。

17.3.1 萌芽阶段

萌芽阶段（Forming），就像小苗破土而出，柔弱但充满希望。在这一时期，团队成员刚刚接触到团队的宗旨，同时很可能刚刚互相认识。团队的目标没有真正达成一致，而成员则非常依赖于团队领导的指导。这一特点，是不是和前面提到的"积极的初学者"很像？这样的团队还有别的特点：

1. 个人的角色和职责不清楚，做事的规程往往被忽略。

2. 这时大家都很有礼貌，一般交流不少，每个人都想得到队友的接纳，试图避免冲突和容易引起挑战的观点。团队的成员在有意无意地探知同伴和领导的做事方式与容忍度。

3. 每个人都忙着适应环境、团队结构、角色、日常流程等。严重的问题不一定能够及时地提出来讨论。重要的事情并不能够真正得到解决。

领导要带领团队弄清五个奠定团队基础的问题[2]：

1. 目的（Purpose）：我们为何存在？我们交付什么样的产品？我们将来会成为什么样子？

2. 原则（Principle）：我们应该怎么工作，哪些是我们的底线，不能讨价还价的？

3. 优先级（Priority）：当我们面临选择的时候，怎么做决定？原则和优先级能让团队有信心做决定，而不要事事征求领导意见。

4. 计划（Plan）：自上而下 + 自下而上 + 和兄弟团队协调，把产品的各个阶段定义好，特别注意和别的团队有依赖的交付日期。

5. 人员（People）：参照 RASCI 模型，说清楚谁负责什么，谁**不负责**什么（说清楚谁不负责更有利于大家放手工作）。

为了让团队能够应对后面的考验，领导要鼓励积极、公开的信息流动（如 SharePoint 服务器，Wiki 页面，公开的电子邮件组，公开的项目进度表，技术交流会，培训等），这些都可以自下而上地发生，让团队的积极分子感觉到自己的能力可以充分发挥。由于百废待兴，没有太多时间进行详细的讨论以达成共识，因此，领导要快刀斩乱麻地做一些重要的决定，让团队在短时间内通过执行看到一些进展和成果。如何"快刀斩乱麻"？ 这有一个例子：在 Apple 公司的早期，乔布斯要号召一些老团队成员去一个新的办公楼参加还在秘密状态的 Macintosh 项目，有一个顶级程序员 (Andy Hertzfeld) 还在忙着老项目，一时走不开。乔布斯怎么做呢？Andy 回忆到，乔布斯说了一句："you're moving to the Macintosh project now"，就把 Andy 办公桌上的东西抱到他的汽车里，Andy 只好马上跟着去了新的项目组[3]。

17.3.2 磨合阶段

磨合阶段（Storming）就像一个人的青少年时期，充满了对个人、同伴和团队的疑惑与冲突。团队无论大小都要克服困难，交付结果，大家不得不认真地面对问题，开展讨论。这些冲突不一定都是技术问题，也许是关于角色、职责、相互关系，甚至是各自性格、文化的冲突。这时，成员之间会出现竞争，不少人都想成为某个领域的"拥有者"（在软件项目中，谁负责哪个方面，每个方面要怎么做，等等）。同时也有一些人会以不同的方式进行挑战。也许会形成小团体，甚至有权力斗争。

磨合是一个团队成长的必经阶段，但是如果一个团队长期挣扎在磨合阶段，领导人要负最主要的责任。团队挣扎的原因是什么呢？工业界对此有很多总结，下面是几个关键[4]：

1. **信任（Trust）**

   信任不仅仅是通常意义上的"工程师荔荔相信程序员小飞说这个功能已经做好了，没有 Bug 了"，也不是当小飞提醒果冻的代码有问题的时候，果冻变得很紧张："你应该**信任**我，我的代码是没问题的！"

   在这个语境下的信任是指"我**信任**大家做事的出发点都是为了团队的共同目标，每个人的水平、经历、性格特点都不同，我不是完美的，当我犯错误，或者展现我性格中不成熟地方的时候，我**信任**我的同事会帮助我，但不会指责我的动机，或其他内在属性[5]。"

   有信任的例子：团队所有代码都可以做代码复审，果冻可以很自然地对小飞说："我对 Node.js 不熟，这里写得不好，你可以帮我看看怎么改进么？"

   无信任的例子：果冻没敢问别人，自己改了很久，偷偷签入了代码，过了几天，小飞对大牛说，我昨天偷偷看了果冻的代码，他写的那么烂的 Node.js 代码，这人是怎么进我们公司的？"

   信任还包括情绪上的了解，包容。例如

   > "我怎么觉得果冻在会议上表现得咄咄逼人？找了我的 Spec 里面的很多问题，是不是对我这个新来的 PM 不满？"

   > "你放心，他是对事不对人，他的性格就是这样，上回我们分享性格分析的结果，他的性格就是比较着急的那种【火红色】[6]。"

   需要再次指出的是，信任的一个要素是"敢于互相分享自己或自己团队的薄弱环节"。在一个没有信任的团队，每个人要表现得自己是非常能干，十全十美，没有错误。一个团队即使业绩不好，团队领导也不会承认自己团队有问题，而是找很多别的理由。在绩效评估的时候，每个成员被展示为高大全的英雄人物，都要排在别的团队人员的前面。因为领导一旦承认某个员工有缺点，这个员工就被别的团队的领导打上"差"的标签，要排在"没有缺点"的员工的后面。这种没有互信的环境对团队的成长是非常不利的。

2. 冲突 （Conflict）

团队聚集了不同性格和背景的人，大家对共同的"事业"也有不同的期望，那么，不同的意见就会有冲突。各人处理冲突的方式是各式各样的，如果大家做了 MBTI 或 性格颜色等分析，就知道这也是很自然的现象：

- 有的人完全躲避，有冲突时尽量不发言，有关冲突的邮件都不敢看[7]
- 有的人是在讨论中进行思考，通过争论来完善自己的想法
- 有的人非常不乐意在多人场合争论，但是如果是一对一的讨论，则非常愿意表达
- 有的人不愿意口头表达，而愿意写详细的书面分析，但是他们往往在激烈的面对面争论中失去表达机会
- 有的人喜欢做和事老，希望得到折中的结果
- 当然还有人处理冲突并非从性格出发，而是从官职出发，对于领导的看法则一味赞同，对别人则是另一副嘴脸。

当一个团队没有互信作为基础时，团队成员的冲突通常体现为不必要的争执；在零和的游戏中为自己的小团体获得更多资源。当团队有了互信的基础后，团队成员了解了其他人的性格，讨论问题才可能从

> "找到别人话语中的漏洞，转到对我有利的方向，赢了这场斗嘴"

转换为

> "聆听别人的看法，分析对团队的利弊，说服大家做出对团队最有利的决定"。

俗话说"不打不相识"，冲突对于团队的成长是很有帮助的，我们要了解：

- 好的冲突，是基于信任的基础上，大家真诚地、无保留地直接对话。
- 即使是最优秀的团队，仍然会有冲突，而且有些冲突是让人不适的。
- 如何处理冲突，是一个团队从"磨合"走向"规范"的重要考验。
- 不要因为害怕带个人情绪的冲突，而不让团队经常进行热烈的争论。

在团队中解决冲突，有下面的几种方法，各有利弊：

- 追求最大和谐，达到全体共识（Consensus）：好处是大家能同心协力行动，坏处是需要很长时间才能达到共识，也许达到不了。有时候为了让所有人都"同意"共识，

而把共识的水平降低，或者花很多时间等待而错过机会。

- 投票（Voting）：好处是能较快地形成结论，坏处是投票会产生一些赢家和输家，输家总是不太满意，如果处理不好，会导致对立。
- 咨询（Consulting）：由领导私下和几位专家讨论，形成决定。团队的其他成员也许会有不被重视的感觉。
- 独裁（Dictatorship）：领导很爽，但是如果决定的过程不透明，则副作用较多。
- 交换决定权（Trade Off）：几个主要角色的代表轮流做决定，行使独裁权。这个模式执行起来也许会让团队的方向游移不定。

3. 承诺（Commitment）

"承诺"在这个语境下的意思是：如果是经过团队讨论形成的决议，我就要去支持和执行，即使对我个人而言不是最优的情况。"承诺"在这里不仅仅是：我说到就做到，不管对大局的影响。

领导者要在收集了所有不同意见之后，把它们都摆到台面上，然后有勇气和智慧去做决定，然后所有成员（也许有的并不同意这个决定）要按照决定来执行，这才是团队成员对团队目标的承诺。承诺并不是意味着团队达到了全体共识（Consensus）之后，我才决定做某件事。在实践中可以有"保留意见，但坚决执行"的做法[8]。等到项目结束后的"事后诸葛亮会议"上，大家再来复盘总结。

4. 责任（Accountability）

当你接受了一个任务，许下一个承诺，那么你有就责任按时按质交付，否则就会受到领导的追究。这是大家通常对责任的理解。当我们在一个团队工作时，我们的责任就更进一步。如果你看到队友的行为达不到团队的标准，你也有责任去提醒。想象在一个足球比赛里，宽阔的赛场，快速的变化，不能依赖于教练在场边嘶吼着提醒每个队员的责任，队友之间就要随时提醒。

对于一个想从磨合阶段上升的团队，领导要注意：

- 让所有人明确："责任不但要发生在领导／下属之间，而且要更经常地发生在同伴之间。"
- 要培育一个负责任的团队文化，领导者要展现出认真处理棘手问题的态度。
- 加强责任感的最好机会是周期性的目标检查会议。

5. **结果（Result）**

一个团队总是要有一个明确的目标，才能凝聚整个团队的力量，来解决核心问题。

为了得到结果，团队必须制定一个核心目标，这个目标应该是符合 SMART 要求的，而且团队应该经常对照这个目标，检讨目前的进展。

案例： 移山公司的电商团队设立了一个目标，在 6 个月后要把月度活跃用户（Monthly Active Users，MAU）提高 50%，然后团队每月会开会检查。这个想法不错吧？在实际运行中出现了下面的问题：

第一个月：我们还没有整理出当月的 MAU，所以这个月的四个周会都没啥数据可以讨论。

第二个月：刚看到第一个月的 MAU，由于上个月节日较多，数据比预想的差，但是也看不出什么规律性的东西。

第三个月：终于看到了第二个月份的 MAU 数据，仔细分析，发现数据收集过程有问题，导致数据不准，责成数据团队赶紧修复，但是也没看出来什么规律。**大家也不知道这样下去，到了第六个月，我们会不会达到目标。**

领导在这个时候应该注意到这些问题：

1）只跟踪月度数据粒度太大，导致我们只有 6 个月的数据点，只有五次机会反应（第六个月也没法调整了），一个功能上线后，要等几周才能看到它的影响，才能决定下一步。

2）每周都开会，但是一个月只有一周可以看到上月数据（如果运气好），其他的周会都挪作他用，效率低。

建议的改进：

改为跟踪每周活跃用户，这样，每周的周会可以看到上一周的数据，并作相应调整，这样在剩下的三个月有 12 次机会看到数据并调整。如果数据有问题，可以马上发现并改进。每周数据的提高，必然意味着每月数据的改进。

制定 SMART 的目标容易，但是人们经常会被其他的次要目标所吸引，例如内部的政治运作（"某个 VP 老大对我们的项目比较满意"），感觉（"我觉得我们做得不错"），或第三方偶然评论（"我们被某互联网评论家提到了！"），这些都不错，但是注意力请不要离开最终目标！磨合阶段最能展现人的特点，这时候领导就要根据上述的四个象限，给员工适当的点拨。

团队业绩拿不出手，不能达到预定目标，领导如果没有开诚布公地解释原因和调整，却把一些内部指标鼓吹成巨大成就（例如再一次重构了代码，测试覆盖率再次小幅度提高，某些不关键的指标得到提高），貌似面子上过得去，但团队成员都不是傻子，都会看出领导的问题。长期处于磨合阶段的团队，自信心会下降，会陷入诸如"我们用什么开发方法"、"这个模式还是那个模式"等讨论，出现久病乱投医的现象。就像某国国家足球队不断变更打法和风格，一会儿是平行站位，一会儿是双后腰，有时过分保守，有时过于冒进，有时学习欧洲，有时模仿南美，走马灯一样换教练，最终找不着北，沦为笑柄。

一个商业团队的领导，最终是要对这个团队的生存负责任的，承诺、责任、结果都要扛到肩上。领导会们最终要面对团队的终极问题：

> There comes a time in every company's life where it must fight for its life. if you find yourself running when you should be fighting, you need to ask yourself, *"if our company isn't good enough to win, then do we need to exist at all* [9]*"*?

如果团队在你的领导下没有取得预期的结果，你怎么办？如果你的团队最后赢不了，失去了生存的意义，你怎么办？要知道，"腐烂，解体"也是很多团队的归宿。

17.3.3 规范阶段

从磨合阶段毕业，进入规范阶段（Norming）的团队的成员们就角色、职责定义和流程都取得了比较一致的意见。这一时期的团队有如下特点。

- 团队的工作流程和工作的方式得到大家的认可。通过聆听、讨论，成员互相之间更加了解，认识到并欣赏各自的能力和经验，在工作中互相支持，大家意识到并尊重各人的个性。
- 领导主要扮演促成者和鼓励者的角色，有能力的成员也分担了一定的领导职责，并自然地获得大家的尊重。
- 随着项目的开展和成员们的互动，一些成文或不成文的规则逐步建立起来了。一个人要是刚刚加入一个有一定历史的团队，要注意了解这个团队的规范（Norm）是什么，入境随俗。正如西方谚语所说 —— When in Rome, do as the Romans do.
- 作为一个整体，团队要做什么、不做什么，都更加明确。团队的信心更足，和其他团队打交道更有底气。

这个阶段的另一个重要特点是，做决定更有效率了。这体现在：

- 少部分相关人士就能做好决定，不用事事请示最高领导。

- 领导会把精力放在最难的一些问题上，相信团队能解决其他容易的问题。

- 做过的决定在一定时间内不会反复，会有专门时间回顾和检讨（例如"事后诸葛亮会议"）。

领导要意识到，在这个阶段，一个团队做的所有决定中，有 90% 不需要领导参与（团队有能力处理好，或者决定对大局无影响），领导要坚决地专注于 10% 的难以决断的问题。一个人的精力是有限的，而且不能像橡皮一样拉伸，领导不能每一件事情都要亲历亲为，甚至越俎代庖，要把精力投入到有价值的地方去。有些领导会列席所有的会议，但在会议中却忙着在电脑或手机上处理另外一些事情，这不仅浪费了自己的精力，而且妨碍团队成长。经验表明，并不是团队一进入规范阶段就万事大吉了。很多情况下团队会由规范阶段回到磨合阶段，或者在两个阶段间徘徊。

17.3.4   创造阶段

经历了萌芽、磨合、规范阶段，现在团队终于可以创造一些有意义的东西 — 这就是创造阶段（Performing）。当然并不是所有的团队都能到达这一阶段。

这一阶段的特点如下：

- 团队知道为何而战，并将注意力集中到如何创造、实现目标上。共同的远景不再是空话，而是实实在在的阶段性成果。这些成果鼓舞了士气，整个团队成为其他团队羡慕的对象。

- 高度自治，不再需要领导的时时教诲与介入。不同意见仍会出现，但是成员都以一种积极的心态和方式来解决。团队成员相互支持，互相依赖，并保持各自的灵活性。团队成员之间都比较熟络，同时也互相信任，个人可以放手独立工作。

- 角色和职责能够根据项目的要求自然地转换，没有人为此担心或发牢骚。 在这种情况下，所有人都能把大部分精力花在工作上。

这一阶段团队的效率达到了巅峰状态，而领导则要实践 MSF "充分的授权" 这一原则，让团队主动发挥。其次是要完善团队业绩和个人绩效相结合的考评体系，最大限度地调动团队成员的积极性，同时安排未来的领导者有机会崭露头角。要注意的是，处于创造阶段的团队也不会有完美的民主氛围，就像体育比赛，冠军球队中每个人都做出了很有效率的贡献，但是不会每个人都有同样的控球时间。

这样的团队有一个特点：他们一般不会关心或者争执"方法论"的问题 —— 我们究竟是瀑布模型，还是改良的螺旋模型，或者超级敏捷型。我们是 CMMI 2 级还是 3 级。方法论对于他们，就像水对于鱼一样自然。一个例子是微软公司很多员工都不知何为 MSF（见第 7 章）。

当然，这时也必须认识到危险所在。优秀团队有时会骄傲自满，团队成员自我感觉太好，过分亲近也可能导致过度利己，不重视与别的团队合作，不重视客户需求等。IT 行业的故事一再验证了"伟大的公司离破产只有十八个月"这一规律，切莫等闲视之。

17.3.5 效能曲线和假团队

讲团队管理的书籍很多，其中的经典著作《*The Wisdom of Teams*》提到了团队的效能曲线[10]：

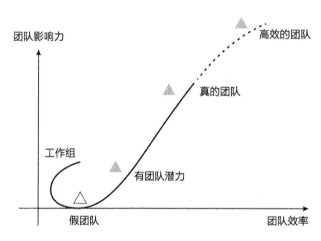

图 17-3 团队效能曲线和假团队

它提到的团队的几个阶段 { 有团队潜力，真的团队，高效的团队 } 和上文的四个阶段有类似之处。更要注意的是，它提到从各自为政的"工作组"（还记得王屋村一帮搬砖的人么？）到各种阶段的团队状态之间，往往还有一个"假团队"（Pseudo-team）的阶段，"假团队"名义上有团队的组织，但是成员互相掣肘，面和心不和，有人打酱油，这样的团队的效率还不如各人单干的工作组。有时候一个企业也会展现出"假团队"的特性：

领导非常努力地让员工相信公司非常关心员工；员工也非常努力地让领导相信自己完全领会了公司的大爱。私下里双方都不相信对方的话，也看不起对方。

17.4　猪、鸡和鹦鹉的故事

在一片神奇的丛林里，生活着许多动物，其中有猪、鸡和鹦鹉[11]。丛林里最近掀起一股创业的风潮，这些动物也受到感染，每天搞头脑风暴，琢磨如何创业。最后它们决定合伙开一家欧式早餐店，供应面包、牛奶、煎蛋、培根等。

图 17-4　欧式早餐店的部分食品

具体分工如下。

猪：提供猪肉，做熏肉。

鸡：提供鸡蛋，做煎蛋。

鹦鹉：提供咨询，每天阅读大量博客，给其他团队成员提供建议，例如业界最新趋势、最新术语、SaaS、争取风投的诀窍、创业明星当年的轶事，等等。

这次创业对三个动物的负担是一样的么？它们又该各占多少股份？一旦创业失败，猪、鸡和鹦鹉各自会失去什么？

在一个团队中，不同的成员来自五湖四海，为了一个共同的目标，走到一起来了（至少表面上是这样）。在一起吃饭时，大家意气风发，群情激奋，但是不同的人对于团队的承诺是不一样的。

有些人是**猪**——他们或者辞掉了工作，投入到创业中；或者这门软件工程课是他们的必修课，他们一定要拿到高分，才能提高自己的绩点（GPA），申请到好学校。对他们来说，要想项目成功，就要拿出自己身上的肉，背水一战；一旦失败，自己的老本也赔进去了。他们的投入级别是——全身心投入（**Committed**）。

有些人是**鸡**——他们能做重要的贡献，但是项目一旦失败，他们的损失并不大，他们的生活还可以继续下去。比如，有些人平时自己上班，周末来给项目帮忙；或者是选修软件工程课；或者他们已经保研，只要这门课混及格就行。他们的投入级别是——参与（**Involved**）。

有些人是**鹦鹉**——他们有漂亮的羽毛，能说会道，人脉广，能提出很多建议，很多点子。但是他们不执行，除了一些人云亦云的观点和关于架构的空谈之外，并没有其他投入。一旦项目失败，他们就会飞到另一个项目中去。他们的投入级别是 —— 围观（**Bystander**）。

一个人可以同时做很多事，但事情轻重缓急各不相同，有些事情只能业余帮一些忙，这也无可厚非。加入一个团队时，要弄清楚自己在团队中投入的级别是什么，别人的期望值是什么。不要拿着卖白菜的钱，操那卖白粉的心 —— 太不值得。人可以在 n 个地方做鸡，或者在 n×m 个地方做鹦鹉，但不可能在两个地方同时做猪，这太难了！很多牛人，例如比尔·盖茨同学和马克·扎克伯格同学，就只好在学业和事业中放弃一个，全身心地投入另一个。

把一件事情做成需要很多人的帮助，创业者要不拘一格吸引人才。但是我们也要分清楚团队成员的投入 / 承诺 / 责任属于哪一个级别，哪些是猪，哪些是鸡，哪些是鹦鹉。一群猪全身心投入看似不错，但无论多么努力，猪没法下蛋。一群鸡每天按时上下班，也许团队和谐相处，但没有高昂的斗志。最坏的情况是找到一群鹦鹉，大家叽叽喳喳，来回扑腾，好不热闹。但是没有产品，大家最后作鸟兽散，只落得一地鸟毛。在竞技体育、商业竞争中，如果一支队伍的队员都是猪，另一支队伍的队员都是鸡，那谁胜谁负，就很清楚了，鹦鹉可以做拉拉队，但是并不决定最后的胜负。

在企业中，大家都拿工资，应该算是全身心投入的"猪"了吧？那倒未必，各人对一个具体项目的投入和负责程度还是大有区别的。企业内不同的角色相互合作，各有想法，市场变化快，应该听谁的呢？是听那些在研发和市场第一线全心投入的"猪"，还是坐办公室的"鸡"，还是一些空降而来的"鹦鹉"？在软件企业培养新人，是让他们对公司各项业务作高层次的点评，写成漂亮的 PPT（鹦鹉），还是让他们坐办公室，主管流程（鸡），还是把他们送到能听到炮声，可能会流血或掉块肉的第一线（猪）？在遵循敏捷原则的团队里，成员们并不忌讳谈论不同的投入和负责程度 —— 因为这就是现实。但是他们一般有一个原则：

重大决定由"猪"来定夺

在官僚层次驱动的项目中，往往会有一些鹦鹉控制流程的关卡，鹦鹉虽然对项目具体情况不了解，也很忙，但是项目的一些决定非得由他们来做，他们做完决定之后，拍拍翅膀飞走了……

在有些项目管理书籍中，这些可爱的动物也以别的名目出现，例如《项目百态》[12] 一书提到了一个角色 —— **影评家**。影评家不拍电影，也没有演技，但是他们对电影的一切都可以指手划脚，而且不必承担任何责任，最高领导往往还挺容易受影评家的影响！你在辛辛苦苦做项目的时候，是否有一圈影评家在围观？

在进行一些跨部门合作时，我们更要理清不同部门的权力、责任和流程。下面是一个比较通用的 RASCI 模型：

R：Responsible，负责把具体事情做好。

A：Accountable，对任务负全责，有批准的权力。

S：Support，对任务提供支持，辅助任务的完成。

C：Consulted，咨询，拥有完成项目所需的信息或能力的角色。

I：Informed，知会者，应该事后及时通知结果的角色。

图 17-5　RASCI 在挖坑的场景中，各人职责清楚么？

当你的项目中有很多角色时，不妨想想他们属于 RASCI 的哪个角色，然后依照相应的规范行事即可。

在一个流程漫长、合作者众多的项目中，项目的管理者要把每一个环节的 RASCI 角色都列出来，**每个环节有且只有一个 R**。

17.5　其实还是人的问题

大家加入一个小组进行项目开发，有项目经理、开发人员、测试人员等。不久就有抱怨，怎么小组里有些人就是不干活？

最早，大家假设所有人都是热心干活的。抽象出来，就是：

$$P = \{\text{做事的}\}$$

后来，大家发现这个集合可以细分成：

$$P = \{P1 = \text{做事的}, P2 = \text{不做事的}\}$$

不做事，也就罢了，不过这些人还偏偏在团队中占个位置，仿佛要给大家做贡献，布置任务时，他 / 她仿佛也同意了……这让我们的项目经理大伤脑筋。大家不但要操心软件中各个模块的问题，还要操心负责这些模块的人的问题，这需要不同的技能。

其实，随着经历的丰富，我们还可以看到集合中出现了第三类人，他们会更让我们头痛：

P = { 做事的，不做事的，P3 = 不让别人做事的 }

学术界应该比较纯洁，没想到这第三类人也不少，科学家韦钰在回忆她科研的经历时 [13] 说：

> 中国这个问题是很严重的。我们建立第一个学科的时候，我遇到了很大的困难。这些困难都不是来自政治界的，而是来自学术界本身，来自学术界某些权威。**有位权威就是不同意给我立题和资助，说"你怎么能研究这个，你怎么能进到我的领域来"**……

作为万物之灵的人类，是不能满足于仅仅只有三种花样的。很快，我们可以看到第四、第五类人的出现：

P = { 做事的，不做事的，不让别人做事的，P4 = 做假的事的，P5 = 假装做事的 }

P4 = 做假的事的人，可以举打磨芯片的例子 [14]。而假装做事的人（P5）往往和 P4 成对出现，例如负责评审汉芯并给予其很高评价的各位院士和专家。

有了这样的榜样，我们也不难发现身边的例子。2008 年夏天，在与某学院合作的"软件实现技术"课程中，有一个小组没有参加最终评比，得分为零。为什么呢？原来他们的"电梯作业"原封不动地抄袭了前一年同学的方案。微软的工程师在评审时发现这个小组的作业看起来眼熟，后来注意到所有文件的日期都是一年以前的……如果我们也敷衍过去，那我们就成了 P5 了（写程序蒙到微软工程师头上了，也真是令人佩服）。

人无完人，人非圣贤，总会犯错误，原因很多，有的是个人一念之差，有些是时间安排的问题，有的是有仿生学的原理，有的可以追溯到社会的潜规则或种种因素。但是为什么要这么多花招？为什么不能都当一回简单的 P1 呢？

17.6　绩效管理

本书前面讲了工程师如何成长，如何证明自己的成长，等等。这些都是在一个独立的、不受外界干扰的空间中做出来的判断。一个团队中的每一个人都有各自的努力和作用，如何衡量个人在团队中的绩效呢？我们看看其他行业的例子。

- 一群人把一堆砖头从 A 地搬到 B 地
- 一个剧组排演话剧（有导演，有场记，有主角，有配角，有舞美设计，有化妆师，有灯光师，这些角色能随意替换么？）

- 一群画家集体创作"百里长江图"（你画一个局部，我画一个局部，如何构成一部好作品？）
- 一群医生 / 护士轮流值夜班（有人值班一个晚上抢救了几个病人，失败了几次；也有人值班时没人来就医，谁的绩效更好？）
- 一群老师教课（有人讲得难，有人讲得容易，有不同的课程，谁最有效率？）
- 一群编辑在出版社里出书（有人碰到好题目，有人碰到不靠谱的作者，有人的书叫好，有人的书叫座，有人热爱某一个冷门的领域，谁是好编辑？）
- 一群学生做软件工程项目（如何评价每个学生的绩效？）

一群人在一起做事，事成之后，就有排座次、论功劳的问题 —— 在有些团队里，事成之前就为功劳的事吵翻了。

软件团队如何做人员的绩效管理？这个问题较难回答，因为所有人的工作被集成在一个软件产品中，互相依赖，产品功能受到用户赞扬或批评，都不能简单地完全对应于某一个人的工作。有些功能看起来好，有人会说 —— 因为这个很容易……有些功能用户不喜欢，当事人会说 ——

"换别人来做，可能还不如我呢"，或者

"这是底层的问题"，或者

"PM 根本就没设计好"，或者

"测试人员没有好好测！"当然，还有 ——

"用户太笨了"……

有人会说，**根据工作量来算就好了！**但是在软件行业，如何衡量工作量这本身就是一个大问题。

- 根据每人代码量，每天统计进度？有大牛报告 —— 今天我重构代码，删掉了原来的 2000 行多余的代码，那我今天的贡献是负的两千？！
- 注释，空行算么？如果算的话，移山公司的果冻同学就高兴了，他每天快乐地写注释，边写边说 —— 今年旅游的机票钱有了！
- 根据目标码大小？那我们不能用库函数了？

关于代码量，作者在上课的时候给同学讲了这个故事：

清华园有两棵果树，春天长芽，抽条，夏天开花，秋天结果。清华软件科学试验班的同学去采摘，发现果树 A 的果实比果树 B 的果实多很多，并且好吃。于是同学们都在果树 A 上采摘，并在果树 A 下面合影留念。果树 B 很委屈，它在秋风中摇晃树叶，说 —— 可是我的树叶量是它的三倍！清华的同学没听懂果树 B 在飒飒秋风中的抱怨，背着果实走了。冬天来了，树叶落了一地，同学们又来打扫果园，一个同学说，我去！这棵树怎么这么多叶子！

代码量等于树叶量，当作如是观。很多开发人员也以自己写了多少代码为骄傲，枝叶繁茂，是不错，但是这些代码能否有机地结合起来，解决客户的问题？

测试人员的"量"如何度量和评价呢？能否用发现的 Bug 的数量来看？专家也有很多论述，例如 [15]：

> I don't have a silver bullet for personnel measurement. When I compare the quality of testers, I spend a lot of time looking at the quality of their work. I read bug reports. I talk with them. I talk with people that they work with. I pay attention to promises they make, and whether they keep them. These don't lend themselves to quick and easy number crunching, although you can (perhaps with difficulty) do comparative ranking of testers based on this detailed qualitative look.
>
> If you really need a simple number to use to rank your testers, use a random number generator. It is fairer than bug counting, it probably creates less political infighting, and it might be more accurate.

有人建议按照角色来定位，例如有猪、鸡和鹦鹉等，问题是大多数鹦鹉都说自己是鸡，剩下的都认为自己是猪，而且分量很重！

有人建议根据工作时间来衡量，这规定一宣布，大家都开始比谁走得晚，另外，我周末一直在想工作上的事，这算工作时间么？

看来似乎所有的衡量方法都有致命的空子可以钻。在《人件》这本书中，"衡量劳动生产率"和"UFO"是放在同一个小标题下的。然而，"任何一种衡量方法都比完全不衡量要好"——书中又说。

在软件团队中，不合理的绩效考核不但影响各人的收入，而且会影响人员的士气、流动、后续的合作以及产品质量，不能不慎重。

比资历?

软件行业的竞争有"赢者通吃"的规律，一个快要被市场淘汰的产品不能说：我们是最先进入这一市场的，理应继续占有足够份额！软件团队成员也不能说：我来得早，所以我的报酬就应该多！

大锅饭?

所有人都评"优"，大家平分钱，好么？优秀的人会离开，最后会剩下平庸的人在过平均主义 —— 也许整个团队都被淘汰了。同一团队的成员报酬能差别多大？我们看看职业篮球的一个例子：

> 1997—1998 赛季，迈克尔·乔丹挣了 8000 万美元，而他的队友乔·克莱恩（Joe Kleine）当年挣了 27 万美元。两者相差将近 300 倍！如果两人挣钱平均分，谁会离开？球队因此变强还是变弱？

比效率?

软件开发人员的效率有很大的差别，一流程序员的效率是平庸程序员的 10 倍；有些效率的差别还有正负之分。一个心不在焉的程序员可以一天写 2000 行代码，然后测试人员和其他开发人员要花很多时间来修复其中的缺陷，这些同事原本要做的任务就被耽误了。同时，一个非常用心的程序员发现可以重用以前的稳定模块，他花很多时间重构和测试，最后只修改了 500 行代码，缺陷特别少，这样无形中节约了其他同事的大量时间。

曾有研究[16]衡量不同水平的程序员（从接受编程培训的学生，到有 7 年经验的工程师）的效率和质量，他们在解决复杂问题时，最低效的程序员所花的时间是最高效的程序员的 20 倍。不仅如此，低效的程序员所写的程序在质量上也有明显的差距。如果你的团队失去了最高效的程序员，那么即使你能马上找到 20 个菜鸟（最初级的程序员），也无法产生同样质量的软件，更不用说 20 个菜鸟程序员在交流时所产生的众多问题和生产力的损失。但是，效率如何衡量呢？

背靠背评比?

根据所有其他人的评价来决定某个人的绩效？这样会发生小团体抱团，以及劣币驱逐良币的现象。做游戏的工程师一定听说过维尔福公司（Valve[17]，开发有《半条命》、《反恐精英》等游戏），这家公司的员工手册[18]很有意思，大家不妨看看。根据手册的描述，维尔福的员工可以自由支配 100% 的工作时间，做什么项目、在哪儿工作等，员工可以自己做主。但是在绩效评估上，他们采用了**队友评估**这一机制，得出下列四个值：

1. 技术等级 / 技术能力

2. 劳动生产力 / 结果

3. 对团队的贡献（做一些工具让大家的工作更容易，帮助招人）

4. 对产品的贡献（除本职工作外，对产品有帮助的活动，比如找 Bug、预测用户的反馈、产品推广等）

比不犯错误?

软件项目的进展不是一帆风顺的，总会有问题发生，出了问题，就一定会记在相关人员的账上，以便总结提高。但是一定会作为绩效评估的依据？那倒不一定。

- 如果成员的行为只影响自己，或者是探索式的行动，则不是坏事。例如有些成员自行探索最新的技术，但是最后决定不采用此技术。

- 如果团队成员的行为影响整个团队，例如构建中断（Build Break）导致每日构建（Daily Build）失败，则要注意。在一个里程碑中，可以统计谁导致这种错误最多。对此可以采取本书前面提到的"构建大师"方法处理。

如何区别对待?

一个团队中，总有几个人的资历、成绩和口碑差不多，这时要怎么分出一二三呢？微软公司流传着救生艇练习（Lifeboat Drill）的办法 —— 如果大家在海上遇险，一帮人挤在救生艇上，眼看就要沉没，必须扔一个人下海其他人才能得救，你选谁呢？或者是你要启动一个项目，只能带走一个人，你会带谁呢？这当然拷问大家的直觉，但直觉往往是有道理的。

在玩过这些游戏之后，一个一维数组就产生了，这时候就可以区别对待，分三段，来一个好 / 中 / 差。或者像 GE 等公司那样，给最好的 20% 的人员最好待遇，中间的 70% 主流的待遇，最后的 10% **给予明显不同的待遇**。

当然这种一维数组总是有一些问题，因为人的能力、具体项目完成情况、在一定时间内的贡献是相互影响但又是相互独立的。如果一个二十人的团队，大家的确做得差不多，如何完美地编排这个一维数组，什么人去当那两个 10% 呢？这是折磨很多经理的难题。在统计意义上，一个几百人的大公司总有一小部分人不适合职位要求，让排名最后的 10% 警醒一下也很好。但是公司往往会把 10% 的指标层层下放，最后到了基层团队。尽管两个团队的贡献和管理水平有很大差别，这两个团队的经理都得选出 10% 的成员来作为 [最差的成员]。差的团队，这些人不缺；好的团队，经理则陷入了一个困境 —— 他 / 她必须把表现挺不错的团队成员归到 10% 里。

为了更客观地反映员工绩效的不同因素，有些公司实施过二维的评价体系：

表 17-1　二维评价体系

完成任务 \ 贡献	最低 10%	中间 70%	最高 20%
超额			
合格			
未完成			

完成任务维度：主要由团队成员和直接经理商量年度目标，直接经理有较大的自由度决定"超额完成 / 完成 / 未完成"的比例。例如大部分成员都可以得到"完成"这一评价。

团队贡献维度：还是严格根据人员百分比，评出团队中最好的 20%、中间的 70%，以及最需要改进的 10%。

在理想条件下，任务做得很好的，当然贡献会在最上面的 20%；做得最差的，贡献应该是最低的 10%。但是在实践中要复杂得多，有些人因为任务相对简单，完成的很好，但是对整个集体的贡献一般，这种人可以得到 [超额完成，70%] 的位置。有些人敢于做很难的事情，结果未必令人满意，但是对团队很重要，[合格，20%] 应该是一个合适的评价。

假设 NBA 球星科比·布莱恩特到中国某俱乐部打球，由于种种原因，他没有打出巅峰时期的水平，低于自己和俱乐部的期望，但与俱乐部其他所有球员相比还是高人一筹，他应该得 [未完成，20%] 的评价。与此同时，一个刚入队的球员，大部分时间打替补，时有超水平表现，他的评价应该是 [超额完成，10%]。而在科比到来之前能拿 [超额完成，20%] 评价的球员，则有些要拿 [超额，70%]，因为科比占用了一个 20% 的位置，但是整个球队因此变强，成绩变好，总的奖金数大大增加，也许这些球员到手的报酬比以前还要高。

在评定员工绩效时，不妨从两个维度去评价，可能会更全面一些。当然，有不少经理会抱怨说，相应的流程和工作量会更多 —— 如果员工是公司最宝贵的财产，多花一些流程和工作又算得了什么呢？

用动物来比喻的体系

二维评价体系也出现在下面这个表格上，纵坐标是**业绩**，横坐标是**价值观**：

表 17-2　另类二维评价体系

网络上的解释如下，话糙理不糙：

- 刚入职的员工，业绩和价值观都在培养阶段，就像萌萌的**小狗**。如果干了很久还没有业绩和价值观，那就要赶走。
- 如果价值观不断提高，但业绩平平，则是听话的**哈巴狗**。他们和领导看法高度一致，但是对实际的业绩贡献不大。
- 如果业绩很好，但价值观不太对路（不太听话？），则是一条**野狗**。要坚决清除，不然功高震主……
- 如果业绩和价值观都取得双丰收，那就是明星员工了，可以用藏獒来命名！
- 其他的同事则逐渐成长为勤勤恳恳的牧羊犬。

划分等级和公开刺激的做法

有些人把团队成员分为 A、B、C 这样的等级，并且认为 A 类员工最优秀，B 类员工一般，而且 B 类员工会把更差的 C 类员工招入团队，急剧降低团队质量，因此要尽量只保留 A 类员工。1984 年，在成功发布 Macintosh 电脑之后，乔布斯对另一个处于内部竞争地位的 Lisa 团队的成员这么说：

"You're a B team. B Players. Too many people here are B or C players, so today we are releasing some of you to have the opportunity to work at our sister companies here in the valley[19]."

他随即解雇了这个团队四分之一的员工。这样做是本书图 4-2 提到的三种提意见方法的哪一种呢？这样做的利弊如何？

闷声发财的做法

上面提到的几种方法的一个特点是，它给员工打上了标签（B 类员工，top 20%，bottom 10%，哈巴狗，等等），这种标签当然让人力资源部门很容易地给员工分类，但是增加了各级经理在评比时互相斤斤计较的巨大成本，毕竟谁都希望自己团队的成员获得更多的好标签，更少的坏标签。同时这种标签也给了员工很多不必要的心理压力，没有人愿意被别人用一个标签来概括自己独特的贡献。其实，员工在公司里关心的是具体的报酬，能否不用标签，直接给员工报酬呢？有些公司试验了下面的做法：

> 每个团队所有薪资增长的预算是由目前员工的薪资水平和部门业绩决定。这个预算的大部分由直接领导决定手下每个员工应该得到多少，其他的由上级领导和人力资源部门决定。领导还会讨论每个人的绩效，但是并不做大规模的排队、分类。最后领导在通知绩效结果的时候，直接说钱数和具体工作的反馈，不提排名和标签。

这种做法不是最近的发明，有一段关于 IBM 早期 FORTRAN 团队经理巴克斯的故事：

> 和现在大多数考评项目一样，公司采取 PIP（Performance Improvement Program），按照死板的公式给出分数和评级。巴克斯则认为，PIP 体系并不适合评价他的程序员们的表现，因此他基本上置之不理。例如，某天下午，在和员工深入讨论完工作之后，他从桌子的另一边推过来一张小纸片，说道："这是你的新工资。"……巴克斯轻描淡写地说："要是有人问起来，你就说这是你的 PIP [20]。"

绩效评估的目的不是把钱分出去，而是要激励员工持续做好的、更大的贡献。我们还要问，除了钱和等级这些外部的驱动因素，是否还有其他的驱动因素呢？有读者说，一切都可以归结到钱上，如果期望更大的工作结果，那就悬赏更多的金钱奖励不就完了么？

很多心理学家通过各种试验和分析告诉我们，纯粹强调外界的驱动因素（金钱的报酬或惩罚）仅仅对体力劳动或有明确规则的活动有效（奖金越多，结果越好），但对于需要创造性思维的活动，即使是简单的认知能力的活动，更多奖金反而起到相反的效果。奖金没用，什么有用呢？研究发现下面这三种内部驱动因素极大地影响员工的工作效率：

- 自主性：能自己决定工作的部分内容（想做具体什么类型的项目，和什么人合作，能否参与决策）
- 精通某个领域：在重要的领域做到最好
- 使命：工作有挑战性，工作的结果有意义

如果我们认为软件工程师的工作远远超越了搬砖这样的体力劳动，那么，我们在讨论绩效、奖惩、激励员工的时候，就要特别注意内部的驱动因素 [21]。

绩效管理和组织管理

绩效管理是组织管理的一部分，我们可以从下面的表格中看出它在组织运作中的地位：

表 17-3　绩效管理在组织运作中的地位 [22]

管理内容	解释	大致变化频度
组织的使命和愿景（Mission & Vision）	我们存在的意义是什么？未来我们会变成什么样	几年调整一次
组织的战略（Strategy）	重点和优先解决的问题是什么	年度调整
近期目标（Objective）	近期要集中精力解决的问题是什么	季度调整
关键的结果（Key Results）	怎么知道我们具体的进度	每月、每周跟踪
具体的任务（Tasks）	每个团队和每个人在干什么	每周、每天跟踪

组织的近期目标（O）和关键结果（KR）是不断变化的，需要密切跟踪，结合业界、用户的变化来不断调整。这也是很多硅谷企业采用的 OKR 绩效管理的出发点。

17.7　萝卜与白菜

移山公司的项目进行了一段时间，公司的 Bug 管理系统（例如，TFS）上也积累了不少数据。大栓做了"数据挖掘"，整理出来一些统计信息，向各位领导汇报。

大牛：哇！前端组的这位开发人员是冠军呀，他导致的 Bug 总量约等于所有其他成员的总和。

二柱：那是有客观原因的，你可能不知道他的工作量是最大的。

大牛：那也不能因此产生这么多 Bug，而让整个团队的进度停下来吧。

二柱：别人工作得这么辛苦，我倒是不太忍心再批评他。阿超，其实我觉得我们应该鼓励成员多做贡献，

图 17-6　你希望团队里白菜多还是萝卜多

错误总是难免的，但是你知道他上星期完成了两个功能，明显比别人快多了。别的同事和他一比，就慢多了。

大牛：我不太同意，从数据来看，他的 Bug 数量远比别人多，而且不少 Bug 都有一段时间了，你说的"慢"的人，好像没有多少 Bug，也是差不多按期完成的。问题是你希望团队成员是"萝卜快了不洗泥"型的，还是"慢工出细活"型的？

阿超：我有一个故事，假设团队里来了两位年轻人，嗯，就叫"萝卜"和"白菜"。萝卜做事很快，是"萝卜快了不洗泥"类型；白菜是"慢工出细活"类型。分配了任务后，萝卜很快就说做好了！白菜还在吭哧吭哧地跟项目经理和测试人员讨论。领导很高兴，让萝卜去做更多的事。开发阶段结束了，萝卜比白菜多做了不少功能。稳定阶段开始了。大家发现萝卜负责的功能出了很多问题，白菜的模块倒是比较稳定。然而萝卜在团队中的曝光率很高，很多问题都在等着他解决，从统计数据上看，他也修复了不少小强。白菜搞定了自己负责的模块，开始帮助其他人，由于

不熟悉其他人的模块，白菜修复的缺陷不多。由于萝卜的设计有缺陷，导致模块非常复杂，萝卜也成了唯一了解其模块的开发人员。项目最后阶段，几乎都是萝卜工作得最晚，把最后几个缺陷给修复了。领导们说：有问题，找萝卜！

项目结束了，开始了绩效考核，领导 A 认为白菜绩效不错，模块按时完成，没有大多问题，然后还能帮助其他成员；领导 B 认为萝卜是超级明星：第一个完成模块，修复的缺陷最多，而且掌握了最复杂的模块，离开他不行，工作得也很晚，有突出贡献。至于白菜，领导 B 没感觉他做了啥，仅仅是按要求完成任务了。

萝卜白菜，各有所爱。那萝卜和白菜谁该得到奖励，谁该得到批评呢？

假如领导 B 的评价方式占了上风，萝卜得到奖励，白菜离开了团队，你觉得下一个版本会出现什么情况？

大牛：我估计萝卜会成为"构建大师"，每天忙得不可开交。然而项目进展不一定会像以前那样顺利……

二柱：有人会怀念白菜。

大牛：你的意思是团队的领导者文化决定了团队的风格。但是当前该怎么办呢？

阿超：所以我们要让"萝卜快了不洗泥"的人慢下来，这样能减少他们的危害。

大牛：授予他们"萝卜大师"的称号？

阿超：恐怕不行，我们要胡萝卜和大棒并用。我们的大棒就是"小强地狱"（Bug Hell）。

17.8　软件工程师的职业道德

在医学上有著名的希波克拉底誓言[23]，那么软件工程师有类似的誓言么？有的，IEEE/ACM 发布了《软件工程师职业道德规范和标准》(*Software Engineering Code of Ethics and Professional Practice*)[24]。2014 年已经是 5.2 版，下面是一个简化版本[25]，其中第三条原则列出了细则，其余只列了标题。相关内容的版权说明见注解[26]。

序言

目前，计算机技术正日益成为推动经济、工业、行政、医疗、教育、娱乐和整个社会发展的核心技术。而在这当中，软件工程师通过亲身参与或者教授软件系统的分析、说明、设计、开发、授权、维护和测试等实践工作，为社会做出了巨大贡献。正是因为在软件系统开发中起到的重要作用，软件工程师有很大的机会去造福或者危害社会，并有能力去促使或影响他人造福或者危害社会。为了尽可能确保这些影响是有利于社会的，软件工程师必须承诺自己所从事的职业能造福社会，并得到大众认可尊重。这一承诺要求软件工程师必须遵守下列《职业道德规范和实践标准》(简称《规范》)。

这一《规范》包括了有关职业软件工程师的行为和决断的八项准则，涉及软件工程方面的实际工作者、教育工作者、经理、主管、决策制定者以及相关的受训人员和学生。这些准则指出了个人、小组和团体参与软件工程的道德责任关系，以及这些关系中的主要责任。每一条原则都是对这些关系中的责任做出的说明。这些责任覆盖了软件工程师的人性、他们对那些受软件工程师工作影响的人们的特别关照，以及软件工程实践的独特因素。《规范》规定任何已经成为或者想成为软件工程师的人必须遵守这些原则。

本《规范》的每个部分都不应该被断章取义，或被孤立使用去判断人们有意或无意犯下的错误。这些原则和条款并不能覆盖所有情况。在实际使用过程中，不应将条款中的可接受部分和不可接受部分分别处置。同时，《规范》也不是一个简单的道德算法，并不能产生所有道德上的决定。在某些情况下，一些标准可能会相互抵触或者与其他地方的标准相互抵触。在这种情况下，就得要求软件工程师能够运用自己的道德判断能力，在特定的情况下做出最符合《规范》的行为。

解决道德冲突最好的方法是对基本原则进行全面的思考，而不是盲从某些具体条目。这些原则应当会促使软件工程师们去更广泛地思考哪些人是他们工作的受众，去思考他和他的同事是否给予其他人以足够的尊重，去思考对他们的工作缺乏足够了解的公众会如何看待他们的决定，去思考他们的决定如何影响弱势群体，以及去思考他们的行为是否符合一名优秀的专业软件工程师的标准。在所有这些思考中，对公众健康、安全与福利的关注是最主要的。也就是说，"公众利益"是《规范》的核心。

由于软件工程这一行业的多变性与苛刻性，它需要一份相关的规范去应对自身不断出现的新情况。即使是对于这样普遍性的要求，《规范》也依然为软件工程师以及他们的经理提供了支持，让他们能在具体的案例中以软件工程师的职业道德为蓝本，发挥积极的作用。《规范》无论是对团队中的个人还是团队本身来说都提供了一个道德基础。《规范》也定义了那些对软件工程师或其团队来说道德上不正当的要求。

此《规范》不仅能用来对那些遭到质疑的行为的性质进行判断，它还具有非常重要的教育功能。由于这份《规范》表达了这个行业对于职业道德的一致认识，它还是教育公众和那些有抱负的专业人员有关全体软件工程师道德责任的一种手段。

原则 1　公众

软件工程师的行为应与公众利益一致。

原则 2　客户与雇主

软件工程师应以其客户和雇主利益最大化的方式做事，与公众利益保持一致。

原则 3　产品

软件工程师应当确保自己的产品以及相关的修改满足最高的专业标准。具体来说，软件工程师应当：

3.01　力求高质量、可接受的成本和合理的计划；确保雇主和客户了解并同意你做的重要折衷，并让用户和公众也能了解这些折衷。

3.02　确保在开展或提议任何项目时，设定恰当、可行的目标。

3.03　识别、定义和解决各种与项目相关的道德、经济、文化、法律和环境。

3.04　确保自身有足够的资质去参与或准备参与相关项目，这里的资质由相应的教育、培训和经验组合而成。

3.05　确保在参与或准备参与的项目中采用得当的方法。

3.06　只要条件许可，就应当采取最合适的专业标准去完成手头的任务，除非有道德或者技术上的正当理由来支持你不这么做。

3.07　力求完全理解参与开发的软件的规格要求。

3.08　确保软件的规格说明书是完善的、满足用户需求的，也经过了恰当的批准流程。

3.09　对于任何正在或计划进行的项目，要在费用、进度、人员、质量和产出上进行合乎实际和量化的评估，而且要说明评估的不确定性。

3.10　确保项目的程序和文档经过足够的测试、调试和复审。

3.11　确保项目文档齐全，包括所有发现的问题和解决的方法。

3.12　致力于开发尊重用户隐私的软件和文档。

3.13　留心只用合乎道德和法律的手段去使用准确的数据，并且只按照被适当授权的方式去使用这些数据。

3.14　维护数据的完整性，注意过期和有问题的数据。

3.15　对于任何形式的软件维护工作，要具备同开发新软件时一样的专业精神。

原则 4　判断

软件工程师应当具备完整且独立的专业判断。

原则 5　管理

软件项目的经理和领导人应该提倡并亲自采用符合道德规范的方法来管理软件的开发与维护。

原则 6　职业

在与公众利益一致的原则下，软件工程师应当保证其职业的诚信和声誉。

原则 7 同事

软件工程师应当公平对待同侪，并予以支持和帮助。

原则 8 自身

软件工程师应当终生学习以提高自身的专业水平，并在工作实践中推动落实道德准则。

17.9 练习与讨论

更多内容与讨论请参见：http://www.cnblogs.com/xinz/p/3855586.html

为啥要讲人、绩效、和职业道德？学好专业不就行了么，为啥要扯这么多？

> 用专业知识教育人是不够的。通过专业教育，他可以成为一种有用的机器，但是不能成为一个和谐发展的人。要使学生对价值有所理解并且产生热烈的感情，那是最基本的。他必须获得对美和道德上的善恶鲜明的辨别力。否则，他 —— 连同他的专业知识 —— 就更像一只受过很好训练的狗，而不像一个和谐发展的人。为了获得对别人和对集体的适当关系，他必须学习去了解人们的动机、他们的幻想和他们的疾苦。
>
> —— 爱因斯坦

1. **绩效评估**

   比较不同团队的绩效评估方法，提出自己团队的绩效评估计划，或者点评你的团队进行到目前的绩效评估的优点和缺点。

2. **在团队中会不会出现"劣币驱逐良币"或者"不敢犯错误"的现象**

   例如，在大家做任务估计的时候，那些给出非常乐观估计的成员会不会产生无形的压力，让一些实事求是的团队成员不得不调整他们原来比较靠谱的估计，最后导致整个团队的估计都是过于乐观，客观（包括比较保守和悲观）的估计都消失了？或者，在工作中太看重失误，惩罚失误，导致无人敢冒险？

   请看这个例子：NBA 球星科比的投篮不中次数已经是历史第一，超越了大部分 NBA 球员的**所有投篮数**：

   > http://dwz.cn/gj1700
   >
   > http://dwz.cn/gj1701

   这么多投篮不中，应该惩罚么？如果要严厉惩罚的话，科比，或者球队会有更好的成绩么？

3. **驱动和责任**

   请阅读驱动和责任这篇文章，讨论团队如何能让所有人都明确驱动和责任。

文章链接：http://www.cnblogs.com/xinz/p/4298446.html

有极端的看法说，任何与报酬挂钩的绩效评估都是有害的，你怎么看？

文章链接：http://www.joelonsoftware.com/articles/fog0000000070.html

4. **现实世界中的绩效考核**

采访并收集下面几类 IT 公司对员工绩效考核的做法，并比较优劣：

- 已经上市多年的公司
- 刚刚上市或准备上市的公司
- 国有软件企业，
- 民营软件企业
- 初始的创业公司

5. **"自我"、"当下"与"别人"、"团队"、"将来"**

在授课过程中，我看到不少同学还是只关注"自我"和"当下"，不善于跟别人合作，也不会估计别人会怎么想，或者估计"我们的团队将来会发生什么，我要如何应对"。造成这种现象的一部分原因是，不少同学从小就被灌输"搞好自己的学习就可以了"，"把眼下的考试考好，以后就好了"，另一部分原因是，同学们从来没有练习过如何与别人合作，估计别人会想什么，估计团队以后会发生什么。

科学家认为，人类有别于其他动物的最大特点是人类大脑里有发达的部分在处理"别人在做什么"和"未来会发生什么"（Interpersonal Awareness & Social Awareness）这些事情。能摆脱 [**自我 / 当下**] 而考虑到 [**别人 / 将来**]，从而主动为群体和将来行动，这是人和其他动物不同的地方（来源：http://www.pbs.org/wnet/humanspark/）。

在成功的大型企业中，人际交流能力和人际觉察（Interpersonal competence, and Interpersonal Awareness）是员工素质培训的一个重要部分，它包括如何与别人建立平等而融洽的合作关系，如何处理矛盾与冲突，如何影响同事，如何给别人的工作做评价，如何能了解别人表面行动下的言外之意、隐含的动机，等等。在前文提到的"黄金点游戏"这个场景中，一位参赛者需要了解一屋子的同学大概的思路，才能知道如何影响他们，可增加自己获胜的希望。如果每个人独自埋头推导公式，而不管其他人在想什么，是得不出获胜的数字的。

一个软件团队，如果大家都不考虑"别人"、"未来"，光是每个人独立地搞自己眼前的一摊事，是不行的，把自己的代码重构出花来也不行，把 SCRUM（史克朗姆）玩到极限也不行。这也是我觉得聪明的同学们欠缺较多的地方。所以《现代软件工程》课包括了很多"两人合作"、"黄金点游戏"以及估算工作量等练习 [27]。

读者觉得这些活动和练习有价值么？

人和人不一样，你觉得程序员和自闭症的患者有什么联系么？

　　http://archive.wired.com/wired/archive/9.12/baron-cohen.html

如果把人按照 Empathetic（有同理心的）—— Systematic（系统思维的）两极来分类，有人画出了如图
17-7 所示的分布示意图，你怎么看？

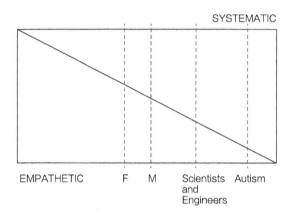

图 17-7　Empathetic- Systematic 分布示意图

6. **刷课软件和刷票软件**

在大学里，网上选课非常讲究时效 —— 因为好的课程不多，大家都想上。大家也讨论过"刷课机"、
"换课机"这样的小程序是否合乎道德和公平。春运火车票也是同样的抢手，那么程序员写一些浏览
器插件 / 专用小软件去抢票是好事，坏事，还是不好不坏？这些行为应该用哪些道德 / 规定 / 法律来
约束？

7. **A/B 测试和道德**

技术的发展必然会波及到社会的其他方面，例如道德。一个网站能用 A/B 测试来影响用户的情绪
么？如果是为了"科学实验"的目的呢？

请看下面事件并讨论：

　　http://techcrunch.cn/2014/07/02/ethics-in-a-data-driven-world/

同学们可以结合本章讲述的道德规范，从正面和反面辩论一下。

8. **软件团队的发展阶段**

结合课本上提到的四个阶段，描述一下你目前的软件团队处于什么阶段，为什么？你能做什么事情，
让团队上升到下一个阶段？

9. **测定工程师的效率**

   软件工程师各自效率不同，这是客观存在的，你们团队中效率最高的工程师和效率最低的工程师相差多少？能否设计一个可以量化的测试标准，统计一下？

10. **合作伙伴评比**

    在这个软件工程课上，你有机会和 5–7 名同学进行了深度的合作，那么，谁的合作精神好？

    在课程的最后阶段，每个人列出一个一维的名单，你自己也在里面，从合作精神最高到最低排列，没有并列。

    > 小伙伴 1
    > 小伙伴 2
    > 本人
    > 小伙伴 3
    > ……

    如何打分？"本人"得到 0 分，比"本人"高一个名次，则加 1 分，低一个名次，则减 1 分，以此类推。TA 拿到全部人员的提名后，给所有人统计分数。然后公布。

    任课老师决定是否给得分最高的部分同学某种奖励分。

11. **职业道德，罪与罚**

    选取最近 IT 界发生的一些事件（例如，某员工因为个人恩怨把公司服务器上的数据全删掉），对照软件工程师职业道德的条款，评价当事人的软件工程师职业道德如何。

    案例：http://blog.jobbole.com/79450/　偷了《半条命 2》源代码的那小子

12. **团队的职业道德，用户的道德**

    人们生活、工作在一个互相影响的社会里，每个单个员工的道德，会影响团队的道德。团队领导的行为和决定，也会给"道德"做最好的说明。竞争对手的道德，会影响你自己的处境和决定。每个消费者（用户）的道德，也会对软件行业有影响。

    这是最近的例子，这个事件是由个人导致的，还是团队的道德（潜规则）低下、无底线造成的，还是无奈地说"这是行业的行规，大家都这么做"，就算了？

    2014 年，锤子手机在天猫电器城上预约数造假

    http://tech.ifeng.com/a/20141020/40841049_0.shtml

    http://www.chinahightech.com/html/727/2014/1020/15575128.html

这是讨论中国软件发展困境的帖子，假设软件用户道德水准更高一些，使用正版软件的比例更高一些，中国的软件行业会有更好的发展么？

　　http://www.zhihu.com/question/22131582

看下面的例子：每个涉案者应该得到什么样的惩罚，道义上的，或者连带经济、刑事上的？如果你是原创，你会采取什么措施？如果你开发了一个应用市场，或者是市场的监管者，你应该怎么办？

　　http://www.chuapp.com/2014/10/17/88997.html

下面是一个小组织和大组织之间关于创意、知识产权、契约精神、商业道德的争论：

　　http://weibo.com/1919387783/ByDRrqYyE?type=comment

13. 成长，责任，和公司的关系

绝大部分工程师都在某一个企业工作，工程师的成长也和企业的兴衰有很大关系。企业兴旺，工程师也是与有荣焉，很多人觉得是自己的功劳，理所应当提薪升职；企业衰落，很多工程师未必觉得是自己的问题（我的代码很好的，都是经理、市场、老大的问题！）；企业最后要裁员，很多人为了一些补偿和企业产生纠纷。

几个例子：

　　http://weibo.com/1620213837/BgSGLhdAe

　　http://www.csdn.net/article/2014-09-29/2821931

　　http://www.csdn.net/article/2014-10-01/2821945

那么，软件工程师在企业中是劳动密集型的工人，还是有独创性的专业人士？他们对软件企业的成败负有多大的责任？

（请在网页看链接：http://cnblogs.com/xinz/p/4470424.html）

1　作者作为被测对象，曾经参与过一次面向整个机构所有经理和项目带头人的调查。机构里有一个十几人的科研团队，虽然每个人的性格，毕业学校，研究方向不同，但是统计结果显示这个团队绝大部分研究员的主导特点就是"冷静分析的蓝色"。而同一个测试中的其他团队则没有这样的特点。

2　这五个问题参见：http://ceklog.kindel.com/2011/06/14/the-5-ps-achieving-focus-in-any-endeavor/

3　出自《Programmers at work》Andy Hertzfeld 的回忆，257 页。作者：Susan Lammers，ISNB 556152116

4　下面的五点主要参考了 Patrick Lencioni 的两本书 The Five Dysfunctions of a Team (ISBN 978-0787960759)，和 Overcoming The Five Dysfunctions of a Team (ISBN 0787976377)

5　参见"4.6.2　如何正确地给予反馈"

6　在一个不成熟的团队，每个人都表现得自己是非常能干，十全十美。特别在绩效评估的时候，每个人都仿佛是高大全的英雄人物，都要排在前列。这对于团队建立互信是非常不利的。

7　作者在微软工作的前几年，有一次主动发邮件反对一个团队领导刚刚做出的决定，导致团队内一些高层人士纷纷
加入争论，我当时真的不太敢看这个讨论的新邮件。

8　亚马逊公司的领导就提倡类似的 Disagree and Commit 的精神。
参见：https://www.amazon.com/p/feature/z6o9g6sysxur57t

9　来自 *The Hard Thing About Hard Things.* 作者 Ben Horowitz, ISBN 978-0062273208

10　*The Wisdom of Teams: Creating the high-performance organization.* 作者：Jon Katzenbach, Douglas Smith.
ISBN 978-0-06-052200-1

11　猪和鸡的故事也可参见：http://en.wikipedia.org/wiki/The_Chicken_and_the_Pig

12　参见：http://book.douban.com/subject/5954810/

13　参见：http://blog.handsbrain.com/weiyu/entry/10063

14　请搜索"汉芯事件"

15　参见：http://www.kaner.com/pdfs/Bugcount.pdf

16　参见：http://dustyvolumes.com/archives/497，另见：Sackman, H., W. I. Erikson, and E. E. Grant. 1968. "Exploratory
Experimental Studies Comparing Online and Offline Programming Performances." Communications of the ACM, Jan.

17　参见：http://www.valvesoftware.com/

18　参见：http://media.steampowered.com/apps/valve/Valve_Handbook_LowRes.pdf

19　这段话来自 *Steve Jobs* 英文版第 17 章 作者：Walter Isaacson，ISBN: 1451648545

20　参见：《软件故事：谁发明了那些经典的编程语言》第二章 作者：Steve Lohr，译者：张沛玄 人民邮电出版社
ISBN:9787115355089

21　参见书籍：*Drive: The Surprising Truth About What Motivates Us*，作者：Daniel Pink, ISBN: 978-1594484803.
并参见 Daniel Pink 的 TED 演讲。心理学和经济学教授 Dan Ariely 的著作 *Predictably Irrational*（ISBN: 978-
0061854545）也讨论了相关问题。这个论文（Teresa Amabile and Mukti Khaire, Creativity and the Role of the
Leader, HBR 2008）也说明了自主性、挑战性的工作能大大激发员工的创造性。

22　网上有很多关于 OKR 绩效管理的说明，请参考。

23　这个誓言有多个版本，请上网搜索了解。

24　参见：http://www.acm.org/about/se-code

25　我和学生们翻译了完整内容，参见：http://www.cnblogs.com/xinz/archive/2011/03/28/1997566.html 译文还有不
准确之处，请在博客上留言指正。

26　版权说明：This Code may be published without permission as long as it is not changed in any way and it carries
the copyright notice. Copyright (c) 1999 by the Association for Computing Machinery, Inc. and the Institute for
Electrical and Electronics Engineers, Inc.

27　国外还有 Social awareness + emotional skills = successful kids 的说法，据说此类教育在小孩到了高中甚至成年都
有积极的影响。参见：http://www.apa.org/monitor/2010/04/classrooms.aspx

给任课老师和助教的建议

To Teacher & TA

课程安排

表 1 16 周的课程安排

周	授课知识点	实践内容	个人项目	结对项目	团队项目	助教
1	软件工程相关概念；软件工程和计算机科学的关系；源代码管理	简单的源代码管理操作（选择：TFS、GitHub、SVN……）	个人项目			发布助教博客；确定团队成员，确定结对分组，核对个人博客和团队博客
2	程序效能分析；单元测试；个人软件流程	单元测试	每周一篇博客			批改个人项目
3	代码质量，代码规范，代码复审，两人合作	代码复审练习	同上	结对项目（1）		核对团队博客账户，队员名单
4	软件开发的各种模式，团队的类型，团队成熟度模型，敏捷流程	软件项目的估计和WBS 练习			团队项目启动，展现项目目标、角色分配	审核结对项目并评分
5	软件需求，竞争性需求分析的框架，软件规格说明书，基于场景的设计，功能驱动的设计	项目管理工具实践（选择：TFS、Trac、Leangoo、GitHub）			展现具体场景、工作项、燃尽图	
6	项目经理，软件业的创新，创新的迷思，创新的招数	分析和评价当前热门软件的创新，用原型设计工具快速设计产品			每日例会（七到十天）	每天审核 Scrum 报告
7	测试的分类和工具，软件的稳定阶段	测试当前热门软件，撰写测试报告，说明你的团队应该怎么做			每日例会（七到十天）	每天审核 Scrum 报告

续表

周	授课知识点	实践内容	个人项目	结对项目	团队项目	助教
8	各种方法论，微软软件解决方案框架	Alpha 版本发布			Alpha 发布	组织团队互相测试其他团队的产品
9	用户体验，认知阻力，用户调研，绩效管理（1）	测试并评价其他小组的 Alpha 版本；Alpha 版本的回顾与反思	个人 Alpha 阶段总结		收集用户反馈，团队成员评分，成员换组	公布团队和个人成绩
10	开发流程的管理，风险管理，软件的发布	对项目中的 Task/Bug 进行会诊，决定取舍和优先级			Beta 阶段目标、角色、任务、燃尽图	
11	软件流程的质量，绩效管理（2）	CMMI 以及软件团队合作状态测评			每日例会（七到十天）	每天审核 Scrum 报告
12	效能测试，压力测试	结合团队项目进行效能测试和压力测试			每日例会（七到十天）	每天审核 Scrum 报告
13	软件团队的成熟度，团队总结和改进	Beta 版本发布			Beta 发布	报告各个团队 Beta 阶段的得分
14	软件工程师的职业道德	Beta 版本的回顾与反思	（可选）读书报告	（可选）结对项目（2）		
15		项目最终汇报（要有用户量，最终用户到现场分享），项目复审	（可选）读书报告	（可选）结对项目（2）		审核团队的汇报、代码、博客
16						总结各个项目的得分，并决定最终分数

上表是一个 16 周的课程安排，在我开课时（清华大学、北京航空航天大学），每周有两个小时用于课堂授课，一个小时用于助教的答疑和处理学生作业、打分等。学生每周要花 8 个小时在上课、各种作业和项目上（这是国际一流学校的工作量）。如果老师认真教，学生做出实际项目的话，这门课程相当于 4—5 个学分的课。考虑到各个学校的具体情况，老师也可以考虑把这门课当作两门课（软件工程理论和软件工程实践）的结合；也可以安排两个学期，一个学期做 Alpha 阶段，一个学期做 Beta 阶段。但是我坚决反对把这门课的理论和实践拆成两个学期的课（一个学期上理论，一个学期上实践），这种安排，将导致学生上理论课时没有实践帮助理解理论，而上实践课的时候则早把理论忘光了。

大马哈鱼洄游模型

一些老师抱怨，软件工程这门课看似容易，实则太难教。

我是按照经典的瀑布模型来讲课的，本以为会是高屋建瓴，一泻千里，但是实际情况是下面这样。

- 需求分析：学生们都不知道需求是啥，什么是业务活动，上课睡觉。
- 设计阶段：学生们画了许多 UML 图，用设计工具画了不少矩形、菱形，如此而已。
- 实现阶段：几个学生开始讨论非常细节的问题，UML 图早已经扔到一边，测试只存在于文档中。
- 稳定阶段：学生中十分之一的人开始写代码，其他人不知道在干什么。代码大部分情况下都不能工作，设计好的种种黑箱和白箱测试都无从开始。
- 发布阶段：这个只有一天时间，就是最后检查的那一天，同时还有人在调试程序，美化PPT。
- 维护阶段：课程结束了，同学们对自己的产品没有任何维护，放假了！

最后，大部分同学都说这门课特别没用，自己根本没学到什么东西，老师特别烂。然后下个学期，新的一批学生会重复这一过程……

事实上，在现实世界中，软件工程师的职业发展好像与瀑布流程刚好相反。

1. 毕业进入公司（或者实习生），开始学习并维护一些已有的软件（**维护阶段**），主要由自己的师傅（Mentor）带领。
2. 能够在项目中改一些 Bug，然后发布小规模的更新版本（**稳定 / 发布阶段**），练习重构，开始和其他同事打交道。
3. 有机会负责重写一个较小的模块，没有多少文档，自己要写很多代码（**实现阶段**）。
4. 表现好的员工，有机会设计比较大的模块，自己写一些文档（**设计阶段**），和更多成员发生工作联系，在一些情况下还能发挥领导作用。
5. 员工逐渐成长为团队的骨干，有机会计划新的项目（**需求分析**）。

那么软件工程的课程能否也像这样安排？可以试一试下面的流程。

Alpha 阶段

1. 开始维护以前的同学开发出来的程序，理解程序，理解用户的痛点。
2. 找 Bug，改 Bug，重构小部分代码；一部分同学可以开发测试用例。
3. 在现有版本的基础上做少部分增量开发，快速发布并收集用户反馈。

Beta 阶段

1. 根据 Alpha 版本的反馈，进一步分析需求，估计实现需求的难度（此时应该能理解客户需求是什么）。

2. 设计 → 开发（重构）。

3. 回归测试（用到上面开发的测试用例）。

4. 发布，收集用户反馈，看看新的版本是否真的解决了用户的问题。

这个教学模式看起来像是从瀑布下方一步一步上溯到源头，然后又从源头流下去，不妨叫"大马哈鱼洄游模型"。

师生关系

首先，要明确这门课要求的师生关系是什么样的。

餐馆 / 食客？

一些学生说，我既然交了学费来上学，就像进餐厅吃饭，想吃多少，想吃什么，都是我决定。如果不喜欢，就去另一个餐厅好了。上课能这样么？在饮食行业，顾客拍拍屁股就可以离开一个餐馆。在一些学校里，是有不同的老师上类似的课程，同学们可以根据老师的介绍和师兄师姐的提醒选择适合自己的老师，但学生必须要在一定时间内做出选择（必修课），老师掌握着最后给学生多少分，学校掌握着毕业证。所以不能把餐馆 / 食客的关系照搬过来。学生们非但不能成为有主动权的顾客，反而会被人以分数 / 学位 / 毕业证相要挟，成为下一种关系中的弱者。

老板 / 雇员？

在学校里，很多学生把自己的指导老师叫做"老板"，学生变成打工仔或打工妹。不光有大老板，还有小老板，因为大老板太忙，平时都是小老板在管理。学生虽然是"雇员"，但是并没有相应的权利，倒像是一个"长工"。这样的关系并不利于教学相长。

保姆 / 幼儿？

还有一种情况，老师像保姆一样，为学生操办一切，把课程内容煮成婴儿食品，一勺一勺地喂食。同学们有什么问题，都去找老师搞定。学生把老师反复咀嚼过的东西再咀嚼一遍，没有挑战，好学生觉得乏味。这个模式与"做中学"（Learning by Doing）的模式有很大的区别。

授课没营养　部分大学课堂师生心照不宣一起混

2010-11-06 10:28:00　来源: 中国青年报(北京)　跟贴 7 条　手机看新闻

> 核心提示: "老师与学生一起应付",这并非大学生们学习之余的调侃之语,而是不少大学课堂的真实写照。

图1　心照不宣一起混

很多学校有巨大的新校区,老师对着百人左右的课堂宣讲幻灯片,下课后就开车回老校区或市区的家里。老师不认识学生,也未必有精力了解具体学生的情况。学生也极少接触到老师,双方形同陌路,学生甚至很少接触到本专业的高年级学生或研究生。这种情况会恶化成下面的关系 ——

狱警 / 犯人?

老师想方设法让学生来上课(点名、突击考试、指纹打卡),学生则想方设法逃课。学生视上课为坐牢,巴不得早一点解放。对于一些同学来说,老师就是自己和"自由"之间的一道障碍。但是,没有任何约束的自由真的是大学生需要的么?

图2　健身教练和健身学员

哥们 / 哥们?

还有一种情况是,老师和学生心照不宣一起混,"你对我好,我就对你好。"这里有一条新闻[1]。

路人甲 / 路人乙?

说了这么多,大学软件工程专业理想的师生关系是什么?是"**健身教练 / 健身学员**"的关系。

大家可以从各种各样的健身馆中看到这样的关系。在这种关系中,是谁想提高自己的水平?是那些学员,这些学员的想法得足够强烈,他 / 她才会花钱去参加这样的健身活动。在健身活动中,谁要做各种运动,谁要流汗呢?是学员。谁在这个活动中对别人进行批评指导?是教练。那为什么教练可以这样做?因为教练有下面的资源。

1. 教练是很有经验的身体力行者,并有足够的理论知识。

2. 教练有一套训练计划和各种练习方法,教练(场馆)有仪器、工具、设备,不是每一个人都打算在家里放一套各种重量的哑铃和杠铃。

3. 教练可以随时指出学员的进步和不足,给予具体指导。

4. 教练能召集到一群有相似基础的队友，这对有些类型的锻炼是很重要的。

教练和学员的关系一旦确定，就很好办了。每一个来学习的学生，都是想学好软件工程这门技术才来的。各人的先天条件不同，目标也未必相同。有些同学想成为世界一流的程序员，那老师就会以世界一流的标准来要求和评价学生。

- 谁要在这门课中写代码，做实验，找需求，修 Bug？
  是学生，不是老师。
- 谁要看各种与软件工程相关的书籍、博客，并定期汇报？
  是学生。
- 谁给各个学生设计练习，回答疑问？
  老师和助教。
- 如果学生的努力低于既定目标的要求，谁会批评这个学生？
  老师和助教。

有些学生说：老师，你讲得特别好，我很想提高，但是我太忙了，没时间写程序，我就是来听听……

这种情况放在健身学员的类比中会是这样：

> 教练，你讲得特别好，我特别想减肥健美。但我太忙了，没时间练，所以我办了卡，放在钱包里面，有时候拿出来看看……

给授课老师和助教的建议

第一条：沟通

和领导沟通，获得各位领导的支持。学校想培养什么样的学生，是世界一流，中国一流，还是本省二流？有什么样的期望，就有什么样的课程设计。我上课的学校中，它们都把自己定位为世界一流或中国一流，那老师就要用相应的标准来要求学生，否则就是不称职的[2]。任课老师和助教要对课程达成一致意见。明确告诉利益相关者，这门课实际负担如何，估计有多少人会不及格。

和同学沟通：开门见山，在第一堂课上花时间讲述理想的师生关系是什么。如何打分，分数如何分布。软件工程的内容很多，学生们要做很多练习和项目，贯穿全课程的线索是什么？每一次作业或项目总结，老师都可以问同学们这些问题：

1. 我学到了什么软件工程的理论、技术和教训，能帮助我成为更好的软件工程师？
2. 我在项目中是否利用软件工程的理论和技术解决了用户的需求？
3. 我是否提高了项目的工程质量，让它更容易扩展和维护？

第二条：简明公开的规则

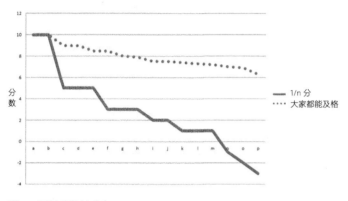

图 3　两种分数的分布

这堂课如何打分？很简单：把每次作业的表现分为 N 档，最优秀的几个同学得满分，第 2 档的同学得 1/2 的分数，第 3 档的同学得 1/3 的分数，依次类推下去，这就是 $1/N$ 的打分体系。迟交作业 0 分，不交作业倒扣分。就像右图实线显示的那样。虚线是传统的"大家都能及格"（Good ol' score）的分数分布，如此分布看似皆大欢喜，其实是对优秀学生的极大不公。

《构建之法》里的分数设计中的词汇定义：

学生要做**项目**（个人项目，结对项目，团队项目），项目有**作业**，作业分代码作业和博客作业。每个作业都会打分，基本上每个作业满分都是 10 分，最低分是 -10 分。

分数转换的流程是：

原始分数 --> 累积并映射到各自区间 --> 归一化为 [底限 .. 高限] --> 加上可选的个人附加分 --> 成绩单上的分数

原始分数的累积和区间映射

原始总分 =

个人项目成绩	(20%)
+ 结对项目成绩	(20%)
+ 团队项目 Alpha 成绩	(25%)
+ Alpha 阶段个人贡献分	(5%)
+ 团队项目 Beta 成绩	(25%)
+ Beta 阶段个人贡献分	(5%)

个人项目成绩（占原始总分的 20%）=

> 每次作业成绩的累加，再把全班同学的最高成绩映射 20 分，这个最高的累加分数到 20 分
> 的比例为 R，其他同学的成绩按 R 做映射。
>
> 作业成绩累计是负分的同学，映射为 0 分。

结对项目成绩（占原始总分的 20%）=

> 每次作业成绩的累加，再把全班同学的最高成绩映射 20 分，这个最高的累加分数到 20 分
> 的比例为 R，其他同学的成绩按 R 做映射。
>
> 作业成绩累计是负分的同学，映射为 0 分。

团队项目成绩 =

> 每次作业成绩的累加，再把所有项目组的最高成绩映射为 25 分，其他小组根据映射比例
> 做同样的映射。
>
> alpha、beta 两次团队项目同样处理，各占 25%

个人贡献分 =

> 和个人项目成绩类似，最高分映射到 5 分，其余按比例映射。
>
> alpha、beta 项目同样处理

为什么要区间化？因为团队项目在进行过程中会有很多次作业（项目启动，需求，设计，WBS，每日例会报告，展现博客，测试，复审得分……），这个原始分会远远超过个人项目的原始分，这两种分数必须分别归类到各自的区间中，以保证各种努力在最终分数有适当的比例。

归一化

得到原始总分之后，原始总分要做一个归一化处理。对于本科生，设定上限 (U) 是 100 分，下限 (L) 是 50 分（比及格分少 10 分）；对于研究生，设定上限 (U) 是 100 分，下限 (L) 是 60 分（比研究生的及格分少 10 分）。

归一化：把原始总分（应该在 0..100 之间）映射到 [L .. U] 这个区间，注意，最高原始分映射为 U，最低原始分映射为 L.

通过附加项目做最后调整

最后，每个同学有机会做额外的附加项目（动机可能是：提高自己水平，获得更高分数，避免不及格，等等），个人附加项目分数的最高分是 10 分，这样，如果有本科生同学的原始总分是

全班最低的，映射为 50 分，那么，他可以通过挣这个附加项目分数的满分 10 分来避免不及格的命运。

附加项目做什么呢？例如，帮助老师做一些教学辅助工作，再做一个个人项目，写深入的读书 / 论文笔记，等等。

一些老师出于种种原因，还想加一个笔试环节。那么，笔试可以作为这个课程的附加分数，笔试的最高分映射为 10 分，当然，根据学校的要求和具体情况，笔试的最终分数也可以提高。

团队项目的复审阶段如何打分

1. 每个团队写一个 alpha/beta 阶段的总结展示博客（不要写 PPT），具体要求请看老师的说明。
2. 每个复审人看所有团队的总结展示博客，以及代码质量，实际测试结果，决定名次（没有并列），说明项目的优点和缺点分析（不少于 140 字）。

   谁来做复审人：老师，助教，每个团队选一个本团队的代表。

   团队博客列出团队的排名，和对这些团队的点评（不包括本团队）。

复审人看什么：

- 基本要求：团队成员都到场了么（不倒扣分），现场讲解、回答问题水平如何？
- 软件的质量：解决原计划解决的问题了么，软件运行质量如何？用户有多少，用户反馈如何？
- 软件工程的质量：代码在哪里？ 代码能在新的机器上构建成功么？代码可维护性如何？每日构建有么？

   项目如何管理的？燃尽图反映真实状态么？老师和助教的点评有回答或改进么？

复审怎么做：

- 面对面集中做，老师和所有在场的复审人现场提问，排名次。
- 不能面对面的，通过看博客和代码，博客评论交流的方式平均并排名次。 大家都是学过软件工程，做过项目的人了，评论要有点专业性，不能光谈感性认识（这个小组做的 App 看起来还可以……），而是要点评这个产品和软件工程相关的地方，书上提到下面的公式：

   软件 = 程序 + 软件工程

   软件（的质量）= 程序（的质量）+ 软件工程（的质量）

我们要好好测试一下程序的质量，给出明确的、定量的评定。同时我们要观察这个小组软件工程的质量（通过他们的每日例会、燃尽图，以及其他博客），点评他们项目的目标实现了么？项目的风险是如何应对的？找到用户的痛点并解决了么？对主要和次要的需求是如何取舍的？如果换成我来领导这个小组，我会做什么不一样的事情？

表 2　小组项目评分模板

小组的名字和链接	优点	缺点，bug 报告（至少 140 字）	最终名次（无并列）
team 1	……	程序有什么具体的 Bug？ 项目的目标实现了么？项目的风险是如何应对的？找到用户的痛点并解决了么？ 对主要和次要的需求是如何取舍的？ 源代码管理如何？ 如果换成我来领导这个小组，我会做什么不一样的事情？	
team 2	……	……	

3. 助教收集所有复审人的名次信息，按平均名次排列，并给予分数。

4. 项目第一名获得 100 分，其余名次按照阶梯递减（例如，每个阶梯是 10 分）。

由于分数的转换都是线性的，助教很容易做一个 Excel 表格把每个人的得分用公式计算出来。每一次作业之后，助教会在教学博客中公布所有学生（只显示学号后几位）的当前得分，以及推算出来的最终分数[3]。

老师还要简化助教的工作，**晚交作业一律 0 分，不接受任何说情**，建议学生在以后的作业中弥补分数的差距。在作业交卷期限两周后还没有交作业，就倒扣这次作业的全部分数。这样，想学习的学生知道如何努力，想混的学生也知道怎么才能混过去，不想上的也可知难而退。

第三条：循序渐进，激励和不断总结

不出意外的话，你会发现学生的动手能力很差！学生都没写过真正的软件，他们之间从来没有正经合作过！你想让他们马上搞一个团队，有各种角色，运用各种先进技术和方法论去完成一个实际的项目是不可能的！怎么办？这门课由易到难，设计了三种项目。

1. 个人项目：让每个人练练自己的手艺，同时实践项目管理的工具和操作，以及简单的测试。

2. 两人项目：两个人合作完成一个比较难的作业，锻炼交流合作能力。练习软件工程中

的 "结对编程"、接口设计、代码复审、简单的界面设计，并让学生有机会学到不同的编程语言、不同的框架设计、不同的表现层的实现。这类项目可以安排两次，每次换人做。

3. 团队项目：真正的考验，但是有了前面的准备和锻炼，他们应该准备好了。

有步骤地让学生有更多的控制，激发他们的自我管理意识，让他们看到努力带来的希望。在三种项目中，学生对项目的控制越来越多。

1. 个人项目：学生可以选择编程语言，其他由老师指定。
2. 两人项目：学生可以选择语言、界面。
3. 团队项目：学生可以选择做什么，各人的角色，如何实现，如何推广。

要相信学生想做好，能够做好。有些学生某个项目搞砸了，怎么办？没问题，课程中有一定的分数（附加作业）是各人自由发挥后能挣到的，例如主动为大家服务、写测试工具、写更多的读书报告等，都能挣到分数。

同学们要不断总结，Alpha、Beta 阶段都要做正式的回顾和总结，并发布博客。要求学生自己先看教材，然后发博客提问题，大家都是成年人了，应该能提出一些问题来；课程结束时看看自己最初提出的问题，估计自己都可以回答了 —— 这不就是上课的作用么？

第四条：对付南郭先生

通常情况下，团队项目中大家的贡献是类似的，因此每人都得一样的分数，不可避免地会出现南郭先生以及 "打酱油"、"抱大腿" 的团队成员。这怎么办？其实有解决办法：给每个团队一定的分数，即 "团队贡献分"，让每个团队决定如何分配这些分数，每个人的分数必须不同。这样，团队成员就能体验真实的公司如何做绩效评估和团队管理，如何衡量 "我在团队中的地位"、"我在别人心目中的分量"。每个人的付出和结果能更好地结合起来。辛苦工作的人可以得高分，决定打酱油、不在乎分数的人可以少花时间，得一个低分。

另外，学生们都是匆忙组队，有些技术强的同学想多尝试一些不同的项目，有些同学发现和伙伴合作并不愉快，想换一个环境。因此，在团队项目的 Alpha 和 Beta 阶段之间，要安排一个转组的活动，每个团队必须至少有一个同学离开，转到另一个小组。这样能促使人才合理流动，也能让一些同学体会一下，理解如何融入一个新团队，在别人写的代码上继续开发 —— 这才是软件工程实践的好案例。

第五条：模拟实战，用客观数据来评分

老师太忙，不能仔细地批阅每一次作业，不能细致地分析团队项目的每一个细节，怎么办？解决办法：把学生的作业做成比赛，比程序速度、比测试用例的数量、比博客的阅读量、比下载量……相对的分数自然就出来了。团队项目一定要做解决实际问题，能公开发布和使用的项目，这样就会有很多用户给学生们评分。

据我了解，大部分软件工程的"项目"是同学们从头写的 1.0 版本，而且课程结束后就再也没人使用过。这样的软件需要考虑扇入 / 扇出、内聚 / 耦合、面向对象、私有函数么？不用，全部用全局变量和公有函数就搞定了。这也是学生反馈"扇入 / 扇出"这些东西没有用的原因。

IT 行业的绝大部分软件都是有很长历史的系统，需求、技术、人员都在变化。只有模拟这些变化，才能学到软件工程的重要原理和实践。只要肯想办法，总是有很多途径可以模拟实战的：

1. 采用版本控制软件管理历届学生的项目，这样学生可以在前人的基础上继续开发；
2. 鼓励同学在别人的基础上开发（开源，以前的项目，等等）；
3. 如前所述，在项目的 Alpha 和 Beta 阶段之间，要求部分同学跳槽，从一个小组换到另一个小组中，这样同学们就有很多机会亲身体会到文档的重要性，体会到如何理解老代码、如何与他人合作等等软件工程的要点。

第六条：截止期限

学生的行为是由什么驱动的？是对老师的服从，对技术的热情？是对中华民族第 N 次伟大复兴的热情？还是无法推迟的截止期限（Deadline）？大部分人的作业都是要等到交作业的前一天夜里才搞出来的。但是，一个晚上是搞不出来可以实用的软件的，也无法实践软件工程的各种理论，为此，课程设置了很多检查点：

1. 每个阶段的结束都要求公开发布博客；
2. 要求项目有两次公开发布（Alpha、Beta）；
3. 要求每个阶段要有 7 – 10 天的每日例会，列出每次会议的结果（每个成员昨天做了什么，今天打算做什么，碰到什么障碍），并用项目管理的工具（例如：TFS 自带这样的工具）自动生成进度表。例如：

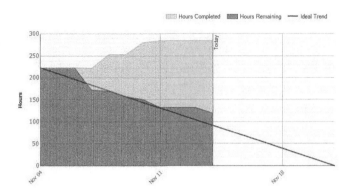

图 4   用项目管理工具生成进度表

若没有这些检查点，多数同学们会拖拉到最后说，"我们尽力了，搞了三天，也没搞出来，只写了 PPT，这次给我们及格吧，我们以后一定会继续改进的！"老师给他们及格之后，学生们就再也没有消息了。毕业的时候，这样的同学通常会抱怨老师教得很烂，自己什么也没学会。

第七条：构造怎样的学习环境

一般的老师在期末考试时，都会想出一套题目，搞一些送分题，同时设计一些难点，抓住同学们容易出错的地方，把学生"框了"。这样老师觉得很有成就感。但是学生们，无论分数多少，从中学到了什么呢？

人是怎么学习的？我有下面的理解。

1. 知识体系是构建出来的，而不是接收到的。与其灌输知识，不如让学生自己构建。
2. 人的认知模型改变得非常缓慢，搞那些速成的、疯狂的、喊口号的培训未必改变了人的认知模型。
3. 提问能帮助构建知识体系。所以我们要鼓励学生思考、辩论。
4. 身心投入是学习的关键。没有一定的工作量，怎么能达到"身心投入"呢？

我们要给学生营造怎样的环境？

专家们说诀窍在于：

> Create … "**natural critical learning environment.**" In that environment, people learn by confronting intriguing, beautiful, or important problems, authentic tasks that will challenge them to grapple with ideas, rethink their assumptions, and examine their mental models of reality.[4]

Natural，自然的：要解决课程提出的种种问题、挑战、迷惑。这些都是课程的一部分。不能人为地划分禁区，例如：这部分不会考，同学们不用看了。

Critical，批判精神的：上课不是填鸭式地传送知识到学生头脑里，而是要让学生运用批判性思维，摆事实，讲道理，做实验，不断思辨。老师可以不如弟子，学生可以挑战传统的认知，总之不能"师生一起混"。另外，同一个项目组的同学、真实的用户会提出非常真实的反馈，这些都是 Critical 的一部分。

Learning，学习的：学生上课不是要听结论，不能大家思辨了半个学期，最后还得听老师的标准答案。学生要给出自己的回答。**更重要的是，学生要问，如果这个问题是这样的答案，那下一个问题是什么呢？带着问题，学生们自己开始下一轮的了解和思辨。**"能否问出新的问题"是判断一个学生是仅仅学到了"知识点"，还是掌握了知识点构建了自己的智慧的一个重要标志[5]。

NCL 中的 N（Natural）很重要，如果把学生送到劳改营，做苦力，每天做 100 道微积分，背 100 个外语单词，写 1000 行代码，写不出来就鞭打……估计也能达到目标，这个环境也许很 Critical，人们也可以 Learn，但未必 Natural。就像在英语考试的前几天硬背单词，这样获得的学习效果不会持久。

一些研究表明，对于软件工程这样的科目，成年人的有效学习方式并非独自练习，而是进入到相关的情景（真实的软件开发环境），成为相关团队的一部分，向各种水平的同伴学习，在各种情景中实践、提问、总结，从而掌握有广泛应用范围的知识[6]。

大学生和研究生都是成年人，都有自学的能力。网上有那么多公开课、公开的习题、公开的作业答案，为什么学生还要来上课？

> 因为学生希望在课堂里发现一个**自然的、有批判精神的、学习的环境**。如果一流大学的学生都是独自听课，各回各自的宿舍单间做作业，独自吃饭，这样的一流大学值得上么？

第八条：聆听，总结，分享，改进

理想的师生关系是教练 / 学员，但是在学校的老师未必都亲身经历过各种真实的软件开发，虽然老师是学校指派的，有表面上的权威性，但是学生们真的听老师的么？未必。老师要不断推动学生做各种练习，但是老师对业界最新动向、最新的开发工具、开发平台和细节未必了解得比学生更多，怎么办？如何取得给学生"指挥的合法性"、"打分的合法性"？

合法性被别人认可，除了自身的资质以外，还有三个因素 [7]。

- 公平性：对所有学生都一视同仁。

- 反馈：能听取所有学生的意见，并作调整。

- 可预见性：与课程相关的规定不会朝令夕改。

没有老师第一次上课就能达到最好的效果，各个学校的规定、文化、学生的情况大不相同，这本教材也不是灵丹妙药，不会适用于所有情况。所以老师们不必期望一用本书提供的方法就能取得立竿见影的效果。如果老师能从本校的实际情况出发，参考公平性、反馈和可预见性的原则，不断地聆听、总结、分享、改进，假以时日，这门课就能越上越好。

上软件工程的学生大部分是要从事具体的软件相关工作，这门课有理论，更多的是实战，这些实战要求（以及一些关于怎样合作、如何提供反馈等职业技能）正是学生们亟待补课的地方。美国加州大学伯克利分校的两位教授在他们写的《软件工程》教材中总结了美国一流软件企业对软件工程教学的要求，优先级最高的几项依次如下 [8]：

1. How to enhance sparsely-documented legacy code（怎样改进缺少文档的老代码）；

2. Making testing a first-class citizen（测试与开发并重）；

3. Working with non-technical customers（怎么跟不懂技术的客户交流）；

4. Working in teams（在团队内有效率地工作）。

不难看出，作者在课程中的一些章节和实战设计也大致符合这些要求。

一些老师询问这本教材是否符合中国大陆对于软件工程教学的课程体系以及具体的要求，根据个人的经验和理解，这本书对软件工程内容的覆盖应该不逊于任何一本现行的教材，同时讲述了业界最新实践方法。对照 2013 年美国 ACM/IEEE 出版的计算机科学教学指导（Computer Science Curricula 2013 [9]）中软件工程相关部分，这本教材覆盖了其中大多数 Core-Tier 1 和 Core-Tier 2 的内容。不过，如果没有好的教学方法，再好的教材也是摆设。在多所学校的实践证明，这本书所提倡的教学方法，有比较好的效果。与这门课程配套的 PowerPoint 讲义和作业题，也可以分享给需要的老师 [10]。

软件人才的培养是一个系统工程，我对这一问题也有一些想法 [11]。这门课程的效果很大程度上取决于先修课（算法、程序设计语言、数据库等）的教学质量，当相关课程的质量提高之后，这门课程会有更好的效果。但是，我不能同意"因为基础没打好，所以软件工程也没法上好"，或者"这是一个复杂的系统工程，所以在一门课上的努力用处不大"等借口。我相信，只要老师和助教想用心把软件工程课上好，让结果说话，必然会促进其他老师和同学上好别的课程。我十分乐意听到各位老师的反馈，如果时间允许，也非常乐意去学校向大家实地学习和交流。

（请在网页看链接：http://cnblogs.com/xinz/p/4470424.html）

1　参见：http://edu.163.com/10/1106/10/6KQ4JC8800293L7F.html

2　有些系领导会说没有资金支持助教，这是无能的借口，非不能也，是不为也。

3　可以参见类似课程的打分情况，例如：http://www.cnblogs.com/softwareTA/p/3458182.html

4　参见：What the Best College Teachers Do, 作者：Ken Bain, ISBN-10: 0674013255

5　计算机行业的先驱 Grace Hopper 提到： We're flooding people with information. We need to feed it through a processor. A human must turn information into intelligence or knowledge. We've tended to forget that no computer will ever ask a new question.

6　参见：http://www.douban.com/note/260623954/

7　关于合法性原则的描述，参见：David and Goliath: Underdogs, Misfits, and the Art of Battling Giants, 作者：Malcolm Gladwell, ISBN: 0316204366

8　参见：Engineering Software as a Service, 作者 Armando Fox, David Patterson, ISBN: 0984881247

9　参见：http://www.acm.org/education/CS2013-final-report.pdf

10　请联系本书编辑

11　参见："习而学的软件工程教育"，http://www.cnblogs.com/xinz/archive/2012/01/08/2316717.html

索引

图书在版编目（CIP）数据

构建之法：现代软件工程 / 邹欣著. -- 3版. --
北京 ：人民邮电出版社，2017.7
ISBN 978-7-115-46076-9

Ⅰ．①构… Ⅱ．①邹… Ⅲ．①软件工程—教材 Ⅳ.
①TP311.5

中国版本图书馆CIP数据核字(2017)第122570号

内 容 提 要

软件工程牵涉的范围很广，同时也是一般院校的同学反映比较空洞乏味的课程。 但是，软件工程的技术对于投身 IT 产业的学生来说是非常重要的。作者有在世界一流软件企业 20 年的一线软件开发经验，他在数所高校进行了多年的软件工程教学实践，总结出了在 16 周的时间内让同学们通过 "做中学 (Learning By Doing)" 掌握实用的软件工程技术的教学计划，并得到高校师生的积极反馈。在此基础上，作者对软件工程的各个知识点和实战技能要求进行了系统性整理，形成教材。目前，本书已经在至少 25 所高校作为软件工程课程的教材。

本书共分 17 章， 对照美国 ACM/IEEE 2013 年出版的计算机科学教学指导中软件工程相关部分，本书覆盖了其中大多数的核心内容。本书同时覆盖了最新的业界实战方法，软件团队中各个角色的成长和关系，以及 IT 行业的创新奥秘。作者可以向感兴趣的读者提供全部章节的教学课件。

◆ 著　　　　邹　欣

责任编辑　陈冀康

审稿编辑　李琳骁

版式编辑　胡文佳

策划编辑　周　笕

责任印制　焦志炜

◆ 人民邮电出版社出版发行　　北京市丰台区成寿寺路 11 号

邮编　100164　　电子邮件　315@ptpress.com.cn

网址　http://www.ptpress.com.cn

固安县铭成印刷有限公司印刷

◆ 开本：800×1000　1/16

印张：28.75　　　　　　　2017 年 7 月第 3 版

字数：350 千字　　　　　　2025 年 1 月河北第 25 次印刷

定价：69.00 元

读者服务热线：(010)81055410　印装质量热线：(010)81055316
反盗版热线：(010)81055315
广告经营许可证：京东市监广登字20170147号